텔레비전 방송개론

손성찬 오정균 이순려 편저

An Introduction to Television Broadcasting

도서출판 석학당
www.shdbooks.co.kr

머리말

21세기 방송통신융합의 시대에 있어 방송기술의 원천은 텔레비전기술이며 아날로그방송 기술을 기반으로 하는 CRT 텔레비전 시대를 지나 고품질 다채널을 가능하게 하는 방송의 디지털화가 본궤도에 도래하였다. 21세기는 디지털 방송통신기술의 근간인 반도체 소자 기술의 눈부신 발전과 회로설계기술의 고도화를 통하여 연구개발에 많은 성과가 있었으며 이를 바탕으로 디지털방송시대로 진척과 HDTV시대를 열어 가고 있다. 텔레비전수상기도 프로젝션 TV(projection TV), 액정TV(liquid crystal display),로 진척되었으며 최근에는 고선명이 가능한 자체발광OLED(Organic Light Emitting Diode)로 발전되어 가고 있다. 방송통신 매체도 기존 지상파방송뿐만 아니라, 위성방송, 케이블방송, 그리고 양방향이 가능한 IPTV, DMB 등 다양한 뉴미디어가 등장하고 있다. 이러한 기술발전에 맞춰 방송통신 입문 학생들에게 적절한 교재가 없던 차에 저자들이 수년간의 실무경험과 강의 경험을 바탕으로 집필하게 되었으며 컬러텔레비전 기술과 연계시켜 체계적이고 종합적인 안목을 키울 수 있도록 배려하였다.

본 책의 특징은 방송통신기술을 전공하는 학생들의 아날로그/디지털기술을 일목요연하게 접할 수 있도록 하였으며, 독자여러분들의 이해를 돕기 위해 가능한 많은 그림과 사진을 게재하였다. 또한 부록에 용어 해설집을 수록 하였으며, 방송사 및 방송분야에 종사하는 엔지니어의 참고서적으로 활용할 수 있도록 난이도를 높여 수록하였다.

따라서 본서는 방송통신공학을 이해하고 학습하여 방송통신, 전자 엔지니어로서 기본내용을 쉽게 수록하였으며, 방송통신산업기사 시험을 준비하는 수험생에게 꼭 필요한 내용을 체계적으로 기술하였다.

본서의 구성은 다음과 같다.

제1장은 컬러텔레비전의 기초기술, 제2장 텔레비전 시스템과 스튜디오기술, 제3장 지상파방송과 위성방송, 제4장 뉴 미디어 방송 제5장 방송법규로 구성되었다.

방송통신융합의 시대에 열심히 노력하여 훌륭한 방송기술인 되는데 본 서적이 일익을 담당할 것을 기대합니다.

마지막으로 이 책을 출판하기까지 많은 도움을 주신 석학당 출판사에 윤용호 사장님께 깊은 감사의 말씀을 드립니다.

2009년 8월

저자 한국정보통신기능대학 손성찬
한국정보통신기능대학 오정균
동아방송예술대 이순려

목 차(Contents)

제1장 컬러텔레비전의 기초기술

1.1 컬러텔레비전(color television)의 개념

텔레비전이라는 단어의 어원은 tele는 그리스어로 멀리, vision은 라틴어로 본다는 뜻이다. 즉, 어떠한 거리에서 본다는 것을 의미한다.

우리가 눈으로 보는 영상은 전기적인 신호로 바꾸어서 송신을 할 수 있고 텔레비전 수상기에서는 전기적 신호를 스크린 상에 나타내 보일 수 있다. 컬러텔레비전에서는 자연계의 원래 색으로 표현이 가능하도록 빛의 삼원색인 적색, 청색, 녹색을 합성하여 천연색으로 재생한다.

1.1.1 비디오(video)와 오디오(audio)신호

텔레비전에서 비디오 신호와 오디오(audio) 신호는 같이 사용되며 비디오 (video)는 라틴어로 I see(보다), 오디오(audio)는 I hear(듣다)을 의미하며 비디오는 빛(light), 오디오는 음향(sound)과 대응된다.

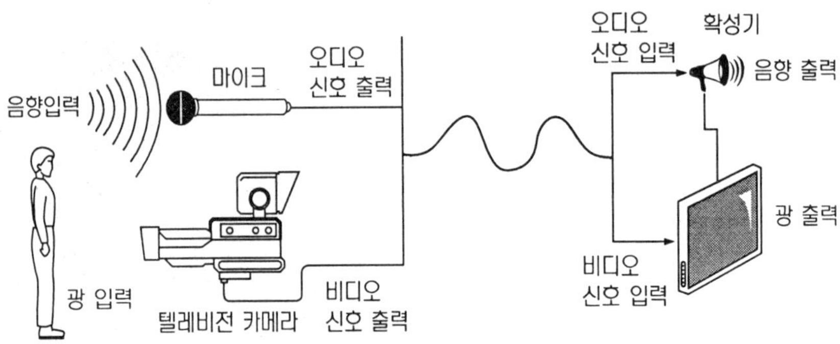

[그림1-1] 오디오와 비디오신호

1) 마이크

음향을 전기적인 변화에 따라서 오디오 신호를 바꾸며 오디오신호는 스피커에 직접 연결하여 우리가 들을 수 있는 원래의 음성으로 재생된다.

2) 컬러텔레비전 카메라(color television camera)

입력된 빛을 전기적인 변화에 따라서 비디오 신호로 바꾸어 전송할 수 있고, 시스템 종단에서 수상기에 입력된 비디오 신호 전압을 빛의 신호로 바꾸어 스크린 상에 나타난다.

컬러텔레비전의 촬상관에는 비디콘, 플럼비콘 새티콘 등이 있으며 최근에는 전하결합 소자 CCD 등 고체 촬상 소자를 사용한 카메라를 주로 사용하고 있다.

1.2 컬러텔레비전회로의 기본요소

1.2.1 컬러텔레비전과 색

컬러 카메라가 포착한 피사체의 영상은 촬상소자의 광전면에 맺혀지고 이것을 전기적 신호로 바꾸어 송신기를 통하여 방송하면 수상측에서는 이것을 컬러 모니터의 재현시킨다. 컬러텔레비전신호는 자연계의 색신호를 전기적 신호로 처리하기 때문에 기본적으로 빛과 색의 성질을 컬러텔레비전에서 어떻게 이용하고 있는가를 이해하는 것이 중요하다. 인간의 눈에 느껴지는 전자파(380~700nm)를 광이라 부르고 광의 파장에 따라 느낌의 형태가 다른데 이것을 색이라 한다.

1) 색의 3원색

색의 감각에는 명도, 포화도, 색상의 세 성질이 있고 이것을 색의 3요소라 한다.

① **색상**(hue)

색의 3속성의 하나로 적, 녹, 황이라는 색조를 나타낸다.

② **포화도**(chroma, saturation, **색의 농도, 채도**)

색의 선명도를 나타낸다.

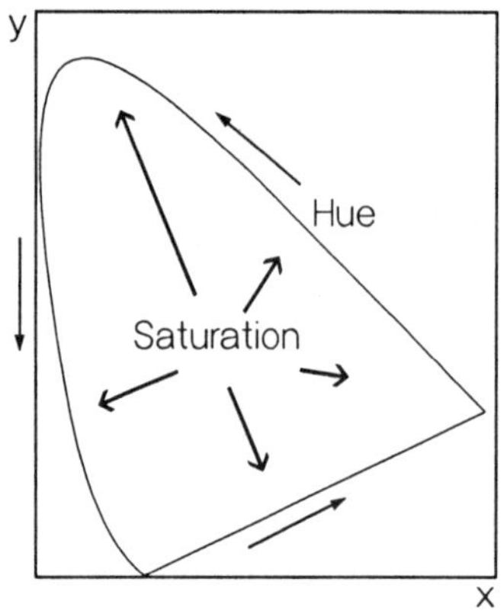

[그림1-2] 색감각의 3차원적 표현

예를 들면 태양광을 프리즘으로 분광한 경우 그 빛의 색은 매우 선명하나 일상 우리들의 눈에 띄는 색은 흰색이 가미된 색이 많다.

③ 명도(value, brightness, 밝기, 휘도)

같은 색종이라도 이것을 비치하는 밝기를 높이면 색상(hue)과 포화도(saturation)는 그대로 이지만 눈에 들어오는 광량이 증대하여 밝게 느껴진다. 이 정도를 밝기(luminance)라고 한다.

2) 색의 합성

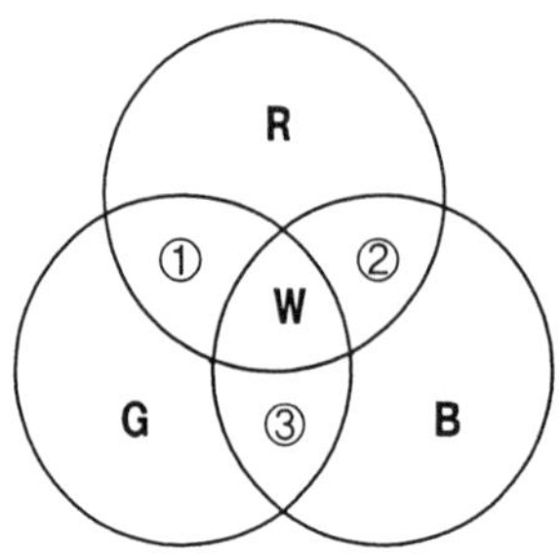

[그림1-3] 색의 합성
① 빨강(R) + 녹색(G) = 노랑(Y)
② 녹색(G) + 파랑(B) = 청록(C)
③ 빨강(R) + 파랑(B) = 자주(M)
④ 빨강(R) + 파랑(B) + 녹색(G) = 흰색(W)

컬러 중 텔레비전과 같이 색을 내는 경우에 삼원색은 적(red), 녹(green), 청(blue)의 3색을 말하며 이 세 가지의 광을 혼합하여 그 비율로 변화함으로써 색을 만드는데 이것을 가색법이라 한다.

빛의 삼원색은 적(Red), 녹(Green), 청(Blue)인데, 이 세 가지 빛의 세기 비율이 일정할 때 적과 녹을 겹치게 하면 황색이 나타나고, 녹과 청을 겹치면 시안(Cyan), 청과 적을 합성하면 마젠타(Magenta)라는 다른 색이 얻어진다. 이때 빛의 비율을 서로 다르게 합성하면 여러 가지 색을 얻을 수 있다. 통상 컬러 영상신호처리방법에서는 이와 같이 빛의 3원색을 각각 처리하여 합성하거나 분해하는 방법으로 컬러의 전기적 신호처리가 가능하게 된다.

3) 색도도(chromacity diagram)

3원색만 가지고 여러 가지의 다른 색을 만들 수 있다. 3원색을 적당한 비율로 합성하면 어떤 색이든 나타낼 수 있다. 예를 들어, 흰색은 밝은 색이며, 회색은 동일한 흰색의 좀 더 어두운 형태로 표현할 수 있다. 즉 흰색과 회색은 밝기는 다르지만 색도는 같은 색이다.

색의 3원색을 포화도의 비율로 나타내면 색상을 간단하면서도 정확하게 나타낼 수가 있으며, 색의 성질을 쉽게 파악할 수 있는 색도곡선을 그릴 수 있다. 이것을 CIE(Commission International del' Ecalairage : 국제조명위원회)라 한다.

CIE XYZ 색공간은 Y 값이 밝기 또는 조도의 값이 되도록 설계되어 있다. 따라서 어떤 색의 색도는 두 개의 값 X, Y, Z로부터 계산된 값 x, y, z로 표현할 수 있다.

$$x = \frac{X}{X+Y+Z}, \quad y = \frac{Y}{X+Y+Z}, \quad z = \frac{Z}{X+Y+Z} = 1-x-y$$

x, y, z로 표현된 색공간은 CIE xyz 색공간이라 부르며, 실제로 색깔을 나타내기 위한 용도로 많이 사용된다.

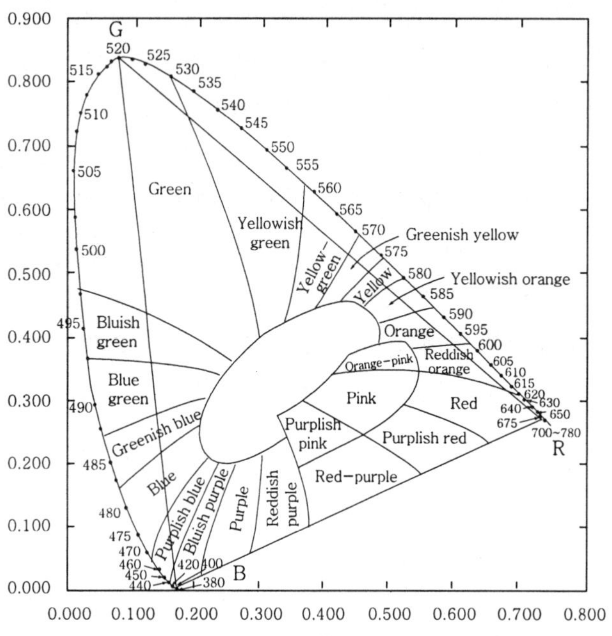

[그림1-4] CIE 색도도

1.2.2 텔레비전신호의 기초

1) 화소(picture element, 픽셀 pixel, 또는 펠 pel)

한 장의 화면을 확대하면 수많은 명암의 점으로 이루어져 있으며 그 명암의 점들 하나하나는 균일한 밝기와 색을 가지고 있다고 볼 수 있다. 주사선의 폭을 한 변으로 하는 정방향으로 분해한 점을 화소(Picture element, 픽셀 : pixel, 펠 : pel)라 한다. 화소가 많을수록 양질의 화상을 재현한다.

화소의 집합이 주사선이고 주사선의 집합이 화면이다.(화상분해 → 화소, 화소조립 → 화상)

2) 주사(Scan)

전송하고자 하는 화상을 일정 순서에 따라 화소로 분해한다든지 또는 분해된 화소를 같은 순서로 조립하는 과정을 주사(scan)라 하며 영상을 주사하는 진행방식을 주사방식이라 말한다. 주사 방식에는 병렬방식(다선식)과 직렬방식이 있으며 텔레비전에서는 직렬방식이 사용된다.(텔레비전 화면화소를 순차적으로 보내는 과정) 주사는 항상 왼쪽에서 오른쪽으로 진행되는 수평주사(horizontal scanning)와 영상의 맨 위에서 아래로 진행하는 수직주사(vertiacl scanning) 방식이 있다. 또한 주사 도중에 오른쪽에서 아래쪽으로 되돌아가는 시간과, 맨 아래에서 맨 위로 되돌아가는 시간을 귀선(retrace또는 flyback)시간이라고 한다. 주사는 순차주사(progressive scanning)와 비월주사(interlaced scanning)가 있다. 텔레비전 주사의 가장 기본적인 방법은 순차주사(progressive scanning)이며 텔레비전에서 움직임을 부드럽게 또 플리커를 감소하기 위해서 초당 화상수를 많게 하면 좋다. 따라서 전송 주파수대를 반으로 줄이고 화질을 저하시키지 않는 방법으로서 비월주사(interlaced scanning)를 채택한다.

① 순차주사(Progressive scanning)

Non-interlace로 PC나 CAD와 같은 모니터에서 순차주사가 사용된다. 순차주사는 화면을 한 번에 주사하는 방법이다.

㉮ 순차주사의 장단점 : 주사선에 의한 깜박임이 적고 동화상에 대하여 안정된 영상을 얻을 수 있으며 화면의 깜박거림을 느끼지 않을 정도의 속도로 화소를 주사하

기 때문에 주사속도가 빨라지며 고밀도의 정보를 보낼 수 없어 전송주파수 대역이 넓어져 주어진 1채널분의 대역 내에서 전송할 수 없다.

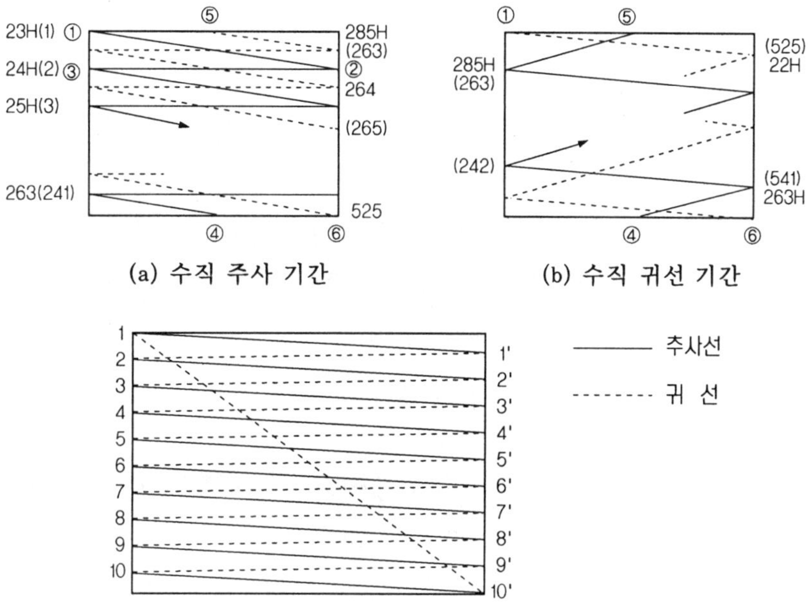

[그림1-5] 순차주사

② 비월주사(Interlaced scan)

영상신호를 화면에 뿌리는 방식중 하나로써, 각 수평주사선을 한 줄씩 건너서 거칠게 주사한 뒤, 나머지 수평주사선을 주사하는 방식을 말한다.

전 화면을 2회로 나누어 주사하기 때문에 한 번에 보내는 정보량이 절반으로 되어 전파로 전파할 때 사정이 좋다. 초당 화상수를 많게 하면 전송 주파수대가 넓어지므로 전송 주파수대를 반으로 줄이고 화질을 저하시키지 않는 방법이 비월주사(interlaced scaning)이다. 비월주사는 하나의 화면을 두 개의 필드로 나누어 필드 1은 홀수 라인, 2는 짝수 라인으로 할당한 후 필드 1을 먼저 전송한 후 필드 2를 나중에 전송하는 방식이다. 이때 1화면을 프레임(Frame)이라 하며 1회분의 화면을 필드라 한다. 위의 그림에서 1, 3, 5, … 의 순서로 기수 주사선을 주사하고 맨 아래쪽의 주사는 화면의 중앙에서 종료되며 화면 맨 위쪽의 가운데서 2번째 우수 주사를 시작하고 2, 4, 6, … 의 주사선을 만들어 하나의 화면을 2번의 주사로 만드는 방법이다.

기수 주사 또는 우수 주사에 의해서 얻어지는 거친 화면을 필드(field)라고 하며, 2개의 필드에 의해서 얻어지는 1장의 화면을 프레임(frame)이라고 부른다. 2필드로

1프레임을 구성하는 주사방법을 2:1 비월주사라고 하며 텔레비전은 2:1 비월주사를 채택하고 있다. 주사에 의해서 얻어지는 주사선만의 영상을 래스터(raster)라 한다.

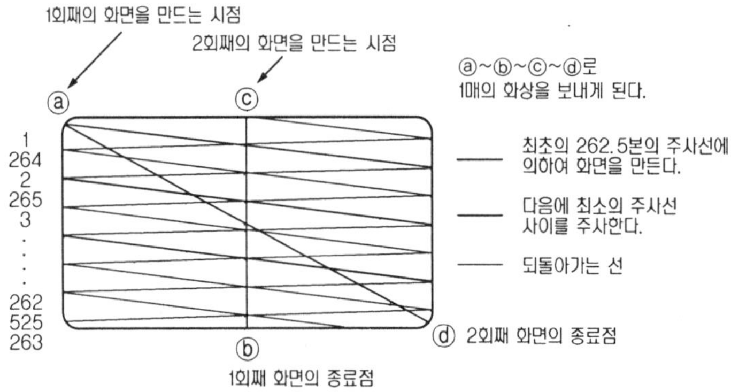

[그림1-6] 비월주사

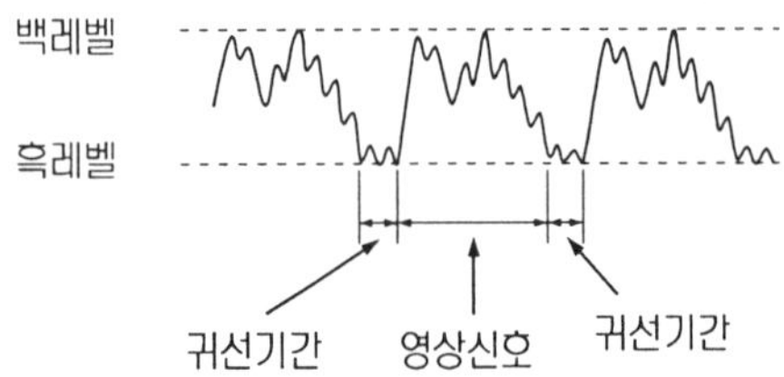

[그림1-7] 주사에 의한 영상신호

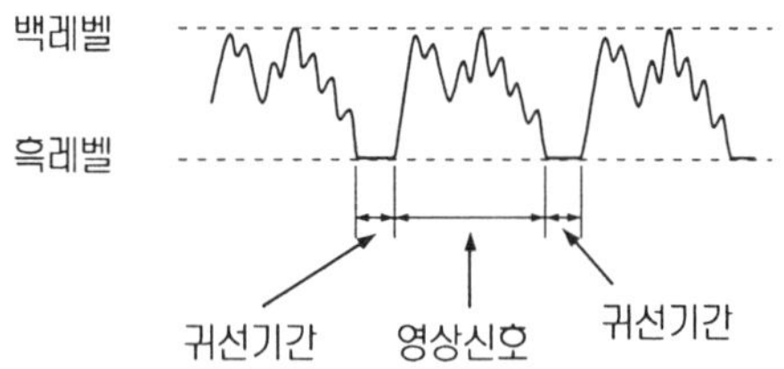

[그림1-8] 귀선소거 신호를 부가한 영상신호

3) 귀선소거신호(Blanking signal)

① **귀선소거**(blanking)

TV 화면을 형성하는 한 과정에서 한 line의 주사가 끝날 때마다 주사점이 우에서 좌로 이동하는 기간을 수평귀선소거라 하고, 한 field가 끝날 때마다 화면 바탕에서 맨 뒤로 이동하는 기간을 수직귀선소거라고 하며 이 기간 동안 화상정보는 삭제된다.

② **귀선소거신호**(blanking signal)

귀선을 소거하기 위해 사용되는 신호(브라운관의 주사과정에서 귀선기간에만 그리드에 부전압을 가하는 펄스전압)를 말하며 블랭킹 펄스라고도 한다.

③ **귀선**(blanking line)

주사의 끝점으로로부터 최초의 주사점으로 되돌아가는 선

4) 동기신호(Synchronizing signal)

송수신간의 동기를 맞추기 위해 송출되는 전기적 신호로서 수평주사선이 시작되는 것을 결정하는 수평 동기신호(horizontal sync, H_{sync})와 필드가 시작되는 것을 결정하는 수직 동기신호(vertical sync, V_{sync})가 있다. 동기신호는 영상신호의 귀선 소거기간을 이용하며 페데스털 레벨 이하로 전송된다.

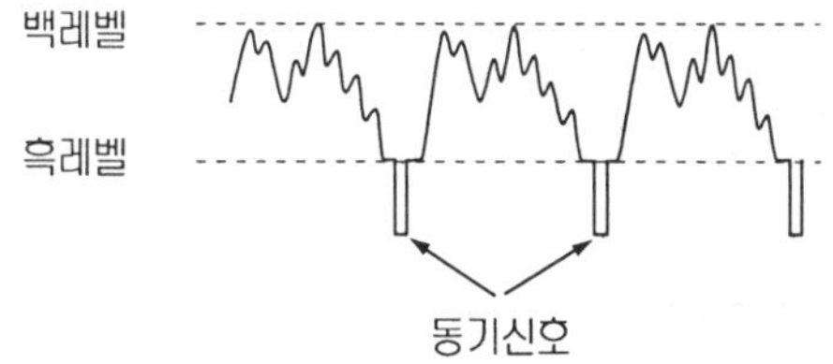

[그림1-9] 동기신호를 부가한 영상신호

① **수평 동기펄스(horizontal synchronizing pulse)(라인 주파수에 일치)** : 수평주사의 동기를 유지하기 위해 수평주사마다 수평귀선 소거기간 내에 삽입한다.

참조 : 수평동기신호 주파수 = 주사선수 × 초당 화상수 = 525 × 30 = 15,750[Hz]

② **수직 동기펄스(vertical synchronizing pulse)(필드 주파수에 일치)** : 수직동기를 유지하기 위해 각 필드마다 수직 귀선소거 기간 중에 삽입한다. 60[Hz]

참조 : 수평주사기간(H) = 수직 동기신호(3H) 폭이 된다.

③ **등화 펄스(equalizing pulse)**

비월주사를 일정하게 하기 위해 수직 동기신호의 전후에 배치한다.

수평동기가 불안하면 수신화상이 나빠져 수평동기의 연속성을 유지하기 위해서 수직 동기신호 기간 중에 수평 동기 신호를 삽입한다. 기수 필드와 우수 필드로 다르며 비월주사가 이루어지지 않아 수직동기신호를 동일한 파형으로 하기 위해서 0.5H 간격으로 펄스를 삽입한다.

또한, 수직 동기 신호의 전후 우수 필드와 기수 필드의 수평 동기신호의 위치가 0.5H 어긋나 있기 때문에 비월주사가 완전하도록 수직 동기신호의 전후 3H 기간에 0.5H 간격의 펄스를 삽입한다. 수직 동기신호의 전후 3H에 삽입한 0.5H 간격의 펄스를 등화 펄스(equalizing pulse)라 하며 수직 동기신호의 이 기간 내에 삽입한 펄스는 톱니 펄스(serration pulse)가 된다. 주사선 번호 10~21(273~284)에는 문자방송, 데이터방송 등의 정보가 중첩된다.

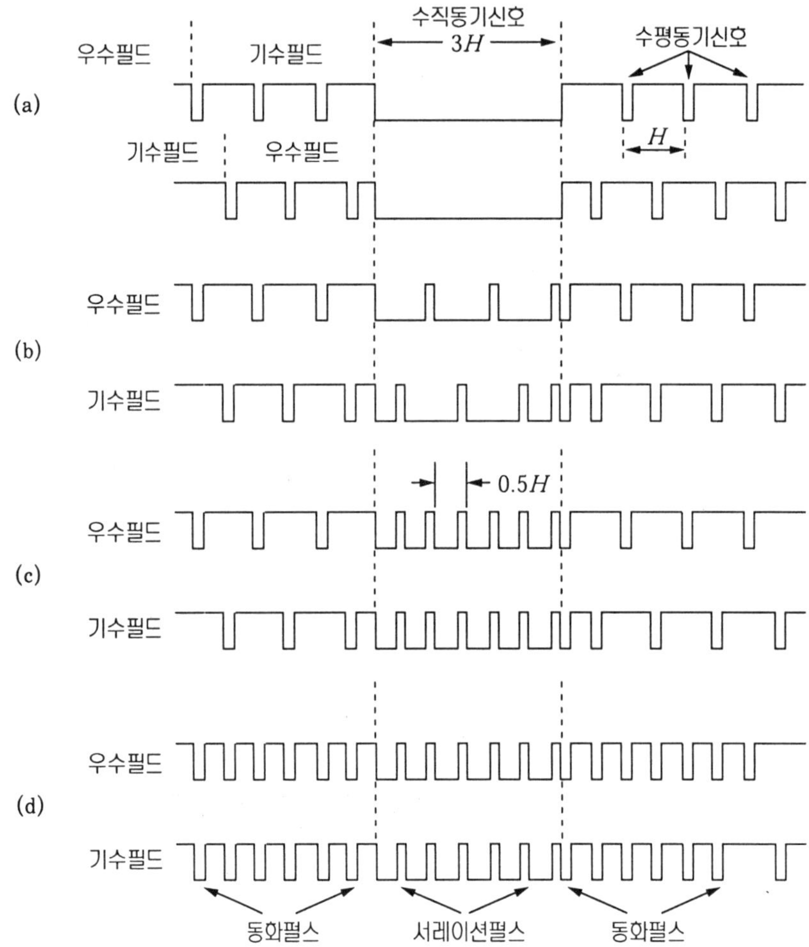

[그림1-10] 동기신호의 구성

④ 동기신호의 가장 간단한 삽입법은 [그림1-10](a)는 수직 동기신호 기간에는 수평동기신호가 없기 때문에 수평동기가 불안정하게 되어 수신화상이 흩트려질 우려가 있다. 따라서 수평동기의 연속성을 유지하기 위해서 [그림1-10](b)와 같이 수직 동기신호 기간 중에 수평동기신호를 삽입할 수 있으나 수직 동기신호의 파형이 기수필드와 우수필드로 다르기 때문에 완전한 비월주사가 이루어지지 않게 된다. 그래서 수직 동기신호를 동일한 파형으로 하기 위해서 0.5H 간격으로 펄스를 삽입한 것이 [그

림1-10](c)이다.

또한 [그림1-10](d)와 같이 수직 동기신호의 전후에서 우수필드와 기수필드의 수평 동기신호의 위치가 0.5H 어긋나 있기 때문에 비월주사가 보다 완전하게 이루어지도록 수직 동기신호의 전후 3H 기간에도 0.5H 간격의 펄스를 삽입한다.

⑤ 우리나라의 표준TV에서 사용하고 있는 동기신호 파형은 [그림1-11]이다. 모든 방송기기는 동기신호가 없으면 동작하지 않는다.

동기신호의 주파수는 아래와 같이 계산된다.

수평동기신호 주파수 = 주사선수 × 초당 화상수 = 525 × 29.97 = 15,734.25(Hz)

현재의 디지털방송은 전부 컬러텔레비전이고 초당 필드수는 59.94이다.

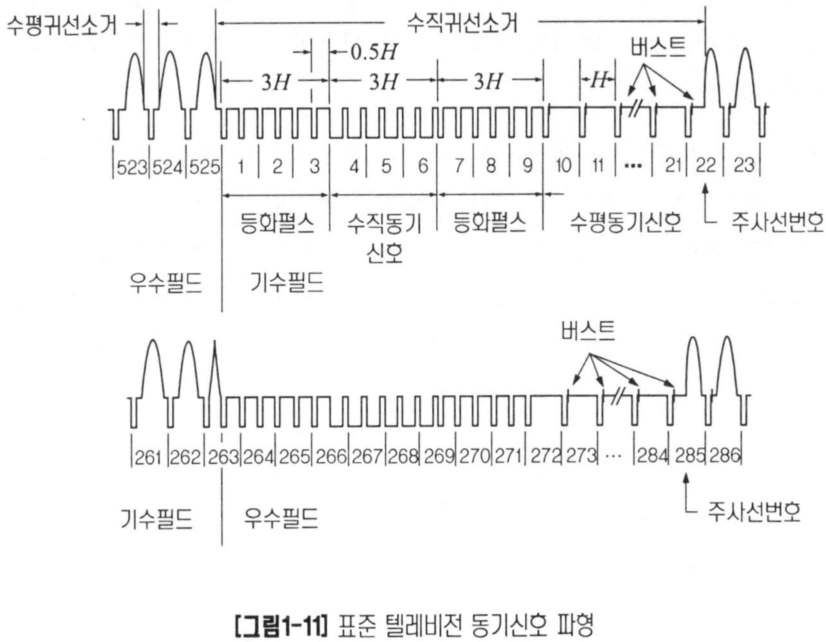

[그림1-11] 표준 텔레비전 동기신호 파형

1.3 NTSC 방식의 이해

1.3.1 NTSC 비디오신호구성

텔레비전 신호를 이해하기에 앞서 NTSC비디오 신호를 이해해야한다.

NTSC 복합 비디오신호는 휘도신호(Y),색도신호(Chroma 신호),동기신호로 구성되어 있으며 [그림1-12]와 같이 분류된다. NTSC 신호는 4.2MHz의 대역폭을 가지고 있으며, 여기서 휘도신호라 함은 영상정보의 발기를 표현하는 신호를 말한다.

색도신호는 영상정보의 색상과 포화도를 함께 표현하는 신호이다. 이 색도신호는 인간의 눈이 색상에 대한 판별능력 기준으로 설정한 I 신호와 Q신호 또는 B-Y신호와 R-Y신호는 각각 90도의 위상차를 가지며 색부반송파 주파수(f_{cs}) 3.58MHz에 실려서 색도신호를 만든다.

[그림1-13]은 복합 컬러 영상신호의 스펙트럼을 나타낸다. 휘도신호(대역폭 4.2 MHz)와 Q신호(대역폭 0.5MHz)가 중첩되어 있다. 또한 송신의 경우는 음성반송파(fv+4.5MHz)에 대한 방해를 고려해서 영상신호는 4.2MHz 이상의 주파수를 급격하게 감소시키기 때문에 부반송파 주파수를 중심으로 Q신호는 양측파대 전송이 가능하지만 I신호는 잔류 측파대 전송이 되며 [그림1-14]은 텔레비전 채널의 스펙트럼을 나타낸다.

[그림1-12] NTSC 복합 비디오신호구조

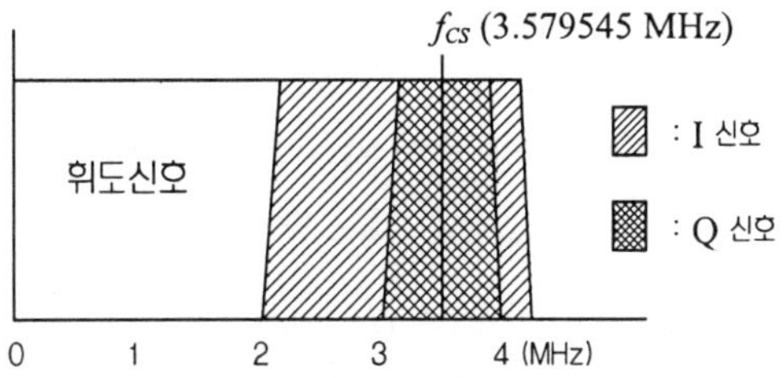

[그림1-13] 복합 컬러 영상신호의 스펙트럼

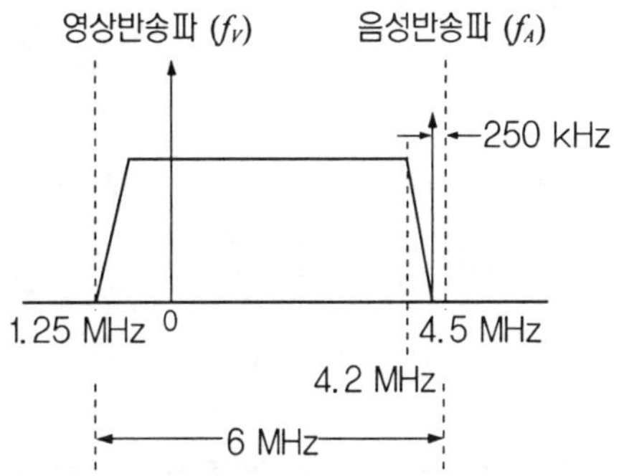

[그림1-14] 텔레비전 채널의 스펙트럼

① **휘도신호 :** 영상의 밝기를 표현하며 0~4MHz대역이다.

② **색도신호 :** 색상과 포화도의 표현으로 0.5~1.5MHz이다.

③ **동기신호 :** 신호의 위치표현

▶ 수평동기신호 : 59.94Hz

▶ 수직동기신호 : $\frac{59.94}{2} \times 525 = 15734.25$ Hz

④ [그림1-13]에서 보는 바와 같이 휘도신호와 주파수 대역은 3MHz대에서 4MHz 사이가 중복 되었음을 알 수 있다.

1.3.2 컬러합성 영상신호의 구성

컬러합성 영상신호는 영상신호와 동기신호로 구성되어 있다. 컬라 합성 영상신호의 구성을 이해하기 위해서는 컬러 바 패턴을 이해하여야한다.

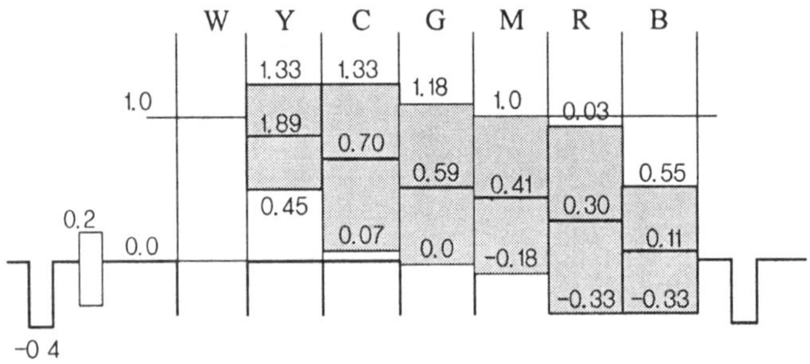

[그림1-15] 100% 컬러바 신호의 스펙트럼

[그림1-16]은 100% 칼러바를 세로로 늘어놓았으므로 이것을 송상측에서 분해했을 때 1장 (1/60초)을 전환하려는 기간은 모두 같은 1H의 신호가 된다.

(a) 100%컬러바신호

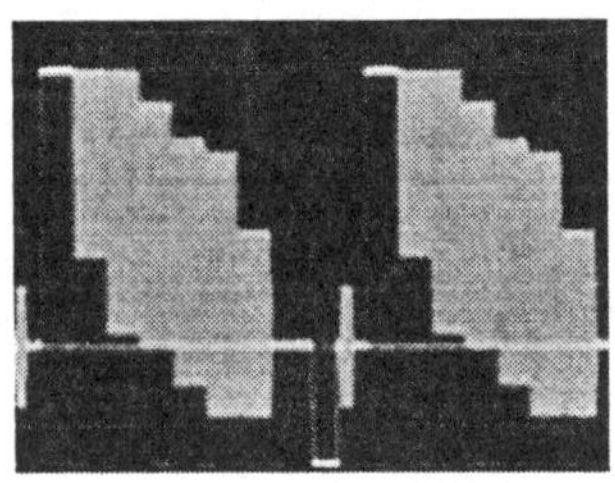

(b) 100%컬러바신호

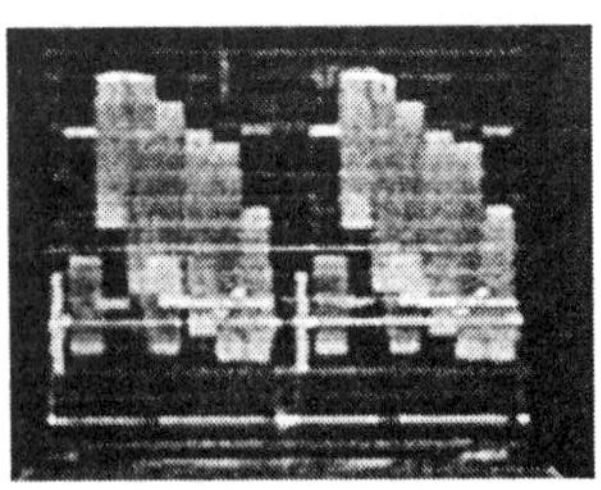

(c) 75%컬러바신호

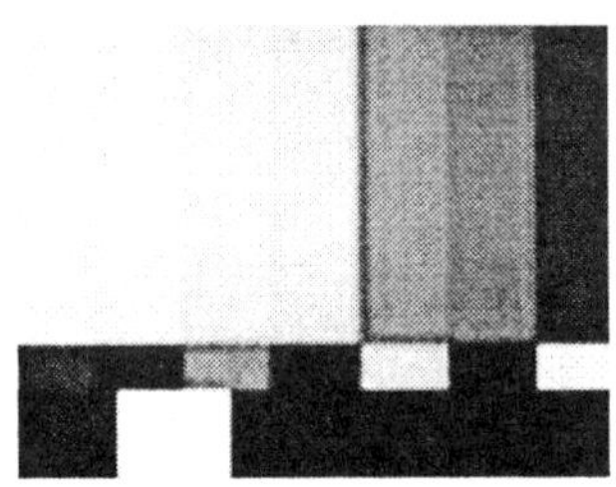

(d) SMPTE컬러바신호

[그림1-16] 컬러바 신호

참조 : 영화 텔레비전 기술자 협회(SMPTE)

1.3.3 컴퍼넌트 전송과 컴퍼지트 전송

컬러텔레비전은 적(R), 녹(G), 청(B)의 3원색 신호로 구성된다. 3원색 신호의 전송에는 컴포넌트(component)전송과 컴포지트(composite)전송이 있다. 컴포넌트 전송이라는 것은 3원색 신호를 흑백신호와 같은 휘도(luminance)신호 Y와 2개의 색차(color difference)신호 R-Y, B-Y로 변환한 3개의 신호로 전송하는 방식을 말한다. 이 경우 전송로는 3개가 필요하며 하나의 전송로로 전송하기 위해서는 디지털 신호처리가 필수적이다.

컴포지트 전송은 색차신호를 부반송파(subcarrier)로 변조하여 휘도신호에 색차신호를 주파수분할다중해서 하나의 전송로로 전송하는 방식이다. 컴포넌트 전송에는 전세계적으로 NTSC(National Television System Committee) PAL(Phase Alternation by Line) SECAM(s quentiel m moire)이 있다.

1.3.4 NTSC(National Television System Committee) 방송방식

NTSC 방식 시스템은 미국에서 제안하였으며 이 방식은 미국을 비롯하여 한국, 일본, 캐나다 등의 국가에서 컬러 TV 표준 방식으로 채택하였다.

이 방식에서는 컬러 TV 카메라에서 얻어진 적(Red), 녹(Green), 청(Blue)의 3원색 신호(RGB 신호라 부르는 경우가 많다)를 하나의 휘도신호(Y)와 두 개의 색차신호(I, Q)로 변환한 다음에 두 개의 색차신호로 영상 대역 안에서 부반송파(sub carrier)로 변조하여 변조된 색차신호와 휘도신호를 합성하여 더 높은 주파수를 갖는 반송파로 변조하여 전송하게 된다.

인간의 눈은 큰 면적에 대해서만 완전한 색 판별이 가능하므로 영상 신호의 0.5[㎒] 이하의 부분에 대해서는 R, G, B신호를 모두 전송(Q신호)하며 비교적 작은 부분에서는 어느 색이나 오렌지와 시안색과 비슷하게 보이기 때문에 영상 신호의 0.5~1.5[㎒](I신호)의 범위에서는 그 색성분만을 전송한다. 또한 1.5[㎒] 이상의 영상 신호에서는 휘도신호만을 전송한다.

따라서 NTSC에서 전송하는 신호를 식으로 나타내면 다음과 같다.

$$E_Y=0.2988E_R+0.5868E_G+0.1144E_B \text{(휘도 신호 0~4.3㎒)}$$

E_I=0.736(E_R−E_Y)−0.268(E_B−E_Y)(I신호 0~1.5㎒)
E_Q=0.478(E_R−E_Y)+0.413(E_B−E_Y)(Q신호 0~0.5㎒)

여기서 E_I, E_Q 신호를 E_Y 신호에 다중화시키는 데 있어서 소요 대역을 좁게 하도록 주파수가 동일한 두 개의 색부반송파(Color Subcarrier)를 변조하여 더한다.

영상 처리나 TV 수상기에서의 색 복조의 기준이 되는 색부반송파(컬러 버스트 신호)는 TV 신호에 영향을 주지 않기 위해서 3.57954㎒를 사용한다. 또한, 컬러 TV의 수직 동기 주파수는 59.94㎐, 수평 동기 주파수는 15.734266㎑를 사용한다.

1) NTSC 방식의 색도도

색은 색상(적, 청 등의 색의 종류), 포화도(색의 농도), 명도(색의 밝기)에 의해 표현한다. 이들 3가지 파라메타에서 색도(색상과 포화도)만을 나타내면 [그림1-17]을 얻을 수 있다.

[그림1-17]에서 I축 방향(시안)에 대한 인간의 시력은 어느 정도 세밀한 부분까지 색을 느끼지만 Q축 방향(紫-황록)에 대한 시력은 떨어진다. NTSC방식에서는 R-Y, B-Y를 I(in phase : 동상성분)와 Q(quadrature phase : 직교성분)로 좌표축을 변환한 색차신호를 이용한다. 세밀한 부분까지 색을 느끼는 I신호는 1.5㎒, 시력이 떨어지는 Q신호는 500㎑로 주파수 대역을 제한한다. I 및 Q신호는 다음 식으로 주어진다.

$$I = 0.74(R-Y) - 0.27(B-Y) = 0.60R - 0.28G - 0.32B$$
$$Q = 0.48(R-Y) + 0.41(B-Y) = 0.21R - 0.52G + 0.31B$$

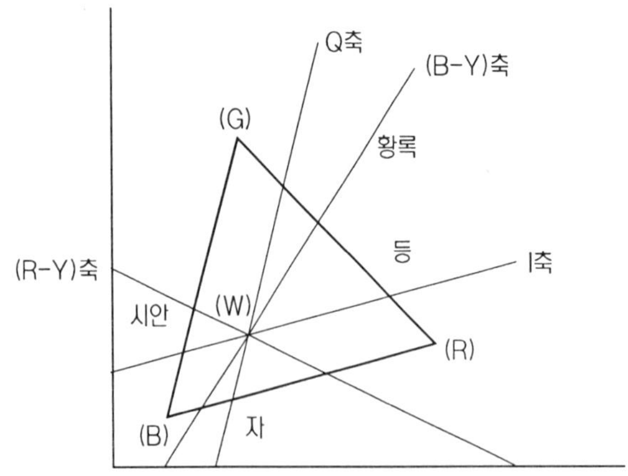

[그림1-17] NTSC 색도도
I축(주황과 파랑을 연결)
→ 눈에 민감한 축
Q축(풀색과 붉은보라를 연결)
→ 눈에 둔감한 축

2) NTSC방식의 컬러 부반송파와 동기신호

색신호를 복조할 때 위상을 바르게 맞추기 위한 기준신호이며 수평동기 신호의 화이트 포치에 삽입한 3.58[MHz], 8~12 사이클의 정현파이다.

컬러 부반송파의 주파수는 휘도 신호와의 간섭이 가능한 한 적어지게 선정해야 한다.

부반송파의 주파수(f_{sc})를 수평주파수(f_h)의 기수/2배로 하면 이 조건이 맞는다. 또한 수평주파수(f_h)의 정수배가 4.5[MHz]가 되도록 수평주파수를 선정하면 NTSC 내에서 기수값이 455이고 수평주파수를 15,750[KHz]로 하면 부반송파 주파수는 15,750[KHz]×(455/2)=3.583125[MHz]가 된다. 그러나 15,750[KHz]의 정수배가 4.5 [MHz]로 정수를 구할 수 없어 4.5[MHz]의 (1/정수)를 만족하고 15,750[KHz]에 가장 가까운 수평주파수(f_h)=4,500[KHz]/286=15,734.26573[Hz]가 된다.

이 값에서 부반송파 주파수(f_{sc})=15,734.26537[Hz]×(455/2) = 3,579,545.455[Hz]가 된다. 따라서 프레임 주파수(f_p)=15,734.26573[Hz]=29.97002996[Hz]

NTSC 방식에서는 f_{sc}=3,579,545.455[Hz]/525=29.97002996[Hz]를 채택하고 이 부반송파 주파수로부터

▷ **수평주파수 = 3,579,545.455[Hz] × (2/455) = 15,734.26573[Hz]**

▷ **수직주파수 = 15,734.26573[Hz] × (2/525) = 59.94[Hz]**

현재 방송국에서는 루비듐 원자발진기로부터 5[MHz]를 분주하는 값을 많이 사용하므로 부반송파 주파수(f_{sc})=5[MHz]×(63/88)=3.57954545[Hz]

부반송파의 주파수는 휘도신호와의 간섭이 가능한한 적어지게 선정해야 한다. 이를 위해서는 [그림1-17]에서 점선으로 표시된 것처럼 휘도신호 스펙트럼의 골에 피크가 나타나는 스펙트럼이 바람직하다. 부반송파 주파수(f_{sc})를 수평주파수(f_h)의 기수/2배로 선정하면 이 조건을 만족한다.또한 텔레비전 송신에서 음성반송파 주파수(f_A)는 영상반송파 주파수(f_V)보다 4.5MHz 높게 설정되어 있다. [그림1-18]에 나타난 휘도신호의 스펙트럼 골 사이에 부반송파의 스펙트럼을 삽입하는 방식을 주파수 간삽(frequency interleaving)방식이라고 한다.

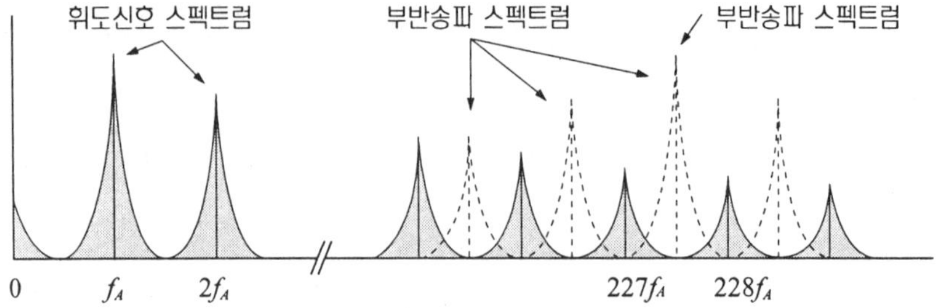

[그림1-18] NTSC방식의 스펙트럼

3) 복합 컬러 영상신호(컴포지트 컬러신호)

복합 컬러 영상신호는 휘도신호에 직각 2상변조에 의해 얻은 반송 색신호가 중첩된 [그림1-20](a)의 파형이 된다. 수직 동기신호 근처에서는 동기신호에 컬러버스트가 부가된 [그림1-20](b)의 파형이 된다. 반송 색신호는 직각 2상변조에 의해 부반송파의 위상이 적, 청 등의 색을 결정하는 색상을, 진폭이 색의 포화도를 나타내는 신호로 되어 있다. 따라서 휘도신호에 중첩되는 부반송파 레벨이 낮은 부분은 진한 색을, 높은 부분은 선명한 색이 된다.

색 동기신호는 수평주사 때 마다 돌발적으로 삽입되기 때문에 컬러버스트 신호(color burst signal)이라고 부르며, [그림1-20]에 나타난 것처럼 버스트 신호는 주사선 번호 10~263 및 273~525의 각 수평귀선기간의 백포치(귀선소거기간에서 동기신호를 제거한 부분을 porch라고 부르고 동기신호보다 시간적으로 앞선 부분을 프론트 포치, 나중 부분을 백포치라고 부른다)에 삽입된다. 버스트 신호는 부반송파 주파수(3.579545㎒)의 정현파이고 각 버스트 기간마다 최저 8사이클로 규정되어 있다.[그림1-19]은 반송파의 위상을 나타낸다. (B-Y)와 180도 차이가 나며, 버스트와 반송 색신호와의 위상관계가 항상 정확하지 않으면 수상기에서 정확하게 색이 재현되지 않는다.

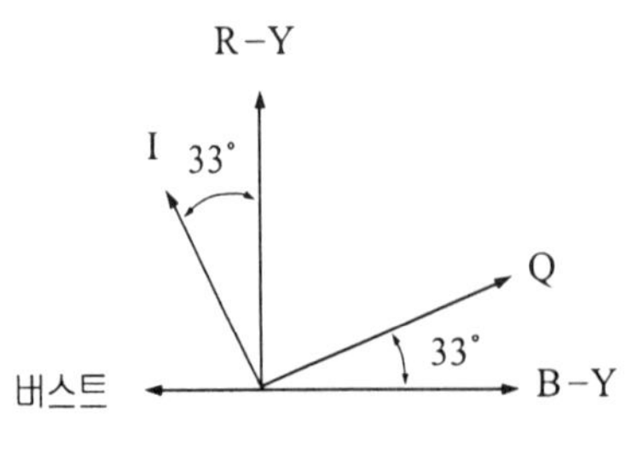

[그림1-19] 반송파의 위상

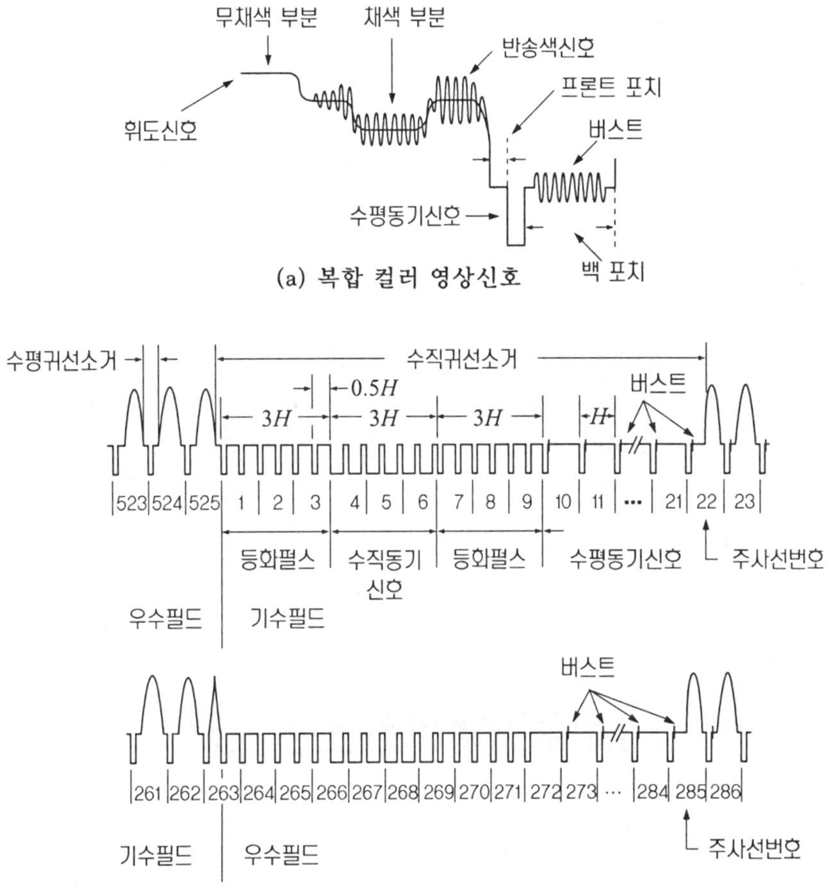

(a) 복합 컬러 영상신호

(b) 컬러 동기신호

[그림1-20] 복합컬러신호

4) 특징

① 화질

컬러텔레비전 시스템은 높은 색 충실도를 갖는 고화질을 재생해야하고, 노이즈, 플리커, 명도, 콘트라스트, 해상도, 화소의 짜임에 대해서 실질적으로 흑백 시스템과 동일한 수준을 가져야 한다.

② 호환성

흑백 수상기에서 이 수상기를 개조하지 않고 고화질을 재생해야 하며, 역으로 컬러 시스템으로 개발된 컬러 수상기는 송신되는 흑백신호를 흑백화상으로 재생해야 한다.

③ 기존 주파수 채널에서의 동작(양립성)

④ NTSC 방식의 주사선이 525개, 60필드=30프레임/초로 구성되어 있다.

5) 사용국가

한국, 미국, 일본, 대만, 필리핀, 버마, 미크로네시아, 캄보디아, 쿠바, 과테말라, 코스타리카, 콜롬비아, 칠레, 트리니다드 토바고, 도미니카 공화국, 니카라과, 아이티, 파나마, 바하마, 버뮤다, 푸에르토리코, 베네수엘라, 온두라스, 멕시코에서 사용한다.

1.4 컬러텔레비전의 원리

우리의 눈에 보이는 자연계의 영상은 무수히 많은 화소로 구성되어 있다. 우리의 눈은 이들 화소를 동시에 지각할 수 있지만 이들 화소의 밝기나 색을 전기적으로 동시에 전송하려면 수많은 전송로를 필요로 한다.

컬러TV의 송 수상 방식은 여러 가지를 생각할 수 있으나, 그 중에서도 NTSC 방식을 중심으로 하여 컬러텔레비전의 원리를 생각해 보기로 하겠습니다.

텔레비전 시스템의 송상, 수상의 원리는 촬상관을 통하여 영상신호의 빛 에너지를 전기에너지로 변환시켜 송신기에서 변조를 시켜 전파를 통하여 전송시킨다. 그러면 수신기에서는 전송된 신호를 받아 검파 과정을 거쳐 수상관에서 전기에너지를 빛 에너지로 변환시켜 화상을 볼 수 있는 과정이 TV의 송상, 수상의 원리이다. [그림 1-21]과 같이 영상을 전기신호로 변환하고 하나의 전송로로 정보를 전달하기 위해서는 적절한 방법으로 영상을 분석하고 시간 축 만으로 표시되는 시계열 1차원 정보로 변환하지 않으면 안 된다.

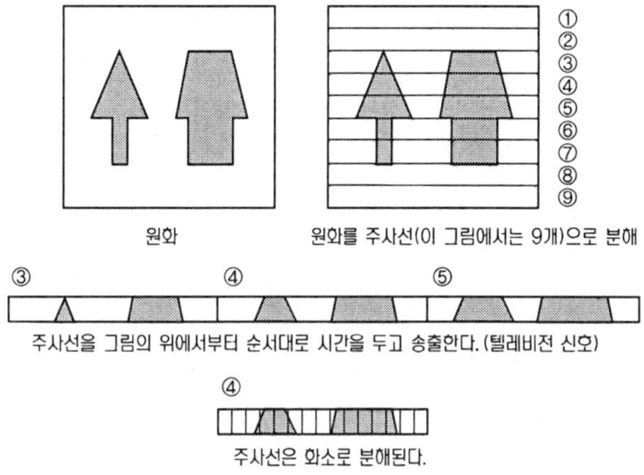

[그림1-21] 텔레비전 신호의 구성

1.4.1 텔레비전 방송의 송신개요

[그림1-22]는 YIQ 신호의 컬러텔레비전의 송신계통도이며 동작 개요는 다음과 같다.

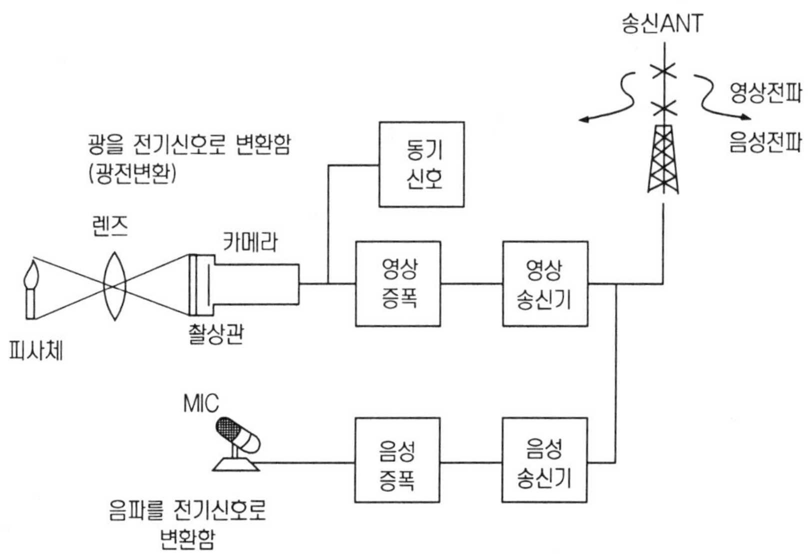

[그림1-22] 텔레비전 송신

카메라에는 R, G, B필터를 사용한 독립된 3개의 촬상관이 부착되어, 포착된 3색광(빨강, 녹색, 파랑)은 독립된 주파수를 통하여 휘도신호, 색상신호를 만들어 주며 동기신호와 음성신호가 감이된 복합영상신호를 송신안테나를 통하여 송신한다.

① 피사체로부터 색광이 발사되어 나오면 다이크로익 밀러에서는 3원색으로 분리하여 촬상관에 보내므로 촬상관에서는 R 신호, G신호, B신호를 각각 발생시켜 내놓게 됩니다.

② 매트릭스(matrix)회로에서는 촬상관에서 발생되어 나온 R신호전압 E_R, G신호전압 E_G, B신호전압 E_B를 적당한 비율로 취하고 합성하여 Y 신호, I신호, Q신호를 만들어 냅니다.

③ 필터회로는 화질과 대역폭을 고려하여 Y신호는 4.2㎒까지만 통과시키고, I신호는 1.5㎒까지 만을 통과 시키며 Q신호는 0.5㎒까지 만을 통과 시킵니다. 그 이상의 높은 주파수는 화질에는 도움이 되지 않고 대역폭만 넓어지게 하기 때문에 제거 합니다. 이와 같은 과정을 통하여 나온 YIQ 신호를 각각 분리해 낼 수가 없기 때문에 평형변조기를 통과시킨 뒤에 혼합하여 송신합니다. I신호와 Q신호로 표현되는 2가지 색정보를 하나의 부반송파로 전송하기 위해서는 부반송파의 3가지 파라메타(진폭, 주파수, 위상) 중에서 2가지 파라메타를 동시에 사용하지 않으면 안 된다. NTSC방식에서는 진폭과 위상의 변화를 이용한 [그림1-23]과 같이 직각 2상변조(quadrature phase modulation)를 채택하고 있다. 직각 2상변조는 서로 90도 위상차를 갖는 부반송파를 각각 반송파억압 진폭변조를 하여 직교한 2개의 부반송파를 벡터 합성하면 얻을 수 있다.

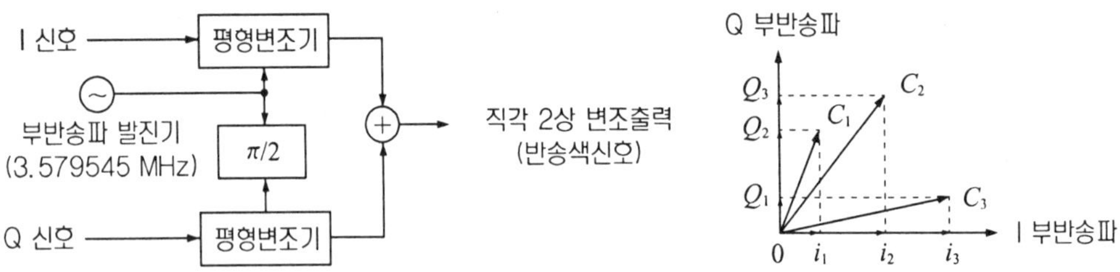

(a) 직각 2상 변조기 (b) 직각 2상 변조의 벡터

[그림1-23] 직각 2상변조

ⓐ 평형변조기의 출력파형(측대파)의 진폭은 입력신호의 진폭에 비례한다. 이때 진폭은 입력변조 신호의 +, −에 상관없이 그 진폭에 비례한다. 따라서 화면이 백색 또는 흑색일 경우 입력변조 신호가 제로가 되기 때문에 평형변조기의 출력파형도 제로가 된다.

ⓑ 평형변조기의 출력파형의 위상은 입력변조 신호가 +와 −로 변하는 데 따라서 180도 변화한다.

④ 측파대 필터회로에서 나오는 I신호를 포함하고 있는 측파와 평형변조회로에서 나오는 Q 신호를 포함하고 있는 측파가 합해져서 혼합기(애디)에 공급되는데 ,이 신호를 가리켜 반송 색신호라고 합니다.

ⓐ 색차신호의 생성원리

I축 방향(시안)에 대한 인간의 시력은 어느 정도 세밀한 부분까지 색을 느끼지만 Q축 방향(황록)에 대한 시력은 떨어진다. NTSC 방식에서는 R−Y, B−Y를 I(in phase : 동상 성분)와 Q(quadrature phase : 직교성분)로 좌표축을 변환한 색차신호를 이용한다. I 및 Q신호가 얻어진다.

I신호와 Q신호로 표현되는 2가지 색정보를 하나의 부반송파로 전송하기 위해서는 부반송파의 3가지 파라미터(진폭, 주파수, 위상) 중에서 2가지 파라미터를 사용하여야 한다.

$$I = 0.74(R-Y) - 0.27(B-Y) = 0.60R - 0.28G - 0.32B$$
$$Q = 0.48(R-Y) + 0.41(B-Y) = 0.21R - 0.52G + 0.31B$$

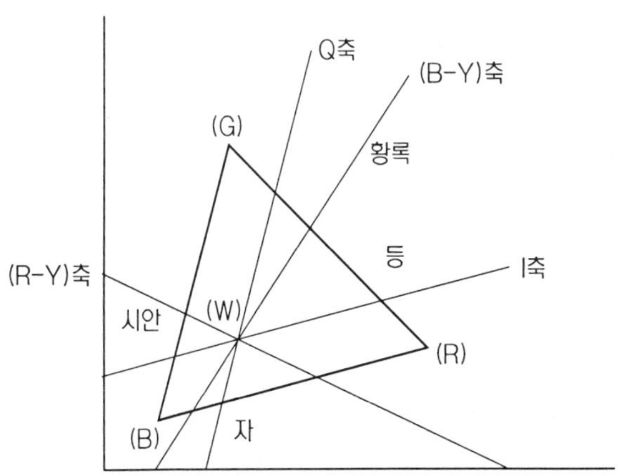

세밀한 부분까지 색을 느끼는 I신호는 1.5[㎒], 시력이 떨어지는 Q신호는 500[㎑]로 주파수 대역을 제한한다.

[그림1-24] 색도도상에 나타난 I 축과 Q축

I축(주황과 파랑을 연결)
→ 눈에 민감한 축
Q축(풀색과 붉은보라를 연결)
→ 눈에 둔감한 축

ⓑ 색신호의 전송

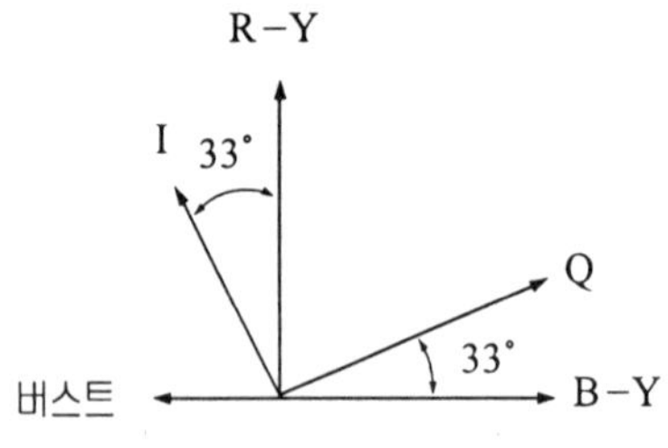

[그림1-25] 반송파의 위상

NTSC 방식에서는 진폭과 위상의 변화를 이용한 직각 2상 변조(Quadrature phase modulation)를 채택하고 있다.

반송파 색신호는 직각 2상 변조에 의해 부반송파의 위상이 적, 청, 등의 색을 결정하는 색의 포화도를 나타낸다. 따라서 휘도신호에 중첩되는 부반송파의 레벨이 낮은 부분은 진한 색이, 높은 부분은 선명한 색이 된다. 한편 부반송파의 위상이 색상을 나타내지만 반송파 색신호에는 반송파 억압변조에 의해 위상의 기준이 되는 성분이 빠져 있다. 이 때문에 색의 기준을 정해주는 색 동기 신호를 동시에 전송해야 한다.

버스트 신호는 10~263, 273~525의 각 수평귀선기간의 백 포치(귀선소거기간에서 동기신호를 제거한 부분을 Porch라고 부르고 동기신호보다 시간적으로 앞선 부분을 프런트 포치, 뒤진 부분을 백 포치라 한다) 컬러(3.57954㎒) 정현파이며, 각 버스터 마다 최저 8사이클로 구성되어 있다.

⑤ 혼합기에서는 휘도신호 (Y)와 반송색신호(I,Q)및 버스트신호를 혼합하여 컬러합성 영상신호를 만든 다음 이것을 송신기에 보낸다. 컬러 영상신호는 수평, 수직, 귀선소거, 등화펄스 등을 포함시켜 송신합니다.

⑥ 송신기에서는 송신기 자체 내에서 발생시킨 VHF(또는 UHF)출력을 혼합기에서 공급해 주는 컬러합성 영상신호로서 진폭 변조시켜 공간에 전파로 발사시킨다. 이때 별도로 주파수 변조된 음성 반송파도 함께 발사합니다.

ⓐ 컬러텔레비전의 변조방법

컬러텔레비전의 텔레비전 방송은 영상신호를 진폭 변조, 음성신호를 주파수 변조하고 있다. 직류부터 약 4㎒까지의 주파수 대역이 존재하는 영상신호를 양측파대 주파수 변조하면 약 8㎒의 전송대역을 필요로 한다. 대역폭을 좁게 하기 위해서는 단측파대 진폭변조(SSB, single sideband)를 고려할 수 있는데, 변조신호를 직류까지 고려하지 않으면 안 되는 영상신호에서는 완전한 단측파대로 하는 것은 곤란하다. 따라서 하측파대를 1.25㎒까지 남겨 둔 잔류측파대 변조(VSB : vestigal sideband)를 텔레비전 방송에 사용하고 있다. 제거된 측파대의 일부는 영상신호의 매우 적은 면적을 나타내는 부분에 해당되므로 화질에 영향이 거의 없다. 또 음향신호는 영상 반송파로부터 4.5 MHz 떨어진 대역에 반송파를 설정하여 주파수변조(FM 변조)를 한다.

주파수 채널 주파수 대역 6MHz 대역에 영상신호와 음성신호를 동시에 변조시켜 송신주파수(RF 신호)에 실어 전송한다.

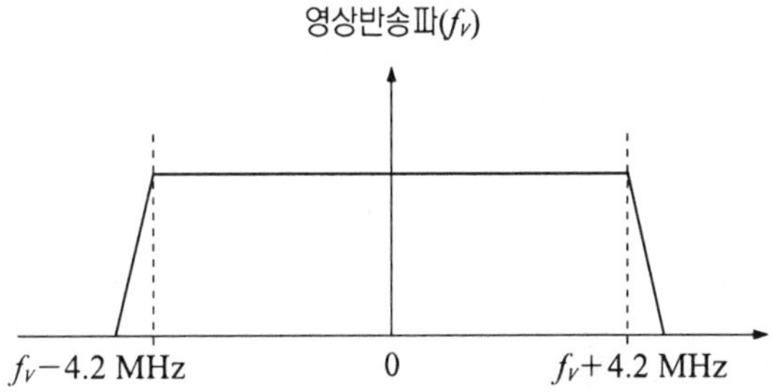

[그림1-26] 양측파대 진폭변조방식

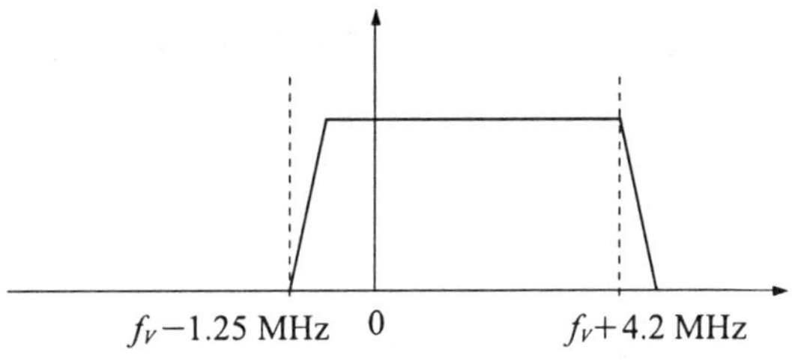

[그림1-27] 잔류측파대 진폭변조방식(VSB)

ⓑ CH6의 주파수대역 전송의 예

텔레비전 방송 1채널의 대역폭은 [그림1-28]처럼 6MHz가 되고, 현재 우리나라에서는 90MHz에서 770MHz사이에 할당되어 있다. 음성반송파의 송신출력은 영상반송파의 1/4(-6dB)이다. CH6의 주파수대역(82~88MHz)에서 영상반송파 주파수가 하한에서 1.25 MHz높은 83.25MHz에 위치하고 ,음성반송파 주파수는 상한에서 0.25MHz 낮은 87.5MHz에 위치하고, 색부반송파는 영상반송파보다 3.58MHz높은 86.83MHz에 있다.

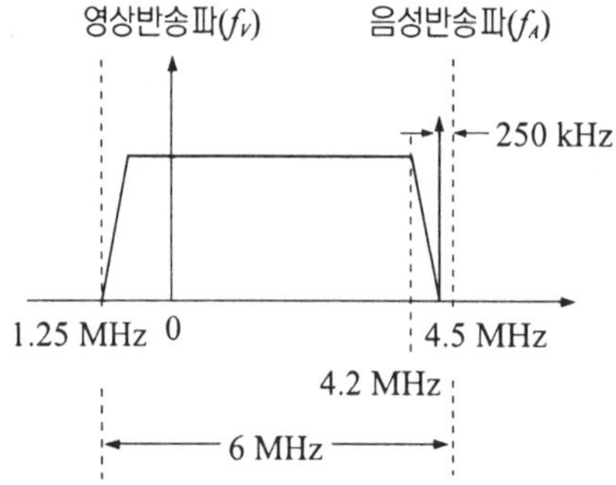

[그림1-28] 텔레비전 채널의 스펙트럼

참고 : 텔레비전 방송의 수신 주파수 범위

▷ VHF : High 174[MHz] ~ 216[MHz]

Low 54[MHz] ~ 88[MHz]

▷ UHF : 470[MHz] ~ 890[MHz]

1.4.2 컬러텔레비전의 수신 개요

TV회로는 영상 수신계 회로, 영상 회로, 동기 및 편향 회로, 음성 회로, 전원 회로로 구성되며 수상기의 안테나 단자에 가해진 VHF대역 또는 UHF대역의 신호 중에서 수신하고자 하는 채널의 신호를 선택하고, 이를 증폭, 검파하여 컬러 영상 신호를 만드는 회로이다.

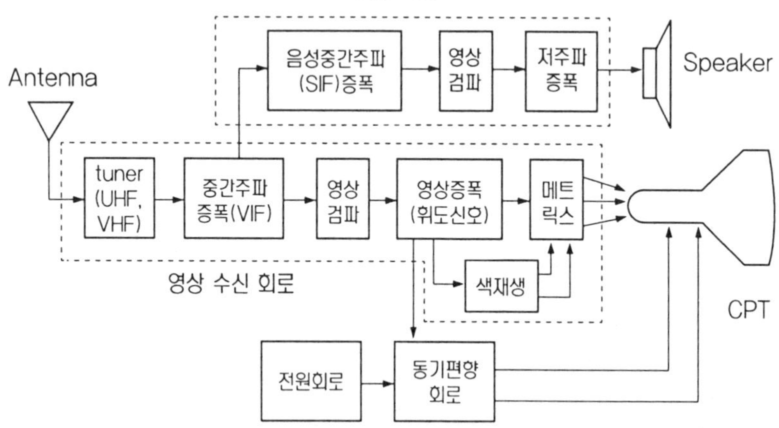

[그림1-29] 컬러 TV 수상기

1) 튜너회로

영상수신회로에서 튜너는 일반적으로 UHF용과 VHF용으로 회로가 나누어진다. 안테나로 수신되는 텔레비전 전파를 선택하여 증폭하며 선택한 대역의 RF 신호는 발진기에 의하여 만들어진 정현파와 혼합된다. 여기서 발진기는 영상 RF 반송파에 45.75[MHz]를 합한 정현파 주파수를 생성한다. RF 증폭기, 발진기 및 혼합기를 합쳐서 의 튜너라 한다. 튜너회로에서 영상 45.75MHz,음성은 41.25MHz의 중간주파수 신호를 만들며, 수신채널의 영상반송파 주파수(fc1)보다 45.75MHz 만큼 높은 fc2를 국부발진회로에서 발생시켜 f_{c1}과 f_{c2}를 혼합하면 $f_{c2}+f_{c1}$과 $f_{c2}-f_{c1}$의 신호로 주파수 변환하게 된다. 수상기에서는 $f_{c2}-f_{c1}$의 신호로 영상은 45.75MHz, 음성은 41.25MHz의 신호를 사용하고 있다. 튜너회로의 구성은 입력 회로, 고주파 회로, 주파수 변환 회로, 국부 발진 회로로 구성되며 국부발진주파수를 일정하게 유지하기 위하여 자동 주파수 동조(AFT) 회로를 부가한다.

① **고주파증폭회로**

미약한 텔레비전 전파를 받아서 증폭하여 감도 선택도를 높이고, SN비를 개선하여 출력을 크게 합니다.

② **영상 IF증폭회로(VIF : video intermediate frequency)**

중간주파 증폭회로에서는 대역의 특성을 정확히 파악하여 잔류측파대방식으로 보내온 TV 신호의 파형을 정형하여 약 70dB로 증폭한다. 이러한 회로에서 음성과 영상의 신호가 서로 간섭하는 것을 방지하기 위해 음성중간 주파 신호는 트랙으로 감쇠시킴으로서 거의 증폭시키지 않는데, 이를 영상중간 주파수 증폭회로라 한다.

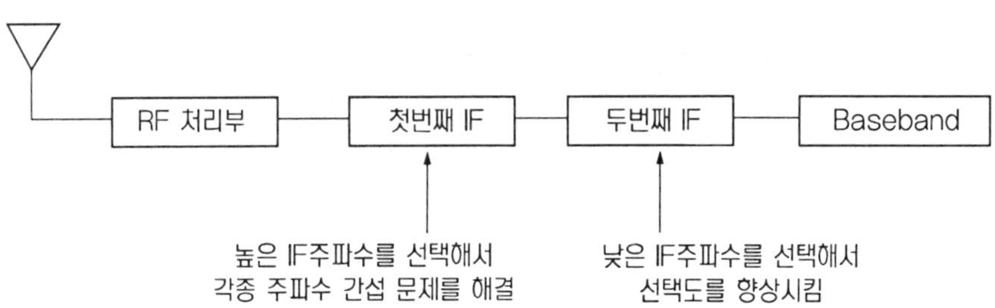

[그림1-30] 주파수변환회로

Common IF frequency	
IF 주파수	주요 이용용도
455 KHz	일반장비
10.7 MHz	일반 수신기
21.4 MHz	고성능 수신기
45 MHz	TV, 셀룰러폰
70 MHz	위성 TV, 군사용
160 MHz	위성장비

2) 음성회로(audio circuits)

영상 IF 신호의 검파과정은 주파수 합이나 차가 만들어짐으로서 영상과 음성 반 성파를 혼합하게 한다. 이는 음성정보를 포함한 45.75MHz - 41.25MHz = 4.5MHz 영역에서 주파수 변조신호를 만든다. 이와 같이 주파수가 변조된 4.5[MHz]의 신호를 음성 IF 신호라고 부르고, 4.5MHz의 중심에 놓인 대역통과 필터에 의한 검파된 영상 IF 신호에서 얻어낼 수 있다. 비트를 영상 중간 주파수 신호에서 분리한 다음, FM복조, 증폭하여 스피커에서 청각신호로 바꾸어 소리를 만든다.

▷ 45.75[MHz]-41.25[MHz]=4.5[MHz]

3) 영상회로(video circuits)

영상회로는 튜너, 영상 중간 주파 증폭 회로, 영상 검파 회로, 영상 증폭 회로,매트릭스 회로로 구성된다.

① **영상 중간 주파(VIF) 증폭회로**

튜너에서 출력되는 중간 주파수로 바뀌어 진 신호를 일정한 진폭으로 증폭하는 회로

▷ 수상기에서 필요한 이득, 대역폭, 선택도 등의 특성을 결정

② AGC **회로**

입력신호의 세기가 변동하거나 전파의 세기가 다른 채널을 선택하게 되면 화면의 콘트라스트가 변하므로 이를 방지하기 위하여 자동적으로 이득을 제어하는 회로

③ **영상 검파(VD) 회로**

고주파증폭부에서 공급한 고주파신호를 검파하여 컬러 합성영상신호를 얻습니다.

- VD 회로 : 영상 중간 주파 신호를 검파하여 합성 영상 신호로 출력하는 회로

④ Y 신호증폭

영상검파회로에서 나온 휘도신호(Y)를 충분한 크기로 증폭하여 매트릭스 증폭회로에 보내줍니다.

▷ RGB 복호기

영상 검파 회로의 출력인 합성 영상 신호로부터 CRT에 화면을 재현→3개의 원색 신호와 수평 및 수직 동기 신호를 추출

▷ 컬러 킬러 : 흑백TV전파를 수신하였을 때 컬러버스트가 없는 것을 이용하여 색도 신호 증폭기의 동작을 중지시키는 회로

▷ ACC 회로 : 휘도신호와 색도신호와의 진폭비를 항상 일정하게 유지시키는 자도 채도 제어회로

4) 동기 회로

① **진폭 분리 회로 :** 텔레비전 영상 신호의 진폭 중에서 25%를 동기 신호가 차지하고 있으므로 그 진폭차를 이용하여 동기 신호를 영상 신호로부터 분리하여 수평 편향 회로와 수직 편향 회로를 동기 시키는데 사용

② **주파수 분리 회로 :** 동기 신호는 폭이 좁은 수평 동기 신호와 폭이 넓은 수직 동기 신호를 포함하고 있으므로, 주파수 성분의 차를 이용하여 이들을 다시 분리한다. 즉, 저역 필터 작용을 하는 적분 회로로 수직 동기 신호 60[Hz]를 분리할 수 있고, 또 고역 필터 작용을 하는 미분회로로는 수평 동기 신호 15,750[Hz]를 분리할 수 있다.

5) 편향 회로(deflectioncircuits)

촬상관, 수상관의 주사는 전자빔을 좌, 우, 상, 하로 움직임으로써 수행한다. 이 전자빔을 움직이는 것을 편향(deflection)이라 한다. 편향 방식에는 정전편향과 전자편향이 있고 텔레비전 촬상관, 수상관에는 전자편향이 이용된다.

편향회로는 전계 또는 자계를 만들고 그 세기나 방향을 바꾸어 전자 비임의 방향을 변화시켜주면서 주사면상의 주사 점의 위치를 마음대로 제어할 수 있다. 전자빔을 수평방향으로 편향시키는 것을 수평편향이라고 한다.

촬상관이나 수상관의 전자 비임을 편향시키면서 수평 및 수직편향용 코일을 마련하고 톱니파 전류를 흘려서 전자적으로 편향시켜야한다. 하나의 화면을 주사하려면 수평 및 수직의 편향을 일정속도로 할 필요가 있고 1 방향의 주사가 끝나고 다음 주사에 옮기는 시간 즉 귀선시간은 되도록 짧게 하지 않으면 안 된다.

우리나라의 텔레비전 방송의 표준방식에 의한 수평, 수직주사 톱니파를 나타낸 것으로 수평주사에는 약 15,750㎐ 수직주사에는 약 60㎐의 주파수가 사용된다.

① **수직 편향 회로 :** 톱날파 전압을 발생시키는 수직 발진 회로와 증폭 회로, 파형 정형 및 출력 회로로 구성되어 수직 방향의 화면을 조립하는 회로. 수직 편향코일에 60[㎐]의 톱날파 전류를 흘려주기 위한 회로

▷ 수직 발진 회로 : 톱날파 발생

② **수평 편향 회로 :** 수평 편향 코일에 15,750[㎐]의 톱날파 전류를 공급하는 회로

6) 전원회로

TV 수상기에는 회로를 동작시키기 위해 필요한 전력을 공급시키는 전원회로가 설치된다. 교류 전원을 직류 전원으로 바꾸어 각 회로에 공급하는 역할

7) 수상관(CRT; cathode ray tube)

색채 신호에 의하여 제어되는 전자 빔을 이용하여 R, G, B의 형광체가 발광하게 하여 컬러 화상을 재현시키는 것

8) 변조 방식

① 영상 변조 방식

TV 송신기의 변조 방식에는 저전력 변조 방식, 고전력 변조 방식, 중전력 변조 방식이 있으며 중간주파 방식인 중전력 변조 방식이 많이 사용된다.

② 음성 변조 방식

TV의 음성 변조 방식에는 FM 변조 방식을 사용한다.

③ 위상 변조 방식

음성 신호를 주파수에 역비례하는 필터 회로를 거쳐서 변조기에 가하고 이 필터에 시정수를 결정하며 프리엠퍼시스 특성을 갖는 주파수를 변조하는 방식으로, 스테레오 변조 방식이며 수정 발진기를 사용한다.

9) 클라이스트론 전력 증폭기

UHF대에서 대전력을 위하여 진공관 대신 클라이스트론(klystron)을 사용한다.

클라이스트론을 사용하면 전력 이득이 크고, 조정이 용이하며, 동작이 안정되고 수명이 긴 장점이 있는데 반해 모양과 중량이 크며, 가격이 비싸고, 능률이 나쁘고 고전압이 필요하며, 관의 예열 시간이 긴 단점이 있다.

1.5 텔레비전 신호측정

TV에서 영상품질을 측정하는데 TV에서 신호를 전송한다는 것은 파형을 전송하는 것이 되기 때문에 전송로 상에서 전송 신호의 진폭, 위상 주파수 등의 요소에 대한 특성을 유지할 수 있는 관리를 필요로 한다. 따라서 영상품질을 유지 정도를 나타내는 각각의 파라미터에 대한 특성을 고려하여야한다.

1) 해상도(resolution)

영상을 재현하는 경우 피사체의 세부를 어느 정도 정밀하게 재현하는가의 정도를 해상력 혹은 해상도라고 하며, 해상도는 수직 해상도와 수평 해상도로 분류하여 설명된다.

2) 스트리킹(streaking)

TV 화상을 전송하는 과정에서 발생할 수 있는 왜곡의 한 형태로 특정한 화면에서 오른쪽 변의 휘도가 변화하는 현상을 말하며, 구형파의 경우를 고려해서 나타내면 다음과 같다.

3) 스미어(smear)

TV 영상 신호에서 영상 신호에서 오버슈트, 하이라이트 등과 같은 영역에서 오른쪽에 백색 또는 흑색의 짧은 꼬리가 나타나는 현상을 말한다.

4) 링깅(ringing)

전기회로에서 이용되는 신호의 과도현상의 원인으로 파형의 상승부분에 진동이 발생하는 것으로 TV에서 사용되고 있는 영상회로에서 링킹 현상이 발생하면 화면 가운데 흑에서 백으로 변화되는 곳에 흑백 형태의 진동성 무늬가 나타나게 되는 현상을 말한다.

5) 고스트(ghost)

다중 경로로 인해서 반사파가 많은 경우 직접파와 간접파 사이에 간섭이 일어나는 현상으로 TV 화면이 이중, 3중으로 겹쳐서 비치는 현상으로 화상의 우측에 나타나며, 화면의 정상적인 위치에서 오른쪽에 반복되어 나타나는 거짓영상을 말한다. 등을 들 수 있다.

▶ GCR(Ghost Cancelling Reference)

고스트 현상을 제거하는 기준을 말하며, 고스트 현상을 제거하기 위해서 먼저 고스트의 존재 여부를 확인하는 방법으로는 알고 있는 채널의 임펄스 응답인 감쇄 상수와 지연 시간을 전송하는 경우 상호간에 미리 알고 있는 약속된 기준 파형 신호를 화상 신호가 전송하지 않는 비 유효 라인에 동시에 전송하여 시스템제어부에서 이 신호를 통과시키면서 감쇄의 정도 및 지연 시간 정도를 관측하여서 임펄스 응답 정도를 추적하는 제어를 말한다.

▶ 수평 주사의 52[μsec]이고 가로 39[cm], 우측 3[cm]일 때의 ghost의 크기를 구하하면

$$\text{고스트의 크기} = \text{수평주파수} \times \frac{\text{우측의 길이}}{\text{가로의 길이}} = 52[\mu s] \times \frac{3[Cm]}{39[Cm]}$$

인 관계식을 통하여 구해진다.

6) 휘도 신호와 색도 신호의 분리에 기인하는 방해

① 크로스 루미넌스

색도 신호가 휘도 신호에 혼입되어 발생하는 방해, 특히 영상의 윤관 부분에서 쉽게 눈에 띔

② 크로스 컬러

휘도 신호중에서 주파수가 높은 성분이 색도 신호에 혼입되는 것

7) 비월주사 방식에 의한 방해

① 라인 떨림

인터라인 플리커. 비월 주사하고 있는 주사선의 위치가 불확정하기 때문에 발생

② 라인 크롤링

화면의 위쪽에서 비교적 천천히 움직일 때 윤곽부에서 톱날 모양이 눈에띄는 방해로 자막이 움직일 때나 가로줄 무늬가 반복되는 모양의 그림에서 주사선이 상하로 흘러 보이는 것

③ 미스랜딩

3개의 전자총에서 방사되는 전자 빔이 각각의 대응하는 색의 형광체에 닿지 않고 다른 색의 형광체에 닿아서 발광되는 것 → 색무늬 발생 → 보정 : 퓨리티 자석이라 불리는 2매의 고리 모양의 자석으로 자기장을 바꾸어 전자 빔의 궤도를 조정

▷ 색오차는 편향각이 클수록 현저, 색오차를 수정하는 것→컨버전스 조정

어두운 장소에서 밝은 장소로 차가 이동할 경우, 밝기의 변화에 따라서 차의 색이 변화하면 부자연스럽다. 이와 같은 현상은 전송계의 비직선 부분에 있는 왜곡에 의해 발생한다. 전송계의 비직선 왜곡을 표현하기 위해서 보통

8) 미분이득(DG : Differential Gain), 미분위상(DP : Differential Phase)

DG는 소진폭의 부반송파를 중첩한 휘도신호(램프 파형, 계단파를 사용하는 경우도 있다)에서 분리한 부반송파 레벨의 변화로부터 [그림1-31]에 따라 정의되고, DP는 부반 전송계에서 휘도신호와 반송 색신호의 지연시간차(군지연특성)가 크면 색의 번짐으로 나타난다. 보통 스튜디오 내의 전송에서는 문제가 없지만 송신기에서는 특히

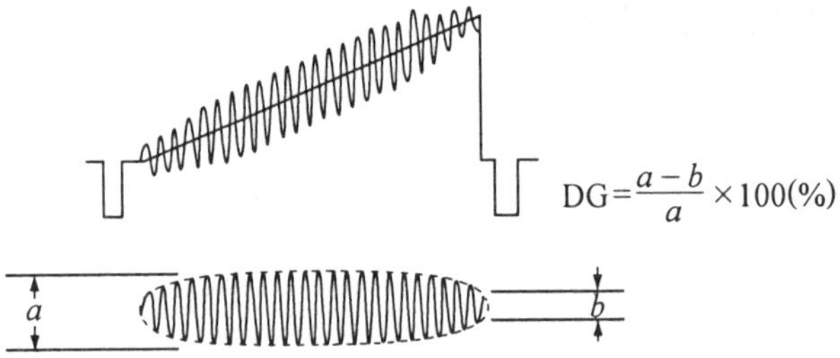

[그림1-31] 반송파의 위상

주의하지 않으면 안 된다. 수상기에서도 마찬가지로 군지연 특성에 주의를 기울이지 않으면 안 되지만 수상기에서 발생하는 군지연에 대해서는 송신기측에서 역 보정한다.

연습문제

01. 종횡비(aspect ratio), 콘트라스트(contrast), 휘도(brightness), 해상도(resolution)를 정의하시오.

02. 색상(hue)에 대하여 설명하시오.

03. 가색법과 감색법에 대하여 설명하시오.

04. 비월주사에 대하여 설명하시오.

05. 텔레비전의 송, 수신원리에 대하여 설명하시오.

06. CH9의 주파수대역에서 반송파구성 스펙트럼을 그리고 설명하시오.

07. 텔레비전 편향(deflection)에 대하여 설명하시오.

08. 색의 3속성에 대하여 설명하시오.

09. 텔레비전 IF 주파수에 대하여 설명하시오.

10. 동기신호의 종류를 들고 설명하시오.

11. DG/DP에 대하여 설명하시오.

제2장 텔레비전 시스템과 스튜디오기술

2.1 컬러 텔레비전 시스템

2.1.1 카메라 시스템

텔레비전시스템의 핵심부는 카메라이다. 방송국에서 주로 사용하고 있는 카메라는 스튜디오 카메라로 유압식 페데스탈 위에 장착되어 있다.

또한 뉴스를 취재할 때는 ENG 카메라인 베타캄 카메라를 사용함으로써 해상도와 질을 만족시켜 주고 어깨를 올려놓고 찍을 수 있도록 하는 요구를 충족시켜 준다. ENG 카메라는 충전지로 동작되는 휴대용 카메라이다. ENG 카메라는 컴포지트 영상 신호를 만들어내는데 이 신호는 보조 장치에 의하여 비디오테이프에 녹화할 수도 있고, 생중계를 위하여 마이크로웨이브로 스튜디오로 보낼 수도 있다.

카메라는 카메라 렌즈, 광학 시스템, 촬상관, 카메라 헤드, 프리앰프, 컨트롤 포인드와 연결해 주는 케이블, 래크에 장착된 컨트롤 장비, 컨트롤 패널 또는 콘솔 등으로 구성되어 있다.

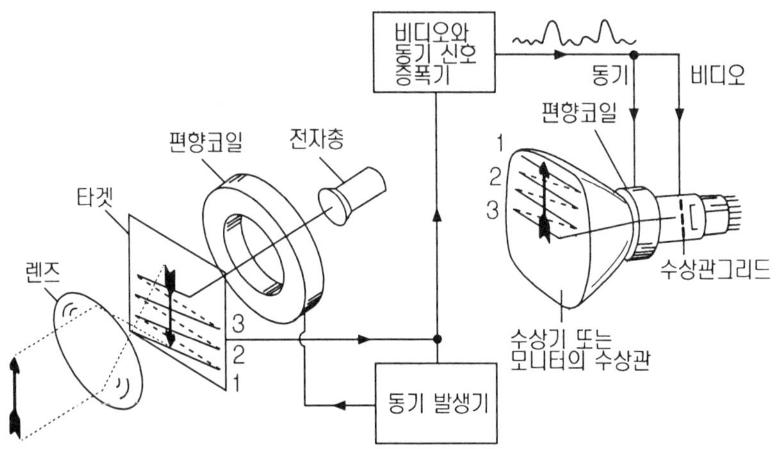

[그림2-1] TV 영상 기본시스템

1) 카메라 신호의 흐름

현재에는 촬상관(Pickup trbes) 소재로 CCD라 불리는 영상소자를 사용한다. 렌즈를 통해 입사한 빛으로 만들어낸 상(image)을 CCD의 촬상소자에 맺히게 한 다음, 여기서 얻어지는 모자이크 형태의 영상정보를 이미지 프로세서로 보내어서 컴퓨터를 통해 불러와서 모니터를 통해 보거나 혹은 포토프린터를 사용하여 바로 인화지에 출력 가능한 컴퓨터파일을 생성하게 한다.

촬상장치(CCD)는 빛을 영상신호로서의 전기에너지로 변환시키고 이 신호가 증폭처리되어 테이프 상에 기록되거나 안테나를 통해 전송되는 것. 이렇게 전송된 전기신호를 영상으로 변화시켜서 우리가 다시 텔레비전 수상기나 모니터를 통해 화면을 보게 된다.

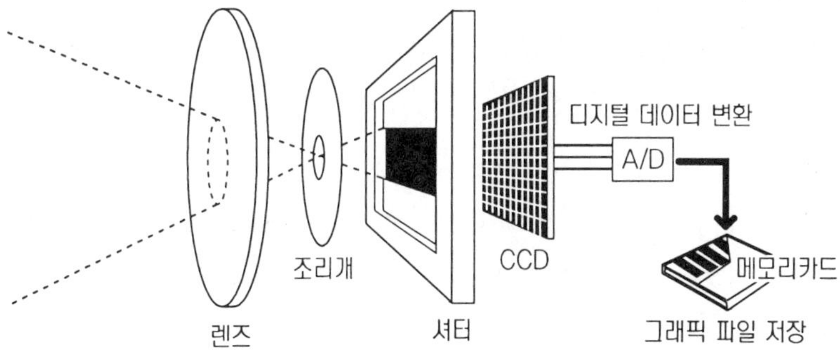

[그림2-2] 디지털 카메라의 구조

2) 비디오카메라의 구조

비디오카메라의 구조는 크게 빛을 모아 영상으로 만드는 렌즈부와 그 빛을 기록해 저장하고 전기신호로 변환시키는 촬상장치(CCD), 이러한 전기에너지를 저장하는 녹화부 또는 송출부, 그리고 촬영하려는 영상의 상태를 보고 확인할 수 있는 뷰파인더, 그리고 현장의 소리를 기록하는 마이크부와 카메라에 전기를 공급하는 전원부(battery 또는 AC)로 구성된다.

① 렌즈

촬영하고자 하는 피사체에서 반사한 빛을 받아들여 모으고 빛의 양을 조절하여 영상을 만드는 장치이다.

TV 카메라에 사용하는 렌즈는 줌(zoom)이라고 하는 가변초점거리를 갖는 렌즈를 사용한다. 모든 카메라는 줌 제어기 또는 전기모터 제어기를 조정하여 매우 넓은 각도에서 매우 좁은 각도까지의 신축성 있는 클로즈업을 할 수 있다. 수동 줌 제어기는 렌즈를 카메라에서 탈거시킬 때 분리 가능한 유연한 케이블로 렌즈에 연결된다.

② CCD

카메라 필름에 해당되는데 맺혀진 화상을 빛의 강약에 따라서 전기신호의 강약으로 변환시키는 역할을 한다.

CCD는 수십 만 혹은 수백만 개의 화소(픽셀)로 이뤄져 있는데 화면의 섬세함의 척도인 해상도를 결정하는 것은 이 화소가 CCD안에 얼마나 많이 집적되어 있는가를 가지고 구분된다.

③ **빔 스플리터(beam splitter)**

빛을 광학적으로 3원색으로 분해하는 장치이다. 프리즘 블록을 이용해 빛의 3원색인 RGB로 분리하는 역할을 한다.

④ **뷰파인더**

촬영하려고 하는 영상을 카메라로 보고 판단할 수 있도록 만드는 장치로서 렌즈에 의해 포착된 영상 자체를 보는 것이 아니라 촬상장치인 CCD를 통과해 전기신호로 바뀐 영상을 다시 원래의 영상으로 변환한 이미지를 보는 것이다.

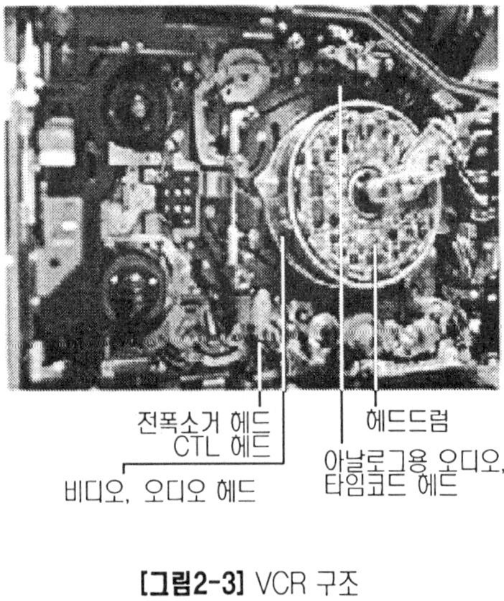

[그림2-3] VCR 구조

⑤ **녹화부**

VTR(videotape recorder)을 말하는데 카메라 VCR과 테이프의 구조는 [그림2-3]과 같다.

ENG와 같은 일체형 카메라에서의 녹화부는 카메라의 헤드부서에서 만들어진 전기신호의 형태로 변환된 영상신호를 테이프의 자기를 이용해 전기신호로 기록하는 역할을 담당한다.

⑥ **셔터 스피드**

하나의 화면이 보이는 시간이 1초인데 이 기준을 바탕으로 삼아 이보다 느린 속도인 1/30초 또는 1/15초, 1/8초, 1/4초 등의 셔터 스피드로 촬영하는 것을 저속 셔터라하며, 1/60초보다 빠른 속도인 1/125초, 1/250초, 1/500초 이상의 속도로 촬영하는 것을 고속 셔터라고 한다.

⑦ **화이트밸런스**

조명이 바뀌어도 카메라가 흰색을 원래 색대로 희게 재현할 수 있도록 조절하는 작업을 말한다.

3) 텔레비전 촬상관(Pickup trbes)

카메라에서 촬상관은 앞부분에 타겟이라 불리우는 감광영역을 가지고 있다. 타겟이 전자빔과 충돌하면 촬상관 표면의 밝기 정도에 따라 전류흐름에 대한 저항치가 변화한다. 밝기가 강할수록 전자빔의 전류가 커진다. 밝기가 약할수록 전자빔의 전류도 약해진다. 전자빔이 타겟영역을 주사하면 전류는 타겟의 광량에 따라 변한다. 타겟에 화상이 유입되면 빔 전류는 빔이 부딪치는 곳의 광 레벨에 정비례하여 변화한다. 빔이 래스터를 형성하기 위해 편향된 이후, 빔 전류의 변화는 광학적 화상정보를 전자신호로 표현하는데 사용될 수 있는 연속 가변전류가 된다. 이러한 일련의 전자적 변화를 비디오 신호라 한다.

비디오는 선과, 화소 단위로 생성되며 카메라 촬상관과 수상관 양측 사이에 상호동기되어 빔이 운동하도록 하는 동기 펄스가 존재하므로 카메라에서 일어난 일을 수상관에 그대로 재현할 수 있게 되는 것이다. 빔이 수상관의 화면을 운동하면서 카메라로부터 나오는 비디오 신호에 의해 변조된다. TV카메라에서의 주사와 동기와 촬상관 타겟에 생성된 영상정보 신호와 동기의 조합에 의해 수상관의 인광물질 상에는 흑색, 회색, 흰색의 계조를 갖는 가용의 화상이 생겨나게 된다. 카메라 촬상관의 타겟영역에 광학적으로 초점이 맞춰진 화상과 동일한 흑백화면을 얻게 된다. 이것이 TV화상이 발생, 생성되는 방법이다. 컬러 TV 카메라에 사용되는 촬상관은 세 가지의 기본적인 종류가 있다.

(1) 촬상관의 종류

비디콘의 종류에는 antinomy trisulphate 비디콘, 산화납 비디콘이 있다. 감도가 좋으며 스튜디오 생방송용 카메라에 주로 사용하는 촬상관을 새티콘이라 한다. Saticon 비디콘은 셀레늄(Selenium), 비소(arsenic), 텔레륨(tellurium)의 합금을 사용하며 RCA가 광전도체로 개발한 것이다. Saticon은 보통 비디콘들의 1/10의 빛을 가지고도 다른 종류의 비디콘보다 훨씬 높은 해상도를 갖는다. 또한 네덜란드의 N.V philips에 의하여 만들어진 모든 산화납 비디콘를 플럼비콘(Plumbicon)이라 한다.

(2) 전하-결합 소자(Charge-Coupled Device)

전하-결합 소자 (CCD)들은 촬상관들이 갖는 대부분의 문제점들을 해결한다.

CCD는 빛을 전기 신호로 변환시켜 화상을 얻어내는 센서이다. 전하결합 소자라고도 하며 구조는 빛을 전기적 신호로 변환하는 광전변환 부분과 변환된 전하를 저장했다 전송하는 전송 부분으로 구분된다.

4) 프리앰프

비디콘 촬상관에 의해 만들어진 영상신호는 증폭하기위한 장치이다.

비디오 콘의 배열은 [그림2-4]와 같으며, 타겟으로부터 신호를 옮기는 접촉부와 물리적으로 바로 인접해 있는 고 이득 회로이다. 타겟 신호는 너무 약해서 먼 거리를 이동하거나 너무 빠르게 이동하면 이질의 간섭과 왜곡을 야기한다. 프리앰프는 간섭이나 왜곡 없이 다음 과정을 수행할 수 있게 약한 신호의 전압을 증폭시켜 주는 회로이다.

5) 영상 처리 증폭기(Video Processing Amplifler)

프리앰프에서 증폭된 영상신호의 레벨을 정확한 레벨로 일정하게 증폭시켜 영상조정 콘솔에 공급시키는 장치로 구조는 [그림2-5]와 같다.

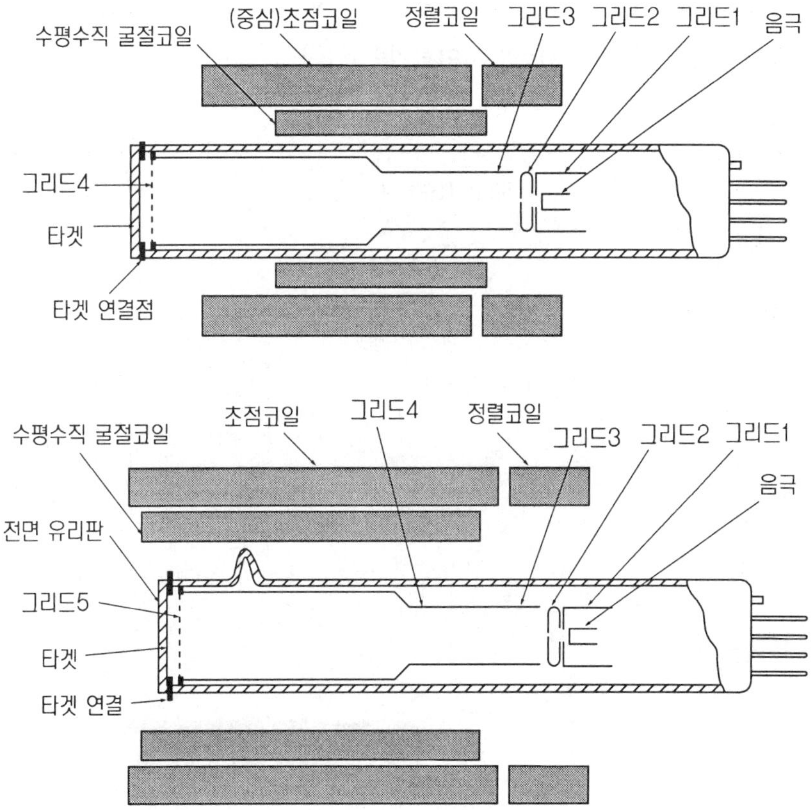

[그림2-4] 비디오콘의 배열

2.1.2 카메라 설비 셋업

스튜디오 카메라는 3~5대가 표준적이다. 그중에서 필요에 따라 1~2대를 핸디(handy) 카메라 또는 크레인(crane) 카메라로 사용한다. 각 카메라는 카메라 헤드부, 카메라 제어부(부조정실의 카메라 제어탁자에 설치)로 [그림 2-5]와 같이 구성된다.

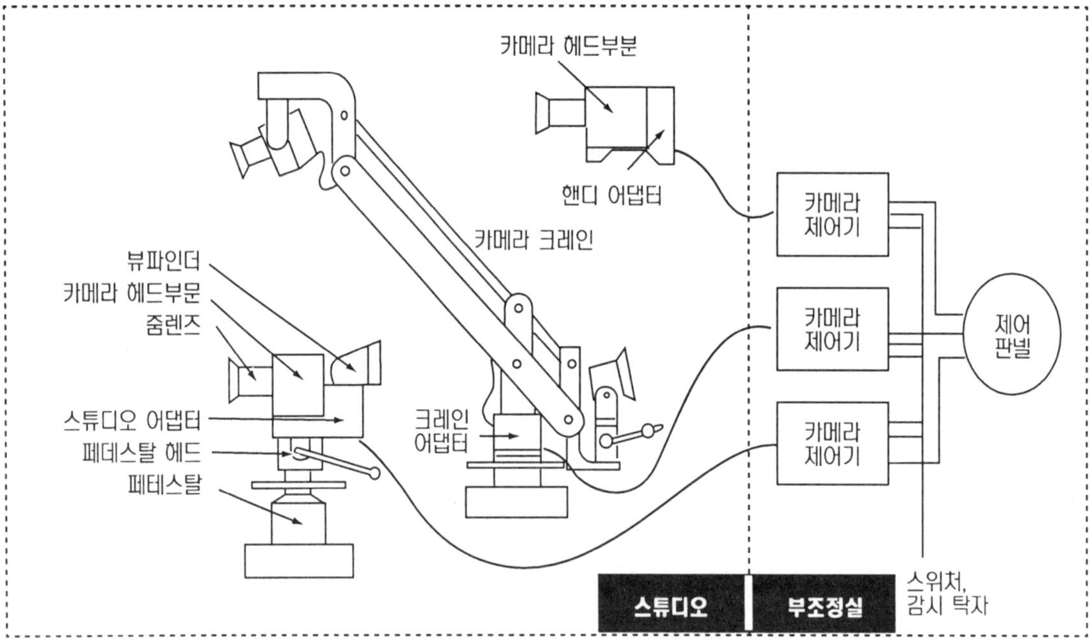

[그림2-5] 스튜디오카메라 설비 구성도

(1) 전원공급(power on)

카메라 콘솔에 있는 보조 스위치를 누른다. 이 스위치는 전원장치를 켜주고 랙에 있는 카메라장치를 동작시킨다.

(2) 카메라 온(camera on)

카메라 조정 콘솔에서, CAM 버튼을 누르면 램프가 점등된다. 전원장치에서 카메라 헤드에 전원이 공급되어 카메라가 동작된다.

(3) 빔

세 개의 빔 스위치를 눌러 세 개의 플럼비콘(plumbicon)의 빔을 켠다.

(4) 초점

세 화상의 가능한 한 최상의 초점을 얻기 위하여 세 튜브의 전기적 초점을 조정한다.

(5) 레지스트레이션(Registration)

레지스트레이션 과정에는 카메라 헤드에서 세 카메라의 래스터가 가능한 모든 면에서 일치하도록 조정한다.

(6) 페데스탈(Pedestal)

렌즈 위치의 높이에서 0.8~1.8m 사이의 붐조작과 삼각대 이동에 의한 달리, 트랙 조작을 하는데 사용한다.

(7) 정렬(Alignment)

플럼비콘을 전기적으로 정렬하여 빔이 가능한 똑바로 그리고 중심으로, 기하학적으로 정확한 경로로, 캐소드로부터 타킷까지 튜브의 길이 방향으로 진행하도록 한다. 변하는 정렬전압을 세 플럼비콘의 주위의 세 쌍의 정렬코일에 가하기 위해 정렬 록크(Align Rock)스위치를 누른다.

(8) 밸런스(Balance)

카메라 헤드로부터 나오는 새 채널을 조정해서 색선별 거울과 프리즘에 기인하는 광스펙트럼이 반응하는 차이로 근본적으로 동일한 영상신호를 만들어내는 것이다.

(9) White Clipper

WFM에서 합성 영상신호상의 백색스텝이 클리핑 동작을 보여줄 때까지 Green White Clipper를 돌려라. 이제 영상신호가 100 유니트에서 차단되고(또는 그 이상의 그늘에서, 실제로 101 종도) 백준위 차단 궤적이 가능한 가늘어질 때까지 Green을 따라서 Red와 Blue를 위한 White Clipper를 조정한다. 이것은 100 유니트 지점에서 백준위차단 레벨로 밸런스가 얻어질 때까지 세 White Clipper의 조정을 필요로 한다.

2.2 스튜디오기술

2.2.1 텔레비전 방송국의 개요

텔레비전 방송국의 계통도는 [그림2-6]과 같이 된다.

연주소와 송신소와는 반드시 동일 장소에 있지 않고 프로그램 제작이나 취재에 편리한 시가 중심지가 적당하고 송신소는 서비스 많이 갇기 위하여 산 정상에 설치하는 일이 많다. 연주소로부터 송신소까지 프로그램을 전송하기 위하여, 마이크로파에 의한 무선중계회선 STL(studio transmitter link, ST링크, 6, 7, 11[GHz 대]를 사용한다.

텔레비전 중계차는 국외에서의 실황중계 혹은 중계녹화를 행하는 경우에 필요하며, 중계차에서 연주소소로의 신호 전송에는 마이크로파 무선 중계회선 FPU(field pick up)를 사용한다.

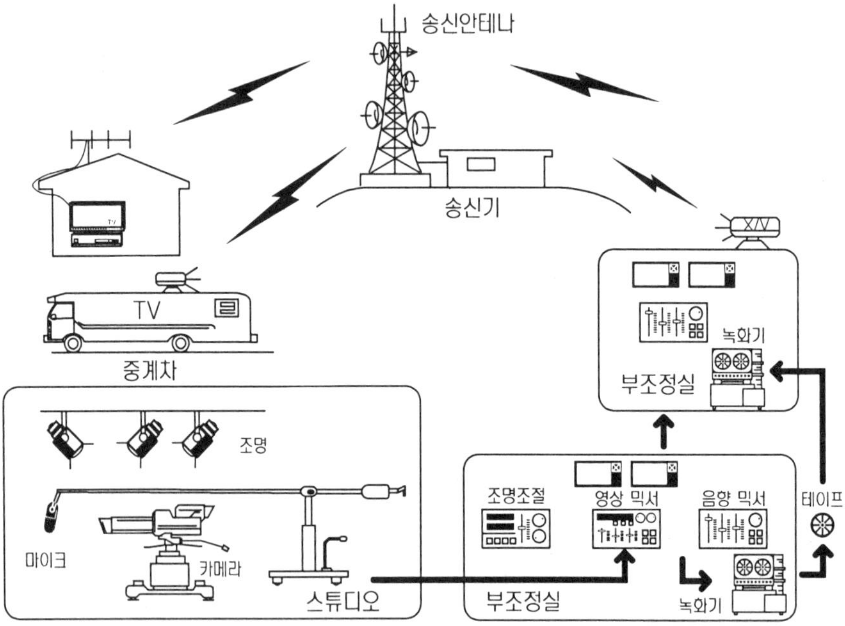

[그림2-6] 텔레비전 방송국의 계통도

방송기술은 아날로그에서 디지털로 급속하게 변하고 있다.

방송설비는 방송프로그램을 제작하는 제작 설비, 편집설비, 송출설비와 방송을 수신하는 수신 설비로 구성되며 방송설비의 디지털화가 급진전되고 있다.

1) 방송망의 종류

(1) 중파방송망

526.5~1606.5[㎑]의 전파를 사용하여 음성, 기타 음향 정보를 보내는 방송으로서 AM 방송이 있다.

(2) 단파방송망

5.9~26.1[㎒]주파수의 전파를 사용하여 음성, 기타 음향정보를 보내는 방송이다.

(3) 초단방송망

30[㎒]를 넘는 전파를 사용하는 방송으로 스테레오포닉 방송과 모노포닉 방송이 있다.

① 스테레오 포닉 방송

청취자에게 음성 기타 음향의 입체감을 주기 위하여 1개의 방송국에서 좌측 신호 및 우측 신호를 1개의 주파수의 전파로 동시에 전송하는 방송이다.

② 모노 포닉 방송

음성 기타 음향 신호만으로 직접 주 반송파를 변조하여 행하는 방송이다.

(4) 텔레비전 방송망

VHF 및 UHF대의 전파로서 각 채널이 할당되어 있다.

① 채널의 점유 주파수 대역폭은 6[㎒]이다.

② 텔레비전바송국의 종류

텔레비전 방송국의 종류에는 송상설비의 규모에 다라 다음과 같이 구분된다.

ⓐ 키국(key station)

프로그램 제작의 중심이 되는 텔레비전 방송국

ⓑ 로컬국(local station)

중계 프로그램, 재생프로그램이 주가 되는 텔레비전 방송국

ⓒ 새트라이트 국(satellite station)

친국의 방송전파를 수신해서 주파수를 변환해서 재방송하는 텔레비전 방송국

ⓓ 부스터 국(booster station)

친국의 방송전파를 수신해서 동일 주파수로 재방송하는 텔레비전 방송국

2.2.2 연주소 방송설비

연주소 시스템의 구성은 방송의 규모에 따라 연주소의 방송시스템은 프로그램 제작과 프로그램 운행으로 크게 나눌 수 있으며 [그림2-7]과 같이 구성된다.

텔레비전 방송사는 텔레비전 프로그램을 제작하여 방송하는 연주소와 프로그램을 전파로 송신하는 송신소로 이루어져 있다. 연주소 시스템의 기능은 보도, 스포츠, 오락, 교양 등 각종 텔레비전 프로그램을 제작하여 방송하는 것인데 출연자, 출연담당자, 기술담당자, 디자이너 등이 각각 전문 분야에서 고도의 기능을 발휘하도록 분업화되어 있다. 텔레비전 스튜디오와 부조정실은 물론 그 주변에는 대본 연습실, 연습실, 분장실, 소품창고 등 부대시설이 갖추어져 있고 텔레비전 카메라나 영상, 음성, 조명 등의 각종 조정장치가 스튜디오나 부조정실에 설치되어 있다. 특히, 중계 프로그램 제작용으로 중계차 등의 각종 중계 장치가 설비되어 있다. 또한, 프로그램을 수록하는 VTR, 지상 또는 위성중계의 입출력 제어장치, 프로그램 전환과 방송을 하는 주조정실 등이 스튜디오와 연결되어 기능적으로 설치되어 있다. 또한 문자방송 시스템이 갖추어져 있어 문자 방송을 행하고 있다. 문자방송 신호는 텔레비전 방송의 영상신호에 연주소의 출력단계에 삽입되는 것으로 이 송출장치는 텔레비전과는 별도로 설비로 구성된다.

1) 스튜디오 제작설비

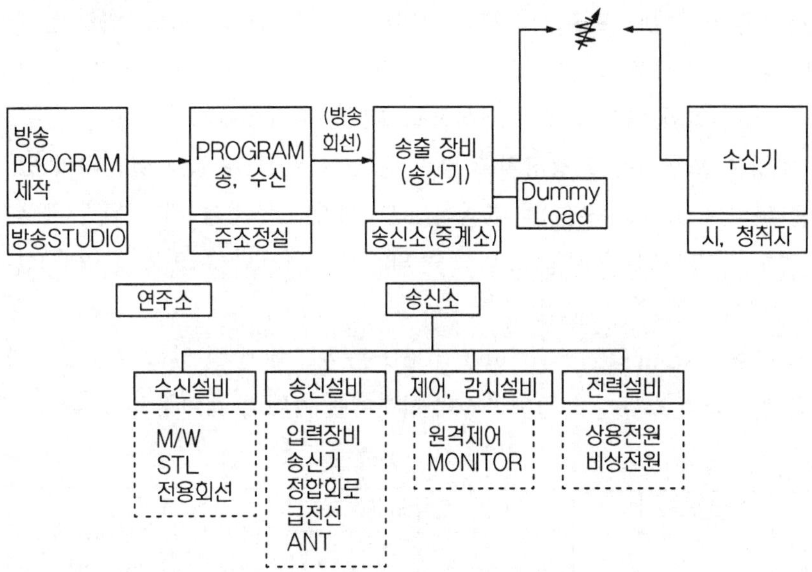

[그림2-7] 텔레비전 방송국 연주소 설비의 계통도

방송프로그램 제작설비에는 스튜디오 설비와 부조정실설비, 스튜디오 전원설비, 스튜디오 스튜디오설비의 기본은 계절, 기후, 시간, 소음, 진동, 전파 등 모든 외적인 요소에 영향을 받지 않아야 한다. 또한 스튜디오 주변에는 부조정실 기타 부속실을 출연자, 제작 스텝, 소품, 각종 기기 반 출입, 견학 등의 동선이 길지 않도록 기능적으로 배치한다. 공조 설비, 텔레비전 스튜디오로 구성은 [그림2-8]과 같다.

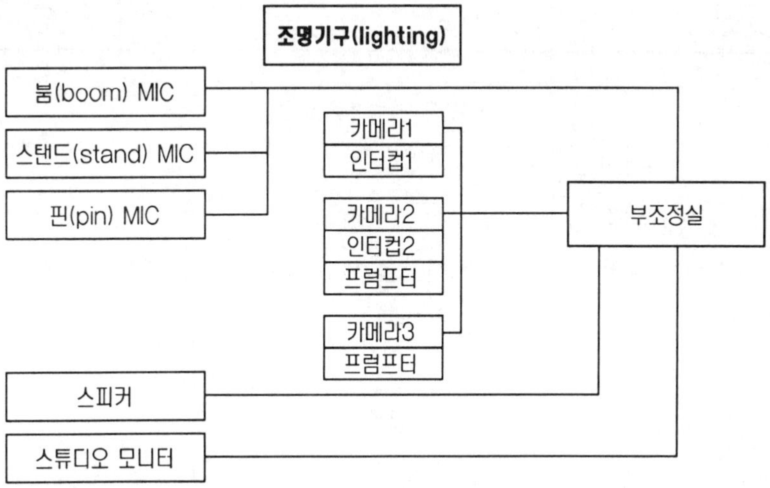

[그림2-8] 스튜디오 제작설비 구성도

(1) 부조정실

부조정실은 스튜디오 프로그램 제작 지휘실로 영상, 음성, 조명, 연락 등의 조정기기를 설치한다. 부 조정실내에 영상조정 설비는 스위처로서 카메라 커팅, 화면합성, 문자삽입, 특수 효과 처리 등으로 영상프로그램을 제작한다.

또한 조명을 조정하는 조광장치(조명의 발기 조정)도 부조에 설치되어 있으며 음향조절을 위하여 오디오 콘솔 과 효과적인 TV제작시 조정을 위한 원반 재생기(turn table), CDP, VTR, CG와 각종 모니터 등의 기기로 [그림 2-9]와 같이 구성 되어있다.

카메라 제어기(camera control unit : CCU)는 부조에 놓여 있고 스튜디오 카메라의 대수만큼 설치되며 스튜디오 카메라와의 사이에는 카메라 케이블로 접속되어 있다.

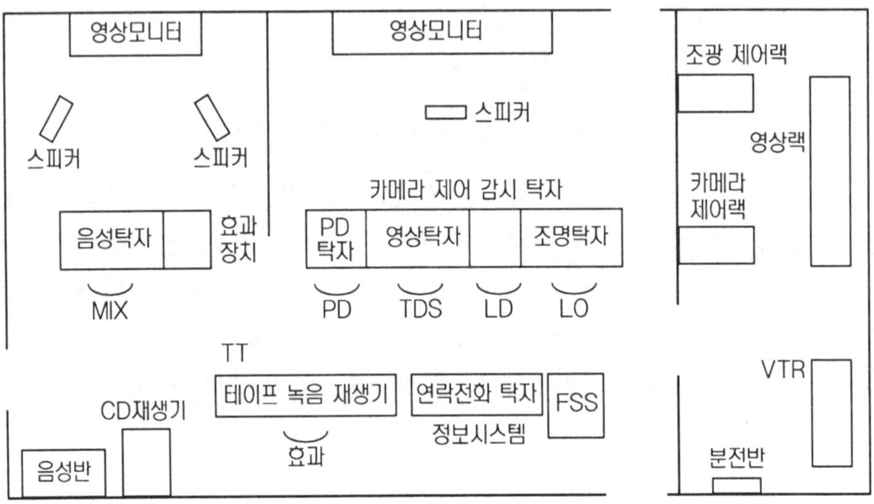

[그림2-9] 부조정실 구성도

(2) 스튜디오 전원설비

소비전력의 대부분은 프로그램 제작을 위한 스튜디오 조명용 전력이다. 전력용량은 마루면적에 따라 0.5kVA/m^2 정도이다.

(3) 스튜디오 공조 설비

스튜디오 조명에 의한 발열이 매우 크기 때문에 0.6kVA/m^2 정도의 냉방이 필요하다.

(4) 녹화전송 설비

녹화전송이란 뉴스 등의 정보 프로그램 이외는 테이프에 미리 녹화하고 필요하면 편집하여 전송하는 것으로, 녹화 VTR이나 편집장치가 필요하다. 이러한 녹화전송 설비는 한 장소에서 집중적으로 설치되는 경우와 각 스튜디오 부조정실에 분산되어 설치하는 방법이 있다.

프로그램은 방송사에서 제작하는 경우, 외부 프로덕션에서 제작하는 경우, 프로그램 제작과 녹화는 방송사에서 하고 편집만 외부의 포스트 프로덕션에서 처리하는 경우 등이 있다. 편집 장치는 외부 포스트프로덕션의 설비가 기능이 다양하고 대규모인 경우가 많다. 또한 한 커트마다 녹화를 많이 할 경우나 야외에서 비디오 로케이션 보급에 따라 편집량이 증대하고 있기 때문에 방송사나 포스트 프로덕션에서 자동편집 장치를 사용하고 있다.

2.2.3 텔레비전 제작 설비

영상신호 제작시스템 장치는 스튜디오 카메라 이외에 VTR, 텔레신, FSS, ESS, 기타 스튜디오 및 중계현장, 다른 방송사에서 들어오는 것 등이 있다. 영상신호의 위상을 맞추어 특성을 같게 한 후에 전환, 혼합, 가공하여 주조정실 또는 VTR로 보내는 것이 영상 스위쳐(프로덕션 스위쳐, VMU)이다. 각 소재의 영상은 부조정실의 영상 모니터에 한꺼번에 표시되며, 스위쳐의 출력 영상은 부조정실, 스튜디오 이외의 각 장소에 분배하여 모니터한다. 또한, 영상 감시탁에는 이러한 것과 스위쳐의 각 포인트를 임의로 선택하여 영상화면 및 파형으로 감시, 또는 측정하는 기능이 있다. 한편, 명도(Y) 신호와 채도(C) 신호로 나누어 취급하는 컴포넌트(component) 신호처리 방식은 가공처리를 해야 하는 기록, 편집계 등에 부분적으로 사용되고 있다.

1) 비디오 스위쳐(Video Switch)

비디오 스위쳐는 TV 프로그램 제작 또는 송출과정에서 여러 개의 영상신호를 합성하는 장비이다. 스위쳐의 영상신호는 부조정실 동시신호에 동기 되어 있어야 하며, 외부로부터의 영상(중계차, 지역국)을 사용 할 때는 동기신호 발생기를 외부 신호에 동기(Slav 또는 Gen Lock)시키거나 Frame Synchronizer를 사용하여 스위쳐 입력에 넣어주어야 한다.

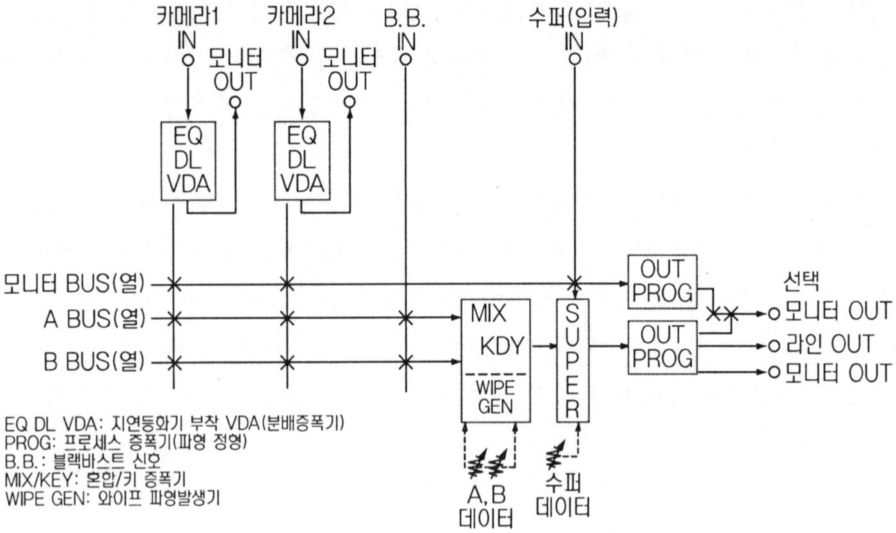

[그림2-10] 스위쳐의 구성

(1) 스위쳐 장비의 구성

① **스위쳐 버스**(Switch bus)

스위쳐에는 2개의 버튼이 놓여 있다. 버튼들의 이러한 열을 버스(bus)라고 부른다. 버스들은 카메라 카메라들 사이에서 영상을 절체(cut)하거나 디졸브(dissolve)하기 위한 기능들을 가지고 있다.

② **스위쳐 출력**(Switcher output)

스위쳐에는 프로뷰(preview, PVW)와 PGM(program) 2개의 출력을 가지고 있다.

PVW출력은 현재 출력되고 있는 영상 다음으로 출력될 영상을 감독자가 미리 볼 수 있도록 한다. PGM 출력은 현재 녹화 중이거나 전송되어지는 영상출력을 말한다. PGM 추력은 분배증폭기를 거쳐 송신기로, DA 출력은 영상이 녹화되는 VTR로 입력된다. 또한 PVW 출력은 감독자의 사용을 위해 프리뷰 모니터로 입력된다.

③ **등화분배부**

영상신호를 전송하는 도중에 발생한 진폭의 일그러짐, 위상 일그러짐 등을 보완하여 주파수 특성을 유지하는 것을 영상등화라 한다. 각 영상소재의 입력신호를 같게 한 후에 6계통 정도의 본선계, 모니터계 신호로 분배한다.

④ **영상보정, 화질개선부**

특성이 일그러져 있는 소재의 신호는 다음과 같은 영상보정 또는 화질개선용 장치를 삽입하여 신호를 보정, 개선한다. 타임베이스콜렉터(TBC : Time Base Corrector)는 헤리컬 VTR에서 스큐의 일그러짐을 막거나 컬러 지터를 제거한다. 또 간이 VTR 영상신호를 표준 NTSC 신호로 변환하는 등 시간축 상의 보완과 수정을 실시한다. 노이즈 제거기(noise reducer)는 영상신호의 프레임(frame) 간의 관계를 이용하여 SN 비율을 수십 dB로 개선한다. 이미지 인헨서는 도안의 윤곽부분을 도안신호에서 보정하여 외관의 해상도를 개선한다. 컬러콜렉터(color corrector)는 화이트밸런스(white balance)나 색의 재현이 나쁜 소재의 영상신호를 YC분리하여 색끼리 섞이거나 감마보정의 흐트러짐을 막는다.

⑤ **동기결합부**

2개 이상의 영상신호를 혼합하는 경우에는 프레임 싱크로나이저(frame synchronizer)를 이용해서 외부소재인 영상신호를 스튜디오의 영상신호와 같은 동기에 맞춘다. FS란 1프레임 분의 화면 메모리에 영상신호를 써넣는 동작과 판독하는 동작을 따로따로 실행함으로써 영상신호의 동기를 써넣는 동작과 판독하는 동작을 따로따로 실행함으로써 입력의 영상신호 동기에서 작성한 쓰기 어드레스에 의해 반복되기 때문에 메모리에 기억되는 내용도 갱신된다. 한편, 메모리에 기억시킨 내용을 스튜디오에서 사용하고 있는 기준 동기신호로 작성한 판독 어드레스에 의해 차례로 판독하면 그 신호는 스튜디오의 동기신호에 동기된 영상신호가 된다.

⑥ **자동컬러 위상조정부**

각 입력신호의 컬러 위상도 합치되어야 혼합처리가 가능하다. 동일한 동기신호로 구동하는 고정 소재기기 계통은 시스템을 구성할 때 반고정 딜레이 라인으로 위상을 맞추어 둘 수도 있다. 그러나, 일반적으로 프로그램 제작, 운행 시스템 구성상 소재기기에서 스위쳐까지 경로길이는 변하는 경우가 대부분이다. 이 때의 영상신호의 컬러 위상에 대하여 기준 색부반송파 위상에서의 일그러짐을 자동적으로 흡수, 조정하는 것이 자동컬러 위상조정부(AVDL)이다. AVDL의 보정범위는 색부반송파에서 ±35~±360도이다.

⑦ **색신호 발생부**

색신호도 중요한 소재(배경색)인데, 와이프(wipe out)의 경계나 수퍼분자에 사용하기 위하여 스위쳐 안에 색신호 발생기를 여러 계통으로 내장하는 경우도 있다. 색신호 발생기는 명도, 채도, 색상을 조정하여 사용하는데 각각 규격수준을 초과하지 않도록 배려해야 한다.

⑧ **출력조정부**

전환, 혼합, 가공 등의 처리를 끝낸 영상신호에 대하여 동기위상의 조정이나 파형 형태조정 처리를 하여 스튜디오의 출력 영상신호로 한다. 즉, 블랙레벨 클립(black level clip), 화이트레벨 클립(white level clip), 귀선소거 기간의 처리, 버스트, 동기 신호의 교체 등을 처리한다.

(2) 스위쳐의 기능

① 입력된 영상신호를 선택하여 스위칭이나 믹싱해서 비디오 테이프나 방송 라인에 보낸다.

② 비디오 특수 효과 기능(와이프, 패턴, 키이와 매트의 전자적 연결)

③ 슬라이드나 필름 프러젝터, VTR 채널의 리머트 컨트롤(리모트 스타트/스톱, 절환)기능

④ 타이틀 삽입, 컬러 합성 기능

⑤ 채널의 선택 표시와 카메라나 화상 모니터의 탈리 라이트(큐 라이트)의 점멸기능.

(3) 스위칭의 기법

① **컷(Cut)**

여러 개의 입력 영상신호들 중에서 한 개의 화면에서 다른 화면으로 순간적으로 바꾸는 기법을 컷이라고 한다. 이것은 콘트롤 패널에 있는 각 입력 영상에 해당하는 푸시버튼(Push Button)을 누름으로써 행해진다.

② **디졸브(Dissolve)**

컨트롤 판넬의 M/E(Mix/Effect) 시스템은 A 와 B 두 개의 열(Bus)로 되어 있고 A, B 양쪽을 페이더로 콘트롤하여 신호를 혼합할 수 있다. A열에서 선택된 신호로부터 B열에서 선택된 신호를 서서히 변환하는 것을 디졸브라 한다.

③ **페이드 인(Fade In), 페이드 아웃(Fade Out)**

페이드 인은 화면에 아부것도 없는 블랙 (Black) 상태에서 서서히 영상이 나타나게 하는 기법으로 드라마에서 시간 및 장면전환에 가끔 쓰인다. 페이드 아웃은 페이드 인과 반대로 영상이 있는 상태에서 서서히 블랙 상태로 장면이 전환되는 것으로

페이드 인과 반대기법이다.

④ **와이프(Wipe)**

화면의 장면전환으로 A열의 화면이 B열의 화면과 어느 형태로 합성되면서 그 형이 차차 퍼져가고 다음 화면으로 바꾸어지는 기법을 와이프라고 한다. 또 원형이나 타원형 모양의 와이프를 필요한 크기로 하여 화면구성에 고정하고 그 속에 다른 하나의 화면을 합성하도록 하는 방법도 있다. 와이프를 하기 위한 도형에는 원형, 정사각형, 별, 모자이크 등 여러가지가 있는데 이러한 파형신호를 만드는 것이 효과파형 발생기이다.

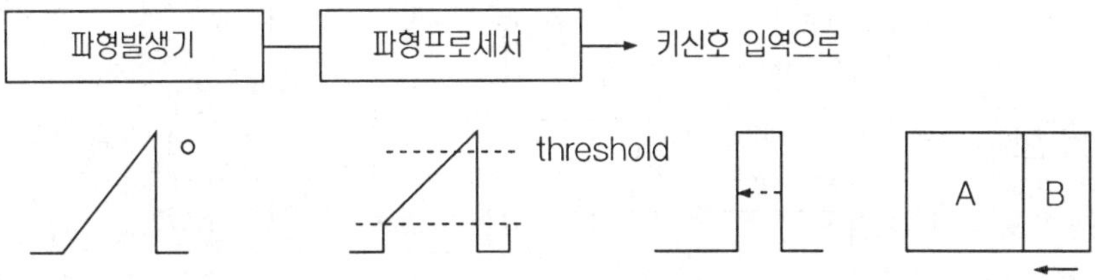

[그림2-11] 스위쳐의 구성

⑤ **키(Key)**

키 소스(Key Source)신호 (예를 들면 자막 또는 어떠한 형태)로 화면을 도려낸 후 그 자리에 다른 신호를 넣어 화면을 구성하는 기법으로 자막 수퍼(Super)에 주로 사용된다.

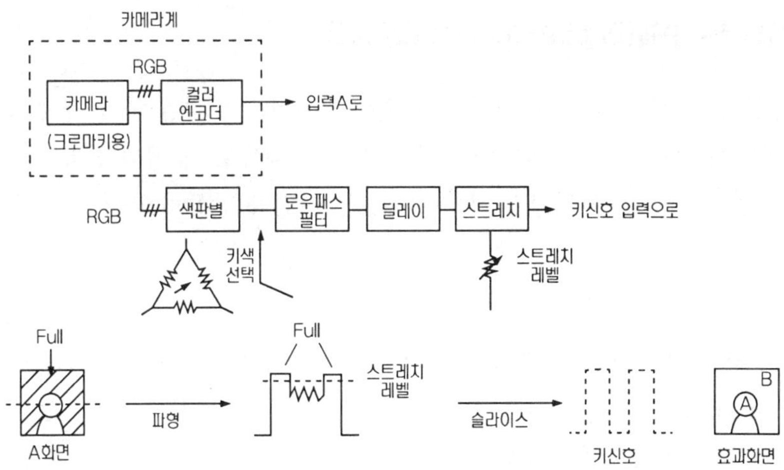

[그림2-12] 크로마키의 구성

⑥ **크로마 키(Chroma Key)**

크로마키는 스튜디오에서 제작이 불가능한 장면에 스튜디오에 있는 출연자를 중첩시키는 등의 제작에 활용된다.

⑦ **화면합성효과**

A, B 두 개의 화면의 일부 또는 전부를 어떠한 방법으로 동시에 하나의 화면 안에 합성하거나 A→B로 화면을 전환하는 도중에 A, B 신호를 게이트 회로에서 잘라내어 가산하는 방법을 이용한다. 잘라 내기용 신호를 키(KEY)포즈 등의 영상효과를 얻을 수 있다.

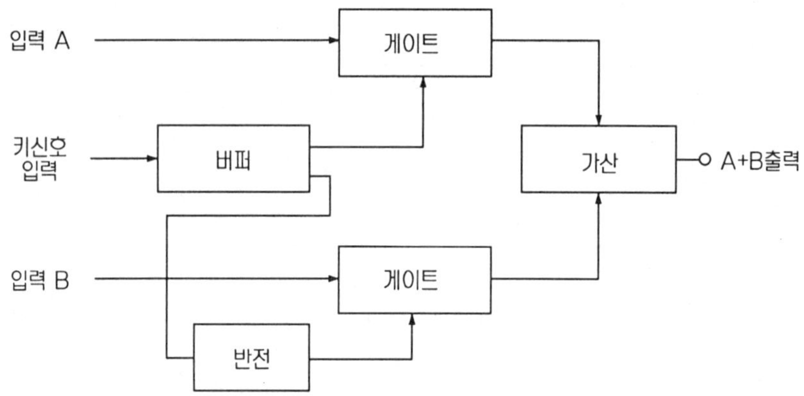

[그림2-13] 화면 합성의 효과

2) 디지털 특수효과(Digital Special Effect)

영상신호를 디지털화 하여 프레임 메모리에 써넣고 이것을 여러 가지 방법으로 판독, 가공하여 얻는 특수효과인데 단순히 화면을 잘라내고 새 화면을 넣는 것이 아니라 입력화면을 축소하거나 위치를 이동시키는 등 시간축 방향의 제어를 할 수 있다.

(1) 압축(Compression)

압축은 영상의 전체적인 면을 변화시키는 효과이다. 일반적으로 크로마키 트래킹(tracking)이라고 한다. 이러한 효과 와 함께 전체적인 영상을 채워지는 (fill)영상은 크로마키 창에 적합하게 압축된다.

(2) DVE 와이프

파형발생기에서 만들어진 파형으로 DVE 에서의 영상신호 판독을 제어하는 것으로 가로, 세로 따로따로 화면을 축소하거나 확대 효과를 얻을 수 있다. 4:3 화면비율을 유지한 채 축소, 확대하는 효과를 전자줌이라 한다. 화면비율, 크기를 고정한 채 가로 와이프조작을 하면 화면은 프레임 밖으로 밀려난다. 이것을 슬라이드 효과라 한다.

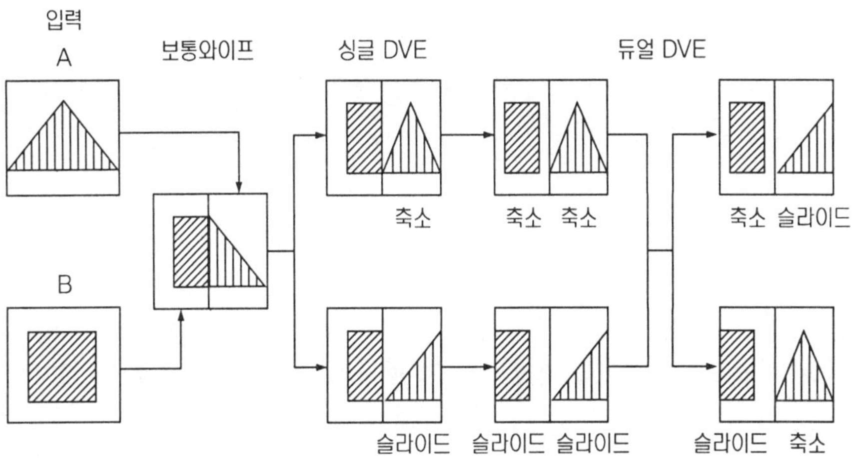

[그림2-14] 동일 파형에 의한 각 와이프 화면의 비교

(3) DVE 크로마키

크로마키 발생기에서 얻어진 키신호를 DVE의 외부키 입력에 접속하여 주요색(키신호용 배경) 부분에 다른 화면을 축소해서 합성하는 것이 DVE 크로마키이다. 키신호용 카메라의 팬이나 줌인 등, 화면의 역할에 따라 주요 부분이 변화하면 DVE 크로마키로 합성된 화면도 카메라 변화에 따라 그 안에서 변환된다.

(4) 화면반전(수평, 수직반전)

입력신호 화면의 좌우나 하늘과 땅을 반전시키는 효과로 축소 와이프 등과 조합하여 사용하는 경우가 대부분이다.

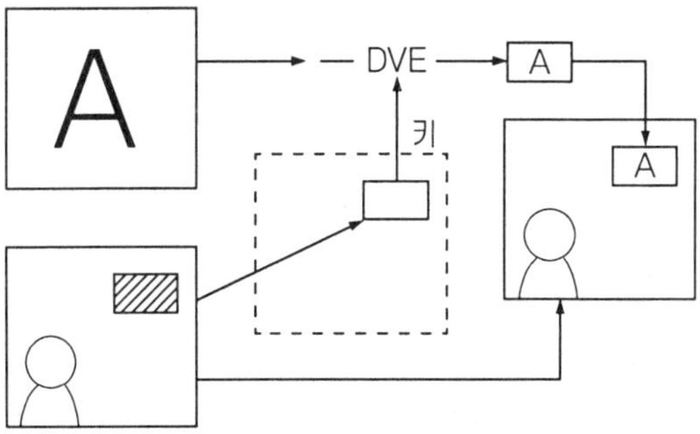

[그림2-15] 화면 반전효과

(5) 프리즈(Freeze)

트리거를 부여한 순간에 메모리에 써넣어진 영상신호의 프레임을 유지하여 쓰기를 정지하고 그 프레임을 반복해서 판독하여 정지화를 만드는 효과이다. 프리즈의 해제 펄스를 부여하면 다시 실시간 동화상으로 되돌아온다. 이 프리즈 ON/OFF 트리거는 수동으로 단발 펄스를 부여하는 이외에 인터벌 타이머로 부여하여 비연속적인 코마촬영과 같은 움직임 효과를 내는 프리즈도 있다. 프리즈와 축소를 조합시킴 효과로 멀티 프리즈가 있다. 미리 화면의 가로와 세로를 N 등분한 창틀을 만들어 각 변의 1/N로 축소한 정지화를 정해진 인터벌에서 차례로 정해진 장소로 끼워 넣는 효과이다. 마지막 화면은 실시간 움직이는 화면도 가능하다. N=2～5(4～36 화면) 정도가 사용된다.

(6) 모자이크

화면을 여러 개의 작은 사변형으로 분할한 계층을 갖추어 모자이크 효과를 내는 것으로 모자이크 단위의 크기는 임의로 변경할 수 있다. 사생활 보호, 기타 사실적인 표현을 피할 목적으로 사용한다. 와이프와 병용하여 일부분을 모자이크하는 경우가 대부분이다.

(7) 페인트

디지털 영상신호의 특정한 비트를 없애버리면 D-A 변환된 화면은 레벨의 사이가 생략되어 유화, 혹은 사진의 노출과 같이 되기 때문에 이것을 페인트 효과로 사용한다. 효과의 정도 임의로 변경할 수 있으며 포스터 효과(Posterization)라고도 한다.

3) 음향조정설비

audio console로서 음향, 기타 효과음 등을 믹싱하여 음성프로그램을 제작하며 조정기기에는 테이프 녹음 재생기, 원반 재생기(turn table), CDP가 있으며 녹화설비로는 테이프녹음기, VTR 및 편집설비가 있다.

(1) 음향 조정장치(Audio Console)

복수의 입력 음향. 음질의 음량 바란스를 잡고 그것을 혼합(Mix)한 출력으로 내보내는 역할을 하는 기기이다. 믹서의 종류는 형태나 사용방법에 따라 다양하다. 음성복합(mixing)장치, 잔향(echo)발생 장치, 모니터 스피커 등으로 구성된다.

또한 출연자와 연출자가 조정실에서 인터콤(intercom)장치로 연락을 할 수 있다.

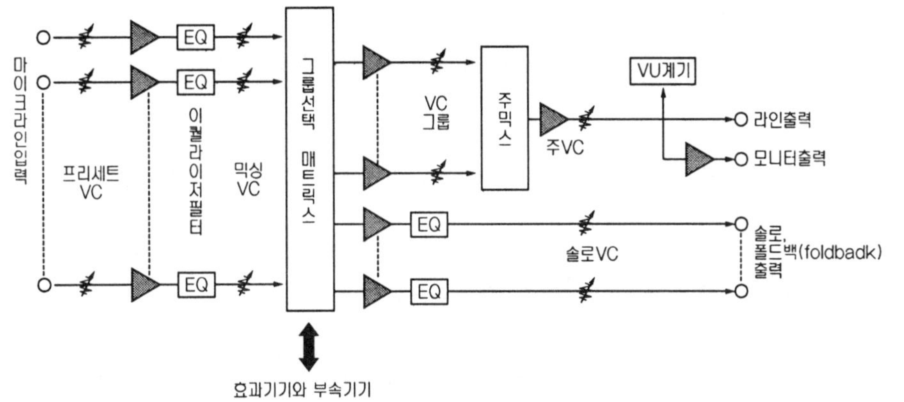

[그림2-16] 음향조절설비

① **필터와 이퀄라이저**

이 두 가지는 모두 음성신호 전송계에 특정한 주파수 진폭 특성을 갖게 하는 효과이다. 필터는 주파수영역을 제한한 것인데 하이패스, 또는 로우패스 필터가 사용되어, 컷오프(cut off) 주파수를 선택할 수 있다. 전화나 휴대용 라디오 등의 영역이 좁은 음과 비슷하게 하기 위해서 혹은 개인을 보호하기 위하여 사람의 음성을 바꿀 때 이 효과를 사용한다. 이퀄라이저는 특정한 주파수에 피크나 디프를 만들어 음의 느낌을 바꾸는 것이다. 미리 정해진 여러 개의 서로 다른 주파수 점에서 각각 독립하여 레벨을 조정하는 그래픽 이퀄라이저와 피크주파수를 연속적으로 변화시킬 수 있는 파라메트릭 이퀄라이저가 있다.

② **딜레이**

원음을 수십 ms 늦추어 원음과 혼합하여 음향 장소의 넓이나 악기의 음장감을 변화시키기 위해 사용한다.

③ **잔향효과**

빌딩의 복도나 터널 안 등 잔향이 있는 장소의 음을 만들거나 음악을 녹음하는데 악기나 노랫소리에 잔향을 추가하여 음색을 풍부하게 하는 효과이다.

④ **기타 음향효과**

단독으로 우수한 효과를 내는 것은 아니지만 청감을 좋게 하는 것으로 다음과 같은 것이 있다.

ⓐ 리미터

일정수준 이상을 커트

㉯ 압축기(compressor)

높은 수준의 이들을 낮게 하여 다이내믹 레인지를 압축한다.

㉰ 신장기(expander)

낮은 수준의 이득을 높게 하여 다이내믹 레인지를 신장시킨다.

㉱ 노이즈 게이트

일정 수준이하의 신호성분을 커트한다.

4) 조명설비

조광장치(조명의 밝기 조정용)가 부조정실에 설치되어 있다. 조명설비는 급전설비, 현가설비는 건축설비와 관련되어 있다. 사용하는 설비로는 조광 기구인 조명디머와 조명콘솔 및 조명기구가 있으며 연락장비, 모니터장비, 측정 장비 등으로 시스템 구성된다.

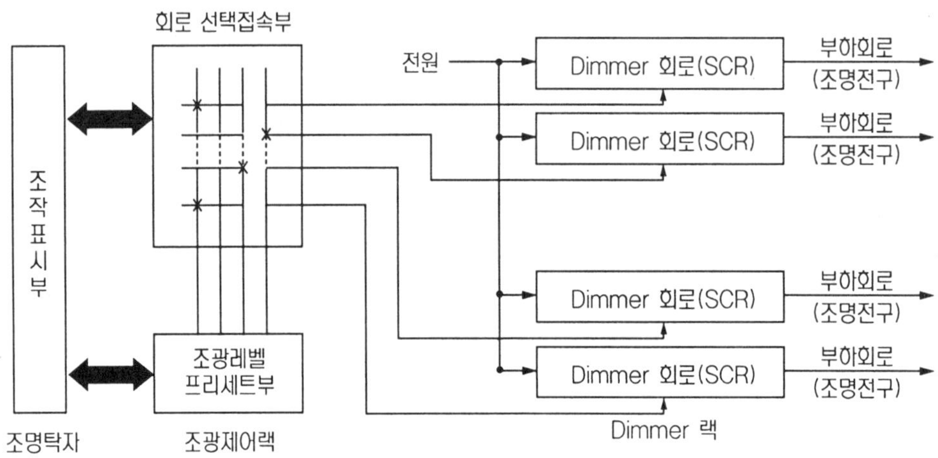

[그림2-17] 조명조절설비

① **조광설정 제작부**

조광기를 제어하는 신호 솔정은 각 제어채널에 채널 페이더로 실행한다.

② **SCR 조광기**

SCR은 보통은 부도체이지만 충분한 진폭의 게이트 신호를 추가하면 그 순간부터 도체로 되어 신호를 제거하여도 계속된다.

③ **회로선택 접속(배전)부**

부하회로가 많아지면 하나하나를 제어하기는 곤란하기 때문에 각 목적에 맞게 인간공학상 조작하기 쉬운 숫자로 제어채널에 그룹화하여 조광한다.

5) 편집실

편집은 내부프로그램 제작과 외부에서 구입 도는 공급되는 프로그램의 제목의 교체, 추가, 광고 방송의 교체, 프로그램 소요시간 및 내용 확인 등의 작업이 필요하게 되는데 이와 같은 작업을 하는 기기가 편집 설비이다.

부조정실 영상 스위쳐에서 조작된 영상신호는 주조정실로 보내어 송출하기도 하고 VTR 실로 보내져 VTR(video tape recorder)에 녹화 보전 된다. 필름 녹화는 키네스코프레코딩(kinescope recording)에서 하는데 키네스코는 16[mm] 필름 카메라로 화질이 VTR보다 떨어져 최근에는 결점을 개선한 EBR(electron beam recorder)을 사용하고 있다.

(1) 텔레시네실

television과 cinema의 합성어로 필름의 비디오 변환(필름 전송)을 뜻하는데 넓은 뜻 으로는 중간 소재에 정장되어 있는 영상정보의 비디오화 전반을 가리킨다.

16[mm] 또는 35[mm] 필름 영상기, 슬라이드 영사기, 슬라이드 영사기, 오펙 영사기와 각각의 필름 카메라와의 조합에 의하여 영상신호를 얻고 스튜디오의 부조정실이나 주조정실에 분배하는 설비

(2) FSS(flying spot scanner)장치

슬라이드(투명양화) 또는 오펙(불투명양화)을 촬상하기 위한 특수 카메라로 조명광원에 잔광 시간이 짧은 고휘도의 특수 브라운관을 사용, 조명광원측의 주사기능을 가지게 하여 피사체의 반사광이나 투과광을 받아서 광전 변환하는 장치

(3) 키네스코프 레코딩(Kinescope recording)

녹화하려는 영상신호를 특수 브라운관에 비추어서 이것을 16[mm] 필름 카메라로 촬영하여 그 필름을 현상 처리한 후 송상장치(필름영사기와 필름 카메라)를 사용하여 방송 하는 것

6) 전자편집

프로그램의 다양화에 따라 VTR 편집기술도 많이 발달되었다. 전자편집의 기본적인 기술과 이에 관련된 것에 대하여 설명한다.

(1) 어셈블(ASSEMBLE) 편집

편집 개시점(Edit In)만을 정해서 녹화(Edit)를 개시하여 필요한 부분을 충분히 기록하고 끝나는 부분은 적당한 곳에서 정지(END)시킨다.

다음 Master Tape를 Rewind시켜서 필요한 부분의 끝에서 다시 IN 점을 잡고 두번째 CUT을 녹화한다. 이처럼 CUT의 끝에서 불필요한 부분을 지워가면서 새로운 CUT을 접속시켜 완성해 나가는 방법이 어셈블 편집이다.

Master Tape의 IN점을 잡고 또 오리지널 테이프의 IN점을 지정하고 편집을 시작하면 오리지널과 마스터 테이프를 모두 IN 점보다 일정한 길이만큼 앞에 Pre-roll한다. Pre-roll된 두 VTR은 재생 상태가 되고 IN점에서 Master Tape만 녹화 상태가 되어 오리지널 테이프의 재생 신호를 기록하게 된다.

(2) 인서트(INSERT) 편집

어셈블 모드가 마스터 테이프에 차례로 녹화해 가는데 비해 인서트 모드는 오리지널 테이프나 마스터 테이프의 불필요한 부분에 다른 CUT을 끼워 넣는 방법을 말한다. 따라서 인서트 모드의 특징은 어셈블 모드에서는 IN점만을 지정 했지만 여기서는 IN점과 OUT점을 지정해야한다.

인서트 모드에서 가장 큰 특징은 삽입하는 신호를 선택할 수 있다는 점이다. 예를들면 비디오 신호만을 삽입할 수 있고 음성만을 바꿔 넣을 수 있고 음성을 트랙별로 분할 할 수도 있다.

(3) 타임코드(time code)

전자편집에서 테이프의 위치를 안다는 것은 기본사항인데 현재 대부분 SMPTE 타임코드를 사용하고 있다. 이것에는 테이프의 길이 방향으로 기록하는 LTC(longitudinal time code) 와 수직 블랭킹 기간에 삽입하는 VITC(vertical interval time code)가 있다.

(4) 게이트 타이밍(gate timing)

전자편집의 원리는 편집 시작점에서 마스터 테이프를 녹화상태로 하여 편집 종료점에서 녹화를 해제한다. VTR 녹화, 소거 헤드의 설치위치는 기종에 따라 독자적인 거리를 지니고 있다. 녹화패턴의 연속성을 유지하기 위하여 영상과 음성이 독자적으로 소거 헤드와 녹화 헤드가 동작하는 타이밍을 취해야 한다. 이것을 타이밍이라 한다.

7) 오프라인 편집

오프라인 편집방법에는 여러 가지가 있는데 어떠한 방법을 사용하든 최종적으로는 오프라인 편집으로 얻어진 편집점 정보를 완전한 편집 데이터로 배열하여 온라인 편집에서 활용하는 것이 오프라인 편집의 주요 목적이다.

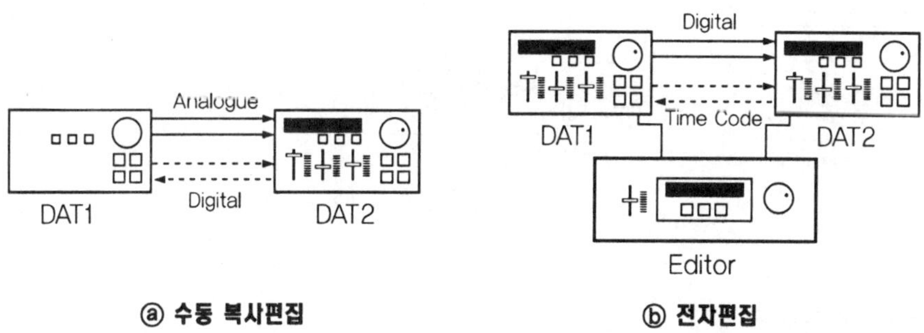

[그림2-18] Digital Audio Tape의 편집

2.2.4 주조정실(master control)

주조정실은 스튜디오, 편집실, 중계차에서 제작된 프로그램을 Network으로 모아서 원하는 영상, 음성신호를 방송하기 위해 위성이나 송신기로 송출하여 각 가정에서 방송을 볼 수 있도록 모든 프로그램을 컨트롤하는 곳으로 방송예정인 모든 프로그램을 컨트롤할 수 있는 Master Switcher, PC 기반의 비디오파일 시스템, 방송스케줄관리 및 제작프로그램의 자동송출시스템(APC), 외부프로그램 전송망 및 Network 시스템, 자막방송시스템, 표준시간을 발생시키는 Master Clock시스템, 비상방송을 위한 Emergency 시스템과 정확한 송출을 위한 측정시스템 등으로 [그림2-19]와 같이 구성된다.

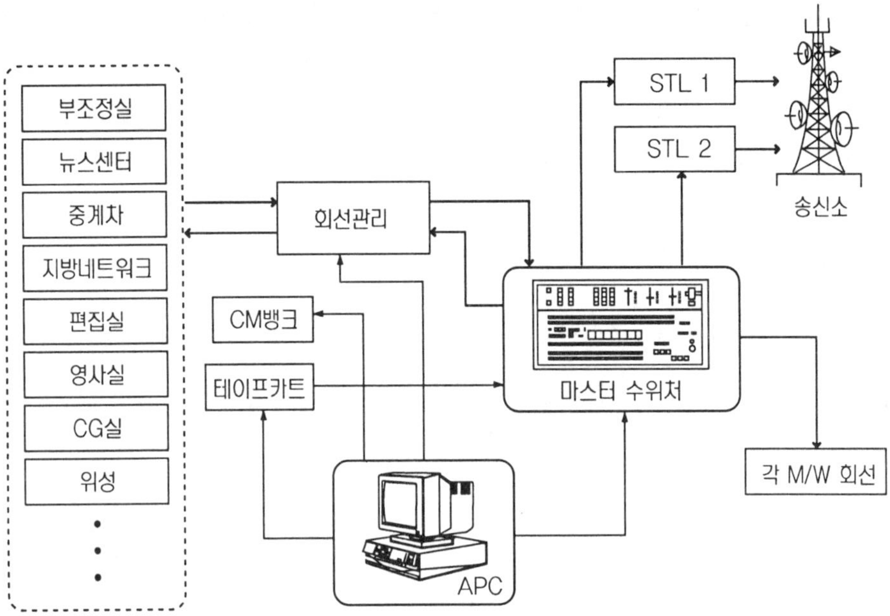

[그림2-19] 주 조정실시스템

1) 영상프로그램용 설비

영상프로그램용 설비는 재생 및 기록용 VTR과 편집 제어장치, 그리고 모니터 TV장치로 구성되어 있다.

편집에서 정확한 시간이 요할 시에는 VTR 테이프의 콘트롤(control pulse)를 기준시간으로 사용하여 빨리 감기와 뒤감기 시 컨트롤 펄스의 오차 가 발생 되는 것을 막기 위하여 타임 코드를 사용한다. 또한 편집 제어장치는 접속되는 VTR과 인터페이스가 맞추어야 되므로 VTR 기종 선택이 매우 중요하다.

2) 음성프로그램용 설비

아나운서 음성이나 배경 음악을 편집할 때 사용하는 설비를 말한다.

2.2.5 뉴스제작설비

뉴스보도는 동시성, 속보성의 특성을 갖고 있어 일반프로그램과 독립적인 설비를 가지고 있어야한다. 뉴스 취재설비에는 정보수집 장치로서 텔레타이프 장치, 팩시밀리, 무선 연락설비가 설치되며 중요한 정보원 인 경찰, 기상대, 국회, 정부부처 등에는 전용회선이 연결 되어 있다.

뉴스보도 프로그램에서는 시시각각 들어오는 잡다하고 매우 많은 정보를 어떻게 신속하고도 정확하게 정리하여 방송할 것인가가 중요하다. 그 중에서도 긴급보도에는 스피드가 최우선이라고 하여도 과언은 아닐 것이다. 이 때문에 최근에는 제작, 송출에 이르기까지 사람과 정보의 흐름을 짧게 하여 어떠한 상황에도 즉시 대응할 수 있도록 하기 위하여 뉴스 보도관계 기능을 집중 배치하는 경향이 있는데 이 기능 전체를 [뉴스센터]라고 호칭하고 있다.

또한 취재에 있어서는 기동성이 뛰어난 소형 ENG카메라, 뉴스픽업 소형 중계차 중이 비치 되어야한다. 또한 뉴스송출설비 취재된 뉴스소재는 뉴스전용스튜디오에서 Live로 송출된다.

스튜디오 방송설비는 일반 스튜디오 와 같지만 필름, VTR, 사진, 문자패턴, 현장중계, 타국으로부터의 정보가 있어서 특수효과장비(digital video effect), TV카메라, VTR, FSS, CG(문자발생기), 기상위성, 턴테이블, 테이프녹음기 등을 갖추어야한다.

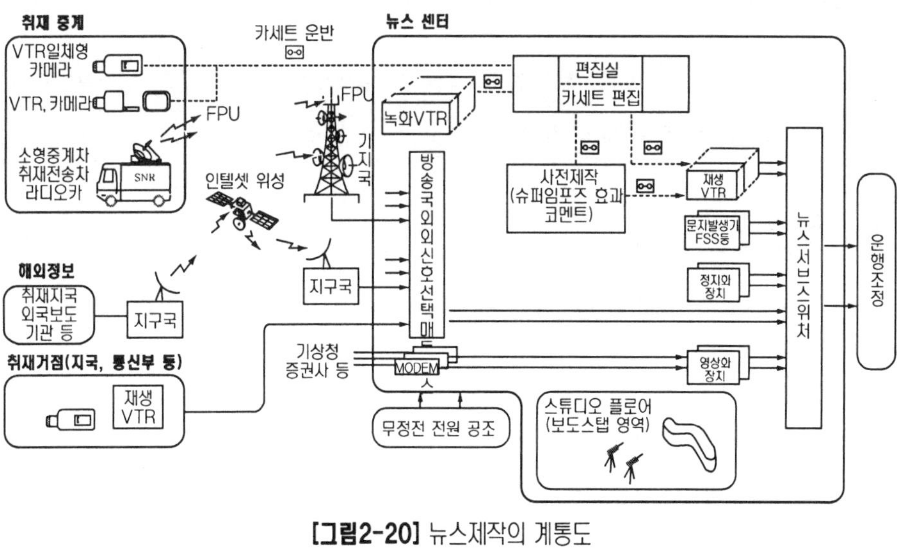

[그림2-20] 뉴스제작의 계통도

2.2.6 중계설비

1) 개요

외부제작 설비의 기능은 프로그램 제작설비와 중계설비로 크게 나눌 수 있다. 외부에서의 프로그램 제작은 각종 중계기의 소형경량화, 고안정화, 다기능화 등과 아울러 다양화되고 있다. 스포츠중계, 극장중계, 뉴스, 정보프로그램의 소형중계 및 ENG 또는 EFP 시스템에 의한 드라마 로케이션 제작 등 여러 분야에 걸쳐 있다. 중계제작을 위한 시스템은 각종 중계차 설비, 헬리콥터 중계설비, ENG 등이 있다. 중계차는 대형, 중형, 소형 중계차 및 뉴스 중계차 등이 있으며 기재의 크고 작음은 있으나 일반적으로 카메라, VTR, 음성기기, FPU 중계장치, 연락장치, 자가발전장치 등이 갖추어져 있다. SNG시스템은 지구기지국, 차량형 지구국, 이동형 지구국, 수신전용 지구국 및 통신위성 등으로 구성된다.

2) 프로그램 제작설비

스튜디오의 프로그램 제작설비와 같은 프로그램 제작기능을 갖추고 각종 프로그램을 제작할 수 있도록 시스템을 구성하여 중계차에 편입시킨다.

3) 중계설비

영상, 음성신호 전송, 혹은 정보연락, 데이터 송신 등 중계현장과 방송을 직접 연결하는 네트워크를 구축하는 것이다.

4) 설비기기 조건

외부제작용 설비기기로는 일반적으로 다음과 같은 조건이 필요하다.

① 환경에 대한 대응성, 기동성

② 내구성, 신뢰성, 안정성

③ 소형경략, 저전력, 고성능

④ 범용성, 경제성

5) 중계기능

중계기능에 대응하는 설비는 FPU(Field Pick Up) 장치라는 영상, 음성전송 설비 미 연락설비가 가장 필요하다. 또한 SNG(Satellite News Gathering) 시스템이 위성 통신기술의 급속한 진전과 아울러 새로운 중계기능 시스템으로 추가되어 지상계, 위성계 공용체제에서 외부중계가 운용되고 있다. 이러한 중계설비의 이동수단은 차량이외에 헬리콥터, 선박 등 육해공에 의해 운용되는데 기본적으로는 육상이동(자동차)이 주체를 이루고 있다.

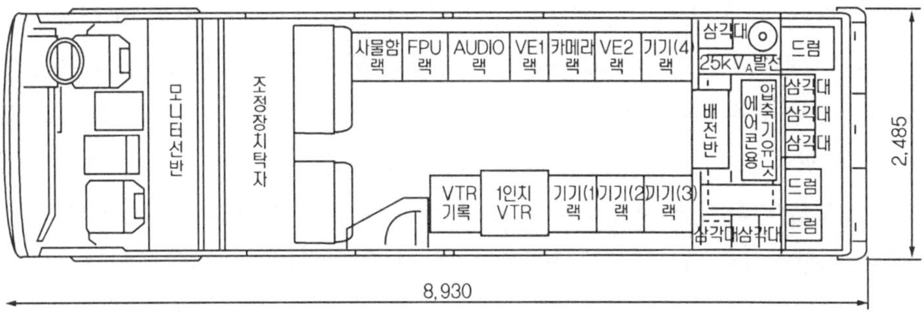

[그림2-21] 중계차의 장비 배치도

6) ENG전송

취재한 비디오테이프 소재를 본사로 전송하는 방법은 오토바이로 운반하는 방법과 FPU로 전송하는 방법이 있다. FPU로 전송하는 방법은 ENG 전송이라 한다.

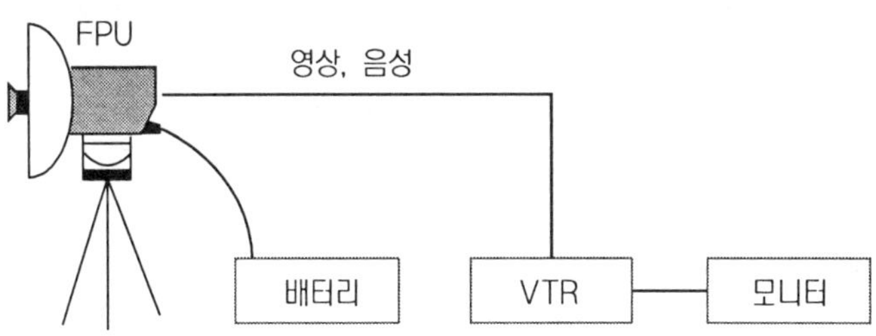

[그림2-22] FPU 전송

7) FPU전송

중계현잡과 방송사와의 영상 및 음성회선의 링크와 중계현장 간의 링크에 일반적으로 운용되는 것이 마이크로파를 이용한 FPU(Field Pick Up) 장치인데 텔레비전 신호를 전송하는 FM 송수신 장치의 총칭이다. 표준 FPU 장치에서는 영상 1회선, 음성 2~3회선을 전송할 수 있다.

(1) 장치의 구성과 기능

FPU 장치는 고주파(헤드)부와 제어(컨트롤)부로 구분되어 동축케이블(50오옴, 5D2W 상당)로 연결되어 있다. 단, 헤드 자체만으로 운용이 가능하여 DC구동(12V)도 할 수 있기 때문에 중계차 탑재에서 산 꼭대기의 텐트 운용에 이르기까지 폭넓게 이용된다. 고주파부는 헤드 패러볼라 안테나, 1차 복사기, 삼각대로 구성된다. FPU장치는 휴대에 편리하고 간간하게 조립할 수 있게 되어 있다. 제어부는 헤드부로의 DC전원 송출, 채널 전환제어, 변조수준 설정, 영상 음성 모니터 등의 기능을 갖추고 차 안이나 혹은 실내에서 리모콘으로 운용할 수 있게 되어 있다.

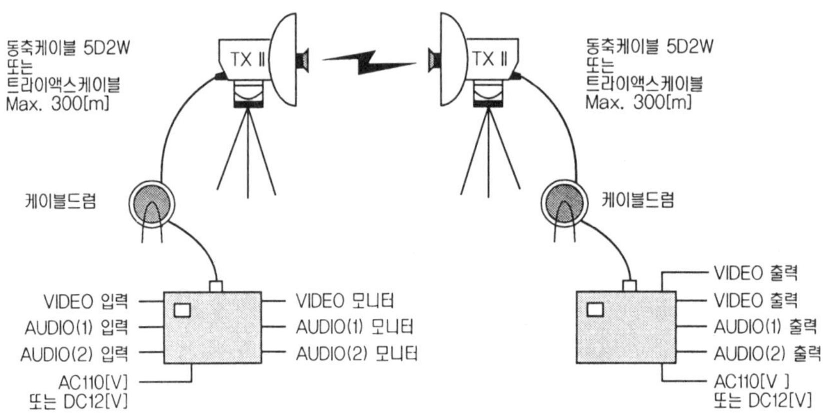

[그림2-23] SNG 시스템 구성도

8) SNG 전송시스템

적도 36000km의 정지궤도에 있는 인공위성을 이용한 뉴스취재 시스템 SNG(Satellite News System)이다. SNG는 사건, 사고 현장에 직접 이동용 업링크(지구국)를 투입하여 위성의 트랜스폰더(transponder : 중계기)를 매개로 하여 그 자리에서 방송사와 연결하는 시스템으로 속보성 면에서 과거에는 없었던 장점을 갖추고 있다.

2.3 방송설비의 디지털화

방송 설비의 디지털화가 가속되고 있다. 컬러 TV방송 이후 스테레오 음향, 리모트 컨트롤 장치, 자막방송, 데이터방송 등이 디지털 되어 디지털방송 설비의 디지털화가 가속화되고 있다.

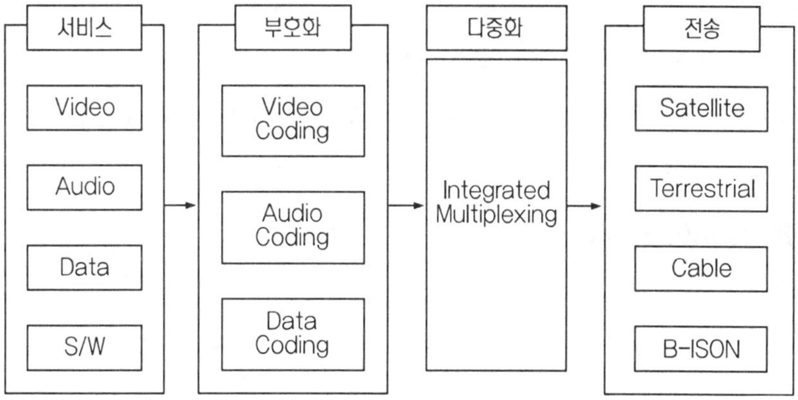

[그림2-24] 방송 Digital System의 개요도

2.3.1 아날로그 신호를 디지털 신호 처리

아날로그 영상신호를 디지털 신호로 처리하려면 송신측에 LPF(Low Pass Filter), S&H(Sampling and Hold) 및 A/D(Analog to Digital converter) 있다. LPF에서 대역제환을 하고, S&H에서 아날로그의 연속신호를 샘플링해서 일정 간격의 샘플링을 만든다. 샘플의 값은 아날로그 양이고 PAM(Pulse Amplitude Modulation) 값이 되고 A/D에서 각 샘플값을 2진수로 변환하면 PCM(Pulse Code Modulation)으로 되어 디지털 부호를 얻을 수 있다. 또한 수신 측에서는 디지털 신호를 아날로그 신호로

변환하기 위해서는 D/A에서 PAM으로 변환하여 아날로그 신호로 재생한다. 따라서 D/A(Digital to Analog converter)변환기부터 출력 측까지를 수신측이라한다. 방송국 내에서의 영상신호의 부호화 방식은 표준 PCM 방식이 널리 사용되고 있다. 영상 신호의 부호화에는 복합신호를 직접 부호화하는 복합부호화와 휘도신호와 색차(컬러)신호를 각각 따로 부호화 하는 컴포넌트 부호화가 있다.

현재 방송국에서는 대부분 컴포넌트 부호화 방식을 사용하고 있다. 세계의 텔레비전 방식은 526/60, 625/50의 주사 표준과 NTSC, PAL 및 SECAM 방식이 있으며 우리나라는 NTSC방식을 사용하고 있다.

1) 샘플링(Sampling)

시간과 함께 연속적으로 변화하는 아날로그 신호를 그 신호에 포함되는 최고주파수의 2배 이상의 주파수로 표본화하는 것

◆ 녹화시스템에 있어서 D-2(Component) : 14.3㎒, D-1(Composite) : 13.5㎒.

2) 양자화(Quantization)

표본치의 진폭 레벨을 이산적인 값으로 하는 것

3) 부호화(Coding)

디지털신호로 취급하기 쉬운 모양으로 변환시킬 필요가 있는데, 이것을 부호화 라하며 보통 ADC가 이용

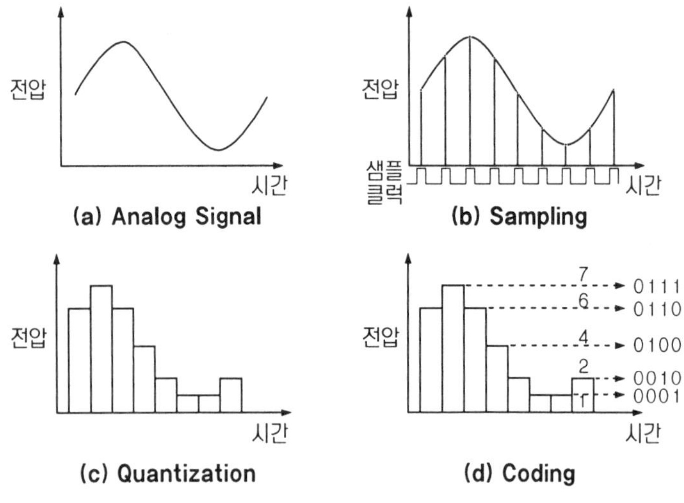

[그림2-25]
방송신호의 디지털화

2.3.2 텔레비전 방송장비의 디지털화

1) 부조정실장비의 디지털화

텔레비전 방송의 부조정실의 구성은 [그림 2-26]과 같다.

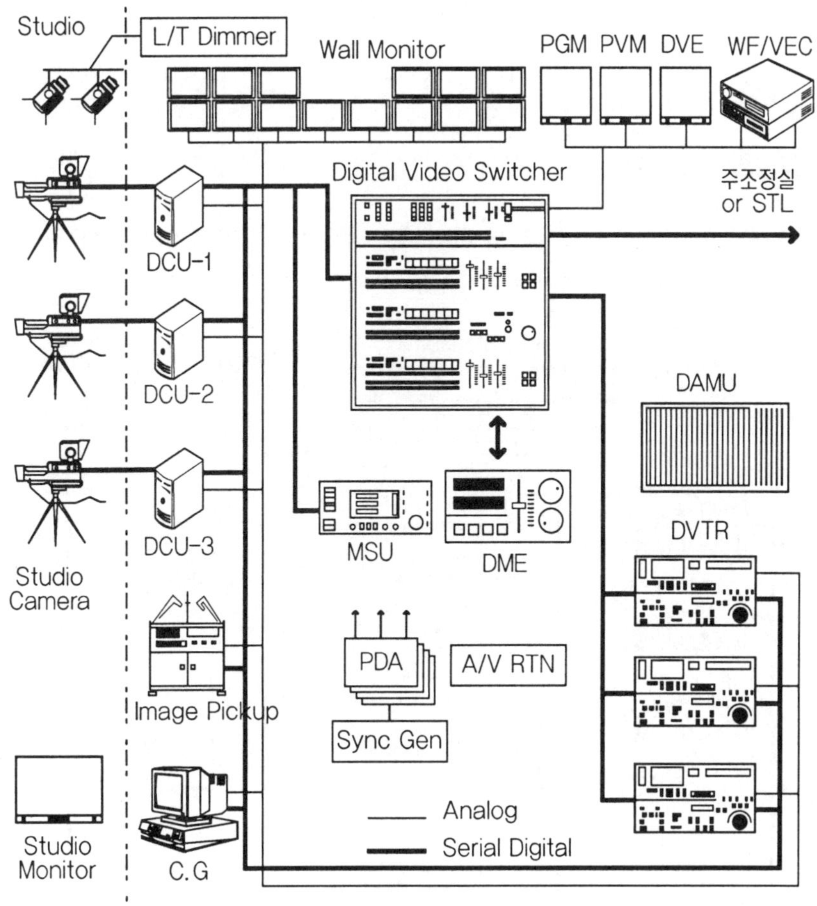

[그림2-26] 부 조정실 구성

① 오디오 편집 장치(DAW)

컴퓨터를 이용한 음향 편집시스템으로 컴퓨터 기술과 다양한 응용 SW를 적용 시킨 워크스테이션이다.

② 데스크탑 비디오 (DTV)

영상, 음성 편집을 PC나 워크스테이션 단말에서 처리 하도록 한 시스템

③ DAT와 CDP

테이프를 사용한 디지털 녹음/재생기이다.

④ **오디오믹서**

신호의 디지털화 추세에 따라 디지털믹서(Digital Mixer)의 출현

⑤ **스위처/VMU**

Digital Production Switcher는 혼합처리 등 다채로운 효과처리기능을 처리 할 수 있다.

2) 편집시설의 디지털화

CM제작 등 화질을 우선으로 하는 편집시스템에서 디지털화가 가속되고 있으며 [그림2-27]은 영상편집시설 구성이다.

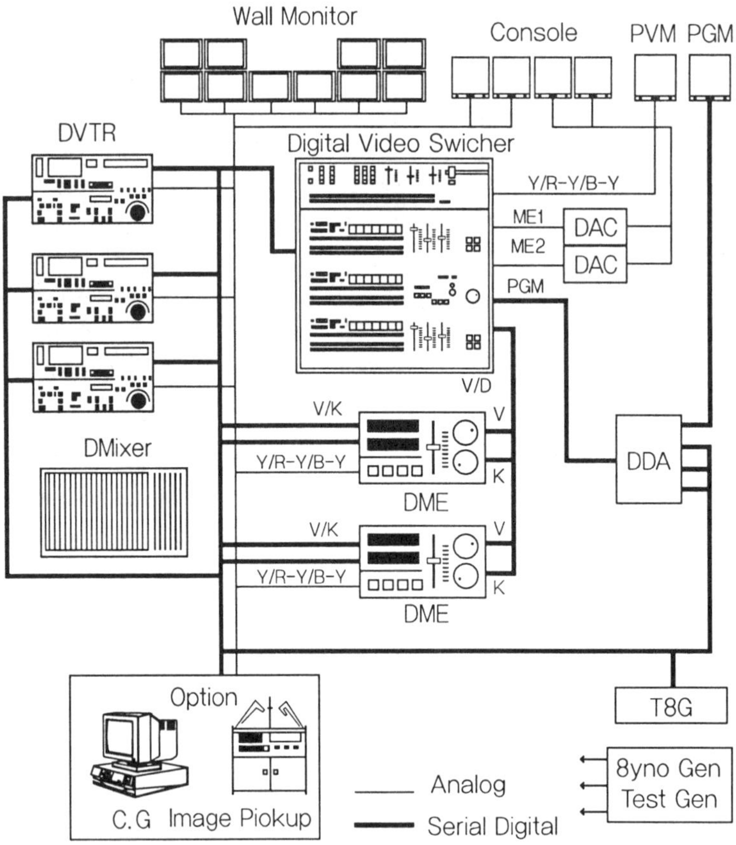

[그림2-27] 디지털 편집시스템의 구성

3) 디지털 방송 송신시스템의 디지털화

스튜디오 디지털 영상신호를 송출하기 위해서는 MPEG-II 엔코딩과 8-VSB변조 과정을 거쳐야 한다. MPEG-II 엔코딩과정에 사용하는 기기가 MPEG-II 엔코더이며 8-VSB변조기가 8-VSB 엑사이터기이다.

MPEG-II 엔코더는 기저대역의 영상신호를 DCT(Discrete Cosine Transform), Run Length Coding과 양방향 움직임 예측기법을 이용하여 압축시키고 압축된 영상신호를 돌비 AC-3 오디오신호와 부가 데이터와 함께 다중 화시키면 19.39Mbit/sec의 전송율을 갖는 MPEG-II 비트 스트림이 생성되게 되어 1Gbit/sec 이상이 되는 엔코더 입력 데이터량을 19.39Mbit/sec로 줄일 수 있다. 19.39Mbit/sec의 데이터 스트림을 DTV 전송 스트림이라 부르며 이것은 MPEG-II의 출력과 8-VSB 엑사이터의 입력이 된다.

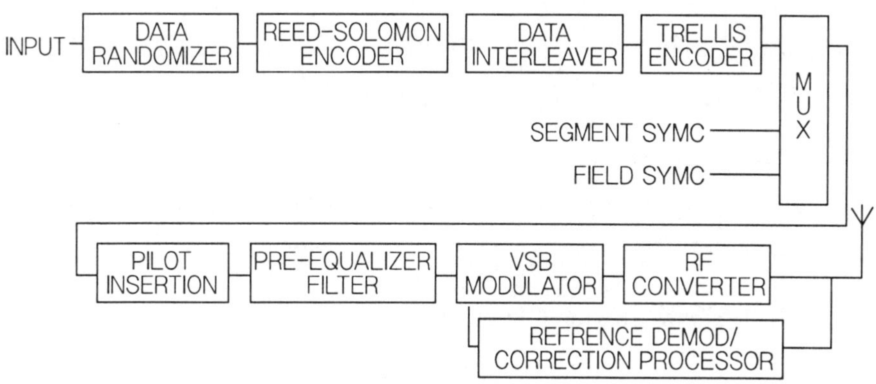

[그림2-28] 디지털 송신기의 구성

(1) 디지털송신기 구성

① **데이터동기**

MPEG-II 전송스트림를 엑사이터에 동기 시키는 것으로 전송 스트림은 188바이트로 구성되어 있다.

② **데이터 랜덤화**(Data Randomizer)

데이터 램덤화기는 각 바이트 값을 의사 랜덤 값으로 바꾼다. 세그멘트와 필드 싱크가 없다면 8-VSB 데이터 스트림은 노이즈와 같은 랜덤 상태가 된다.

③ 리드 솔로몬 부호화(RS부호, Reed-Solomon code)

리드솔로몬 부호화는 입력 데이터 스트림에 부가되는 FEC(전송과정에서 발생하는 비트 에러를 보정하는 기술) 구조로 MPEG-II 전송 스트림의 187바이트 뒤에 20개의 바이트를 추가한다. 20바이트를 리드 솔로몬 패리티 바이트라 하며 수신기에서는 수신된 187바이트를 20패리티 바이트와 비교 하여 에러가 검출되면 에러의 위치를 찾아내어 왜곡된 바이트를 수정해서 원래의 신호로 복구한다. MPEG에서 영상신호는 8비트이고, 또 음성신호는 16비트이다. 이처럼 베이스밴드 신호는 다치 부호이며, 다치 부호 그대로 부호 처리 할 수 있는 것이 리드-솔로몬 부호이다.

디지털 부호의 기록, 전송 시 드롭아웃, 페이딩 등에 의해 기록 또는 전송 데이터에 오류가 발생하여 수신기에서 수신정보의 오류검출, 정정이 가능하게 하는 방식을 FEC(Forward Error Correction)방식이라 한다.

④ 데이터 간삽기(Data Interleaver)

데이터 간삽기(Data Interleaver)는 데이터 스트림의 순서를 교란하여 전송신호를 간섭에 덜 받게 하는 현상으로 어떤 부분에 노이즈가 발생하더라도 그 외의 대역에 있는 신호는 보존된다.(Time Diversity)

⑤ 격자 부호화(Trellis Encoder)

MPEG-II 전체 스트림은 리드 솔로몬 코딩과 달리 중첩부호화(Convolutional Code)를 사용하여 시간의 영향을 고려한 코딩 방식이다.

⑥ 동기 및 파이롯트 삽입(Sync & Pilot Insertion)

전송된 RF신호를 수신기가 정확하게 복조하도록 역할을 하며 ATSC 파이롯트, 세그멘트 동기, 프레임 동기신호가 있으며 트렐리스 코딩 다음에 삽입한다.

⑦ AM 변조

8VSB AM 변조는 동기신호와 DC파이롯트가 부가된 8레벨 기저대역 신호는 IF AM변조시킨다.

AM 변조기에서는 나이키스트 필터를 거친 후 8-VSB IF신호는 엑사이터에서 발진기와 믹서기를 통해 채널 주파수로 변환되어 엑사이터의 출력은 송신기로 들어가 증폭 시킨다.

송신기에서는 안테나를 통하여 공중에 복사한다.

4) 디지털 수상기

디지털 수상기에서는 변조의 역 과정으로 신호를 복원하게 된다.

수호 수신를 다운 컨버터를 통하여 신호를 변환시키며 필터링, 검출, 세그멘트, 프레임 동기 복구, 트렐리스 디코딩, 디인터리빙, 리드솔로몬 디코딩, 디랜더마이징, MPEG-II 디코딩, 영상신호 출력 돌비 AC-3디코딩 과정을 거쳐 출력으로 재생시킨다.

5) TBC(time base corrector : 시간축 보정기)

VTR은 테이프를 재생하면 재생신호에 시간축 변동(동기 신호와 컬러 부반송파의 위상 변동)이 생긴다.

이것은 VTR의 녹화 재생시 헤드의 회전 불균일, 테이프의 기계적인 이 동에 의한 이동속도의 변동, 녹화 재생시 테이프의 미묘한 신장 및 VTR 상호간의 기계적인 미묘한 차이에 의해 생긴다.

이 재생 신호에 포함될 수 있는 시간 축의 변동에 의해 화면의 흔들림(동기 신호의 위상변동)이나 색번짐(컬러 부반송파의 위상 변동)이 생긴다.

TBC는 이 시간축 변동을 보정하여 안정한 신호를 보내는 장치로서, 대부분의 TBC는 테이프상의 주로 먼지에 의한 녹화 재생시의 영상의 결락(dropout)을 보상하는 DOC(dropout compensator)가 만들어 넣어져 있다.

최근에는 디스크 장치에도 이 TBC가 이용되게 되었다. 디스크 장치도 기록매체의 기계적인 회전 이동을 하고 있기 때문에, VTR과 마찬가지로 재생신호에 시간축 변동이 따르며, 이 보정용으로서 사용되고 있다.

TBC는 시간축 변동을 포함한 VTR의 재생신호로부터 동기를 분리하여, 이 동기로부터 메모리 기입용 클럭을 만든다.

한편, 재생신호는 이 변동에 추종한 클록펄스에 의해 A/D변환된 디지털 데이터를 메모리에 일차적으로 저장한다.

이 데이터의 판독은 기준 동기에서 만든 클록 펄스로 판독 되어 D/A 변환되어 시간축 변동이 없는 아날로그 영상신호로 복원된다.

즉, 표본화로부터 메모리로의 기입은 입력신호에서 만들어진 시간축 변동을 포함한 클록펄스에서 디지털 데이터로 하여 메모리어 저장한다.

메모리에 저장된 정보는 이 단계에서 시간축 변동이 없는 정지상태로 되며, 이것을 기준동기에서 만들어진 클록으로 판독하는 구조다.

실제의 표본화 주파수(클록 펄스)는 동기신호의 버스트를 추출하여 BCO(burst controlled oscillator)를 구동하고, 컬러 부반송파 fsc의 4배인 14.32㎒를 사용한다.

장치에 따라서는 3배의 fsc인 10.74㎒인 것도 있다.

양자화 비트 수는 8비트인 것이 대부분이지만 9비트인 것도 드물게 있다.

비트 수를 1비트 증가시킨다고 하는 것은 28=256, 29=512로 되어, 비트 수는 무엇보다 메모리 용량 등 모든 처리가 배로 된다고 하는 것이다.

아날로그 신호를 표본화하는 경우, 표본화 펄스의 폭이 충분히 좁고, 동시에 펄스의 상승과 하강 시간이 '제로'의 이상형인 경우에는 복조할 때 원신호가 그대로 재생되지만, 실제로 펄스는 어떤 유한한 폭을 가지며, 상승과 하강에도 어떤 시간을 가지기 때문에 표본화 펄스는 서로 공통적인 신호를 가지게 되어 원신호에서 주파수가 높은 영역이 감쇠한다.

이것을 애퍼쳐 효과(aperture effect)라 부르고 있다. 실제로는 표본화 펄스가 이상형이 아니므로, 많든 적든 이 영향을 피할 수 없다.

PCM(디지털) 신호가 복조될 때, 2진수의 부호로부터 PAM신호로 변환되는데, 이후에 재표본화(resampling)을 행하고 나서 저역 필터를 통하여 아날로그 신호로 복원한다. 이 경우, 재표본화된 펄스폭은 표본화 간격의 1/4정도이다.

6) 프레임 싱크로나이저(FS : frame synchronizer)

생방송이나 방송 프로그램의 제작에서 타국(他局) 및 국외 중계의 영상신호를 국내의 영상신호와 혼합 또는 와이프를 행하는 데는 양신호가 동기(주파수와 위상이 일치)하여 있을 필요가 있다.

종래는 국외의 신호에 국내의 신호를 동기시키는 동기 결합(GL : gen lock) 방식이 채택되어 있었지만, 디지털 기술을 응용한 프레임 싱크로 나이저(PS)가 개발되고 나서는 여러 국과의 혼합, 와이프를 용이하게 할 수 있게 되었다.

입력의 아날로그 영상신호를 디지털 신호로 변환하여 일단 프레임 메모리에 저장하여 그 신호를 자국의 동기 신호로 판독하여 동기 변환을 하고, 아날로그 신호로 변환하여 출력하는 방식이다.

디지털화를 위한 표본화 주파수는 3fsc 또는 4fsc, 비트율은 8 또는 9 비트가 사용되고 있지만 9비트인 것은 드물다.

A/D~D/A로 이루어지는 도중에 PCM의 기본적인 처리와 기준 동기 및 위상이 일치하는 영상신호를 구하는 점에서는 TBC와 동 일하지만, TBC의 경우에는 수십 라인(H)의 메모리에 대해서, 프레임 단위의 메모리를 갖고 있는 점이 다르다.

프레임 싱크로나이저를 통하면 영상의 최대 1프레임의 지연이 생긴다. 영상과 음성의 시간차에 대한 위화감의 허용 한계값은 음성의 앞섬에 대해 1프레임, 음성의 늦음에 대해 2프레임이다.

프레임 싱크로나이저를 복수대 종속 접속하는 경우에는 이 시간차를 보정하기 위해 음성의 신호라인에 디지털 음성 지연 장치를 삽입한다.

7) DVE(digital video effect : 디지털 영상 특수 효과)

DVE는 텔레비전의 화면을 축소하기도 하고 확대하기도 하며, 몇 개로 분할하여 늘어놓기도 하는 화면의 다종 다양한 변형, 변질, 정지 기능의 대부분이 가능한 장치이다.

DVE의 원리는 프레임 싱크로나이저의 응용예의 하나로서, 프레임 싱크로나이저의 메모리 기능을 DVP(digital video processor)로 교묘하게 이용한 것이다.

DVP에는 마이크로컴퓨터가 내장되어 있으며 특수효과의 종류에 따라서 디지털데이터의 연산 처리를 하며, 목적으로 하는 화상을 출력한다.

화면을 축소하는 경우에는 필요한 축소율에 따라서 표본점을 뽑아내어 메모리에 저장 한다. 메모리 내의 화상은 전부 축소되어 있기 때문에 그대로 기준 동기로 판독하면 축소 화상을 얻을 수 있다.

한편, 화면을 확대할 때는 보통 저장된 것을 그 확대율에 따라서 몇 회라도 같은 데이터를 판독한다.

예를 들면, 2배로 확대하는 경우에는 같은 데이터를 2회 판독하는 것으로 얻을 수 있지만 이것으로는 해상도, 양자화 오차가 나빠지기 때문에 전후의 데이터를 가산하여 1/2로 한 중간의 데이터를 만들어 처리한다.

이것을 내삽(interpolation)처리라고 하며, 실제로는 확대하여 판독할 때의 동시에 내삽처리를 한다.

화면의 확대는 본래 존재하지 않는 점의 데이터를 만들어 내기 때문에 해상도는 저하되고, 화질이 열화하는 근본적인 문제가 있다.

2.4 영상 측정 장비

2.4.1 영상 측정 장비의 이해

TV영상신호는 영상신호와 동기신호가 합성되어 있는데 이 신호는 장비의 특성이나 VIDEO 라인 그리고 주변 영향 등으로 왜곡되기 쉽다. 또한 한 영상장비에서 만들어낸 영상신호를 다른 장비에서 재생하거나 입력시키기 위해서 원래의 신호를 충실히 재생해 낼 수 있어야 하며 스위쳐 등에 입력시키기 위해서는 사전에 영상신호를 일치시킬 필요가 있다. 이와 같이 수시로 영상신호를 점검하기 위한 기본적인 장비로는 Waveform(W/F)모니터와 Vectorscope(V/S)가 있다.

TV영상신호의 기준신호로 Color Bar신호를 사용한다. 카메라나 CG장비 등 영상신호를 발생시키는 장비는 자체적으로 Color Bar신호를 만들어 내고 있다. Color Bar란 여러 개의 색이 바형태로 구성되어 있다.

1) TV 영상신호의 개론

컬러 TV에서 색의 시각적 감각은 휘도(luminance)와 색상(hue, tint, chroma phase) 및 포화도(saturation)로 인식되고 표현된다. 휘도신호는 흑백신호 또는 명도신호라고도 하는데 사람의 눈에 인식되는 밝기로 적, 녹, 청색 중 녹색에 제일 민감하고 청색에 제일 둔감하다.

(1) 휘도신호

휘도신호인 Ey는 Ey = 0.30 Er + 0.59 Eg + 0.11 Eb로 나타낸다.

Er−Ey = 0.70Er − 0.59Eg − 0.11Eb, Eb−Ey = −0.30Er − 0.59Eg + 0.89Eb가 된다.

두개의 색차호를 하나로 묶어 휘도신호 대역(4.2MHz)내에 두기 위해서는 색차신호의 주파수 대역을 줄여야 한다. 이를 위해서 사람의 시각 특성(색면적이 달라지면 색감각이 달라진다)을 이용하고 있는데 색면적이 뛰어난 색도도 상의 축을 I축(1.5MHz로 제한함)으로 하고 이것과 90° 를 이룬축(색 감각이 둔한축)을 Q축(0.5MHz로 제한함)으로 한다. I, Q의 색도신호는 R−Y와 B−Y의 색차신호에 대하여 반시계방향으로 30° 앞선다.

$$Ei=(Er-Ey)/1.14\times\cos 33 - (Eb-Ey)/2.04\times\sin 33 = 0.6Er - 0.28Eg - 0.32Eb$$

$$Eq=(Er-Ey)/1.14\times\sin 33 + (Eb-Ey)/2.04\times\cos 33 = 0.21Er - 0.52Eg + 0.31Eb$$

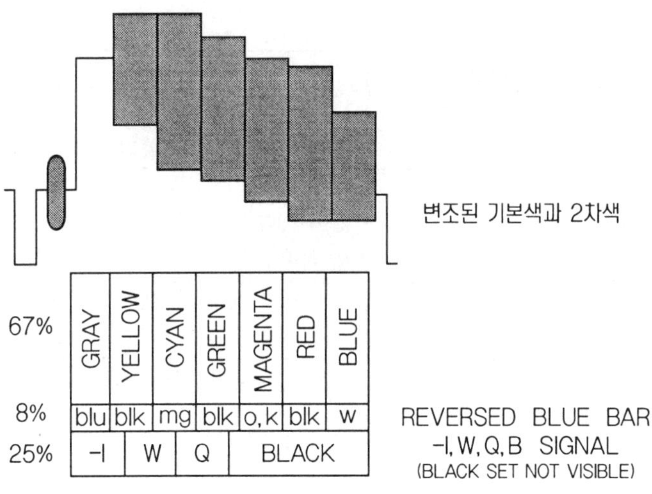

[그림2-29] SMPTE Color Bar 신호

(2) 색상

색상은 적색, 청색, 녹색 등 어떤 색인지 구별하는 색 인지도의 속성이다.

흰색, 검은색, 회색은 색상으로서 고려되지 않는다. 빛이나 색상은 파장으로 구분되나 Color TV에서는 Color Burst신호를 기준으로 하여 위상으로 나타낸다. 예를 들면 NTSC에서 Color Burst를 180에 위치시키는데 파장이 610mμ인 적색은 Er = $\sqrt{Eir^2+Eqr^2}$ = $\sqrt{0.6^2+0.21^2}$ = 0.63, 그 위상각은 tan$\theta\gamma$=0.6/0.21≒857에서 $\theta\gamma$=71° 가 된다. 따라서 B-Y축을 기준으로 $\theta\gamma$=71° + 33° =104° 를 나타낸다.

(3) 포화도

포화도는 같은 색상이라도 그 선명함 정도를 구별하는 것으로 백색이 섞여져 있는 정도를 나타낸다. 예로서 선명한 적색은 높게 포화된 색이며 불분명한 적색은 낮게 포화된 색이다. 포화도가 100%의 색은 순수한 색이다. 포화도는 휘도와 채도의 진폭으로 만들어 지며 Vectorscope는 채도 진폭만을 측정할 수 있고, 만약 Burst Vector진폭이 100%표시에 일치하고 이때 채도 Vector가 Target내에 있으면 그 색의 포화도는 100%이다.

2) 웨이브 모니터에 의한 측정

(1) 초기 Setup

Front Panel Indicator		
VARIABLE	OFF	
Calibrate(CAL)확인	140 IRE(1Volt)	1Volt의 정확한 구형파로 140 IRE에 맞춘다.
ROTATE확인		SWEEP이 수평축에 대하여 병렬로 직선인지 확인(지구의 자장 변화나 장비의 이동으로 인해 발생)
REF 선택	INT	측정기의 동기신호로 입력비디오 신호의 동기신호를 사용한다.
	EXT	두 개 이상의 영상신호의 Timing비교시에 사용
DC Restore	ON	영상신호 레벨의 변동이 있어도 동기선단이나 백포치를 일정하게 하여 영상신호의 크기를 잘 파악할 수 있게 한다.
	OFF	입력 영상신호의 크기에 따라 DC level 변동. (수평동기 신호보다 낮은 주파수의 변동분이 보정되므로 전송계에서 Hum등의 Noise가 혼입되어도 알 수가 없으므로 기기간의 전송계 Check시 OFF)

Bar Gain	75% / 100%	
INPUT	CH A..	
시간축 Range선택	1 Line / 2 Line (수평동기)	영상신호를 점검할 때 일련의 라인신호로 점검할 것인가 필드신호로 점검할 것인가를 나타낸다.
	FLD / 2 FLD (수직동기)	
Filter	FLAT	합성영상신호를 점검한다.
	Low Pass Filter	Luminance와 동기신호를 점검한다.
	CHROMA(Band Pass Filter)	영상신호 중 고역부분인 색의 크기만을 점검한다.
Focus		Display의 초점조절
Scale		눈금표시의 조도레벨조정
Intens		화면의 밝기조절
AUXILIARY MODE		1730시리즈와 연동하여 운용되느냐 독립적으로 운용되느냐를 선택(별도의 9 PIN, AUXILIARY CABLE 접속요망)

(2) W/F모니터의 눈금

① 수직축 눈금

▶ 좌측

영상신호의 크기를 측정하기 위해 IRE단위를 사용하여 -40에서 100IRE까지 표시되어 있다.

▶ 우측

변조의 깊이를 측정하기 위해 100%에서 0%까지 표시되어 있다.

▶ 눈금간격

좌측은 10IRE, 우측은 6.25%간격으로 표시되어 있다.

▶ 점선표시

Black(Setup) 레벨을 나타내며 7.5IRE에 표시되어 있다.

▶ 상단박스

정확한 Tilt측정을 위해 2%와 4% 눈금표시가 되어 있는데 그 구조는 18us HAD 2T bar로 작업할 수 있도록 했으며 박스좌측의 실선과 점선은 Pulse to bar를 측정하기 위한 것이다.

② **수평축 눈금**

수평기준선 즉 Base line은 0IRE에 위치하고 있다. 이 시간축 선에서 5개의 작은 눈금으로 구성된 큰 눈금 하나는 2LINE 스위프에서는 10us를 나타내며, 10배(×10)의 경우는 1us이다. 1LINE 스위프에서는 각 눈금은 5us를 나타내며 ×25에서는 0.2us이다. 2FLD 스위프에서는 시간축눈금은 실제의 값을 가지지 않는다. 이는 단순히 모니터링 모드이기 때문이다. 그러나 2FLD 스위프가 ×25로 확대될 때에는 전체 수직기간은 값으로 표시될 수 있다.

③ **REF(Refrence)**

파형모니터의 내부기준신호 또는 외부기준신호를 선택하도록 되어 있다. 통상 자체 장비에서 나오는 영상신호를 점검하기 위해서는 외부동기신호를 연결할 필요가 없다. 그러나 스위쳐에서는 두 개 이상의 신호원을 사용하므로 동기신호의 점검이 필수적이다. 따라서 외부에서 기준신호를 파형모니터에 연결시키고 REF SWITCH를 EXT에 위치하여야 한다.

④ **CAL(Calibration)**

파형모니터로 영상신호를 측정하기 위해서는 눈금의 값이 정해진 값이 아니면 측정에 오류가 발생하므로 측정하기 전에 수직과 수평축의 단위값이 정해진 값에 일치하는 지를 우선 점검하여야 한다. 파형모니터마다 다소의 차이는 있지만 통상적인 것은 -40IRE에서 100IRE까지를 나타내는 구형파로서 이에 맞게 수직GAIN을 조정하고 수평축은 그 펄스의 폭이 10눈금을 나타내면 된다.

⑤ **DC REST**

파형모니터의 입력신호레벨이 변하게 되면 파형은 모니터 상에 아래위로 이동하게 되어 측정에 애로가 발생한다. 따라서 이를 방지하기 위해 영상신호를 클램핑하여야 할 필요가 있다. 이 클램핑을 싱크팁이나 블랭킹레벨에서 행할 수 있는데 통상 블랭킹레벨의 백포치에서 행한다. 즉, 영상신호의 크기와 동기신호의 크기를 쉽게 파악할 수가 있기 때문이다. 또한 DC REST에는 FAST와 SLOW setting이 있는데 전자의 경우는 HUM이나 저주파왜곡을 측정하는데 사용되며 후자는 디스플레이로부터 험을 제거한다.

⑥ **휘도 Level, 색도 Gain, 동기폭 점검**

㉮ 휘도Level 점검

비디오 System의 전체적인 Gain을 점검한다. 이것은 Signal Generator로부터 나오는 Color Bar신호의 진폭을 점검함으로서 이루어진다. 모든 진폭의 측정은 0 IRE가 있는 수평축에 관계가 있다. 이를 위해 Blanking Level이 반드시 0 IRE격자선에 정렬되어야 한다.

100% Bar인 경우 백색 기준Level이 100 IRE로정렬, Black Level(Setup Level)은 7.5 IRE로 정렬해야 하고 조정시에는 장비를 100 IRE로 먼저 조정한 후 Black Level을 조정해야 한다. 자칫 영상신호가 Black Level이하로 크게 내려가면 영상전송계에서 문제발생 할 수도 있다. 동기 펄스 Level은 -40 IRE로 정렬되어야 한다.

㉯ 색도 Gain점검

정확한 휘도 Gain을 확인한 후에는 색도 Gain을 점검해야 한다. 휘도 Gain에 대한 색도의 진폭이 잘못돼있다면, 영상의 색강도(채도)가 영향을 받는다. Chroma성분이 Black Level 이하로 크게 내려가면 문제가 발생할 수 있다. Burst의 진폭은 -20+20 IRE로 정렬되어야한다. 그리고 처음 두 개의 Color Bar의 색도 Level 최대치가 75%Bar 일 경우 100 IRE로 100% Bar일 경우 133IRE로 정확해야 한다.

㉰ 동기폭 점검

동기의 폭은 정확한 휘도와 색도의 Gain이 확인된 후 점검되어야 한다. 장비가 규정된 동기의 한계(RS-170A)내에서 작동되는지를 확인하기위해 반드시 점검되어야 한다. 정밀한 동기 펄스의 측정을 위해 수평동기 신호에 Trigger를 거는 1 line/2 line MODE로 확대를 한 후 각 신호의 Timing을 점검한다. 동기 펄스폭의 점검이 끝나면 비디오 신호의 질을 객관적으로 확인하는 일련의 기본적인 측정은 완료된다. 만약 어떠한 부분이라도 변화가 있다면 그 장비는 조정을 하거나 수리를 받아야 한다.

⑦ White Balance / Black Balance

색신호(R, G, B)를 Encoding하여 Composite Signal을 얻을 때 Composite Signal의 White level부분(100% Bar=100 IRE)과 Black Level부분에 Subcarrier Leak(색신호 성분)가 생기지 않도록 색도신호 조정을 행한다.

3) Vector scope에 의한 측정

(1) 초기

Front Panel Indicator		
VARIABLE	OFF	
Mode	Vect	벡터합성된 영상신호입력
	X-Y	색차신호입력
Calibrate(CAL)확인	Circle과 일치	
ROTATE		SWEEP이 수평축에 대하여 병렬로 직선인지 확인 (지구 자장 변화나 장비의 이동으로 발생)
REF 선택	INT	
	EXT	각 Signal간의 위상 및 진폭 비교시
Bar Gain	75% / 100%	75%,100% 중 사용할 Color bar선택
INPUT	CH A..	
Focus		Display의 초점조절
Scale		눈금표시의 조도레벨조정
Intens		화면의 밝기조절
X-Y MODE		STEREO AUDIO 신호의 위상 및 진폭확인 (후면부 REMOTE 단에 AUDIO 신호를 연결해야)

(2) 색도 위상 및 진폭 점검

① 색도 진폭 점검

Color Burst가 적절한 위치에 놓인 것을 확인한 후 색의 점들이 격자의 네모 Box안에 들어가 있는지 점검한다. 만약 점들이 상자를 벗어나 있다면 색도 진폭이 낮거나 높은 것이다. 어떤 경우든 색도 Gain을 조정하여 Box안에 위치 시켜야 한다.

② 색도 위상 점검

Color Burst에 대해 색도의 위상이 틀려 있을 때는 각 색의 점이 Box안에 들어가지 않는다. 이러한 위상의 오류로 인해 사람들의 얼굴이 다른 색으로 보이게 된다. 우선 Burst의 Vector를 기준위치로 정렬하고 난 후 장비의 색상(Hue) 및 Gain을 조정하여 Box안에 정렬시킨다.

(3) DP(Differential Phase) /DG(Differential Gain)의 측정

① Luminance진폭(휘도신호레벨)의 변화가 Chrominance의 위상(HUE)을 변화시키는 현상으로 Video증폭기의 비직진성이 Luminance Level의 변화에 따라 Chrominance위상을 변하게 만든다.

이런 현상은 Luminance Level이 높을 때 자주 발생하는데 DP가 존재할 경우 TV화면에서는 화상의 밝기에 따라 색상(Hue)이 변하게 된다.

② Luninance진폭의 변화가 Chrominance의 진폭을 변화 시키는 현상으로 Video증폭기의 비직진성 때문에 발생하며 Luminance Level이 높을 때 Chrominance의 진폭이 감쇠하는 현상으로 나타난다. DG가 존재할 경우 TV화면에서는 화상의 밝기 조정에 따라 색상 농도가 변하는 현상이 나타난다. 이들의 측정에는 Modulated Ramp Signal이 사용된다.

(4) SCH 위상측정

영상장비를 단독으로 사용할 경우에 있어서는 고려할 필요는 없지만, Switcher가 있는 VTR 편집 System. 즉, 2계통 이상의 영상 신호를 합성하여 사용하는 경우에 SC-H위상이 각 기기 간에 서로 일치하지 않으면 영상의 수평 Shift 현상이 발생되어 동일Position 편집이 곤란하게 된다.

NTSC신호의 SC 주파수(fsc)와 수평 주파수(fh)의 관계는 Fsc=(455/2)×fh 이다. 여기에 표시한 227.5 cycle에서 마지막1/2 Cycle은 SC phase와 H sync간의 위상이 매 Line마다 180° 역으로 된다는 것이다. 그리고 1 Frame인 525 Line의 마지막이 홀수이므로 SC phase는 Frame의 시작과 역으로 된다. 이 관계가 순차적으로 반복되어 2 Frame후에는 SC phase와 수평주사선의 위상이 최초의 위상이 된다.

NTSC에서는 매 수평동기신호마다 ±20 IRE의 Color burst신호가 삽입되어 있는데 이 신호는 9 Cycle의 Subcarrier로 구성되어 있다. 이 Subcarrier신호를 수평동기신호의 Leading Edge까지 연장하면 19 Cycle이며, 수평동기 신호진폭 50%의 Leading Edge와 연장된 Subcarrier간에 위상이 ±40° 이내가 되어야 한다.

이 두 신호의 위상차이를 SCH위상이라 정의한다.

(5) X-Y 측정

동일한 X, Y증폭기를 가지고 있는 VECTOR SCOPE를 포함한 다른 OSCILLO-SCOPE도 정확한 STEREO위상 측정을 위해 쓰여 질 수 있다. 같은 진폭의 동일한 신호가 입력일 때, 두 신호는 리사쥬 패턴으로 나타날 것이다. 만약 두신호에 위상 에러가 없다면, 그 DISPLAY는 45도의 각도를 가진 대각선이 되고 두 신호가 위상이 같지 않으면 그패턴은 대각위에 축을 가지는 타원으로 나타날 것이다.

2.4.2 측정 설비

(1) 마스터 영상 모니터

화질관리의 표준이 될 수 있도록 재현화질의 충실도, 안정도를 높게 설계한 영상 모니터이다. 화이트 밸런스(white balance), 색재현은 자동조정 기능을 내장하고 있다. 14-20 인치 형 모니터를 부조정실에 2-3대 설치하여 카메라 등을 조정하거나 조명, 미술장식을 결정

(2) 프리뷰(preview) 모니터

프로그램 진행상황이나 각 소재의 상황을 확인하는 영상모니터이다.

(3) 파형모니터

오실로스코프(oscilloscope)의 일종으로 영상신호, 동기신호의 진폭, 위상, 주파수 특성 등을 용이하게 관측할 수 있도록 되어 있다. 부조정실에 설치한다.

(4) 벡터스코프(vectorscope)

영상신호 안의 색도신호를 CRT 상에 극좌표로 표시하는 측정기이다. 색상은 각도로 채도는 원점으로부터의 거리로 한 눈에 파악할 수 있게 되어 있다.

연습문제

1. 연주설비의 구성에 대하여 설명하여라.
2. TV 영상 제작 설비에서 부 조정실의 주요 구성장비에 대해 설명하여라.
3. 영상 스위처(switcher) 장비에 대해서 간간히 설명하여라.
4. FEP, ENG, SNG, FPU 등의 용어에 대해 간단히 설명하여라.
5. Mixing console에 대하여 간단 히 설명하시오.
7. DVE(digital video effect 대하여 설명하시오.
8. SNG 전송시스템 에 대하여 설명하시오.
9. CCU에 대하여 설명하시오.
10. 가상스튜디오에 대하여 설명하시오.

제3장 지상파방송과 위성방송

3.1 방송방식

3.1.1 음성 방송 방식

1) AM(Amplitude Modulation) 송신기

아날로그 정보(음악, 음성, 영상 등)를 전기 신호로 변환하여 전송하는 경우 전송되는 반송파의 진폭을 전달하고자 하는 신호의 진폭에 따라 변화시키는 변조방식을 말하며 AM 송신기는 발진부, 증폭부, 변조부, 전원부 및 부속장치로 구성되어 있다.

송신기는 반송파(carrier wave)에 신호를 실어서 그것을 증폭시킨 다음 송신 안테나로 보낸다. TV 송신기와 라디오 송신기에서 화상과 음성신호는 각각 그들의 반송파를 영상은 AM으로, 음성은 FM으로 변조시킨 후 공공 안테나에 전달된다.

(1) AM 송신기의 종류

① 전파 형식에 의한 분류

AM, FM, PM 송신기

② 사용 주파수에 의한 분류

AM-단파 이하, FM-초단파대, PM-마이크로파대

③ 사용 용도에 의한 분류

고정국(방송국), 이동국(개인 휴대용), 위성 통신용 송신기

(2) AM 송신기의 구성

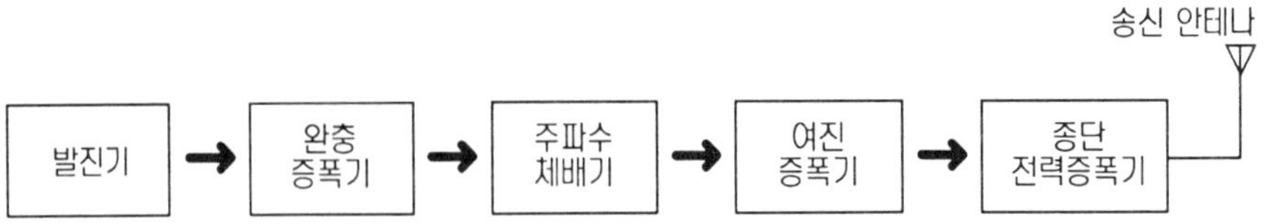

[그림3-1] AM송신기 구성도

① **발진부**

송신에 필요한 주파수(반송파)를 발생시킨다. 고주파의 주파수 안정도를 높이기 위해서 발진 안정도가 높은 수정 발진기를 사용하며 발생되는 반송파는 전력 증폭기(고주파 증폭기)에 의하여 필요한 출력으로 증폭된다. 수정발진기의 특징은 다음과 같다.

ⓐ 안정성이 좋다.

ⓑ Q가 매우 높다.

ⓒ 고유 주파수에 대한 온도 계수가 충분히 작은 것을 사용하면 발진주파수는 보다 안정하다.

② **완충증폭부**

송신기의 부하가 변동되어 발진 주파수가 이에 따라서 변동되는 것을 막기 위하여 고주파 증폭기에 설치되는 A급 증폭기

ⓐ 부하변동에 따른 주파수 변동의 방지를 위한 증폭기

ⓑ A급 증폭발진기를 사용한다.

ⓒ 고주파 함유량은 유통각에 따라 변동되며 단간 결합에 의한 발진 영향은 없다.

③ **주파수체배기(C급증폭)**

일정한 발진 주파수를 가지는 수정 발진기에 의하여 얻어지는 주파수를 정수배로 증가시키는 회로이다. 따라서 낮은 발진 주파수를 가지는 수정 발진기를 사용하여도 높은 주파수의 반송파를 얻을 수 있다.

ⓐ 발진 주파수가 원하는 반송주파수보다 낮을 때

ⓑ 하나의 발진기로 몇 개의 반송파를 원할 때

ⓒ FM/PM 송신기로 원하는 주파수 편이가 없어지지 않을 때

④ **전력증폭기**

ⓐ 스퓨리어스 발사가 적을 것

ⓑ 전력 효율이 좋을 것

⑤ **공중선 결합회로**

ⓐ 조정이 간단하다.

ⓑ C1은 양극전류 A1을 최소로 조정하여 동조를 취한다.

ⓒ 회로 능률이 좋다.

ⓓ UHF 이상에서는 사용이 곤란하다.

(3) AM 송신기의 주파수 안정도

① 발진부, 증폭부 등의 주요 회로의 설계에 따라서 결정

② 전원 전압의 변화

③ 주위 온도의 변화

④ 전기적 정수의 변화

⑤ 기계적 진동 및 조정 불량

(4) 스퓨리어스 발사

무선송신기에서 발생하는 송신 전파에 포함된 고조파, 저조파 및 기타 불요 전파의 복사를 말한다. 이에 대한 대책은 아래와 같다.

① 전력 증폭단과 공중선 회로의 결합에 π형 회로를 사용하여 고조파를 제거한다.

② 전력 증폭단을 B급 푸시풀(push-pull) 방식으로 한다.(우수고조파제거)

③ 급전선에 대한 트랩(Trap) 설치한다.(중화회로)

④ 동조회로에 Q를 높게 한다.

⑤ 바이어스 전압을 얕게 한다.

2) AM수신기

(1) 수퍼헤테로다인(super-heterodyne) 수신기의 구성

헤테로다인 수신기란 고도로 정밀한 BPF를 설치해놓고 중간주파수 위치로 원하는 신호를 끌어 내려서 신호를 검파 하는 방식으로 고도의 선택도를 보장받을 수 있다. AM 수신기는 고주파 증폭부, 주파수 변환부, 중간 주파 증폭부, 복조부, 저주파 증폭부, 전원부로 구성되어 있다.

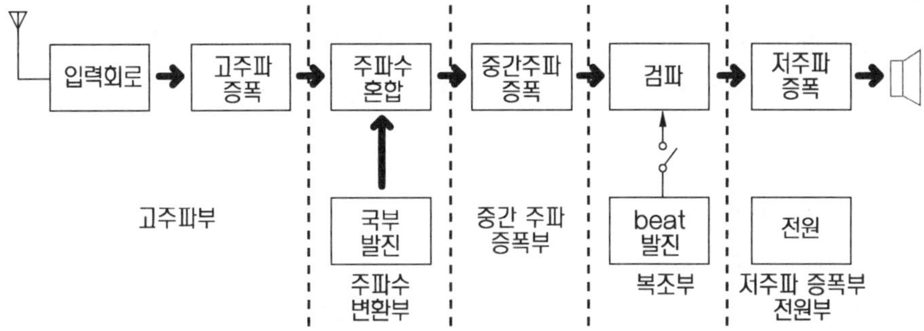

[그림3-2] 수퍼헤테로다인 수신기

① 고조파 증폭부

수신기의 공중선 입력단자와 초단증폭기의 입력측을 정합하는 입력회로와 증폭회로로 구성되며 수신기의 최저 수신 가능 전파의 강도를 결정

② 주파수 변환부

주파수 혼합회로와 국부발진회로로 이루어지며 이것은 무선주파수의 신호입력을 중간주파수로 변환하는 부분으로 제1검파기라고도 한다.

③ 중간주파 증폭부

중간주파수로 변환된 신호를 증폭하는 기능부로서 선택도특성, 전체증폭도의 대부분을 담당

④ 검파부

중간주파의 신호입력에서 가청 주파수의 원 신호를 분리하는 회로

⑤ 전원부

전력을 공급하는 부분

(2) 수신기의 특징

① 감도(Senstivity)

어느 정도의 미약한 전파까지 수신할 수 있는지의 능력을 나타내는 것으로 조합이득과 내부 잡음에 의해서 경정한다.

ⓐ 고주파 동조회로의 Q를 크게 한다.

ⓑ 내부 잡음이작은 주파수 변환관을 사용한다.

② **선택도(Selectivity)**

수신하려고 하는 희망 전파를 다른 주파수의 전파로부터 어느 정도까지 분리할 수 있는지의 능력을 나타내는 것으로 동조 회로와 중간 주파 회로의 이조도에 의하여 좌우한다.

③ **충실도(Fidelity)**

송신 측의 변조신호를 어느 정도까지 충실하게 재현할 수 있는지의 정도를 나타내는 능력으로 저주파 증폭기의 주파수 특성, 의곡, 잡음에 의해서 좌우된다.

④ **안정도(Stability)**

주파수의 진폭이 일정한 신호 전파를 수신하면서 장시간에 걸쳐 조정하지 않는 상태로 일정한 출력을 낼 수 있는 정도를 나타내는 능력으로 전원 전압의 변동에 의하여 결정된다.

(3) 슈퍼헤테로다인 수신기의 장단점

① 중간 주파수로 변환 증폭하므로 감도와 선택도가 좋다.

② 광대역에 걸쳐 선택도가 떨어지지 않고 충실도가 좋다.

③ 국부 발진주파수의 고조파와 수신 전파 사이의 비트 방해를 받기 쉽다.

④ 영상 혼신을 받기 쉬운 AM 회로로 복잡하고 조정이 어렵다.

◇ **참조**

- 자동이득제어(AGC)

  입력레벨의 변동에 대하여 수신기의 이득을 자동적으로 조정하는 회로

- 지연이득제어(Delayed AGC)회로

  어떤 레벨 이하의 입력신호에 대해서는 AGC 효과를 억제하고 입력레벨이 일정한 지연점을 넘으면 AGC가 동작되게 하여 출력 레벨을 일정하게 유지하는 회로

(4) 우리나라 AM라디오방송

AM 라디오방송의 주파수 대역은 531~1602KHz 대역을 사용하며 방송 채널 간격은 9KHz이며 현재 채널수는 120개이다.

3) FM 송신기

(1) FM 송신기의 구성 및 회로 동작

FM 송신기의 구성은[그림 3-3]과 같이 구성되어 있으며 스테레오 변조기, FM 여진기, 전력 증폭기, 고주파 필터, 제어 및 전원부로 되어 있다.

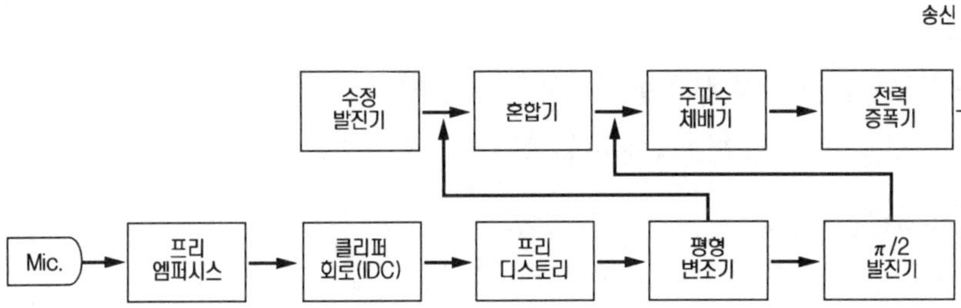

[그림3-3] FM 송신기 구성도

① 프리엠퍼시스 회로

75[μs]의 시정수를 사용하여 음성 대역의 고역 부분의 레벨이 강조되도록 하여 S/N비를 5배 이상 좋게 하는 기능을 한다.

② 매트릭스 회로

좌측(L)신호와 우측(R)신호를 합신호(L+R)와 차신호(L−R)를 만들어 합신호는 모노형 수신기 청취자를 위하여 차신호는 스테레오 수신자를 위하여 전송되도록 하는 회로이다.

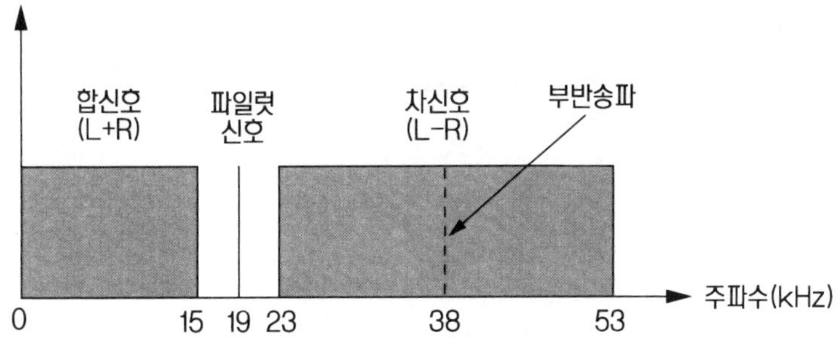

[그림3-4] FM신호 구성

③ 평형 변조기

차신호(L－R)는 38[㎑] 부반송파(sub channel signal)에 평형 변조시켜 FM 변조시킨다. 수신기의 매트릭스 회로에서 합(L＋R)신호와 차(L－R)신호가 합쳐져서 L신호는 좌측 스피커로, R신호는 우측 스피커로 전달된다.

L－R 신호를 그대로 FM 변조시킬 경우, 상호 간섭이 발생되므로 이를 피하기 위하여 L－R 신호는 38[㎑]에 평형 변조시켜 전송한다.

④ 기준 발진부

기준 발진부는 파일럿 신호를 전송하기 위하여 19[㎑]를 발진하고 이 신호는 합 · 차 신호와 평형 변조기 반송파에도 이용된다.

⑤ FM excitor(여진기)

FM 여진기는 복합 음성 신호를 받아 FM 변조기에 가한다.

FM 변조기는 변조 신호가 없을 때는 FM 반송파로 유지되다가 음성 신호의 크기에 따라 반송파의 주파수가 편이 된다.

FM 여진기는 자려 발진기이므로 주파수 안정을 위하여 AFC(automatic frequency control) 회로가 필요하며 AFC는 PLL(phased loop lock) 회로를 사용하고 안정된 반송파주파수가 유지되기 위하여 수정발진 회로가 사용된다.

⑥ 고주파 전력 증폭 회로

FM 변조기가 포함된 FM 여진기의 출력은 보통 10~50W미만이다.

FM 송신기의 대 출력을 얻기 위하여 전력 증폭기를 사용한다.

⑦ 고주파 필터

고주파 전력 증폭 단은 C급 증폭을 사용하므로 불필요한 많은 고주파 신호가 발생된다. 고주파는 다른 통신이나 방송에 방해를 주므로 고주파를 제거하고 희망하는 신호만을 발사시키기 위하여 고주파 필터를 사용한다.

(2) FM 송신기 보조회로

① IDC(순시주파수편이)회로

위상 피변조파에 있어서 강한 음성입력에 의해서 순간적으로 주파수 편이가 과대하게 되는 것을 방지하는 회로

② **프리엠퍼시스(Pre-emphasis)회로**

신호파의 고역을 변조해서 높은 주파수에 대한 S/N비를 개선시키는 회로

③ **AFC(자동 주파수제어)회로**

반송파가 자려 발진기에 의하여 발생하고 있기 때문에 주파수 안정도가 나쁘고 편차가 크다. 이 편차를 작게 하여 안정한 주파수의 전파를 송출하기 위한 회로

4) FM수신기

FM 수신기에서는 신호파를 추출하는 방법으로 먼저 FM파를 AM로 변환하는 주파수 변별기를 필요로 한다. FM 수신기 구성도는 [그림3-5]와 같다.

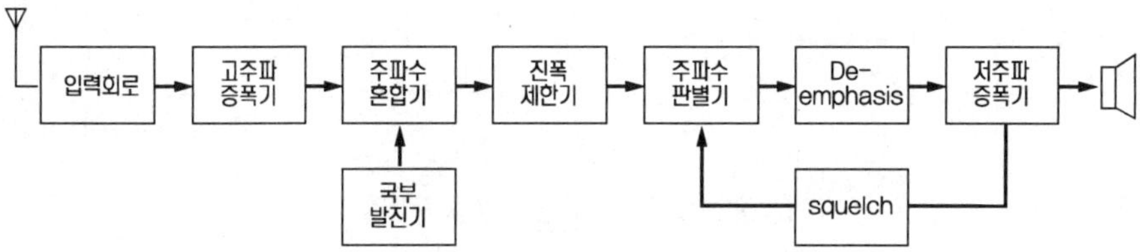

[그림3-5] FM수신기의 구성

(1) FM 수신기의 특징

회로의 구성에 있어서 AM수신기와 FM수신기의 중요한 차이점은 다음과 같다.

① 수신 주파수 대역폭이 넓다.

② 진폭제한 회로가 있다.

③ 주파수 변별회로가 있다.

④ 스켈치 회로가 사용된다.

⑤ 디엠파시스 회로가 있다.

(2) FM수신기의 보조 장치

① **진폭 제한기(limiter)** : 충격성 잡음 제거

② **De-emphasis 회로** : 수신기 쪽에서 본래의 신호음으로 환원하는 회로

③ **스켈치(squelch)회로** : 신호 입력이 없을 때 잡음 출력을 억제

5) FM 스테레오 방송의 원리

FM방송은 AM방송보다 대역폭이 넓어서 스테레오(Stereo) 방송하기에 적합하다.

FM 스테레오 방송의 원리는 L Channel과 R Channel을 합한 L+R 신호를 주신호로 하고 양쪽신호의 L-R 차 신호를 부 채널 로 하여 부반송파와 19[KHz]의 파일럿 신호를 하나의 전파로 송신하는 방식이다.

수신부에서는 FM복조(De-modulation)한 신호를 MPX 회로에서 L Channel과 R Channel로 분리하여 증폭 후 수신한다.

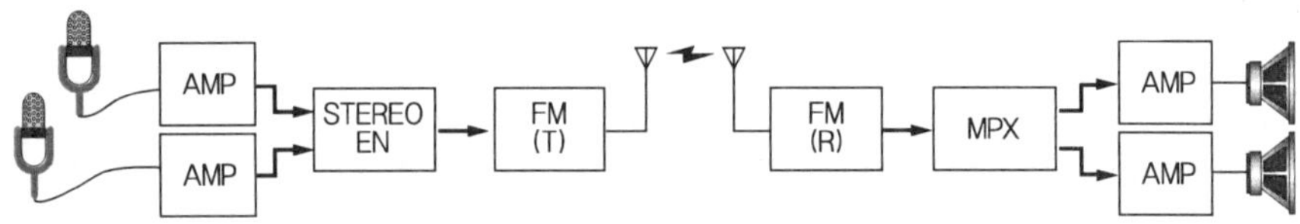

[그림3-6] FM 스테레오 방송 원리도

6) 단측파대(SSB)송수신기

SSB 송신기는 한쪽 측대만을 사용하여 신호를 송신한다.

반송파 억압 변조기로는 보통 링 변조기 또는 평형 변조기를 이용한다.

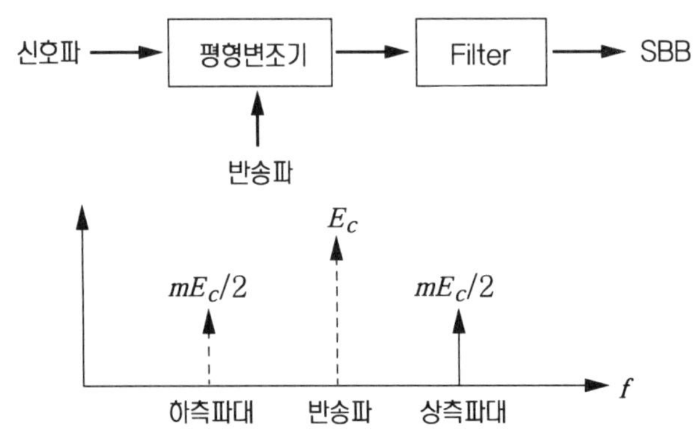

[그림3-7] SSB송신기 Block도

SSB 신호를 얻으려면 반송과 측대파는 인접해 있으므로 필터로써 분리할 수가 없다. 따라서 평형변조기를 이용, 반송파를 제거한 후 대역 통과 필터를 이용하여 상, 하측대파 중 1개를 선택하면 된다.

SSB 방식은 DSB에 비해 주파수 대역이 좁고 송신기의 소비 전력이 적어 다중통신에 적합하나 수신시 제거된 반송파 주파수에 동기를 맞추기 위한 국부 발진회로를 별도의 국부 발진기를 활용한 동기 검파를 해야 한다.

(1) SSB 송신기의 종류

① 필터법 송신기

평형변조기 또는 링(ring) 변조기와 필터(Filter)를 사용하여 필요한 측파대만을 구성한다.

② 위상 천이(phase shift) 송신기

반송파를 평형 변조기로부터 위상 천이 필터를 사용하여 측대파를 발생

③ 제3의 방법

필터법과 위상 천이법을 적절히 조절한 방식

(2) SSB의 장・단점

① 점유 주파수 대역이 좁아(DSB의 1/2) 전송 매체의 주파수 대역을 두 배로 활용할 수 있어 다중통신에 적합하다.

② 반송파의 제거로 반송파에 의한 채널사이의 혼변조가 제거되므로 신호 대 잡음비(S/N비)를 개선 할 수 있다.

③ 반송파가 제거되므로 적은 소비전력(DSB의 1/6 정도) 으로 통신이 가능하다.

④ 신호의 선택성에 있어서 fading의 영향이 적다.

⑤ SSB 통신방식에서 수신 시 반송파가 제거되므로 수신기는 반송파에 동기를 맞추기 위해서 반송파주파수를 발진할 수 있는 회로가 있어야 한다.(수신 시 수신기의 복조는 동기 검파를 해야 하므로 수신회로가 복잡해진다)

3.1.2 라디오 방송시스템의 구성과 동작원리

음파를 전파로 바꾸어 멀리까지 보내고 이 전파를 받아서 다시 음파로 재생시키면 먼 곳에서도 음성을 들을 수 있는 원리를 이용한 것이다.

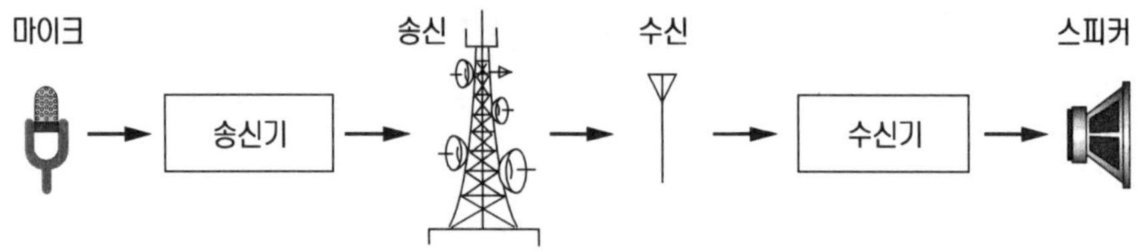

[그림3-8] 라디오 방송의 원리

1) 송신기(transmitter)

(1) 송신

방송국에서 마이크로폰을 사용하여 음파를 전기 신호로 바꾸고, 이를 여러 단계의 과정을 거쳐 송신 안테나를 통해 전파로 발사하는 것을 말한다.

(2) 가청 주파수

사람이 들을 수 있는 범위의 주파수를 말한다. 음파의 진동수는 1초에 20~20,000회 정도이므로 가청 주파수는 20~20,000[Hz]이다.

(3) 반송파

마이크로폰에 의해 변환된 전기 신호를 송신 안테나를 통해 발사하기에는 너무 낮은 주파수이므로 높은 주파수의 고주파 전기 신호에 함께 실어서 발사하게 된다. 이와 같이 음성 신호를 실어 보내는 고주파를 반송파라 한다.

(4) 발진

고주파인 반송파를 만들어 주는 것을 말한다.

(5) 변조(modulation)

저주파인 음성 신호를 반송파에 싣는 것을 말한다.

① 진폭 변조(AM : Amplitude Modulation)

음성 신호에 따라 반송파의 진폭을 변화시키는 방식으로서, 535~1,605[㎑]의 반송파를 사용한다.

② 주파수 변조(FM : Frequency Modulation)

반송파의 주파수를 변환시키는 방식으로서, 88~108[㎒]의 반송파를 사용한다.

(6) 증폭

발진기에서 만든 고주파나 마이크로폰에서 변환된 저주파 또는 변조된 고주파의 세기를 각각 필요한 만큼 세게 하는 것이다.

2) 수신기

(1) 수신

방송국에서 보내온 전파를 안테나로 받아서 음성 신호와 고주파로 분리한 다음, 음성 신호를 본래의 음파로 재생시키는 것을 말한다.

(2) 동조 회로

수신 안테나로 받아들인 전파에는 여러 방송국에서 서로 다른 반송파로 변조시킨 전파들이 섞여 있다. 동조 회로는 이들 전파 중에서 듣기를 원하는 방송의 전파를 골라낸다.

(3) 고주파 증폭 회로

동조 회로에서 골라낸 세기가 약한 고주파 신호를 세기가 강한 고주파로 증폭한다.

(4) 검파 회로

증폭된 고주파 신호를 음성 신호와 반송파로 분리한다.

(5) 저주파 증폭 회로

검파 회로에서 분리한 음성 신호는 스피커를 통해 듣기에는 세기가 약하므로 다시 한 번 강하게 증폭하여 스피커로 보낸다.

(6) 스피커

증폭된 저주파 음성 신호를 본래의 음파로 재생하여 공기를 진동시킨다.

3.1.3 음성다중방송원리와 특징

1) 다중방송의 개론

다중방송이란 현행의 주파수 대역 또는 신호 전송 시간의 여유분을 이용하여 부가 정보를 현행 방송 프로그램과 동시에 행하는 방송으로서 TV 시청자에게 스테레오방송이나 2개 언어로 방송을 들을 수 있도록 한 시스템이다.

(1) AM 스테레오 방송

① 모토롤라(Motorola) 방식(AM-AM 방식)

위상이 90도 다른 두 개의 반송파를 사용하여 동상 반송파는 합신호(L+R)로 평형 변조하고 직교 반송파는 L-R 신호로 평형 변조하여 동상반송파와 합한다.

② 칸(Kahn) 방식(AM/PM)

칸 방식은 정확하게 칸 하잴틴 방식이라 부르며 AM 스테레오 방송의 실현이다. 이 방식은 AM/PM 방식과 마찬가지로 합신호는 AM 변조를, 차신호는 위상 변조 방식이다.

음의 합차신호간에 90도 위상차를 둠으로써 피변조파의 스펙트럼 중 하측파대가 L 신호성분, 상측파대가 R 성분으로 나뉜다. 즉 IBS(Independent side band)에 가까운 피변조파가 된다.

③ 해리스(Harris)방식(AM/AM)

두 개의 반송파를 사용하여 동상반송파를 (L-R)신호로 평형 변조하여 합한다. 이렇게 합한 신호를 한 대의 송신기로 송신하기 위하여 리미터를 거쳐 진폭 변화분을 제거하고 반송파로 동시에 포락선(envelope) 검파한 신호를 AM 변조한다. 스테레오 특성은 좋으나 모노 엔벨로프 검파수신기의 양립성이 부족하다.

④ **마그나복스방식(AM/PM)**

L-R 신호로 반송파를 위상 변조하고 위상 변조된 반송파를 L+R 신호로 진폭 변조하고 있다. 파일럿 톤은 25[Hz]이고 최대 편이는 4라디안(radian)으로 위상 변조를 하고 있다.

⑤ **벨러(Belar) 방식(AM/FM)**

400[μsec]의 프리엠퍼시스한 L－R 신호로 반송파를 주파수 변조하고 주파수 변조된 반송파를 L+R 신호로 진폭 변조시킨다. 반송파의 최대 주파수 편차는 음성 주파수 대역이 낮은 곳에서는 312.5[Hz]로, 높은 쪽에서는 6,250[Hz]로 변화한다. 파일럿 톤은 10[Hz]이다.

(2) FM 다중방송

FM 다중방송이란 초단파방송의 전파에 중첩하여 종래의 FM 방송과 별도의 음성 신호나 문자 신호 등을 방송하는 것이다.

① **FM 음성다중방송(SCA)**

FM 방송의 전파에 중첩하여 음성이나 기타 음향을 보내는 방송

② **FM 문자다중방송(RDS)**

FM 방송의 전파에 중첩하여 문자, 도형 또는 신호를 보내는 방송

3.2 TV 방송(Television)

3.2.1 개요

정지된 상태나 움직이는 물체의 영상과 음성을 송출하는 방송을 말한다.

현재 사용되고 있는 TV 표준 방식에는 미국식 방식인 NTSC(nation television system committee) 방식과 유럽식 방식으로 독일에서 제안한 PAL(phase alteration by line)방식과 프랑스에서 제안한 SECAM(sequentiel couleur a memoire) 방식이 있다.

우리나라의 표준 텔레비전(SDTV : Standard Definition Television)은 미국 · 일본 등과 마찬가지로 NTSC 방식을 사용하고 주사선 525개, 초당 화상수 30장, 화면의 종횡비(aspect ratio) 3:4(보통 종횡을 반대로 해서 4:3이라고 부르고 있다)를 채택하고 있다.

1) Color TV 기본

(1) 3원색 : 적색(Red), 녹색(Green), 청색(Blue)

(2) 컬러 TV전송

① **Y 명도 신호 :** 0~4.2[MHz]의 대역폭 점유

② **I 색도 신호 :** 0~1.5[MHz]의 대역폭 점유

③ **Q 색도 신호 :** 0~0.5[MHz]의 주파수를 점유

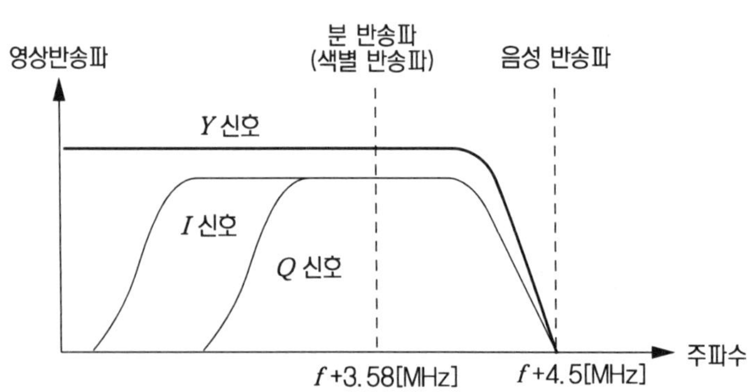

[그림3-9] 색신호의 전송

2) TV 전파 주파수 스펙트럼

TV방송에서는 직류분에서 4[MHz]까지의 주파수 대역을 가진 영상신호와 20~20,000[Hz]까지의 대역을 가진 음성신호를 동시에 송신해야한다.

TV의 영상전파는 하측의 측파대 일부를 제거하여 [그림]과 같이 대역을 절감하고, 주파수 변조(FM)된 음성전파를 가하여 6[MHz]의 대역폭으로 한다.

이와 같은 영상전파를 잔류측파대(VSB : vestigial side band)방식 이라고 한다.

영상신호는 잔류측파대 진폭변조기(VSB)에 의해서 영상 중간주파수로 변환되고 음성신호는 주파수변조기(FM)에 의해서 음성 중간주파수 로 변환 된 중간 주파수는 지정된 텔레비전 채널의 주파수로 변조되어 전력증폭기 증폭 후 영상, 음성의 고조파 신호는 CIN(Constant Impedance Notch Diplexer)에서 합성하여 송신 안테나를 통하여 전파된다.

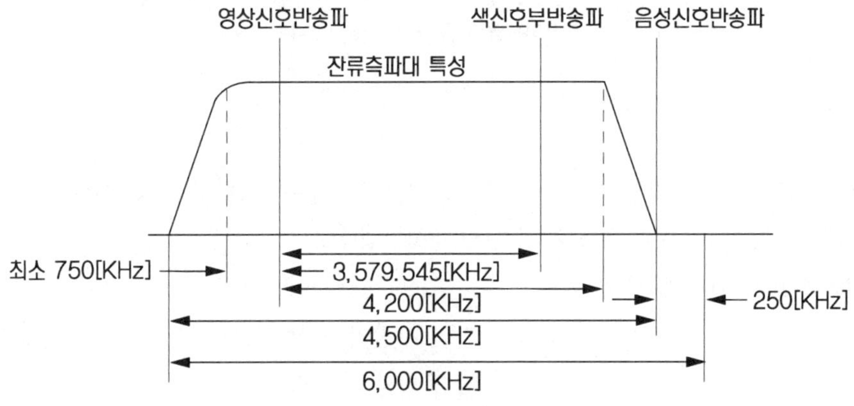

[그림3-10] 주파수 스펙트럼

① 영상은 AM, 음성은 FM방식을 채용하고 있다.

3.2.2 TV 송신기

1) TV 송신기의 구성 및 동작

송신설비란 연주소에서 ST 링크에 의해 보내온 TV 프로그램 신호를 수신하여 영상 신호(video)와 음성 신호(audio)를 각각의 송신기에 입력시키고 이를 TV 반송파로 변조하여 규정된 채널과 출력으로 안테나에 의해 방송 전파가 발사하는 방송 설비이다.

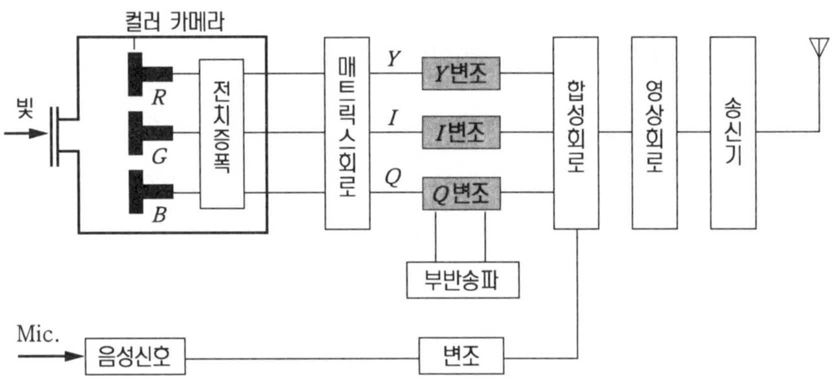

[그림3-11] Color TV 송신 장치

(1) 송신기

ST 링크로 수신된 영상 신호는 동축 케이블(75Ω)을 통하여 영상 송신부, 음성 신호는 차폐 케이블(600Ω)로 음성 송신부에 가해진다.

영상 신호는 저역 통과 필터(LPF : low pass filter)를 통과시킨 후(0~4.5㎒) 신호의 위상 일그러짐(distortion), 진폭의 지연 시간차 보상 회로를 거쳐서 진폭변조를 한 후 잔류 측파대 특성을 갖추도록 측파대 필터를 거친다.

음성 신호는 잡음 감소를 위해 프리엠퍼시스 회로를 거쳐 주파수 변조를 한다.

(2) CIN 다이플렉서

피변조된 영상 신호와 음성 신호를 결합시키는 장치를 CIN(constant lmpedance notch) 다이플렉서(diplexer)라 한다

(3) 송신 안테나

송신 안테나 시스템은 안테나부, 주 피터부, 급전 장치부, 지지 철탑부, 부속 장치부 등 5가지 설비로 구성되어 있다.

3.2.3 TV 수신기

1) TV 수신기의 구성 및 동작 원리

컬러 TV 수신기는 수신안테나 튜너회로(Tuner circuits) 영상 중간 주파 증폭부, 영상 검파기, AGC 회로와, 음성회로(audio circuits), 동기 및 편향회로(sweep circuits), 전원회로로 구성되어 있다.

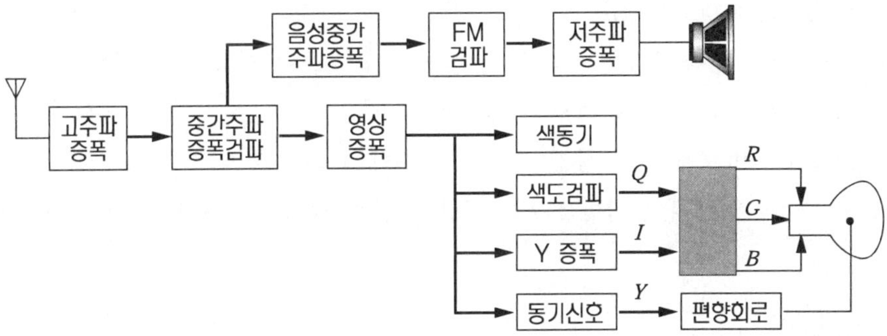

[그림3-12] Color TV 수신장치

2) TV 수신기회로의 구성 및 동작

수신기의 안테나 단자에 가해진 VHF대역 또는 UHF대역의 신호 중에서 수신하고자 하는 채널의 신호를 선택하고, 이를 증폭, 검파하여 컬러 영상 신호를 만들어 음성신호는 스피커로 출력되며 영상신호는 컬러 모니터를 통하여 영상신호가 출력된다.

(1) 튜너(Tuner)

영상수신 회로에서 튜너는 RF 신호를 받아 검파하는 부분으로 UHF용과 VHF 용으로 나누어진다. TV 수상기의 신호 대역은 수신되는 전자계에 비례하여 발생하는 전압을 VHF와 UHF 안테나에 의하여 수신된다.

이렇게 텔레비전 대역의 모든 채널의 전파 중에서 원하는 채널이 선정되면 그 채널에 일치하는 6[MHz]대역의 주파수만 대역통과(band pass)로 여과하여 조정 가능한 RF 증폭기를 통하여 증폭된다.

여기서 발진기는 영상 45.75[MHz], 음성 41.25[MHz]를 합한 정현파의 주파수를 생성한다. 혼합기(Mixer) 는 정현파에 RF신호를 배가 시킨다. 두 입력신호의 주파수를 합하거나 차에 의한 것을 모두 포함하여 통과된 그 신호를 영상중간주파수(VIF : videointermediate frequency) 45.75[MHz], 음성중간주파수(SIF : signal intermediate frequency) 41.25[MHz]의 중간 주파수로 변환하는 장치로 RF 증폭기, 국부발진기, 주파수변환회로, 혼합회로 구성되어 있다. 또한 국부 발진을 일정하게 유지하기 위하여 자동 주파수 동조(AFT)회로를 부가적으로 사용한다.

(2) 음성회로(audio circuits)

영상 IF신호의 검파과정은 주파수 합이나 차가 만들어 짐으로서 영상과 음성 반송파를 혼합하게 된다. 이는 음성정보 45.75[MHz] - 41.25[MHz] = 4.5[MHz]와 같이 음성 신호인 4.5[MHz]의 비트를 영상 중간 주파수 신호에서 분리한 다음, FM복조, 증폭하여 스피커에 공급, 영상과 음성반송파를 혼합한 신호 영역에서 주파수 변조 신호를 만든다.

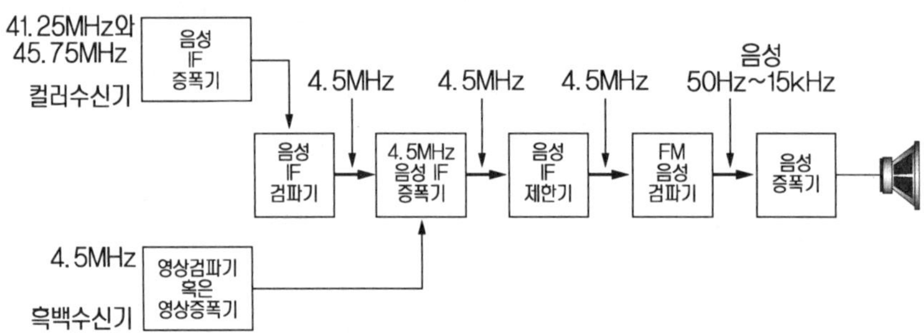

[그림3-13] TV수신기 음성부의 블럭도

① 음성다중방송 수신회로

TV음성 다중방송에는 서브케리어(sub-carrier)방식(FM-FM방식) 과 2캐리어(two-carrier) 방식이 있다.

우리나라에서는 주파수가 다른 2개의 전파를 이용하여 두 반송파 방식(two carrier methods)을 채용하고 있다. 종전에는 방송국에서 TV 방송을 할 경우 [그림]과 같이 영상 전파보다 4.5[MHz] 더 높은 음성 전파를 발사하였으나, 음성방송을 하는 현재는 4.724[MHz]더 높은 또 다른 음성 전파를 동시에 전파하고 있다.

우리나라의 TV국에서는 음성다중방송, FM 스테레오 방송, 한국어와 외국어를 동시에 방송을 하고 있다.

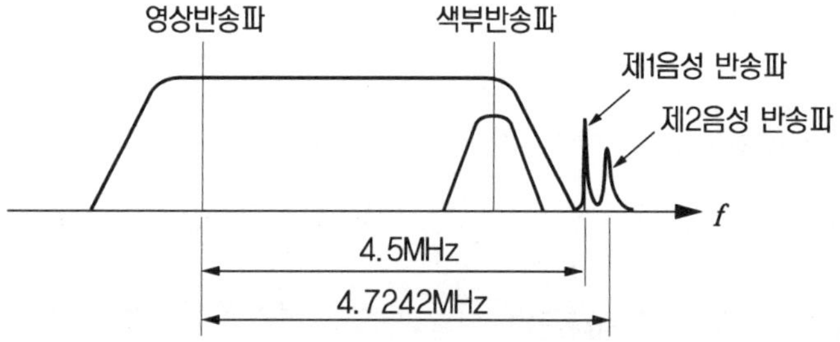

[그림3-14] 음성 주파수 스펙트럼

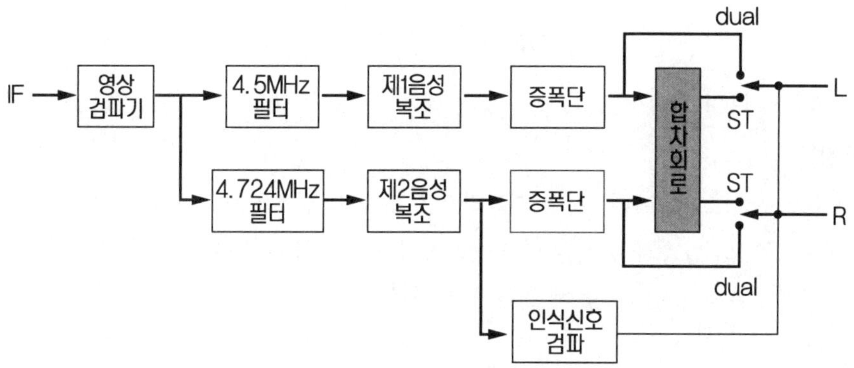

[그림3-15] TV음성 다중 수신부 계통도

ⓐ 서브케리어(sub-carrier) 방식

원래의 주 음성 신호 위에 부 음성 신호로 변조된 서브케리어를 사용하는 방식으로 부반송파를 진폭 변조하는 AM-FM방식과 FM-FM방식의 두 가지가 있다.

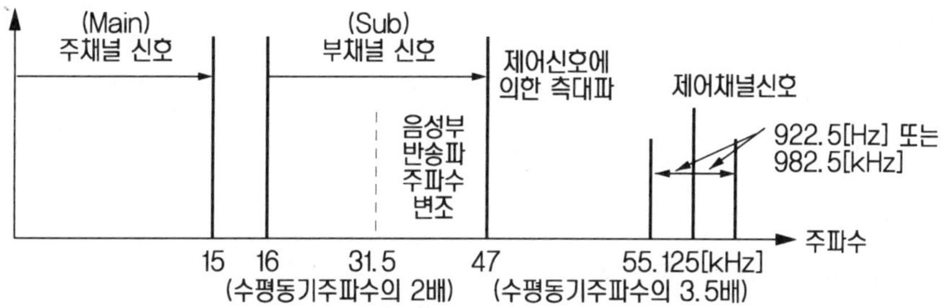

[그림3-16] FM-FM 방식

ⓑ 2캐리어(two-carrier)방식

원래의 주 음성 캐리어보다 높은 주파수에도 다른 음성 신호 캐리어를 부가하는 방식이다.

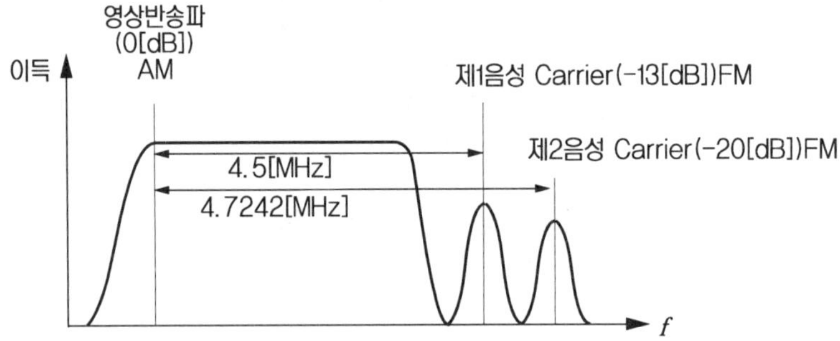

[그림3-17] 2캐리어 방식

ⓒ 2캐리어 방식의 장단점

〈장점〉

㉠ 부음성 신호와 주파수 특성 일그러짐은 주 음성 신호와 동등한 음질이 되어 좋다.

㉡ 제2음성의 반송파 수신은 인터캐리어 수신기에서는 제1음성 반송파와 동등한 수신회로를 사용할 수 있어 회로가 간단하다.

〈단점〉

㉠ 영상에 방해를 준다

㉡ 제1음성에 방해를 준다.

㉢ 상측 인접 채널에 방해

(3) 영상회로(video circuits)

영상신호(image signal)는 TV카메라에 의하여 만들어진 화면의 다양한 빛의 크기에 대한 정보를 휘도 정보(luminance information)라고 한다. 이러한 휘도 정보는 TV화면을 보이기 위해 전송되며, 스크린의 화면은 카메라에서 수행한 주사과정과 동일한 방법으로 주사한다. 영상회로는 튜너, 영상 중간 주파 증폭 회로, 영상 검파 회로, 영상 증폭 회로,매트릭스 회로로 구성된다.

① 영상 중간 주파(VIF) 증폭회로

튜너에서 출력되는 중간 주파수로 바뀌어 신호를 일정하게 일정한 진폭으로 증폭하는 회로. 수상기에서 필요한 이득, 대역폭, 선택도 등의 특성을 결정

② AGC 회로

입력신호의 세기가 변동하거나 전파의 세기가 다른 채널을 선택하게 되면 화면의 콘트래스트가 변하므로 이를 방지하기 위하여 자동적으로 이득을 제어하는 회로

③ 영상 검파(VD) 회로

영상 중간 주파 신호를 검파하여 합성 영상 신호로 출력하는 회로

④ RGB 복호기 : 영상 검파 회로의 출력인 합성 영상 신호로부터 CRT에 화면을 재현, 3개의 원색 신호와 수평 및 수직 동기 신호를 추출

⑤ Y/C 분리 회로

컬러텔레비전 수상기의 해상도를 결정하는 가장 중요한 처리 단계로 Y/C 분리한다.

⑥ 색 복조 회로

대역증폭기가 선택, 증폭한 반송 색신호에서 수상관에 필요한 색차 신호인 I 및 Q신호를 검출하는 회로

(4) 동기 회로와 편향 회로 (sweep circuits)

동기신호(synchronizing signal)는 송신부의 카메라에서 하나의 화면을 분해 주사하는 것과 수신부의 TV화면에서 조립주사를 하는 것이 일치하여야 하며 일치하지 않는다면 화상은 흐트러져 재현 할 수 없게 된다. 송신부와 수신부의 주사를 일치시키는 것을 동기라고 한다.

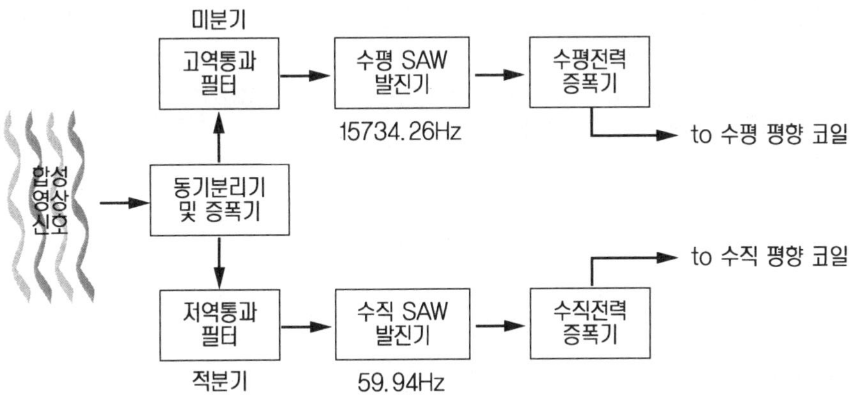

[그림3-18] TV 동기신호와 편향부 의 블록 다이어그램

영상 검출기로부터의 출력은 휘도 신호와 동기 펄스 모두를 포함하는데, 이를 혼합영상 신호라고 한다. 이러한 신호는 수평과 수직 동기펄스를 분리시키는 동기분리기(sync separator)에 입력으로서 이용한다. 수직 동기 펄스의 길이가 수평동기 펄스의 길이보다 더 길고 또한 수평 주파수가 수직 주파수보다 훨씬 더 빠르기 때문에 이러한 분리 과정은 간단하다.

① 진폭 분리 회로

텔레비전 영상 신호의 진폭 중에서 25%를 동기 신호가 차지하고 있으므로 그 진폭 차를 이용하여 동기 신호를 영상 신호로부터 분리하여 수평 편향 회로와 수직 편향 회로를 동기 시키는 데 사용

② 주파수 분리 회로

동기 신호는 폭이 좁은 수평 동기 신호와 폭이 넓은 수직 동기 신호를 포함하고 있으므로, 주파수 성분의 차를 이용하여 이들을 다시 분리한다. 즉, 저역 필터 작용을 하는 적분 회로로 수직 동기 신호 60[Hz]를 분리할 수 있고, 또 고역 필터 작용을 하는 미분회로로는 수평 동기 신호 15,750[Hz]를 분리할 수 있다.

③ 수직 편향 회로

톱날파 전압을 발생시키는 수직 발진 회로와 증폭 회로, 파형 정형 및 출력 회로로 구성되어 수직 방향의 화면을 조립하는 회로. 수직 편향코일에 60[Hz]의 톱날파 전류를 흘려주기 위한 회로이다.

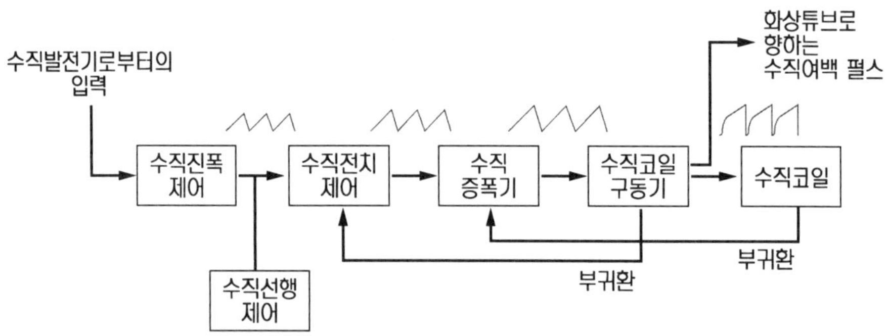

[그림3-19] 수직 편향회로 블록도

④ 수평 편향 회로

수평 편향 코일에 15,750[Hz]의 톱날파 전류를 공급하는 회로

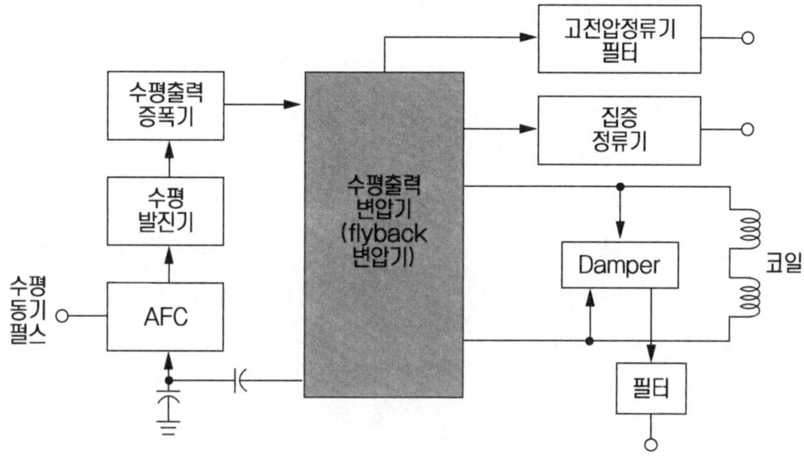

[그림3-20] 수평 편향회로의 블록도

(5)전원회로

교류 전원을 직류 전원으로 바꾸어 각 회로에 공급하는 역할

3.3 지상파 디지털방송

3.3.1 디지털방송개론

디지털 방송은 프로그램의 제작에서부터 송신 중계 수신에 이르기까지 전 과정이 0과 1의 2진수로 구성되는 디지털 신호로 이루어진다.

디지털 방송은 방송신호를 컴퓨터에서 사용하는 것과 유사한 디지털 부호로 바꾸어 위성이나 지상파 채널로 송출하고, 이 방송 신호를 디지털 수상기로 시청하는 TV이다.

TV방송에 있어서 디지털화는 전송매체(지상, 위성, 케이블)와 방송 서비스(SDTV,

광폭TV, HDTV)를 동시에 추구되고 있으며, 현재는 HDTV를 중심으로 위성 전송 기술이 주축이 되고 있다. 방송이 디지털 방식으로 바뀌게 되면 아날로그 TV 한 채널에 여러 프로그램을 동시에 내보낼 수가 있을 뿐만 아니라 지금의 TV 보다 선명한 HDTV(high-definition television)을 방송할 수 있습니다. 또한 수신 상태도 좋아져 잡음이 사라지고 화질이 깨끗해지게 됩니다. 디지털방송이 아날로그와 근본적으로 다른 것은 디지털 부호체계를 통한 시스템 통합(integration)과 상호 운용성(interoperability)에 있다. 컴퓨터와 네트워크를 동원한 미디어 융합(media convergence)이 될 것이며, 대화형 기능(interactivity)이 가능한 쌍방향방송이 될 것이다. [표4-1]은 아날로그 TV와 디지털TV 비교표이다.

[표3-1] 아날로그 TV와 디지털TV 비교

구분	아날로그 TV	디지털 TV	
		SDTV	HDTV
주사선수	525개	704*480 등	1920*1080 등
해상도	약 330선	700선 이상	
음질	2체널 FM 스테레오	5.1 멀티채널	
화면비(가로*세로)	4:3	4:3 또는 16:9	16:9
부가 기능	문자다중방송, VBI를 이용한 데이터방송	홈쇼핑, 홈뱅킹, 인터넷접속, 전자투표 등 양방향 방송 가능	

3.3.2 디지털방송

지상파 디지털 방송 시스템에서는 많은 양의 비디오, 오디오, 데이터를 기존의 NTSC와 같은 6㎒ 채널을 통하여 전송한다. 디지털 지상파 방송에서는 6㎒ 채널에 약 19Mbps 데이터를 보내고, 디지털 케이블 방송에서는 약 38Mbps의 데이터를 보낸다. 그런데 HDTV의 데이터 양은 기존의 NTSC TV의 데이터 양보다 5배 정도나 많은 1 Gbps 이상이어서, 이 채널에 HDTV 영상을 전송하려면 50배 이상 압축해야 한다. 이것은 예전에는 불가능하였으나, 이제는 디지털 신호 처리 기술이 발달하여, 영상 신호를 압축한 후 디지털 변조하여 가정에까지 전송하는 것이 가능하게 되었다.

디지털 방송 시스템에 대한 블록 다이어그램이 [그림3-21]에 있다. 이 모델은

ITU-R의 Task Group 11/3에 의해 채택된 것으로, 크게 신호원을 부호화하고 압축하는 부분과 서비스 다중화 및 Transport 부분, RF/전송 부분으로 나눌 수 있다. [그림 3-21]은 디지털TV의 개요도를 나타낸다.

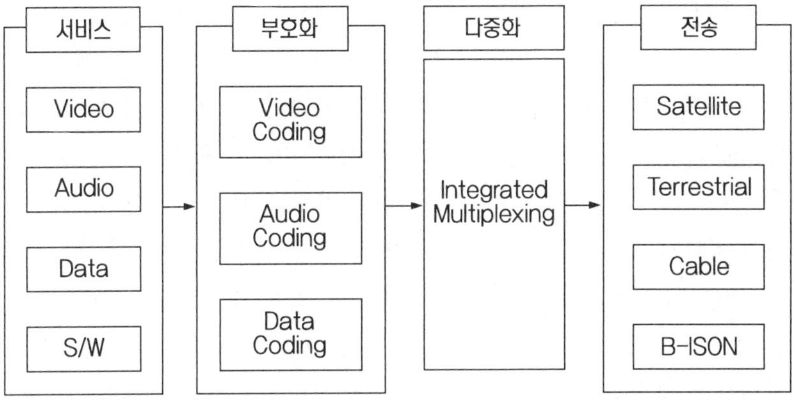

[그림3-21] 디지털TV 개요도

1) 디지털 지상파 TV 방송 방식

디지털 지상파 TV 전송방식에는 8-VSB를 사용하는 미국 방식과 COFDM을 사용하는 유럽 방식이 있으며 미국과 한국은 ATSC(Advanced Television Standard Committee)을 채택하고 있다. 이 방식은 디지털 영상신호와 음성신호를 각각 MPEG-2 방식과 돌비-AC3 방식으로 압축한다.

디지털TV 화면의 선명도를 결정하는 주사선은 표준 디지털TV(SDTV)의 경우 480×704 또는 480×640, 고선명 디지털TV(HDTV)는 1920×1080 또는 720×1280의 해상도를 가지고 있다. 음성정보는 TV의 정면, 좌, 우, 좌 후방, 우 후방으로 나가는 채널 5개와 저음을 내보내는 0.1채널 등 모두 5.1채널용으로 구성된다.

현재 NTSC방식 TV가 사용하는 최대 720×525 해상도(37만 8000픽셀)는 6㎒라는 현재의 채널 주파수에 맞게 설계된 것이다. 또 일본의 아날로그 HDTV인 하이비전(HI-Vision)방송은 각 프레임 당 67만 픽셀을 보내기 위해 20㎒라는 넓은 주파수 대역을 사용해야만 해 비효율적이다. 디지털TV 방송방식인 ATSC는 6㎒라는 채널 주파수 대역에 최대 207만 3600개의 픽셀을 보낼 수 있으며, 여기에 디지털 오디오 데이터와 별도의 콘텐츠 데이터를 덧붙여 보낼 수 있다. 이 같은 고효율의 전송이 가능한 이유는 MPEG-2 압축기법을 이용한 영상신호를 통해 효율적으로 영상 데이터를 방송사와 주고받기 때문이다. 방송사는 출력할 영상 데이터를 만들 때 MPEG-2 인코더(Encoder : 압축하여 부호로 만드는 장치)를 사용한다. MPEG-2 인코더는 모든 화면의 데이터를 영상신호로 만드는 것이 아니라 각 프레임 당 변화하는 화면 부분만 감지해 영상 신호화 한다. 따라서 영상 데이터의 용량을 55분의 1로 크게 줄일 수 있다. 이렇게 송출된 압축 영상 데이터는 디지털TV에 수신되어 MPEG-2 디코더(Decoder : 압축을 해제하는 장치)를 통해 화면에 출력하게 된다. 또한 디지털TV는 기존 TV와 비교해 볼 때 브라운관 픽셀구조가 다르다. TV화면에서 보게 되는 이미지는 픽셀(Pixel)이라 불리는 직사각형 모양의 작은 점으로 구성되어 있다. 각 픽셀은 그 자체가 인접한 세 개의 점(RGB; 빨강, 초록, 파랑)으로 구성되어 있으며, 전자빔의 강도에 따라 약 1670만 색깔을 표현할 수 있는 최소의 화소단위이다. 디지털TV는 더 조밀한 픽셀배열을 위해 정사각형 모양의 픽셀 구조를 가지고 있어 NTSC 방식 TV와 비교해 볼 때 4.5배의 픽셀을 더 배열할 수 있다. 따라서 이론상으로도 4배 이상의 선명도와 해상도를 구현할 수 있다.

[표3-2] ATSC방식과 DVB-T 방식의 비교

구분	ATSC	DVB-T
영상 부호화	MPEG-2	MPEG-2
음성 부호화	Dolby AC-3	MPEG-2
변조	8-VSB	COFDM (부화화 직교 주파수 분할 다중)
대역폭	6㎒	6, 7, 8㎒
서비스 국가 전망	미국, 캐나다, 한국	다수국가

2) 디지털TV의 종류

(1) HDTV(High Definition TV)

16:9의 화면비와 돌비 디지털 서라운드 오디오를 지원하는 고선명 TV형식입니다. 1080개의 주사선(비월주사)을 가지며 디지털 방송의 18가지 형식을 모두 수신할 수 있다. 따라서 선명한 화질과 적은 화면 떨림, 색감의 충분한 표현 등이 가능한 방식이라 할 수 있다.

(2) SDTV(Standard Definition TV)

480개의 주사선을 지원하는 보다 낮은 해상도를 갖는 디지털 TV 방식으로 특정화면 비는 지정되어 있지 않다. 하지만 디지털 방식이므로 역시 선명한 화면을 지원하며 HDTV보다 주파수 대역폭을 적게 차지하므로 데이터 방송, 동시방송, 그리고 VOD(주문형 비디오)와 같은 상호 서비스를 동시에 지원하는데 용이한 방식이다.

3) 디지털방송의 장점

(1) 방송 프로그램의 고품질화

디지털 TV를 통해서 HDTV를 실시할 경우, 지금보다 5배 향상된 고화질의 영상 및 CD 수준의 돌비 서라운드 고음질의 음향을 TV를 통해 감상할 수 있다. 또한, 일반 아날로그 방송을 단순히 디지털화하는 수준인 SDTV 역시 노이즈, 고스트 등이 없어지므로 아날로그 방송 대비 화질 개선효과가 매우 크다.

(2) 화면의 와이드 화

우리나라에서 채택한 미국 ATSC 규격의 디지털 TV 표준에는 18가지의 각각 다른 화면 포맷이 있는데, 해상도 및 화면비를 자유롭게 선택할 수 있다.

방송국에서는 다양한 화면 형식으로 방송서비스를 할 수 있으며, 시청자 또한 사용환경에 최적의 방식으로 수신하여 방송을 볼 수 있다.

(3) 채널수의 증가

디지털 TV는 고도의 압축 기술을 이용하여 전송되는 정보량을 줄일 수 있기 때문에, 아날로그 1개의 채널에 4~6개의 SD급 프로그램을 전송할 수 있다.

이를 가상채널 또는 부 채널이라고도 한다.

(4) 다양한 부가서비스 가능

디지털 방송을 실시한다고 하더라도 TV 자체의 해상도, 방송 프로그램의 해상도 등 여러 가지 사정으로 인해 기존 아날로그 영상과 디지털 영상의 차이점을 별로 느끼지 못할 수도 있다. 이러한 점에서 디지털 지상파 방송이 시청자들에게 제공하는 큰 차별화 포인트 중의 하나가 바로 다양한 부가서비스이다. 부가서비스는 여러 가지 서비스를 통합하여 제공하는 멀티미디어 형태로 발전할 것으로 보이는데, 신문, 주식, 교통정보, 인터넷 서비스, 기타 여러 가지 데이터 서비스 등으로 이를 통해 시청자들은 기존 아날로그 TV와는 전혀 다른 방송 프로그램을 즐길 수 있을 것이다.

4) 미국 방식 (ATSC 디지털 TV 표준)

1996년 12월 24일, 미국의 연방통신위원회(Federal Communications Commission)는 ATSC(Advanced Television Systems Committee)의 디지털 TV 표준(Digital Television Standard)을 차세대 TV 방송의 표준으로 승인하였다.

(1) ATSC 기술규격

① **비디오 압축 방식 :** MPEG-2 Video(ISO/IEC IS 13818-2)표준. 전 세계적으로 모든 디지털 방송이 이를 표준으로 채택하였다.

② **오디오 압축 방식 :** Dolby사에 의해 제안된 Digital Audio Compression(AC-3)표준

③ **다중화 방식 :** MPEG-2 Systems(ISO/IEC IS 13818-1) 표준. 비디오 압축 방식과 마찬가지로 유럽 방식에서도 사용되고 있다.

④ **변조 및 전송 방식 :** 8-VSB(Vestigial Side Band). 이 방식은 디지털 TV 방송을 위해 제안된 것으로 6MHz의 대역을 사용하여 19.39 Mbps의 데이터 전송률을 얻을 수 있어 대역 효율이 높으며 구조가 간단하다. 또한 기존의 NTSC 방송 채널과의 간섭을 최소화하도록 설계되었으며, 잡음이 많은 상황에서도 안정적으로 동작할 수 있도록 파일럿 신호, 세그먼트 동기 신호, 필드 동기 신호 등을 사용한다. 에러 방지를 위해 리드-솔로몬(Reed-Solomon)부호와 트렐리스(Trellis)부호를 사용한다.

[그림3-22]는 8VSB(8VSB; Vestigial Side Band) 송신기의 구성도를 나타내었다.

RF/전송 시스템은 크게 세 가지 기능으로 대별할 수 있는데 그 첫 번째가 오류 정정 부호화(Forward Error Correction; FEC)과정이고 두 번째가 8-VSB 변조과정, 그리고 세 번째가 동기 신호들의 삽입과정이다.

송신기에 입력되는 데이터는 188바이트의 패킷으로 구성된 MPEG-2TS(Transport Stream)의 구조로 되어 있다. 이 직렬 입력 데이터의 속도는 19.39Mbps가 된다.

입력데이터는 난수화(랜덤화기 : Data Randomize)과정에서 무작위의 신호로 변환된 후 리드-솔로몬(Reed-Solomon : RS) 오류 정정 부호화(FEC)를 한 후에 20개

의 RS 부가 바이트를 각 패킷에 덧붙인다. 여기서 1/6 데이터 필드 인터리빙(Field Interleaving)과 2/3 인격자 부호화(트랠리스 : Trellis Coding)를 한다.

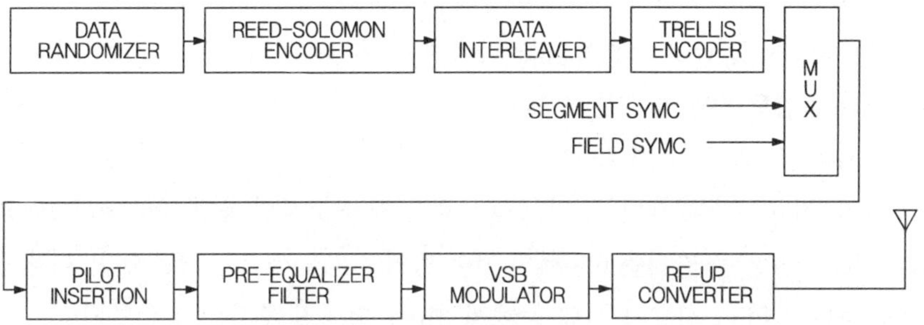

[그림3-22] 8-VSB 송신기 블록 다이어그램

[그림3-23]은 다중화 된 VSB 데이터 프레임(Frame)구조를 나타낸다. 하나의 프레임은 두 필드로 구성되고, 각각의 필드는 313개의 데이터 세그먼트로 이루어져 있다. 각 데이터 필드의 첫 번째 데이터 세그먼트는 특정의 필드 동기 신호(Data Field Sync)이고 수신기의 등화기(equalizer)에서 사용되는 훈련열(training sequence)을 포함한다. 나머지 312개의 데이터 세그먼트는 각각 하나의 188바이트 트랜스포트 패킷에 해당하는 데이터와 여기에 부가된 FEC 부가 바이트를 전송한다. 각 세그먼트의 실제 데이터는 인터리빙으로 인하여 여러 트랜스포트 패킷의 데이터에 나뉘어져 있다. 각 데이터 세그먼트는 832심벌로 구성되어 있다. 처음 네 개의 심벌은 이진 형태로 전송되는데 세그먼트 동기로 사용된다. 이 데이터 세그먼트 동기 신호는 188바이트 MPEG 호환 트랜스포트 패킷의 동기 바이트를 나타낸다. 각 데이터 세그먼트의 나머지 828심벌은 187바이트의 트랜스포트 패킷과 이에 부가된 FEC 부가 바이트에 해당하는 데이터를 전송한다. 이 828심벌은 8레

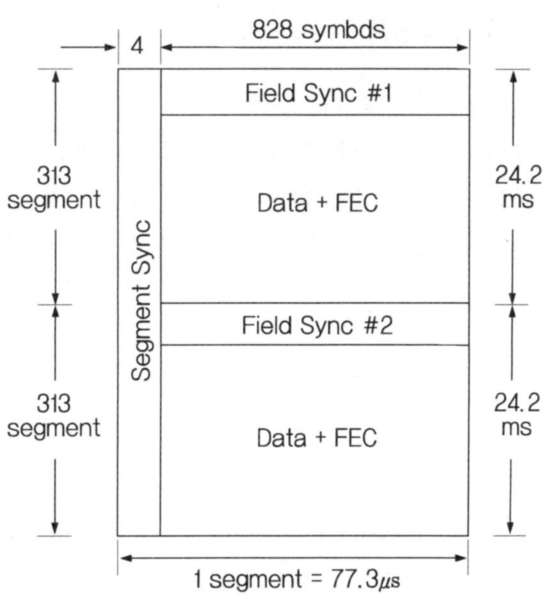

[그림3-23] VSB 시스템 Frame 구조

벨의 신호로 보내지므로 심벌 당 3비트를 전송한다. 그러므로 828 × 3 = 2484 비트의 데이터가 각각의 데이터 세그먼트로 전송되며, 이것은 정확하게 오류 정정 부호화된 하나의 트랜스포트 패킷을 전송하는데 요구되는 데이터와 일치한다.

[그림3-24]는 8-VSB 스펙트럼을 나타낸다. 8-VSB 과정은 이진 데이터 세그먼트 동기와 결합된 8 레벨 심벌과 데이터 필드 동기 신호는 단일 반송파를 반송파 억제(Suppressed-Carrier)변조하는데 사용된다. 전송되기 전에, 대부분의 하측파대(Lower Sideband)가 제거된다. 이 스펙트럼은 제곱 코사인 응답(Square Root Raised Cosine Response)을 가지는 620㎑의 천이 영역을 제외하고는 평탄하다. 이때 동기신호중의 하나인 Pilot 신호가 저역 끝에서 310㎑ 떨어진 주파수에 삽입된다.

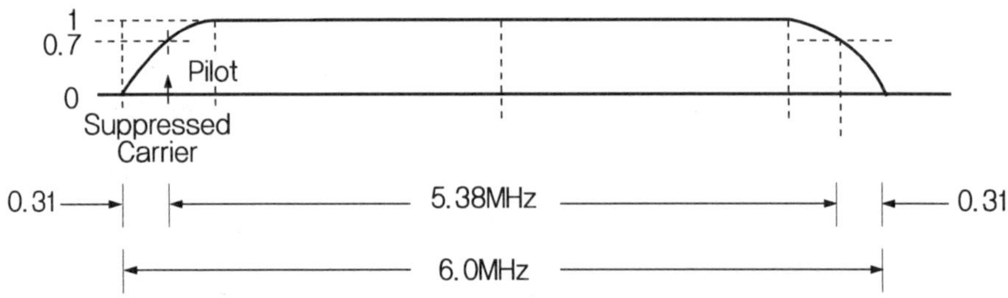

[그림3-24] 8-VSB 스펙트럼

5) DTV 수신기

ATSC 규격의 DTV 송신기에는 비디오/오디오 압축 알고리즘으로 MPEG-2/Dolby AC-3가 채용되고 있다. 그리고 24/30/60㎐의 모든 주사방식(1080×1920에서는 60㎐/순차주사 제외)을 지원하는 다양한 형식의 18개화면 포맷으로 8-VSB AM 변조된 전파를 송신한다. ATSC 규격의 DTV 수신기는 모든 신호를 정확히 수신 · 복조하여야한다.

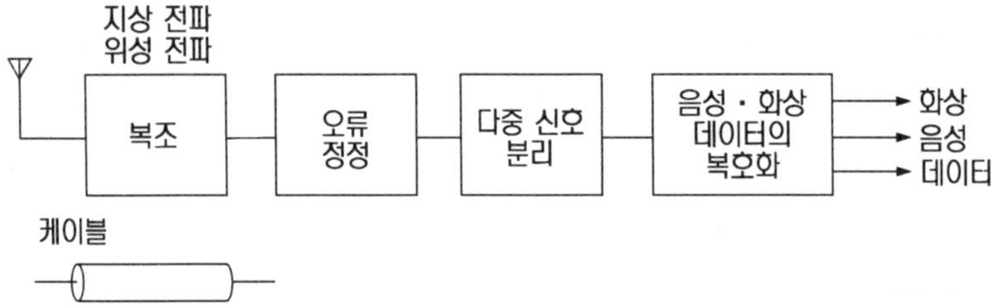

[그림3-25] DTV 수신기 구성도

ATSC DTV의 구성도에 에 대하여 설명을 하면 다음과 같다.

① 튜너(Tuner)

원하는 신호를 선택하는 기능 즉 Radio, TV 등의 무선 수신기에서 수신하고자 하는 전파의 주파수에 맞추어서 필요한 전파를 선택하는 동조 장치를 말한다.

② IF 필터/반송파 복구

베이스 밴드 신호로 변환하며, 반송파의 복구 동작은 송신의 경우 삽입된 파일럿 톤을 기준으로 이루어진다.

③ NTSC 제거 필터

동일 채널에 NTSC 신호가 존재할 때 그 성분을 효율적으로 처리하는 기능

④ 동기/심벌 클럭 복구

동기 신호의 위치를 찾아 주는 역할

⑤ 채널 EQ(Equalizer)

다중 경로의 무선 전송로에서 발생하는 고스트, 잡음 그리고 주파수 변형 등과 같은 영향으로부터 보상을 위한 회로

⑥ 위상 추적기

잔류 위상 오차를 제거하는 역할을 하게 된다.

⑦ 트렐리스 복호기

백색 잡음에 대해서 강하기 때문에 데이터 검출 회로에 사용

⑧ 데이터 디 인터리버

데이터를 산란하는 목적으로

⑨ Reed-Solomon 복호기

그룹에러에 강한 복호기

⑩ 데이터 리 랜덤 라이즈(Randomize)

입력 데이터를 불규칙하게 만들기 위해서 등을 들 수 있다.

3.4 유럽 디지털 방송방식 (DVB : Digital Video Broadcasting)

DVB(Digital Video Broadcasting)는 EBU의해 디지털방송의 공개 공동기술을 설정하기 위해 설립된 산업 조직이다. 해당 그룹은 30여개국 200여 회원사를 가지고 있는 방송사업자, 케이블, 위성 운용자, 가전사 들로 구성되어 있으며 유럽 각국이 공동으로 개발하고 있는 디지털방송규격을 정하였다.

DVB 프로젝트 사무실은 스위스 제네바 EBU 본부에 있으며 운영위원회는 독일에 위치하고 있다. 운영위원회 산하에는 규격 등의 상업화를 담당하는 Commercial Module과 기술적 문제를 다루는 Technical Module이 있으며, Technical Module에는 기술적 세부사항을 검토하는 몇 개의 Sub-Group이 속해 있다.

유럽 방식으로 통칭되는 DVB 규격은 케이블TV, 위성, 지상파 및 공시청 안테나(SMATV)등 여러 매체의 공유성을 높인 것이 특징이다. 신호의 부호 및 압축은 MPEG-2를 기본으로 했다.

위성 디지털 TV방송인 DVB-S(Satellite)와 디지털 케이블TV 방송인 DVB-C(Cable)는 유럽과 오세아니아주 등에서 서비스되고 있으며, 지상파 디지털 TV방송인 DVB-T(Terrestrial)는 유럽에서 개시될 예정이다.

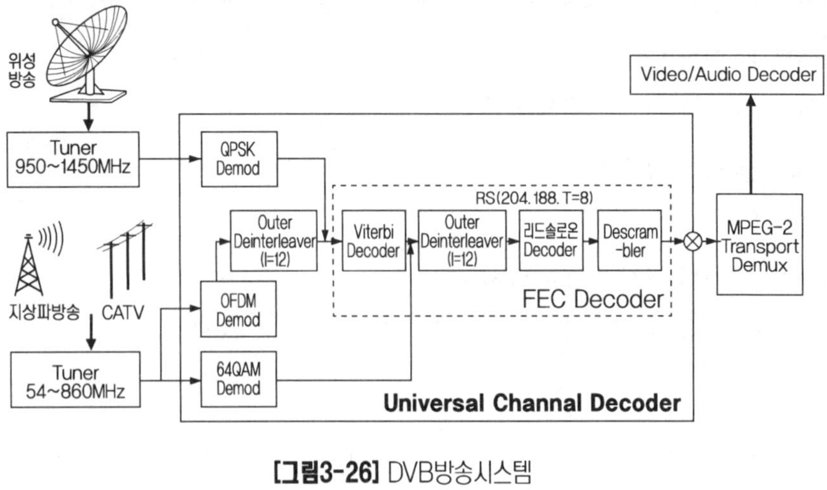

[그림3-26] DVB방송시스템

DVB-T 방식은 채널폭, 신호형태수에서 약점을 안고 있지만 동일방송사가 운영하는 여러 송신소가 동일 채널로 다른 데이터를 송출할 수 있어 효율적으로 채널을 활용할 수 있고 이동수신이 가능하다는 것이 장점이 있으며 TV화면에 영상이 겹쳐서 나타나는 고스트현상이 현저하게 적다.

3.4.1 DVB 기술규격

① 영상 소스의 코딩과 다중화는 MPEG-2 기술만을 사용한다.

② 각 전송매체에 따른 전송 기술은 다른 매체의 전송기술과 최대한의 공통기술을 사용한다.

③ 4:3, 16:9 등의 영상 포맷을 지원해야 한다.

④ 오디오 소스 코딩은 MPEG Layer II(MUSICAM)를 사용한다.

⑤ IRD는 빠른 채널 호핑 시간을 가져야 하며, 0.5초를 초과할 수 없다.

3.4.2 DVB 방송 시스템의 기본 구성

DVB 방송 시스템의 기본 구성은 소스코딩 및 다중화, 채널코딩 및 변조, 전송매체, 복조 및 디코딩, 디스플레이 등으로 구성된다.

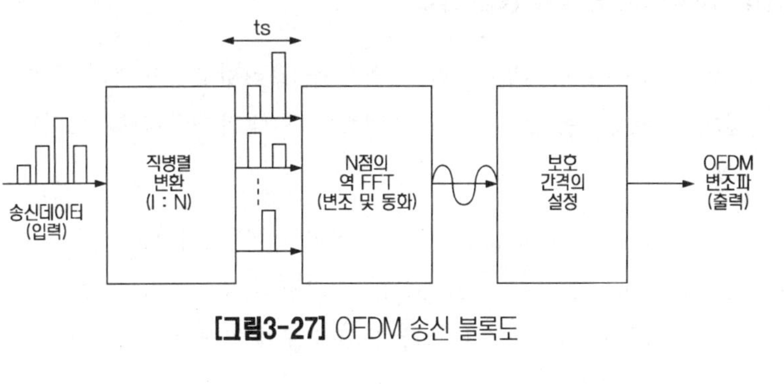

[그림3-27] OFDM 송신 블록도

① **소스 코딩 / 다중화**

디지털 영상과 음향을 원하는 전송속도로 압축하여 필요 대역폭(Bandwidth)을 줄인다. DVB는 압축 기술로 MPEG-2를 사용한다. MPEG-2는 위성, 케이블, 지상파 등 다양한 전송매체에 공통으로 사용될 수 있을 뿐만 아니라 서비스의 유연성도 높다. 오디오는 기존 MUSICAM에 기반을 둔 MPEG Layer II방식을 사용한다.

다중화 기술 또한 MPEG-2 다중화 시스템을 이용한다. MPEG-2 다중화는 패킷구조로 되어 있어 시스템 동기가 효율적이고 모든 요소(Component)를 한 개의 비트열로 다중화 할 수 있다.

② **채널 코딩 및 변조**

소스 코딩이 채널 대역폭을 줄이기 위해 신호의 데이터량을 줄이는 반면 채널코딩은 데이터를 추가하여 전송로에서 신호가 강하게 살아남을 수 있도록 하는 작업이다.

③ **전송매체**

전송매체는 위성, 케이블, SMATV, 지상파 등 다양한 형태가 있다.

④ **복조 및 디코딩**

RF신호를 제거하고 기저대역 신호를 복원한다.

3.4.3 유럽식 방식과 미국식방식의 비교

1) 8VSB와 COFDM 방식의 성능 비교

디지털 TV가 미치는 방대한 산업적 영향을 고려할 때 미국과 유럽에서 제시한 digital 지상파 전송방식을 놓고 전 세계적으로 최대의 관심사를 보이면서 양립구도를 보이고 있다.

미국의 VSB(Vestigial Sideband)방식과 유럽측이 제시하고 있는 COFDM(Coded Orthogonal Frequency Division Multiplexing)방식, 두 가지 기술은 전반적인 성능은 비슷한 것으로 평가되고 있으나 각각 장 · 단점이 있어 각 나라마다 방송환경과 산업적인 전략에 따라 결정되고 있다.

방송규격	ATSC	DVB-T
AUDIO 압축	Dolby AC-3	MPEG-2, 5.1Ch
전송방식	단일반송파 8-VSB	SDTV/HDTV 겸용
VIDEO 압축	MPEG-2	MPEG-2
오류 정정	Reed Solomon+Trellis Coded Modulation	Reed Solomon+Convolutional
변조	8-VSB	COFDM
반송파	단일반송파	다중반송파
대역폭	6MHz	6, 7, 8MHz

2) 유럽방식

유럽방식은 원리적으로 고스트 방해에 강한 OFDM 방식을 채택하고 있으며, 미국 방식에서는 등화 와 강력한 에러정정 기능으로 고스트에 대응한 8VSB 방식을 채택하며 두 방식의 장단점을 비교하면 표와 같다.

구분	VSB방식	OFDM방식
신호포착의 용이성	파일롯 반송파, 데이터 세그먼트 동기를 사용하므로 용이함	다소 복잡함
데이터 전송률	고속	저속에서 고속까지 가변 가능
고스트에 대한 강건성	영향은 많이 받으나 데이터 의존 등화, 블라인드 등화로 고성능	심볼간 간섭은 없으나 심볼 내에서는 등화필요, 단일 탭으로 가능
단일 주파수 방송망	어려움	용이
NTSC 동일채널 간섭 제거	콤필터를 사용하나 수신성능 다소 저하	해당 반송파를 배제해서 해결하나 전송률이 저하됨
첨두치 대 평균 전력 비율	낮음	다소 높음
하드웨어 복잡도	다소 높음	다소 높음

3) 디지털 방송시스템의 비교

구분	북미(한국)	유럽	일본
Spectrum현상	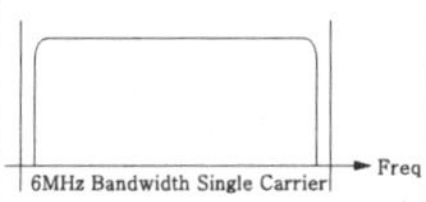	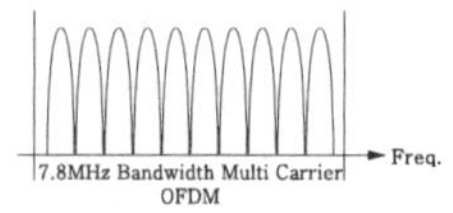	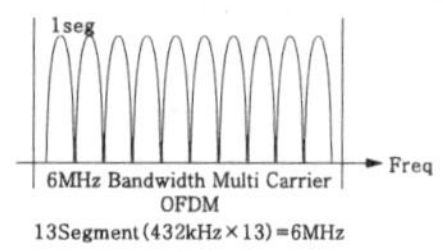
변조방식	8VSB	DQPSK, QPSK, 16QAM, 64QAM 등에서 선택	DQPSK, QPSK, 16QAM, 64QAM 등에서 선택 Segment단위로 방식 변경가능
압축방식	영상 : MPEG-2 음성 : AC-3	MPEG-2 MPEG-2	MPEG-2 MPEG-2
특징	- 국내업체 수신기 경쟁력 - 기존 송중계소 활용	- 반사파 및 Multi Path에 강하다. - SFN(Single Frequency Network)이 가능	- 반사파 및 Multi Path에 강하다. - SFN(Single Frequency Network)이 가능

3.5 위성방송

3.5.1 위성방송의 개요

방송기술은 아날로그에서 디지털로 급속하게 변하고 있다. 기존의 지상 방송은 산간이나 도서지역 등과 같이 중계기가 없는 곳에는 난시청지역이 존재하고 산이나 빌딩에 의한 전파의 반사 영향으로 이중으로 화면에 나타나는 고스트 현상이 생기며 중계기가 광범위하게 설치되어 있는 관계로 유지 보수가 어렵다는 문제점을 가지고 있다.

1995년 8월5일 발사되어 국내의 위성시대를 개척한 무궁화 위성은 통신과 방송 중계기를 탑재한 복합위성으로 1996년 7월부터 본격적인 디지털 방송 서비스를 개시하기 시작하였다.

위성방송은 CS(Communication Satellite)와 BS(Broadcasting Satellite)가 있다.

방송용 위성은 고출력 중계기를 사용하며 직경 50[cm] 정도의 안테나로 수신이 가능하고 통신용 위성은 저출력 중계기를 사용하며 75[cm] 이상의 수신 안테나가 필요하다. 중계기의 대역폭은 위성통신 36[MHz], 방송위성 27[MHz]이며 위성통신은 소출력으로 특정지역을 대상으로 전송하지만, 방송위성은 대출력으로 불특정 지역으로 다수에게 전송한다. 저출력의 통신위성으로 고품질의 다채널 TV 방송이 가능하다. 위성방송은 지상파 방송에 비해 더 넓은 지역을 대상으로 한다.

위성을 통한 방송 서비스로는 기존 TV 방송, HDTV 방송, 디지털 음성방송(DAB : Digital Audio Broadcasting), 팩시밀리 방송, 정지화 방송 등이 있다.

3.5.2 위성방송의 장 · 단점

위성 방송은 지상파방송의 송출탑에 해당하는 위성이 적도 상공 약 36,000[km]에 위치하므로 좁은 빔(beam)만으로도 전국을 커버할 수 있어 지상파 방송에서 발생하는 TV 방송 난시청 지역을 해소할 수 있고 전국을 단일망화 할 수 있으며, 중계기가 천재지변의 영향을 받지 않으므로 비상 재해시 긴급 방송망의 확보가 용이하며 지상파 방송에 비해 고주파를 사용하므로 고스트(Ghost)가 없는 고품질 방송이 가능하다. 광대역 전파를 사용하므로 유연성 있는 신호 전송방식을 선정할 수 있어 고기능, 고화질 서비스, 부가서비스 등이 가능하나 지역특유의 방송을 실시하지 못하며 인접 국가로의 전파 월경이 발생하는 문제점이 있다.

1) 위성 방송의 장점

① 광역성

지상파 방송에 비해 적은 비용으로 전국에 동일한 실시간 방송 서비스 가능하다.

② 신속하게 방송망 구축 가능

지리적 여건에 관계없이 신속한 통신회선 구성이 가능하다.

③ 고화질

위성을 보는 앙각이 높고 방송파가 차단되는 것이 적어 고화질의 방송서비스가 가능하다.

④ 대용량

공중파보다 넓은 지역의 서비스를 가지며 TV 이외에 새로운 서비스 가능

⑤ 내재해성

위성이 우주에 있으므로 중계기가 지상재해에 영향을 받지 않으므로 비상 재해방송에 효과적이다.

⑥ 경제성

다수 수신시 지상 중계국 건설보다 경제적이며 지구국만 설치하면 되므로 경제적이다.

⑦ 국가간 대륙간 통신로 확보가 용이하다.

2) 위성방송의 단점

① 초기투자비가 많이 소요된다.

② 광역성

위성의 수명이 10~15년으로 짧고, 정지궤도의 유한성으로 위성수가 제한된다.

③ 경제성

위성체에서 고장 발생시 수리가 거의 불가능하다.

④ 약한 수신신호

송수신 거리가 길어 수신신호의 세기가 미약함으로써 큰 직경의 안테나를 사용해야한다.

⑤ 시간지연 발생

단방향 전송시 신호 전달시 270[msec]정도 전송지연이 발생한다.

⑥ 강우 감쇠

KU 밴드(12~14GHz)를 이용함으로써 강우에 영향을 받아 감쇠가 생긴다.

⑦ 태양잡음 및 지구일식 등의 영향

지구 일식으로 위성이 지구 그림자에 가릴 때 태양전지에 의한 운용이 불가능하며

태양잡음의 영향을 받는다.

⑧ 정지궤도의 유한성으로 인해 운용 가능한 위성의 수가 제한된다.

3.5.3 위성 방송 시스템

디지털 위성 방송은 연주소(방송국), 송출 지구국, 위성, 수신기, RSMS(Resource and Subscriber Management System)로 구성된다. 송신측은 TV신호압축기, 시분할 다중화기, 디지털변조기, 등의 새로운 구성요소가 추가되며 수상기에서는 공중전화 교환망(PSTN)에 연결된 스마트카드 판독지가 내장되어 유료방송과 가입자관리, 시청률조사 등에 용이하다.

1) 위성방송 수신시스템

위성 방송 수신 시스템은 접시형 안테나(parabola antenna), 저잡음 주파수변환기(LNB), 수성방송 수신기로 구성되어 있다.

(1) 위성방송 수신 시스템의 구성 및 동작

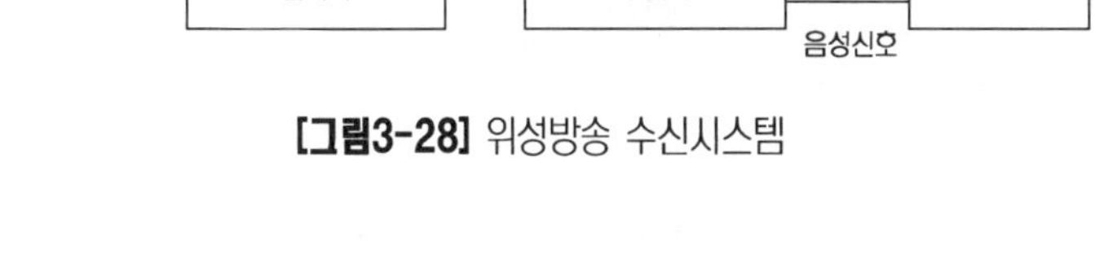

[그림3-28] 위성방송 수신시스템

접시형 안테나에서 신호를 한 곳에 모아서 저잡음 주파수 변환기(LNB)로 입력시킨다. 위성에서 주파수는 12[GHz]의 초고주파는 동축 케이블을 이용 전송시 손실이 많기 때문에 1[GHz]의 신호로 변환하기 위해 저잡음 주파수 변환기(LNB)를 사용한다.

변환된 1[GHz]의 신호는 위성 방송 수신기로 입력되며 1[GHz]의 신호 중에서 원하는 채널을 선택하고 그 채널의 신호를 검파하여 영상과 음성신호를 출력하는데 이를 TV를 통해 시청하게 된다.

① **접시형 안테나(Parabola Antenna)**

포물면경(파라볼라)의 초점에서 나온 빛은 반사경에 반사된 후 평행 광선이 된다는 광학의 원리를 이용한 것으로 포물면 초점에 1차 방사기로서 전자 나팔, λ /2 Dipole, Slot 등이 설치하여야한다.

[그림3-29] 위성방송 수신안테나

ⓐ 지향 특성과 이득

- 포물면경의 개구면이 클수록 지향성이 예민해지고 이득이 커짐.
- 개구면의 직경 D가 파장에 비하여 충분히 크다면 반치각은

$$\theta = 70 \times (\lambda/D)$$

이득 G는 파장의 제곱에 반비례하고 개구면적 A에 비례함.

ⓑ 특징

- 구조가 간단하고 비교적 소형임.
- 지향성이 예민하고 이득이 크다.
- 광대역 임피던스 정합이 어렵고, 대역폭이 비교적 좁다.
- side lobe가 많아서 효율이 안 좋다.
- 1차 방사기를 약간 이동시켜 비임 방향을 약간 (1 ~ 2 도) 변경도 가능함.

② **저주파 주파수 변환기(Low Noise Block Down Converter : LNB)**

접시형 안테나를 통해 초점에 모여진 초고주파(4[GHz] 또는 12[GHz]) 신호를 1~2[cm] 정도의 수신안테나로 수신하여 실내에 있는 위성방송수신기에 동축케이블로 직접 연결할 경우 대부분 손실되기 때문에 1[GHz]의 신호로 변환하기 위하여 저잡

음 변환기(LNB)를 사용한다.

LNB의 입력이 들어오는 신호는 위성에서 보내온 신호이기 때문에 극히 미약하므로 저잡음 증폭기(Low Noise Amplifier : LNA)에 의해서 충분히 증폭된다.

이때 수신시스템의 잡음 특성은 초단의 잡음 특성에 의해서 크게 영향을 받으므로 저잡음인 증폭기를 사용해야 한다. 증폭된 신호는 국부발진기의 Low Oscillator(LO) 신호와 함께 혼합기(Mixer)에서 혼합되어 두 신호의 주파수의 합과 차의 신호가 나오게 되는데 이 중에서 주파수차의 신호만을 대역통과필터(Band Pass Filter : BPF)에 통과시켜 증폭기를 통해 증폭 후 1[GHz] 신호로 보내게 된다.

위성에서 수신되는 초고주파신호의 대역은 위성마다 다르게 사용되는데 11.7~12.2[GHz]의 주파수를 많이 이용하며 24개 채널이 할당되어 있다.

이 대역의 신호를 LNB를 통해 증폭한 후 10.75[GHz]의 국부발진기와 혼합기 신호 주파수의 차인 0.95~1.45[GHz]의 신호가 발생하게 된다.

이렇게 해서 12[GHz] 대역의 신호가 1[GHz]대의 신호로 변환한다. 이때 11.7[GHz] ~12.2[GHz]의 신호가 950~1450[GHz]의 신호로 주파수 하향 변화된다. 신호의 대역폭은 500[MHz]로 유지되어 신호의 손상이 없게 됨을 알 수 있다.

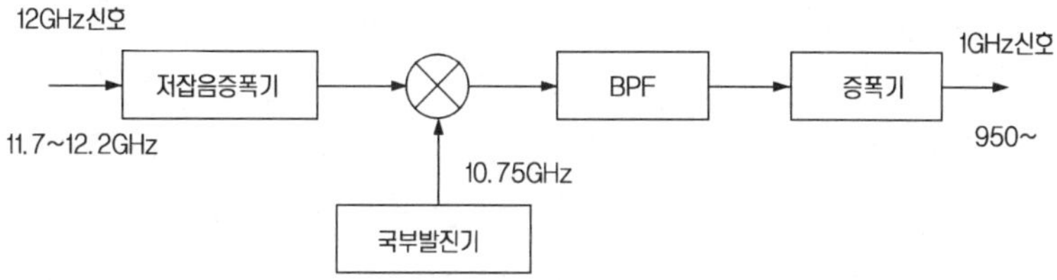

[그림3-30] 국부발진기

③ 위성방송 수신기

위성방송수신기는 전송된 신호의 변조방식에 따라 달라지는데 크게 아날로그 위성방송 수신기와 디지털 위성방송 수신기로 나눈다.

ⓐ 위성에서 보내오는 전파(C-band or Ku-band)를 저잡음 주파수 변환기(LNB)에서 950~1450[MHz]의 주파수로 변환시켜 수신기로 입력시킨다.

950~1450[MHz]의 신호를 받아 튜너에서 원하는 채널을 선택하여 70[MHz]의 중간 주파수 신호를 출력하면 증폭기에서 이를 증폭시켜 원하는 대역을 통과시키기 위해 20~25[MHz]의 대역을 갖는 SAW 필터를 사용한다.

SAW 필터를 사용하는 이유는 통과시키고자 하는 대역의 바깥쪽에 있는 인접

채널 및 잡음을 크게 감쇠시키는 예리한 필터 차단 특성 때문이다. 그런데 SAW 필터를 사용하면 통과대역의 신호도 상당히(10~20dB정도) 감쇠되기 때문에 이를 보충하기 위하여 다시 중간 주파수 증폭기를 사용한다.

ⓑ 튜너에 입력되는 신호의 level이 －60[dBm]에서 －25[dBm]까지 변화하므로 안테나에 수신되는 신호는 기상상태에 영향을 받는다. 이 level의 변동을 안정화시키기 위하여 자동이득 조정 증폭기를 사용한다. 자동조정 이득 증폭범위를 크게 하기 위하여 튜너에 있는 증폭기의 이득을 조정하기도 한다.

ⓒ 지상의 송신국에서 정지위성을 거쳐 지상의 안테나로 수신되면 신호는 미약한 데 반해 잡음이 추가되어 진폭이 크게 변하게 됨으로써 증폭된 신호의 진폭이 크게 변화되므로 진폭신호기를 사용하여 일정한 크기로 맞추게 된다.

그래도 신호에는 영향을 주지 않는데 FM 변조를 하기 때문이다. 진폭 제한된 신호를 FM 복조기로 검파하면 0~8.5[㎒]의 기저대역신호가 되는데 이 신호는 0~4.5[㎒]의 영상신호를 FM 전송에 있어서 잡음특성을 좋게 하기 위해서 프리엠퍼시스를 했으므로 여기서는 디엠퍼시스를 해야 한다. 디엠퍼시스한 신호를 증폭하기 위해서 영상 증폭기를 사용한다.

ⓓ 위성방송의 특성상 모든 지역에서 시청할 수 있는 반면 위성방송 수신시스템을 갖춘 가정에서만 수신할 수 있다.

방송서비스업자가 방송시청료를 부과하기 위해서는 모든 가구에 일률적으로 부과할 수 없고 위성방송 수신시스템을 갖춘 가정에만 부과해야 하는데 이것이 불가능하여 방송신호를 보낼 때 신호를 암호화하는 스크램블링 과정을 거치게 되고 시청자는 스크램블링된 신호를 해독하는 디스크램블러라고 하는 장비를 추가해야만 한다. 디스크램블러는 시청료를 납부해야만 동작하도록 되어 있다.

다만 모든 신호를 스크램블하지 않고 시청료를 받고자 하는 신호에만 스크램블링하게 된다.

암호화된 영상신호를 해독할 필요가 있는 경우에 대비해서 암호해독장치로 보내기 위해 출력하고, 일반 영상신호는 음성신호를 제거하기 위해서4.5[㎒]의 LPF를 통과한 후 에너지 확산을 제거하기 위해 삼각파 신호를 제거하는 클램프 회로를 거쳐 TV에 출력시킨다.

ⓔ FM 복조기에서 출력되는 기저 대역신호에서 영상신호는 제거하고 5~8.5[㎒]의

음성신호만 통과시키기 위해서 BPF를 통과시킨다.

5~8.5[㎒]의 대역 안에 원하는 음성 부반송파가 1개 또는 2개 들어 있는데 마이크로컴퓨터를 통하여 위상고정루프(PLL)에 데이터를 넣어주면 전압조정 발진기(VCO)에서는 원하는 주파수(15.7[㎒] 〈 f0 〈 19.2[㎒])로 발진하게 된다.

ⓕ 튜너에서 채널선택, 음성주파수 선택, 음성스위치(S/W 1, 2) 조정은 마이크로컴퓨터에서 모두 조정된다.

④ **셋톱박스(Set-Top-Box)**

Set-Top-Box는 컨버터의 IF 출력 신호 중에서 원하는 채널을 선택하는 튜너와 전송신호의 복조, 압축 해제용 MPEG 디코더, 유료방송 제어용 디스크램블러, 그 밖에 가입자 관리용 장치 등이 포함된 다기능 방송수신 장치이다.

2) 위성안테나의 종류

① **무지향성 안테나** : 무지향성이므로 이득이 떨어지나 명령 및 텔레메트리 신호의 통신을 위하여 사용

② **파라볼라 안테나** : 좁은 지역에 대한 스폿 빔(spot beam)을 만들어 사용

③ **헬리컬(Helical) 안테나** : 비교적 낮은 주파수(UHF)에서 사용

④ **혼(Horn) 안테나** : 넓은 지역을 커버하는 빔을 만드는 데 사용

⑤ **카세그레인 안테나** : 1차 복사기에서 복사된 전파는 회전 쌍곡면으로 된 부반사경에 도달하고 그 반사파가 주반사경을 향하여 복사

이득 : 안테나의 직경을 D, 파장을 λ라 하면

$G=\eta(\pi D/\lambda)2$ 단, η : 카세그레인 안테나의 효율

(1) 수신

위성의 규모를 작게 하고 고품질로 수신하기 위해서는 수신안테나의 이득을 크게 하여야 한다. 이득이 커지면 빔(beam)폭이 좁아져서 안테나의 방향을 방송위성의 방향과 일치시켜야 한다.

TV 방송 수신에 사용되고 있는 가정용 수신기의 잡음지수는 VHF대에서는 5~6[dB] 정도이고 UHF대에서는 6~8[dB] 정도이다.

(2) 변조방식

방송위성에서 TV 방송을 할 때의 변조방식은 방송하고 싶은 내용 및 수신품질 등의 시스템 요구조건과 방송위성의 기술적인 가능성 그리고 지상 수신 장치의 견제성 등을 충분히 고려해야 할 것이다. 지상의 TV 방송과 같은 UHF대를 이용하는 경우에는 기존의 가정용 TV 수신기를 그대로 사용할 수 있는 이점이 있다. VSB-AM 방식은 FM에 비하여 더 큰 위성 송신 전력이 필요하다. 현재 변조방식은 FM 변조 방식을 사용하게 되는데 이것은 WARC-BS에서 채택하고 있다.

(3) 방송위성 수신

방송위성에서 등가실효 방사전력 Pe는 모든 방향으로 전파를 방사하고 위성으로부터 거리 d[m] 지점으로 수신하게 된다. 위성을 중심으로 하는 반경 d의 구 표면적은 $4\pi d^2[m^2]$이므로 수신점의 단위 면적당 통과 전력은 $P_o=P_e/4\pi d^2[W/m^2]$이다.

지상방송에서 전력속도 밀도 대신에 전계강도를 사용하는 경우가 많은데 단위 면적을 통과하는 전자파의 전력속도 밀도 $P=EH=E^2/120\pi$[dBW/m2]

전계를 E[V/m], 자계를 H[AT/m]라 한다면 $E/H=120\pi$

3) 주요국가의 위성방송방식

① **FM 방식 :** 홍콩의 STAR-TV, 유럽의 ASTRA 위성

② **일본의 NHK 위성방송 :** 음성은 QPSK, 영상은 기존 FM을 사용

③ 유럽의 D2-MAC 음성은 이중이진방식(Duo- binary)을 채용하고 영상은 시간 압축 기술을 이용한 시간다중방식(Time Division Multiplexing)을 거친 후 FM 변조하고 있다.

④ **한국의 무궁화 위성 :** MPEG 영상 압축기술을 이용하여 디지털 영상신호를 디지털 변조하여 전송하고 있다.

3.5.4 디지털 위성방송

1) 디지털위성방송의 개요

방송국은 화상, 음성, 데이터 등의 프로그램 정보를 압축부호로 만들고 압축된 복수 신호를 다중화한 후 전송시의 오류 정정부호를 부가해서 디지털 변조를 한 뒤 위성중계기를 거쳐 수신기로 보내면 송신의 역처리 과정을 거쳐 시청자들이 시청할 수 있게 된다. 디지털 위성방송을 위하여 압축기술, 양자화, 다중화, 오류정정 부호화, 변조가 있다.

디지털 위성방송은 방송위성과 통신위성으로 구분되며 광역성, 경제성, 고화질, 대용량, 내재해성, 강우 감쇠 등의 특성을 갖는다. 디지털 기술의 발전에 따라 디지털위성 방송은 다채널화, 고기능화, 양방향화 특성을 가진다.

디지털 위성방송의 음성신호는 PCM한 후에 채널분의 부반송파를 DPSK(differential phase shift keying)로 PCM 부반송파 방식이다. 전송모드에는 A모드와 B모드의 두 종류가 있는데 A모드는 14비트, 샘플링 주파수 32[㎑]라고 하는 포맷으로 FM 방송과 동등의 음질을 가지며, B모드는 16비트, 샘플링 주파수 48[㎑]이고 CD정도의 음질이다.

2) 디지털 위성방송의 특징

① **광역성 :** 산간, 도서지역 불문, 완전 난시청 해소

② **동시성 :** 가입자 다수에게 동시 전송

③ **대용량 :** 다채널 서비스 가능

④ **고품질 :** 고화질, 고음질 서비스 보장

⑤ **경제성 :** 투자비, 운영관리비 저렴

⑥ **암호화 :** 유료화라는 새로운 사업 영역 개발 등을 들 수 있다.

3) 디지털위성시스템

(1) 디지털 위성 방송 수신기

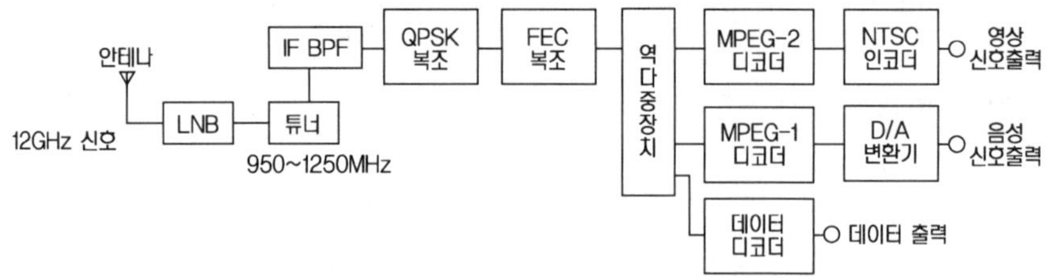

[그림 3-31] 디지털 위성방송 수신기 블록도

① **안테나** : 직경 45cm 접시 안테나로 모아진 LHCP(좌선원 편파 : Left Hand Circular Polarization) 신호만 수신되어 LNB에서 증폭 및 주파수 변환

② **LNB** : 11.7~12GHz 대역의 수신 신호를 주파수 하향 변환하여 950~1250MHz 신호로 바꾼다.

③ **튜너** : 원하는 채널의 신호를 선택하는 기능

④ 선택된 신호는 중간주파수로 변환되어 IF BPF를 통해 인접채널 및 잡음을 제거한후 QPSK 복조기를 통해 복조되어 디지털신호가 된다.

⑤ 복조된 신호는 전송 에러보정을 위해 디인터리브(de-interleaver)와 리드-솔로몬(Reed-Solomon) 복호기되어 FEC 복호를 한다.

(2) 디지털 위성송신기

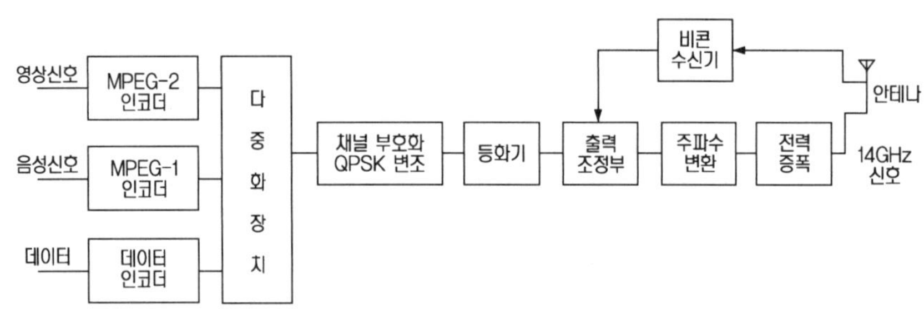

[그림3-32] 디지털 위성방송 송신기

① **소스신호 압축부**

ⓐ 영상신호 중계망 : 방송국으로부터 송신소까지 프로그램 전달 방법에는 테이프, 유선선모(전동선, 광섬유), 무선선로(마이크로웨브)가 있다.

ⓑ 비디오 인코더(비디오 신호는 MPEG 2규격을 사용하는데 DCT(Discrete Cosine Transform)를 사용하여 공간적으로 압축하고 MC(Motion Compensation)기법을 사용하여 시간적으로 압축한다. 여기서 VLC(Variable Length Coding)를 사용하여 통계적 압축을 한다.

ⓒ **오디오인코더** : 오디오신호는 MPEG-1 규격사용

ⓓ **데이터 인코터** : 비동기 데이터는 19.2(1dops)까지 동기 데이터는 2[Mbps]게지 서비스

ⓔ **다중화기** : 하나의 중계기를 통하여 전송할 4개의 TV프로그램(영상 및 음성)과 데이터 신호를 다중화하여 직렬데이터로 만든다.

② 변조부

변조부는 채널부호화부, 변조부, 등화기로구성

전송시 발생하는 오류를 보정하기 위해 FEC(Forward Error Correction) 부호화를 한다.

③ IF 및 RF 신호

IF 및 RF 신호처리부는 중간주파부 출력조정에 주파수변환부, 전력증폭시 비콘수신부, 안테나로 구성된다.

(3) 디지털 위성 셋톱박스

셋톱박스는 안테나로부터 수신된 영상신호를 증폭하거나 잡음을 제거한 후 시청자가 원하는 채널에 맞춰 TV에 송출하는 기능을 수행한다. 이때 셋톱박스(Set-Top Box : STB)는 방송형식에 따라 케이블 TV용, 위성방송용, 디지털 지상파 방송용으로 구분되며 디지털화되는 경향이었다.

① 셋톱박스의 기능

셋톱박스는 디지털방송이 갖고 있는 모든 기능들을 구체적으로 가정에 구현해 주는 것으로 양방향, 데이터 송수신, 통신 등을 위한 다양한 솔루션들이 내장되어 있다.

② EPG(Electronic Programming Guide : 전자적 프로그램 가이드) 기능

EPG는 지금 어떤 채널에서 어떤 프로그램이 방송중인지 안내하는 역할을 하는 기능으로 장르, 시간, 날씨, 채널별로 자동검색기능을 갖춘다.

③ CAS(Conditional Access System)

방송사가 가입자나 성인 또는 방송 접근이 허용된 수신자에게만 방송시청을 허용하게 하는 시스템으로 디지털 송출신호에 미리 장치를 해놓는다.

④ PPV(Pay Per View : **개별 프로그램 유료시청**)

별도로 시청료를 지불해야만 시청할 수 있는 장치

⑤ NVOD(Near Video On Demand)

하나의 프로그램을 여러 개의 채널을 통해 시작시간을 각기 달리해 제공하는 서비스로 수신자는 각자 편한 시간에 맞춰 프로그램 시청이 가능하다.

3.5.5 우리나라의 위성방송

1) 개요

동경 177° 에 위치한 인텔새트 VA(F-11)위성의 예비위성으로서 중계기 1대를 선매임차방식으로 임차기간 5년으로 1990년 11월에 계약 체결하였으며 1992년 9월 25일 임차 위성 지구국이 개통되었다. 국내 위성 지구국은 서울, 부산, 대구, 광주, 대전 등 5개 도시에 건설하였으며, 서울 지구국에는 인텔새트 E-3 표준 지구국 및 VSAT Hub를, 나머지 4개 지구국에는 인텔새트 E-2 표준 지구국을 설치하였으며, VSAT 지구국은 가입자 구내에 직접 설치되어 이용된다.

(1) 무궁화 위성

무궁화 위성은 적도 상공 약 36,000[km]에서 통신 및 방송중계 기능을 수행하는 위성체와, 위성체를 정지궤도까지 진입시켜 줄 발사체를 확보하여야 하고, 위성체의 동작상태 및 궤도 유지 등을 지상에서 감시, 제어할 관제소를 건설하여야 한다.

무궁화 위성을 이용하여 제공되는 서비스는 직접위성방송(DBS), 고속전용통신, 저속전용통신(VSAT : Very Small Aperture Terminal), 비디오 중계서비스와 대도시 전화국간 중계 및 도소벽지의 행정통신 등이다.

2) 한국의 위성 TV

한국에서 위성방송은 무궁화 1호, 2호를 이용하여 실시되고 있다. 무궁화 위성은 위성방송뿐만 아니라 통신용으로도 사용된다.

무궁화 위성은 1호와 2호가 있으며 각 위성에는 12개의 통신용 중계기와 3개의 방송용 중계기가 있다. 방송용 중계기의 대역폭은 27[MHz]이며, 출력은 120[W]이다.

사용주파수는 Ku 밴드로 상향회선은 14.5~14.8[GHz], 하향회선은 11.7~12.0[GHz]를 사용하며, 한국이 허가 받은 중계기 채널은 2, 4, 6, 8, 10, 12이며 좌선 원편파를 사용한다. 한 중계기를 사용하여 아날로그 방송인 경우에는 하나의 TV의 프로그램만 전송할 수 있으나, 디지털 방송의 경우에는 4~8개의 TV 프로그램과 다수의 데이터 서비스를 동시에 전송할 수 있다. 국내 위성방송은 영상과 음성을 디지털로 변환한 후 디지털 변복조를 하는 완전 디지털 방식을 택하고 있다.

3) 미국 디지털 위성 방송

미국에서는 할당된 방송위성대의 궤도와 채널을 사용하여, 1994년 DirecTV 및 USSB가 위성을 사용하여 150개에 가까운 프로그램의 다채널 디지털 위성 TV방송을 시작한 후 2년 남짓해서 계약수신기는 300만대 가까이 보급되어 있다고 합니다. 비슷한 서비스가 PrimeStar에서도 같은 시기에 시작되어 2년 동안 130만대의 계약수신기를 획득했다. 1996년부터는 EchoStar, AlphaStar 등 신규의 다채널 위성방송 신규사업자가 본격적으로 참여하고 있습니다. 신호부호화, 다중화에는 공통적으로 MPEG(Moving Picture Experts Group)방식이 사용되고 있지만 프로그램식별이나 유료방식 등 서비스내용에 가까운 부분의 규격 및 오류수정 등의 전송방식은 각각 독자적 규격으로 실시되고 있기 때문에 1대의 수신기로 모든 위성방송을 시청할 수는 없습니다.

4) 유럽 디지털 위성 TV 방식

유럽은 디지털TV방송 표준화를 촉진하기 위하여 방송사업자, 프로그램 공급자, 네트워크 및 위성방송사업자와 제조업자들로 DVB(Digital Video Broadcasting)를 결성하여 미디어 방식의 표준화를 진행하고 있습니다. DVB규격은 MPEG-2 에 의한 신호부호화와 다중화방식 등의 공통기술을 중심으로 위성(DVB-S), 지상(DVB-T), 케이블(DVB-C) 등 다양한 표준 제정을 위한 소위원회를 운영하고 있습니다. DVB위성디지털 방송규격은 1995년 유럽의 기술표준인 ETS 300 421로 발효되었다. 이 규격은 영상부호화 및 다중화로 MPEG-2, 변조방식으로 QPSK를 채택하여 위성전송로의 특성에 따라 전송가능한 전송율을 선택할 수 있도록 되어 있습니다. 이 규격을 이용하는 디지털 위성방송은, ASTRA-1E나 Hotbird 위성을 사용하여, BskyB, Canal Plus등의 사업자에 의해 1996부터 본격적으로 시작하고 있습니다. 우리나라도 1996년부터 한국에서도 무궁화 위성을 사용해서, 1996년부터 디지털위성시험방송을 시행하고 있으며 곧 컨소시엄이 구성되어 정규방송에 들어갈 것입니다.

5) 일본의 디지털 위성 TV방송

통신위성(Communication Satellite)을 이용하는 디지털 위성방송은 PerfecTV가 1996년10월에, DirecTV Japan이 1997년 12월부터 방송을 시작하고 있습니다. BS를 이용한 디지털 위성방송이 금년 9월부터 시험방송에 들어가며 12월부터 본 방송이 시작될 예정입니다.

(1) 송신기의 구조

송신기는 비디오, 오디오, 및 데이터신호를 처리하여 전송하는 부분인데 크게 소스신호 압축부, 변조부, IF 및 RF 신호처리부로 되어 있다.

비디오신호는 디지털로 변환한 후 MPEG-2 규격에 따라 압축되고 음성신호는 디지털로 변환한 후 MPEG 규격에 따라 압축된다.

데이터신호는 압축없이 패킷화만 수행한다. 압축한 영상신호와 음성신호 는 데이터신호와 함께 다중화된다. 변조부는 채널부호화와 QPSK 변조부 및 등화기로 구성되며 RF 신호처리부는 출력조정, 주파수변환, 전력증폭부, 비콘(beacan) 수신기와 안테나로 구성되어 있다.

① 소스신호부

ⓐ 영상신호중계망 : 방송국으로부터 송신소 까지 프로그램을 전달하는 방법으로 테이프, 유선선로(전용선, 광섬유), 무선선로(마이크로웨이브) 등을 이용할 수 있는데 서울에서 경기도 용인에 소재한 한국통신 용인 송신소까지 광섬유를 이용한 전송로를 사용하고 있다.

KBS의 경우 방송국에서 여의도 전화국까지는 광전송 송수신장치를 사용하여 전송하고, 이 신호는 다시 전화국간에 이미 설치된 시외광전송로를 이용하여 영등포, 목동, 구로, 수원, 용인 전화국까지 전송한다. 용인 전화국에서 용인 송신소까지는 다시 광전송 송수신 장비를 사용하여 전송한다. 전송하는 형태는 아날로그 신호나 디지털 형태를 사용한다.

ⓑ **비디오 인코더** : 하나의 채널에 여러 개의 TV프로그램과 음성 및 데이터를 전송하기 위하여 신호의 동기가 일치해야 하는데 이를 위해 전달된 TV 신호들은 먼저 프레임 동기기에서 인코더 시스템의 기준신호에 동기를 일치시킨 후 디지털 신호로 변화한다. 비디오 인코더는 4×3과 16×9인 화면을 모두 처리하며, 화상 해상도는 720화소×480라인이다. 비디오 신호는 MPEG-2 규격을 사용하는데 DCT(discrete cosine transform)를 사용하여 공간적으로 압축하고 MC(motion compensation) 기법을 사용하여 시간적으로 압축한다. 여기에 VLC(Variable length coding)를 사용하기 때문에 움직임이 많은 화면의 경우 낮은 MC 압축률로 인하여 화질이 나빠지는 문제가 있다.

ⓒ **오디오 인코더** : 오디오 신호는 MPEG-1 규격을 사용한다. 하나의 MPEG 오디오 채널은 두 개의 모노 신호나 스테레오 신호를 전송한다. 하나의 영상신호에 2개의 MPEG 오디오 채널을 사용하여 두 개의 스테레오 서비스나 4개국어 동시 방송을 서비스할 수 있다. 입력으로는 아날로그와 디지털 신호 모두 사용 가능하며 아날로그 신호인 경우 디지털로 변환한다. 인간의 청각 특성과 디지털 신호 처리기술을 이용하여 압축하므로 CD 정도의 음질을 구현한다. 하나의 MPEG 오디오 채널은 256~384[kbps]의 데이터량을 전송한다.

ⓓ **데이터 인코더** : 비디오, 오디오, 서비스에 추가하여 데이터 서비스도 가능하다. 비동기 데이터는 19.2[kbps]까지, 동기 데이터는 2[Mbps]까지 서비스 가능하다. 여러 데이터 서비스들을 조합하여 한 중계기당 최대 2[Mbps]까지 서비스가 가능하다. 데이터 신호는 압축은 하지 않고 단지 MPEG-2 전송 패킷으로 변환하여 다중화시킨다.

ⓔ **다중화** : 다중화기는 하나의 중계기를 통하여 전송할 4개의 TV 프로그램(영상 및 음성)과 신호들을 다중화하여 직렬 데이터로 만든다. 이때 수신기에서 각 프로그램의 역다중화시 필요한 정보, 각 프로그램의 안내정보, 그리고 유료채널을 운용할 경우에 필요한 가입자 제한 시스템정보도 패킷으로 만들어 다중화하여 전송한다. 전송패킷의 크기는 188바이트이고, 첫 번째 바이트는 패킷 동기를 위해 사용한다. 한 중계기로 전송 가능한 다중화된 총 데이터량은 34.35[Mbps]이다.

② **변조부**

변조부는 채널부호화, 변조부, 등화기로 구성된다.

전송시 발생하는 오류를 보정하기위해 FEC(Forward Error Correction) 부호화를 한다. 먼저 최대 8바이트까지 오류 정정 능력을 갖는(204,188, T=8) Reed-Solomon 코드를 사용하여 188바이트로 구성되어 있는 패킷 단위로 부호화한다. 다음 과정으로 에러를 분산시키기 위한 길쌈(interleaving)을 한다. 또한 에러율을 낮추기 위해 여기에 길쌈 부호화를 추가한다.

송신 신호 스펙트럼의 에너지를 분산시키기 위해 8개 패킷 주기로 PRBS(랜덤2진열)를 이용한 스크램블러를 사용하여 전송할 직렬데이터의 랜덤화를 FEC 부호화 전에 한다. ISI(부호간 간섭)를 최소화하기 위해 FEC 부호화된 신호를 펄스 정형한다. 이 신호를 차동 4상 위상변조(DQP나)를 통한 후 70[㎒] 중간주파수 신호로 만든다.

등화기는 송신기의 상향회선, 위성중계기, 하향회선으로 구성된 위성채널에서 발생되는 진폭 및 위상의 왜곡을 보상하기 위해 사용한다.

③ **IF 및 RF 신호**

IF 및 RF 신호 처리부는 중간주파수 출력조정부, 주파수 변환부, 전력증폭기, 비콘 수신기 및 안테나로 구성된다.

비나 눈이 올 경우 14/11[㎒] 신호는 심하게 감소되는데 이처럼 상향회선에서 발생하는 신호의 감쇠를 보상하기 위하여 중간주파수의 출력조정부를 사용하여 위성 중계기까지 도달하는 RF 신호의 강도를 항상 일정하게 유지시켜 주는데, 보상하는 동작범위는 10[dB] 정도이다.

이렇게 하기 위하여 위성은 항상 일정한 레벨의 비콘 신호를 지상으로 송출한다. 비콘 수신기에 수신된 이 신호의 레벨을 측정하여 상향회선에서 발생하는 신호의 감쇠량을 추정하여 중간 주파수의 출력조정부를 조정하게 된다. 이 비콘 신호는 안테나가 위성을 향해 지향하도록 방향을 조절할 때도 사용된다. 중간주파수 신호는 주파수 변환기에서 14[㎓]의 RF 신호로 변환된 다음 전력증폭기를 통해 증폭된 후 안테나를 통하여 위성을 향해 송출된다.

(2) 위성중계기

위성중계기는 14[㎓] 대역의 입력신호를 12[㎓] 신호로 변환한 후 증폭하여 지상으로 재전송하는 기능을 한다. 무궁화호 위성 1호와 2호는 각각 6개의 DSB 중계기를 갖고 있는데 이 중 3개씩만 선택하여 사용한다. 안테나로 수신된 신호는 250[㎒]

대역통과 필터링 된 후 2792.82[㎒]만큼 하향 주파수로 변환한다. 이 신호를 증폭하여 출력 다중화기에서 합해진 후 안테나를 통해 지상으로 송출된다.

(3) 수신기 구조

수신기는 안테나, 저잡음 주파수 변환기, 튜너, 복조기, 역다중장치, 비디오 및 오디오 디코더, Descrambler로 되어 있다.

직경 45[cm]의 접시안테나로 모아진 신호는 LHCP(좌선 원편파 : Light Hand Circular Polarization) 신호만 수신되어 LNB에서 증폭 및 주파수변환이 이루어진다.

LNB는 11.7~12[GHz] 대역의 수신신호를 주파수 하향 변환하여 950~1250[㎒]의 신호로 바꾼다. 튜너는 6개의 중계기 신호를 선택하는 기능을 한다. 선택된 신호는 QPSK 복조기를 통해 복조되어 디지털 신호가 된다.

복조된 신호는 전송 에러 보정을 위해 디인터리브(De-interleaver)와 리드-솔로몬(Reed-Solomon) 복조기로 되어있는 FEC 복조를 한다. 채널 선택은 두 번의 과정을 통한다.

먼저 튜너에서 해당 중계기를 선택하고 다음에 MPEG 역다중화기에서는 원하는 채널의 패킷만 선택하고 다른 채널의 패킷들은 버린다. 이 역다중화기에서는 채널다중화 과정에서 필요한 정보들과 각 채널의 서비스 정보들도 선택하여 수집한다.

패킷이 Scrambling(암호화)되었을 경우는 수신기의 자격에 따라 해당 채널 패킷을 De-Scrambling한다.

선택된 비디오와 오디오 패킷, 혹은 데이터 패킷들은 버퍼에 저장된 후 디코딩되는데 MPEG-2 디코더는 송신기에서 압축된 영상신호를 복구한다. 복구된 디지털 영상신호는 아날로그로 변환 된 후 NTSC 인코더를 통해 아날로그 영상신호로 변환되어 TV로 출력된다. MPEG-1 디코더는 송신기에서 압축된 디지털 음성신호를 복구하며 복구된 디지털 음성신호는 D/A 변환기를 통해 아날로그 음성신호로 변환되어진다.

기존의 지상방송은 산간이나 도서지역 등과 같이 중계기가 없는 곳에서 난시청 지역이 존재하고 산이나 빌딩에 의한 전파의 반사 영향으로 영상이 이중으로 화면에 나타나는 고스트 현상이 생기며 중계기가 광범위하게 설치되어 있어 유지 보수를 하는 어려움이 있다. 적도 상공 36,000[km]에 정지위성을 두고 지상의 방송국에서 정지위성으로 신호를 발사하고 정지위성에서 각 가정으로 신호를 증폭한 다음 주파수를 바꾸어 지구를 향해 재전송 한다.

위성방송에 사용되는 주파수로는 1.5[GHz]~22[GHz]까지의 SHF 주파수대가 할당되었으며 방송국에서 정지위성으로 신호를 전송하는 Up-link와 정지위성에서 지상으로 신호를 전송하는 Down-link로 나눌 수 있었다. 위성방송에서는 Down-link, Up-link 주파수를 다르게 사용하며 C-Band에서는 Up-link 주파수 6[GHz], Down-link 주파수 4[GHz]로 사용하고 Ku-Band에서는 Up-link 주파수 14[GHz], Down-link 주파수 12[GHz]로 사용된다. 특히 4[GHz]를 사용하는 위성방송시스템을 TVRO(Tele-Vision Receiver)라 하며 위성방송 초기에 사용하였으나 최근에는 대부분의 국가에서 12[GHz]를 사용한다.

위성 통신계에서는 잡음을 나타내는 데 등가잡음 온도(° K)를 사용하며 대역폭 B 내에서의 잡음 전력은 $P_n = kTB$(k는 볼츠만의 상수 1.38×10^{-23}J/K)

① 수신기의 잡음지수 NF(noise figure)에 따른 잡음온도 T_n

$T_n = (NF - 1) \times 290$ 단, 주위온도 290K(상온)

② 외부잡음에는 우주잡음, 인공잡음, 폭우나 대기 변화에 의한 잡음이 있다.

③ 폭우 감쇠에 의한 잡음 온도

$T_n = T_o(1 - 1/L)$ L : 감쇠량

(4) C/N비와 S/N비

방송위성회선 설계에 있어서 수신 C/N(Carrier to noise)비가 짧은 시간에 변동하는 요소로서는 위치의 변화와 폭우 감쇠량 등이 있으며 12[GHz]대에서는 비가 온 뒤 1%의 시간율로서 C/N비는 14[dB]를 확보하도록 결정되어 있다.

FM 방식에서는 주파수 편이 2승에 비례하는 베이스밴드(base band) 신호의 S/N비가 개선되는데 FM 개선도를 G라고 하면 FM 방식의 복조 출력 SN비는

SN비=G×C/N

따라서 영상신호에 의한 주파수 편이를 Δf, 최고변조주파수를 f_m, 그리고 중간 주파수 대역폭을 B라 하면 $G = 3/2 \times (\Delta f/f_m)2 \times B/f_m$

■ 21GHz대 위성디지털 방송

위성 HDTV 방송서비스를 가능하게 한 새로운 위성방송용 21GHz 주파수대가 할당되어 2007년부터 방송업무에 우선적으로 사용할 수 있게 되었습니다. 전송방식은 100MHz정도의 대역폭을 사용하여 100Mbps이상의 고속으로 정보 전송이 가능한 고속 변복조방식이 연구 개발되고 있습니다. 고속 정보전송이 가능해지면 대화면을 위한

더욱 깨끗한 영상(다채널 HDTV 프로그램)과 음성 및 더욱 많은 데이터 정보 전송이 가능해질 것입니다.

■ L, S 대역의 이동수신위성방송

L, S대역은 차량과 같은 이동체 수신과 위성통신 등에 사용되는 주파수대로 국가 지역마다 다릅니다. 현재 1992년 WARC-92 국제회의에서 결정하여 이동수신 디지털 음성위성방송용으로 미국을 제외한 지역에는 1.5GHz대(1.452~1.492GHz)와 미국, 인도에는 2.3GHz대(2.31~2.36GHz), 일본 등 동아시아지역에는 2.535~2.655GHz가 할당되어 있습니다. 유럽에서 개발된 지상 디지털 오디오 방송 방식인 DAB방식을 위성방송에 적용한 디지털위성음성방송은 유럽이나 캐나다에서 이동체 수신서비스 또는 지상DAB의 보완시스템으로서 실용화되고 있습니다. 이 규격은 0.5~3GHz의 주파수대에 OFDM변조방식을 사용하여 이동체 수신에 적합하고 음질은 CD급의 고품질 서비스를 제공합니다. 한편 미국에서는 QPSK 변조를 채택한 방식을 비롯하여 몇 가지 음성용 디지털 방송 방식이 제안되고 있습니다.

연습문제

1. 디지털 방송 시스템의 영상 압축 요소에 대해 설명하시오.
2. TV 수상기의 영상 신호 회로와 음성수신 회로의 블록 다이어그램을 그리고 동작법을 설명하시오.
3. 다음은 영상수신회로에서 TUNER의 동작 원리에 대하여 설명하시오.
4. 디지털 TV의 장점에 대해 설명하시오.
5. AM송신기의 구성도를 그리고 동작을 설명하시오.
6. TV 송신기의 구성도를 그리고 동작에 대하여 설명하시오.
7. ATSC 수신기의 구성도를 그리고 동작에 대하여 설명하시오.
8. ATSC 송신기의 구성도를 그리고 동작에 대하여 설명하시오.
9. 방송위성과 통신위성에 대하여 간단히 설명하시오.
10. 위성 수신기의 수신부 신호 절차에 대해 설명하시오.
11. 위성 방송 수신 시스템의 구성도를 그리고 동작법을 설명하시오.
12. 디지털 위성 방송의 특징에 대하여 설명하시오.
13. 위성방송 장단점에 대하여 설명하시오.

제4장 뉴미디어 방송

4.1 디지털 라디오방송

4.1.1 DAB방송(Digital Audio Broadcasting)

1) 디지털 라디오방송 개요

디지털 라디오 방송은 기존의 아날로그, AM, FM 라디오 방송을 대체할 수 있는 디지털 오디오 방송을 말한다. 디지털 라디오 방송은 높은 압축률을 갖는 시청자 중심의 음성 부호화 방식을 사용하여 CD수준의 음질을 가지며 다양한 데이터서비스, 다중경로 페이딩(Multipath fading)을 효과적으로 극복하기 위해 부호화된 OFDM(Coded Orthogonal Frequency-Division Multiplexing : COFDM)을 전송방식으로 사용하고 있어 이동 중에도 우수한 수신 품질을 제공한다. 또한 문자 그래픽 동영상으로 날씨, 교통, 오락, 전자 등의 다양한 부가 데이터 서비스를 제공하는 멀티미디어 방송이다.

다른 디지털 미디어와 마찬가지로 디지털 라디오방송은 주파수 이용효율이 높아 라디오방송 분야의 주파수 부족 문제를 해결할 것으로 보입니다. 아날로그 방송과 비교하면 잡음이 적고 더욱 깨끗한 음질로 고품질의 사운드를 제공할 수 있고 디스플레이 장치를 통한 다양한 정보제공이 가능하며, 이동 수신이 가능하게 되면 누구나 쉽게 이용할 수 있는 첨단 멀티미디어 정보단말기로서 청취자가 원하는 다양한 종류의 디지털 라디오 방송이 가능하다.

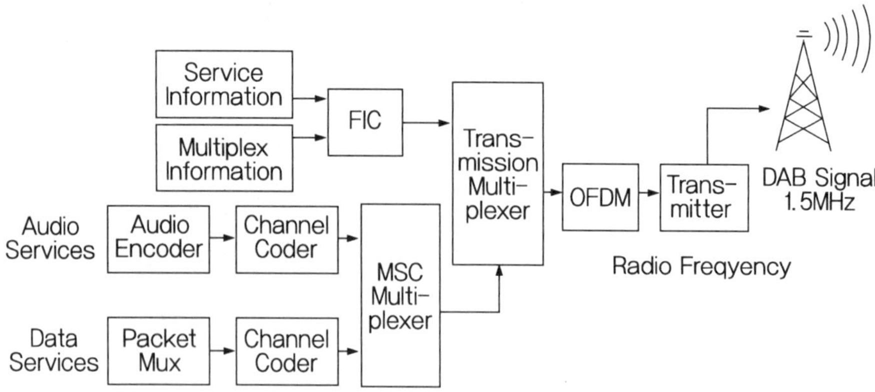

[그림4-1] DAB 방송시스템의 구성도

현재는 지상파 DAB(Digital Audio Broadcasting)방송은 주파수대역의 배정에 따라 In-Band 방식(IBOC : In-Band On-Channel)과 DAB(Eureka-147) Out-of-Band 방식, 일본방식인 ISDB-T 방식이 있다.

2) DAB방송의 장점

① 수신기가 보다 저렴해지고, 소형화 됨 CD정도의 우수한 음질 제공

② 이동 환경에서도 수신품질이 일정함 이동할 때 선국을 변경할 필요가 없음 불필요함.(자동 선국하여 전환됨)

③ 편리하게 원하는 방송을 선택할 수 있도록 간단한 프로그램 선택 기능을 제공함.

④ 각기 다른 전송율로 오디오 프로그램과 함께 정보 데이터 서비스 가능(동영상도 가능함)

⑤ 여러 오디오 및 데이터 서비스들을 하나의 전송채널에 다중화하고 단일주파수 방송망(SFN : Single Frequency Network)을 사용함으로써 주파수 스펙트럼을 보다 효율적으로 사용할 수 있음.

⑥ 같은 지역에 방송하는데 기존보다 적은 송신출력이 소요되므로 자본투자와 운용비용 절감 가능

3) DRM(Digital Radio Mondiale)

DRM이란 장파(LF), 중파(MF), 단파 (HF) 주파수 대역을 이용하는 디지털 라디오 방송방식으로 이러한 방송표준을 지원하는 컨소시엄의 명칭입니다. 현재 라디오와 TV는 아날로그에서 디지털 방송으로 변환하고 있습니다.

4.2 CATV 방송

4.2.1 CATV/MATV(Community Antenna Television/Master Antenna Television)개요

CATV 방송은 1948년 미국 오리건(Oregon)주 아스토리아 지방에서 공동수신 안테나(Master Antenna)를 설치하여 난시청 해소기능을 갖는 공동수신 시스템(CATV; Community Antenna Television System)으로 시작되었다.(Twin-Lead 전송) 또한 1950년 미국 펜실베이니아 주에서 기술적으로 체계화, 유선방송시스템(CATV; Cable Television)으로 발전되어 세계 각국에 널리 도입되기 시작하였다.(Coaxial cable 전송)

1) 케이블 TV 방송 구성

케이블TV 방송은 NO, SO, PP 3개 분야로 이루어진다.

(1) 전송망 사업자 NO(Network Operator)

전송선로시설을 설치 · 운영하는 자로서 다중 전송설비와 전송망설비를 갖추고 종합유선방송프로그램을 전송하는 사업자를 말한다.

(2) 방송국 운영자 SO(System Operator)

종합유선방송국시설을 갖추고 프로그램공급업의 허가를 받은 자(프로그램공급자)로부터 방송프로그램을 공급받아 종합 편성한 후 해당 채널을 통해 종합유선방송을 송출하는 사업자 즉, 편성권, 송출권, 가입자관리권을 가진 사업자를 말한다.(종합유선방송국사업자)

(3) 프로그램 공급자 PP(Program Provider)

유선 분배망이나 공중파를 통한 직접방식으로 시스템 운영자에게 프로그램을 공급하는 사업자로서 전기통신 방식의 분배망을 이용하는 공급자에게는 채널 배정에 관한 특약사업권(Franchise)을 적용할 수 있다. 즉 공급권과 배분권 만을 갖고 있는 사업자를 말한다.

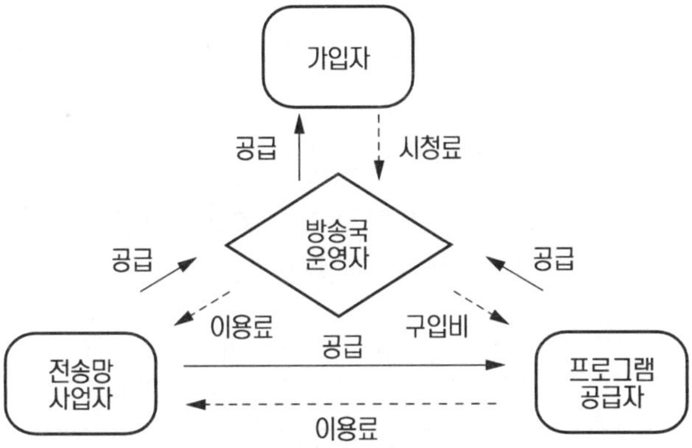

[그림4-2] 케이블 TV 방송 구성

4.2.2 CATV 방송시스템

1) 기본 구성

CATV 시스템은 송출계, 전송계, 단말계로 구성된다.

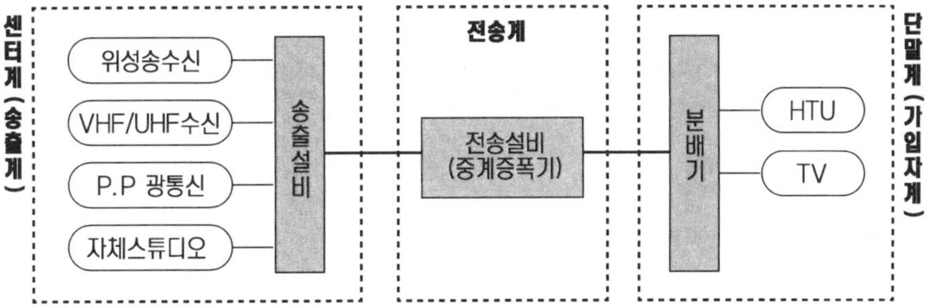

[그림4-3] CATV 기본 구성

(1) 송출계

송출계는 위성 신호 수신, FM 방송수신, 자체 스튜디오 신호 등과 송출 설비로 구성되며, 수신 안테나에서 수신한 각 채널의 방송 신호를 중간 주파수 대로 변환하고 이를 영상 및 음성 레벨로 다시 조정한 후에 VHF대로 재 변환하여 각각의 신호들을 혼합해서 전송 중계망으로 송출하는 역할 및 주조정실에서 가입자측으로 신호를 전송하가 위해서 모든 신호가 집중되는 부분으로 유선방송 시스템에서 헤드엔드는 시스템 전체의 송신기라고 할 수 있으며, 모든 신호를 전송로로 송출하거나, 양방향 시스템에서는 모든 신호가 집중되는 시스템에서 가장 중요한 부분으로 수신설비, 스튜디오설비, 조종실설비, 조명설비 등으로 구성되어 있다.

[표4-1] 송출계 시스템의 기능

구 분	기 본 기 능
수 신 설 비	ㅇ 공중파 신호를 수신하여 헤드엔드에 공급하는 기능 ㅇ 신호전송에 적정한 주파수 변환 및 레벨조정 기능
헤드엔드설비	ㅇ 수신설비로부터 입력된 신호 채널변환 기능 ㅇ RF 또는 베이스밴드신호로 변환해 주는 변 · 복조기능 ㅇ 다수의 주파수분할 된 신호 분리 및 혼합 기능 ㅇ 쌍방향 방송 및 정보통신 기능 ㅇ 전송로에 신호를 송출하는 기능
스튜디오설비	ㅇ 프로그램 제작 기능 ㅇ 생방송 또는 중계방송 등의 제작 총괄 기능 ㅇ 영상 및 음성 절체 기능 ㅇ 편집장치 등과 접속 기능
송 출 설 비	ㅇ 자체제작 프로그램, 외부 프로그램 및 공중파방송 재전송을 위한 설비로서 자동송출설비, VTR 등으로 구성하여 전송로에 프로그램을 송출하는 기능
편집검색 설비	ㅇ 외부 영상소스를 영상효과, 자막처리 등 다양한 기능을 부가하여 고품질 다기능으로 편집작업하는 기능
가입자 관리설비	ㅇ 수신료 과금, 가입자 원장정리 기능 ㅇ 기타 가입자관리 지원 기능
국사 부속 설비	ㅇ 영상촬영에 필요한 적정 조도를 유지하는 조명설비 ㅇ 스튜디오 냉 · 난방 및 온습도 조절을 위한 공조설비 ㅇ 화재시 인명피해 및 기기 손상방지를 위한 소방설비 ㅇ 방송센터 각종기기에 전원을 공급하는 수 · 배전설비 ㅇ 내 · 외부간 소음방지를 위한 방음설비 등

(2) 전송계(Transmission Line Section)

고전적 의미의 CATV 전송계는 동축전송장치로만 구성되는 시스템을 말한다. 그러나 CATV가 광역화되고 멀티미디어 전송 및 새로운 부가서비스를 수용하는 뉴미디어 전송매체의 역할을 수행하게 됨에 따라 신호의 광역전송을 위하여 광전송설비의 적용이 적용되게 되었다. 한전에서는 초기에 HFC(Hybrid Fiber Coaxial)방식을 검토, 도입하여 향후 망확장과 새로운 서비스(시내전화, Internet 등)의 적용이 용이하도록 CATV전송 시스템을 구축하였다.

① **광전송계 :** 광케이블, 광단국장치

② **동축전송계**

ⓐ 능동소자 : 증폭기, 전원공급기 등

ⓑ 수동소자 : 분배기, 분기기(Tap-Off), 방향성결합기, 콘넥터 등

ⓒ 동축케이블 : 간선, 분배선, 인입선 등

[표4-2] H/E 설비 및 전송계 시스템의 기능

구 분		기 본 기 능
Head End 설비		CATV 방송국으로부터 수신한 방송신호를 광역 분할된 가입자 CELL로 공급해주기위해 광전송장치와 Interface 역할을 수행한다. ○ 망감시장치 및 부가서비스 신호와 CATV 신호 결합 ○ 한국전력은 방송국과 동일 건물에 위치
전송로	간 선 (Trunk Line)	헤드엔드로부터 송출된 신호를 서비스구역 전역에 전송하기 위한 전송로 부분을 말하며 헤드엔드에서 복수로 시설하거나 도중에서 복수로 분기되기도 한다. 다른 전송로에 비해 전송거리가 길어지므로 고품질의 전송특성을 갖는 케이블과 간선증폭기가 필요하다. ○ 광케이블, 광전송장치 등 ○ 동축케이블(HFA-17C 이상), 간선AMP, 전원, 수동소자 등
전송로	분기, 분배선 (Bridge, Feeder Line)	간선에서 나누어진 신호를 각 가입자에게 분배하기 위한 전송로를 말하며 분배선이 길어지거나 가입자 인입단자수가 많아지게 되면 증폭기를 사용하여 신호의 감쇠량을 보상한다. ○ 간선분기 및 연장증폭기, 수동소자 등
전송로	인 입 선 (Subscriber Line)	Drop Line이라고도 하며 인입선은 통상 10~30m 이내 거리로서 분배선으로부터 가입자 보안기까지 이르는 전송로를 말한다. ○ 증폭기나 수동소자가 사용되지 않는 구간

(3) 단말계

방송국사업자의 사업 영역으로 가입자의 가입 요청시 전송계의 인입선과 함께 시설되어 시청이 가능토록 하는 설비 영역으로 보안기, 구내선, 컨버터, 홈터미널, TV수상기, 컴퓨터 등으로 구성 된다.

[표4-3] 단말계 시스템의 기능

구 분	기 본 기 능
컨 버 터 (Converter)	○ 도청방지를 위한 스크램블(비화)과 디스크램블(해독) 기능 ○ 채널 변환기능, 기타 원격 제어기능
홈터미널 (Set Top Box)	○ 쌍방향 어드레서블 컨버터 기능 외에 방범, 방재, 홈쇼핑, Internet, 시내전화 등 부가통신 서비스 인터페이스 기능
부가장치	○ 낙뢰 및 과전압 보호를 위한 보안기능 ○ 동축케이블과 TV 수상기 임피던스 정합 기능
구내 선로설비	○ 아파트, 공동주택 등의 다가구 주택에 다수 수용가가 CATV를 시청할 수 있도록 공급해 주는 설비로 구내용의 능동, 수동소자로 구성된다.

4.2.3 CATV 방송시스템의 설비

CATV방송시스템 설비에는 [그림 4-4]와 같이 수신신점 설비, 헤드엔드 설비 및 스튜디오 설비로 구성된다. 수신점 설비는 공중파 및 위성방송을 수신하기 위한 설비이고 헤드엔드 설비는 CATV 주전송장비로서 신호를 변환, 증폭하여 전송로에 신호를 송신하기 위한 설비이며, 스튜디오 설비는 프로그램 제작, 편집 및 송출장비를 말한다.

1) 수신점 설비 (Antenna System)

공중파 및 위성방송을 수신하기 위한 설비로서 수신점 설비는 공중파 방송신호를 수신하기 위한 설비로서 FM, VHF, UHF 안테나, 위성방송 수신장치 및 레벨조정기, U/V 컨버터 등으로 구성된다.

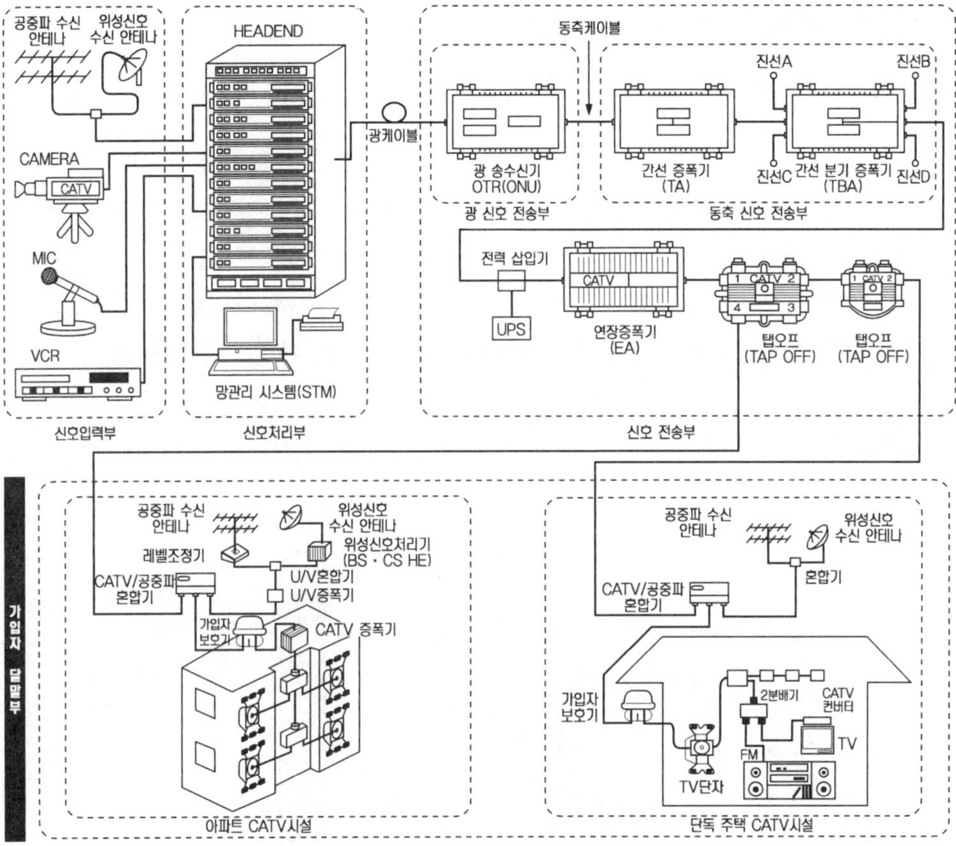

[그림4-4] HFC 망에 의한CATV 방송시스템 구성도

설 비	기 능
수신용안테나 (Antenna)	방송국으로부터 송출되는 공중파 신호를 수신하여 헤드엔드에 공급하는 기능
컨 버 터 (Converter)	수신된 채널을 특정 채널로 변환(VHF↔UHF)하여 헤드엔드에 공급하는 기능
전치증폭기 (PRE AMP)	수신지역 전계가 미약한 약전계지역(기준 : 약 55dBu이하)에서 수신점 가까이에 부착하여 헤드엔드 입력레벨에 맞게 신호를 공급하는 기능
레벨조정기 (Level Setter)	안테나로부터 수신되는 각 채널의 신호레벨을 일정하게 조정(Slope 특성고려), 혼합하여 헤드엔드에 공급하는 기능을 가지며 안테나와 헤드엔드 사이에 설치한다.
위 성 방 송 수 신 설 비	위성수신 안테나, LNA(Low Noise Amplifier) 등 위성방송 수신을 위한 설비로서 TVRO(Television Receiver Only)와 DBS(Direct Broadcasting Satellite) 등이 있다.

2) 헤드엔드 설비(Headend System)

헤드엔드는 CATV시스템 심장부로 Cable Head와 Antenna End의 합성어이다.

안테나 수신신호, 스튜디오 카메라, VTR 등의 자주방송 신호를 전송로에 송출하기 위한 설비로써 수신신호와 송출신호 종류에 따라 씨스템 규모가 달라진다. 헤드엔드 신호품질이 전송로 품질을 좌우하므로 그만큼 중요하다. 헤드엔드는 수신용 증폭기, 변조기, 복조기, 분파기, 결합기 등으로 구성되며 주요 기능은 아래의 표와 구성도 같이 채널 변환방식 증폭기인 신호변환기(Signal Processor)가 많이 사용된다.

(1) 헤드엔드 구성도

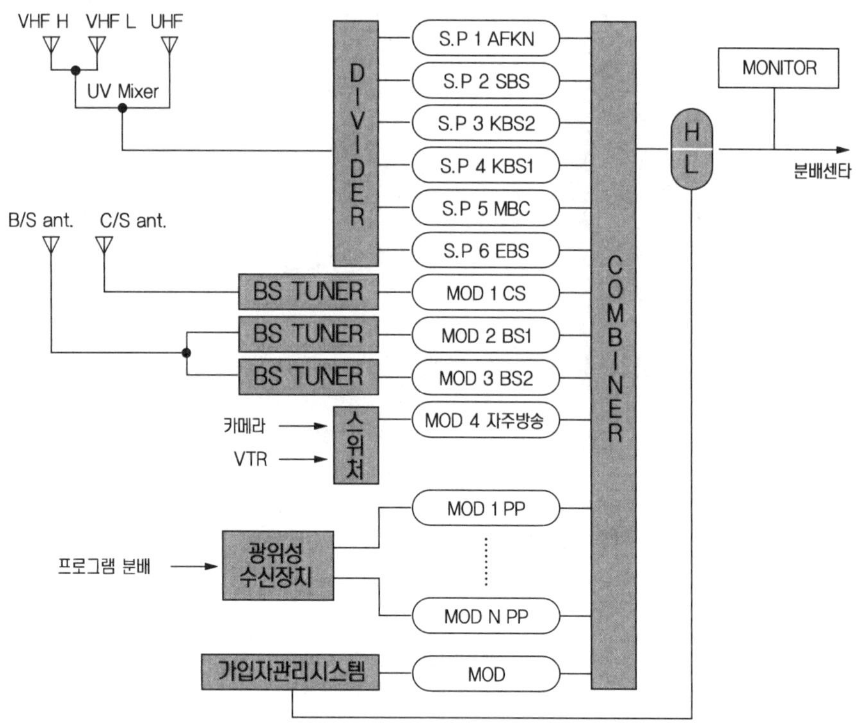

[그림4-5] CATV 헤드엔드 구성도]

설 비	기 능
신호변환기 (Signal Processor)	광대역형과 채널전용이 있으며 채널전용인 경우 신호변환기(SP)는 안테나로부터 수신된 FM, VHF/UHF TV신호입력을 일단 중간주파수대로 변환후 영상 및 음성신호를 분리하여 지정채널 신호로 변환 증폭하는 기기이며 주요 기능은 증폭, 출력조절(AGC), 신호변환, 필터링 기능 등이 있다.
변 조 기 (Modulator)	카메라 또는 VTR 등으로부터 공급되는 A/V 베이스밴드 신호를 Network에서 요구하는 RF신호의 지정 채널로 변조시켜 송출하는 장비
복 조 기 (Demodulator)	RF신호를 베이스밴드의 오디오와 비디오 신호로 변환해주는 장비로 변환된 신호를 수신하여 편집 제작하기 위한 경우 일반적으로 사용된다.
결합기/분배기 (Conbiner/Divider)	H、E 입출력 단계에서 신호를 균등 분배하여 원하는 장비에 공급하거나 장비로부터 공급되는 각 채널 신호를 동일 전송로상에 결합하여 송출하는 기능
대역분리기 (Diplex Filter)	쌍방향 시스템에서 낮은대역 역방향 신호와 높은대역 순방향 신호를 분리하여 주는 기능(동축전송망에서 주사용)
파일롯트 신호발생기	케이블 전송손실을 모니터링하기 위한 설비 (한국형 CATV에서는 전송계의 H/E에서 주사용)

(2) 헤드엔장비의 기능

① 신호 변환기(Signal Processor : AGC AMP)

CATV 시스템 화질의 좋고 나쁨은 수신점 신호의 영향이 크므로 송출신호를 전송로에 적정레벨까지 증폭하며 지역 상황에 맞는 필요 채널로 변환하여 송신한다.

② 변조기(Modulator)

변조기는 여러 가지 Source 즉 카메라, VTR 등의 베이스밴드신호를 전송로에 다중화하여 전송하기 위한 지정채널로 고주파 변조하는 장치로써 영상, 음성변조기, SAW 필터, 출력컨버터, 발진기 및 전원회로로 구성된다.

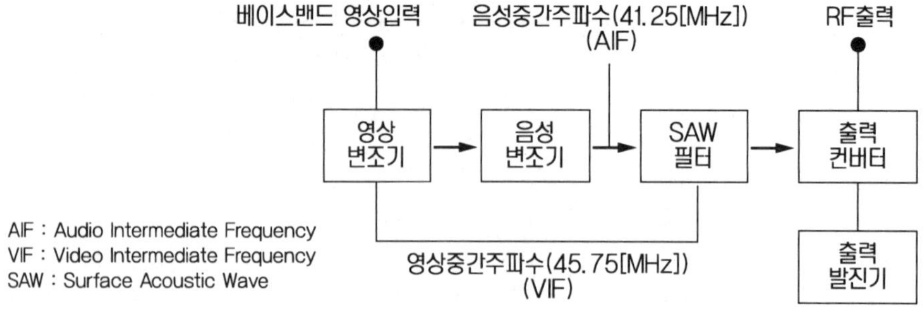

[그림4-6] 변조기 구성도

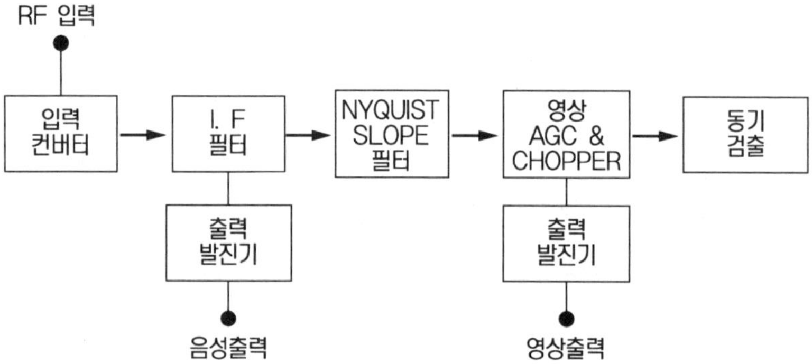

[그림4-7] 복조기 구성도

③ 복조기(Demodulator)

복조기는 변조기와 반대로 고주파신호를 기저대의 영상, 음성신호로 복조하는 장치로서 입력컨버터, 중간주파필터, AGC, 음성출력 및 영상출력 장치로 구성된다.

④ 결합기 및 분배기(Combiner/Divider)

결합기는 신호변환기, 변조기, 파이롯드 신호발생기 등의 출력을 결합하여 간선에 송출한다. 반대로 입력신호를 분할하는 경우를 분배기라 한다. 결합기는 필터결합형, 분배기를 조합한 하이브리드(Hybrid) 결합형, 방향성결합기(Directional Coupler)에 의한 결합형이 있고 필터에 의한 결합형은 삽입손실이 적고 전송대역외 채널에 대해서는 감쇠역으로도 되기 때문에 단자간 결합을 크게 잡을 수 있어서 신호변환기 상호간 간섭을 방지할 수 있다. 그러나 각 필터 통과대역 특성을 각 신호변환기 유니트 채널에 맞출 필요가 있으며 또 필터 구조상 소자수가 많기 때문에 하이브리드형 보다 구조적으로 커진다.

하이브리드 결합형은 2분배기를 반대로 사용하여 결합기로 사용한다. 2분배기는 그 자체 특성이 광대역이기 때문에 신호변환기 채널에 관계없이 자유롭게 결합할 수 있다. 또 단자간 결합도는 20dB 이상 얻어지기 때문에 수신증폭기간 간섭을 방지할 수 있다.

그러나 결합기 1 단자(Port)당 총 손실이 3.5~4dB로 되며 증폭기 수가 많은 경우에는 결합기 종속단수가 증가하여 결합손실이 크게 되는 결점이 있다.

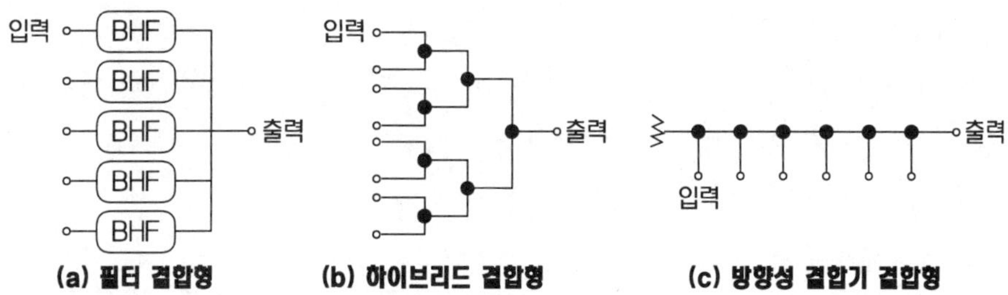

[그림4-8] 결합기/분배기 구성도

⑤ **다이플렉서 필터(Diplex Filter)**

다이플렉서 필터는 양방향 CATV 시스템에서 낮은대역 역방향 신호와 높은대역 순방향 신호를 분리하여 주는 기능을 갖고 있으며 쌍방향 CATV에 사용된다.

⑥ **파이롯드 신호발생기(Pilot Signal Generator)**

CATV 시스템에 동축케이블을 사용하는 경우 주변 온도에 의한 전송손실이 발생하여) 전송거리가 길어지면 가입자 단말 레벨을 규정치 이상 얻기가 어려우므로 이를 보상해 주어야 한다.

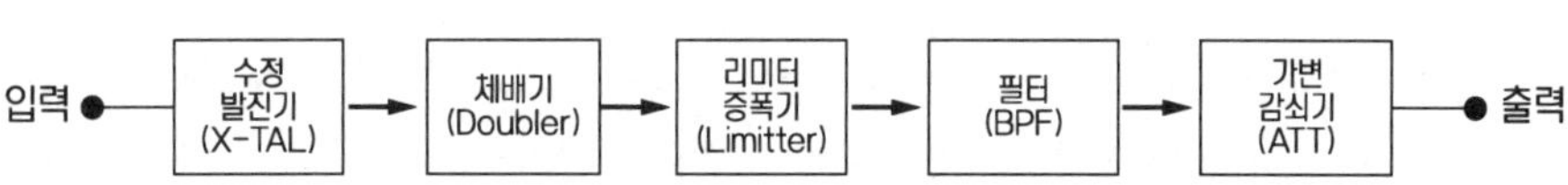

[그림4-9] 파이롯트 신호발생기 구성도

(3) 광전송장치

광 전송장치는 종합유선방송 전송망 공급시 HEADEND에서부터 옥외용 광송수신기(OUT)까지 AM 변조된 NTSC영상 및 음성신호와 데이터를 아날로그방식으로 광 · 동축혼용망(HFC)에 전송하는 기기이다.

[그림4-10] 광전송장치 실체도

① **Analog 광전송방식**

Analog 광전송방식 중계전송시에 잡음이 누적되고, 장거리 전송이나 다단중계 전송시에는 전송특성의 저하를 고려할 필요가 있다. 실제에는 회로구성이 간단하여 경제적이므로 중 · 단거리 전송용으로 사용된다.

ⓐ AM 광전송장치

D-IM(Direct Intensity Modulation)방식은 광휘도를 아날로그 영상신호로 직접 변조한다. 회로구성은 간단하나, 발광 · 수광소자의 비직선 왜곡과 수광레벨 저하에 의한 잡음의 영향을 받기 쉽다.

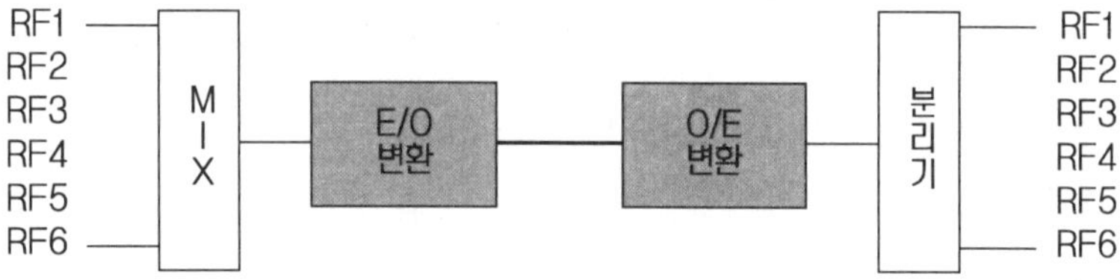

[그림4-11] AM 광전송장치

ⓑ FM 광전송방식

PFM-IM(Pulse Frequence Intensity Modulation)방식은 원래의 영상신호를 펄스 주파수 변조(PFM 변조)하여, PFM신호로부터 광휘도 변조하기 때문에, 발광 · 수광소자의 비직선 왜곡의 영향을 완화할 수가 있어 전송거리의 연장이 가능하다.

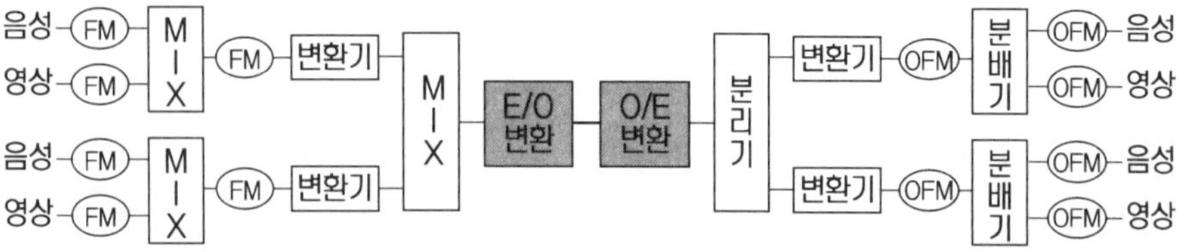

[그림4-12] FM 광전송방식

② **Digital 광전송방식**

PCM-IM(Pulse Code Intensity Modulation)방식이라 한다. 광휘도를 PCM화 한 신호로 변조한다. PCM-IM은 중계에 의한 성능 저하가 없고 싱글모드 광케이블을 사용할 경우 약 40Km 이상 무중계 전송이 가능하다. 그러므로 장거리, 고품질의 중계전송에 가장 적합한 전송방식이다.

또한 PCM-IM 방식은 대역 압축을 하지 않는 스트레이트 PCM방식과 대역 압축을 하는 DPCM 방식이 있다. 원래의 영상신호를 PCM할 때에 대역 압축을 하는 DPCM방식은 채널 다중화를 높게 할 수 있어 영상 1채널당 광케이블의 경비를 절감할 수 있으며 수백Km 이상의 장거리 중계회선에 적용하는 경우에 경제적인 잇점이 있다.

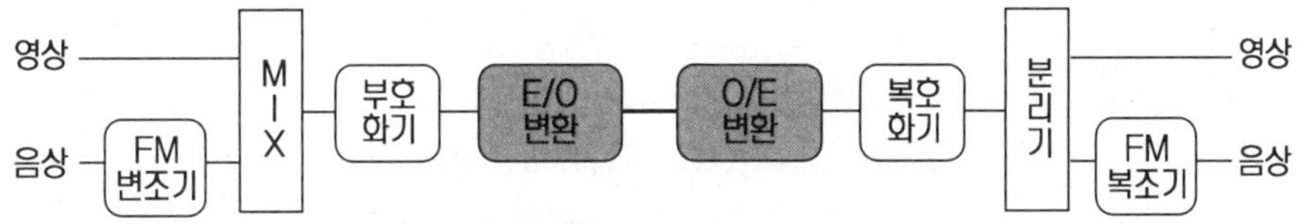

[그림4-13] PCM 원리에 의한 광전송장치

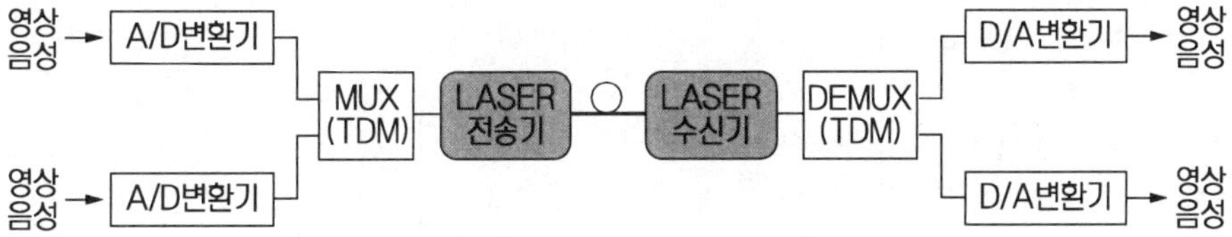

[그림4-14] TDM 원리에의한 광전송장치

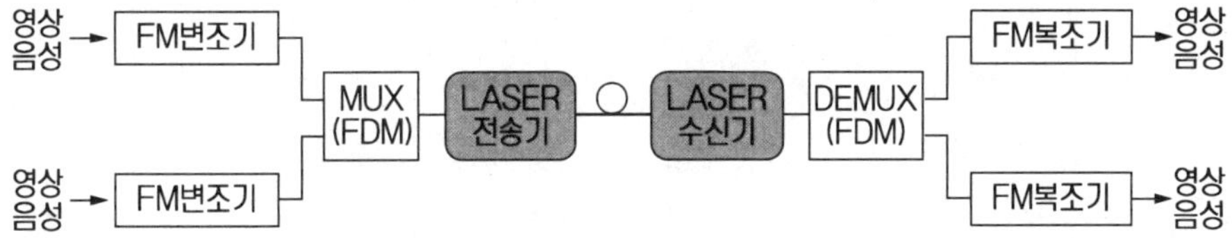

[그림4-15] FDM 원리에 의한 광전송장치

③ **파장분할 다중방식**

광케이블전송에는 전기신호 단계에서 주파수분할다중(FDM), 시분할다중(TDM)방법과 광파이버 심선수를 증가하는 공간분할방식을 이용할 수 있으나 이것 외에도 파장분할다중방식이 있다.

파장분할방식은 서로 다른 파장의 광신호를 광합파기로 결합하여 1개 심선의 광파이버로 다채널 전송하는 방식이다.

따라서 광파이버의 이용 효율을 높일 수가 있으며 또한 각 파장에 따라 전송방향을 바꿀 수 있어 1가닥 파이버로 쌍방향 전송로를 구성할 수 있다.

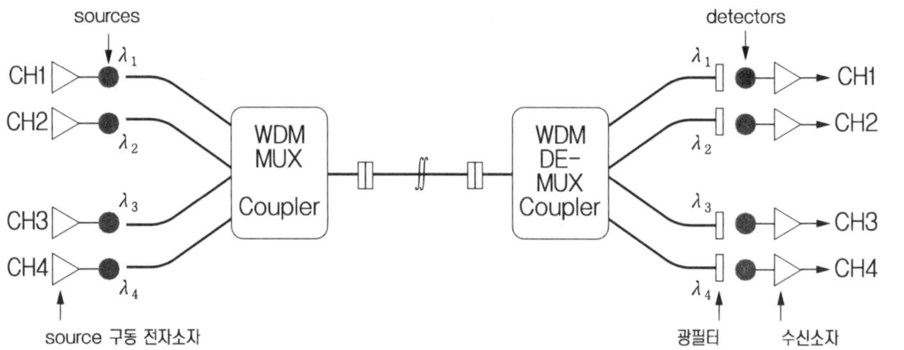

[그림4-16] WDM 다중분할에 의한 광전송장치

④ 장단점

구분	장 점	단 점	신호품질요소	주사용
AM 방식	-Low Cost -Wide Bandwidth(다채널 수용) -Demodulator불필요(동축Net와 직접 연결) -동축 Backbone에 사용할 때 신호 품질 개선 -Outside Plant용으로 사용 가능	-CN비가 낮다.(수용채널 따라 변동) -원거리 전송이 어렵다. -AGC기능이 필요하다. -외부설치시 급전과 방수 문제가 뒤따른다.	-레벨의 변동 -S/N비 -C/N비 -IMD	-다채널 근거리 Site Network -동축Net의 Backbone Network
FM 방식	-S/N비가 우수하다(고품질의 화상전송) -원거리전송이 가능 -AGC기능 불요 -방향성결합기에 의해 이중 Sub-site운영 가능 -부가서비스의 추가운영이 쉽다.	-Expensive Cost -Sub-site Demodulator가 반드시 필요 -다채널 전송이 어렵다.채널의 점유주파수 대역폭이 크다.(30MHz) -AFC 기능이 필요하다.	-주파수 대역폭 -S/N비 -C/N비 -Optical Power level	-Main Center와 Sub-site간의 Super Trunk line -원거리 site간 중계방송

디지털 방식	-S/N비가 우수하다 -펄스검지방식에 의한 High Qualty Signal재생 -무중계 원거리 전송이 가능 -DS-3종속신호에 의한 공중통신망과 호환 -Digital M/W와 연동사용가능 -중계기를 사용 Super long distance구성	-Very Expensive -다채널 전송이 어렵다.(압축기술로 해소) -전송로 이용효율이 작다.(코아점유율) -Multi-Point구성이 어렵다.(Point to Point) -부가서비스 기능 추가 운영시 별도의 라인 구성이 필요하다.	-S/N비 -Bit Error율 -다중화 기술 -양자화 잡음 -표본화 잡음 -Optical Power level	-방송중계용 -CATV Super Trunk line

(4) 옥외용 광 송-수신기[OPTICAL NODE UNIT (ONU)]

본 전송 장치는 하향 광 송수신기로부터 전송되어진 광 신호를 입력으로 받아 RF신호로 변환한 후 일정의 이득을 갖는 RF 증폭기 모듈을 통해 동축전송장치 구간에 필요한 신호를 공급하며 반대로 가입자용 컨버터로부터 송신되는 상향 RF 데이터 신호를 받아 광신호로 변환하여 상향 광 수신기 측으로 공급하는 장치이다.

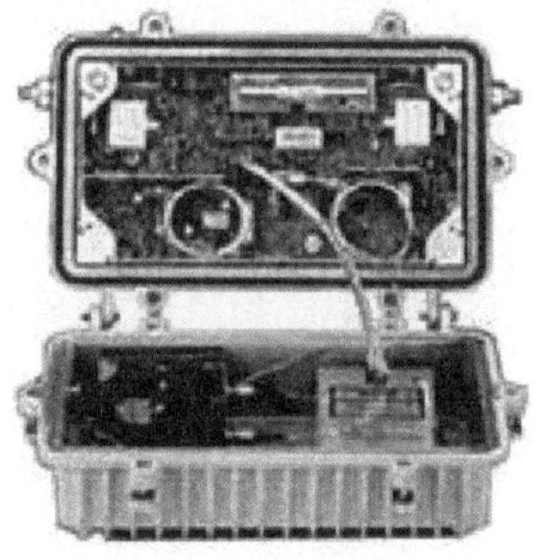

[그림4-17] 옥외용 광 송-수신기

(5) 증폭기류(Amplifiers)

① 증폭기의 종류

CATV에 사용되는 증폭기는 헤드엔드 출력에서 보안기까지의 간선, 분기선에 사용되는 케이블 감쇠량 및 분배기 손실을 보상하고 필요한 레벨을 유지하는데 사용된다. 이 증폭기의 종류는 간선증폭기(TA), 간선분기증폭기(TBA), 분기증폭기(BA), 분배증폭기(DA), 연장증폭기(EA)로 구분할 수 있다.

구 분	기 능
간선증폭기 (Trunk Amplifier)	간선에 사용되는 증폭기로서 선로의 신호 손실을 보상하며 온도특성에 의한 신호레벨 변동을 보상하기 위해 AGC가 사용된다. 이득은 최고 주파수에서 20~25dB 정도이고 출력레벨은 90~100dB 정도임
간선분기증폭기 (Trunk Bridge Amplifier)	간선에서 사용되는 증폭기로서 2개 이상을 균등하게 분배하는데 사용된다.
분기증폭기 (Bridge Amplifier)	간선을 2개 이상의 지선으로 균등하게 분배하며 선로 신호손실을 보상하며 출력레벨은 100~110dB, 이득은 20~30dB정도임(한전에서는 사용하지 않음)
분배증폭기 (Distribution Amplifier)	일반적으로 간선 또는 분기선 종단에서 신호를 2분배이상 균등분할하여 사용되는 증폭기로서 분기증폭 보다는 슬로프 특성이 필요하며 출력레벨, 이득은 제조회사에 따라 약간씩 다르나 분기증폭기와 유사하다.(한전에서는 사용하지 않음)
연장증폭기 (Line Extender Amplifier)	분배 또는 분기증폭기에서 제공된 출력신호를 수신단말까지 전송하려고할 때 미약한 신호를 증폭해주기 위해 사용되는 증폭기로서 간선증폭기 보다 증폭도가 높고 신호왜곡과 잡음현상이 심한 특성을 갖는다.

② 증폭기의 특성

ⓐ 증폭기를 사용하는 목적은 케이블 특성이 갖는 $\sqrt{f}$ 특성에 비례하는 전송손실을 보상(Hybrid IC에 의한 증폭)하고 온도특성이 변화할 경우 신호레벨 변동을 보상하기 위해서 사용된다. 증폭기 내부에 절체가 가능한 등화(Equalizer)회로, 감쇠(Attenuator)회로, AGC 회로 등이 있다.

ⓑ 등화기(Equalizer)

등화기는 전송로에서 광대역 주파수에 의해 장거리 전송시 감쇠된 신호를 등화하는데 사용되며 증폭기의 입력단 또는 Interstage에 설치된다.

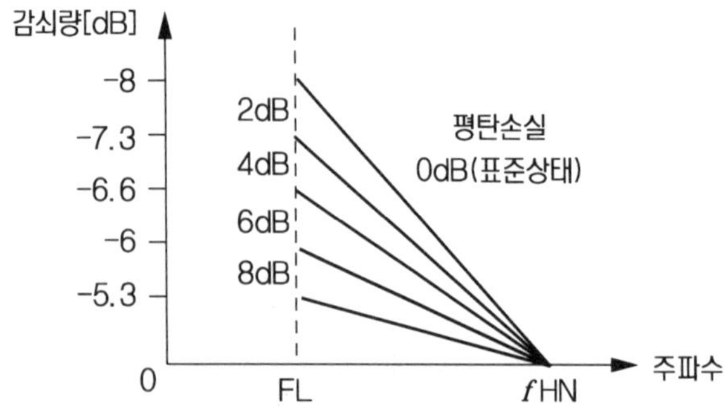

[그림4-18] 등화기 감쇠특성

ⓒ 감쇠기(Attenuator)

감쇠기는 신호를 평탄하게 감쇠시키는데 사용하며 감쇠특성은 그림과 같다.

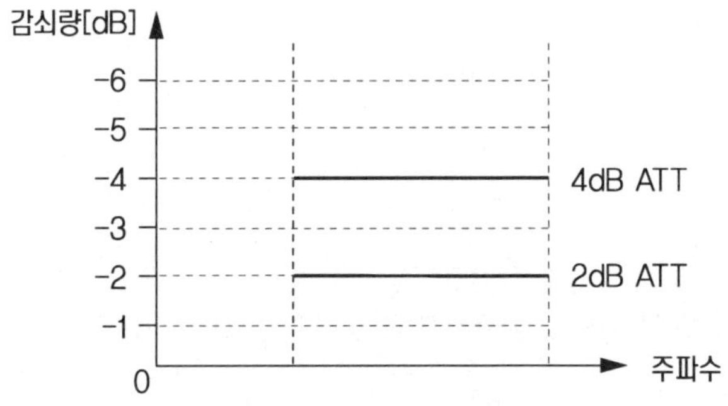

[그림4-19] 감쇠기 특성

ⓓ 자동 이득제어(AGC : Automatic Gain Control)

레벨변동을 자동적으로 제어하여 일정한 출력레벨을 얻기 위해서 자동이득 제어 회로이다.

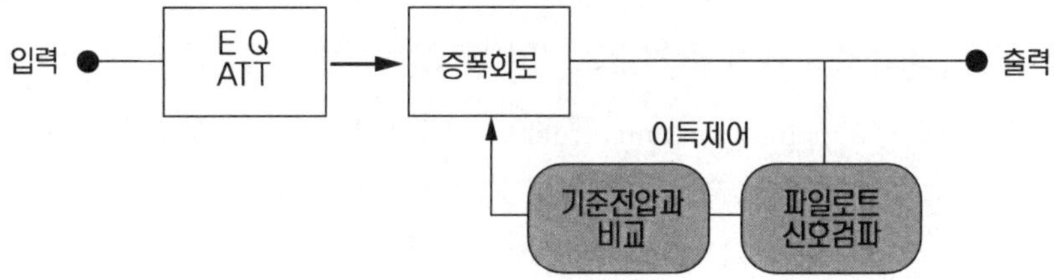

[그림4-20] AGC 기본 구성도

ⓔ 증폭기 잡음

- CN비(Carrier to Noise Ratio)

고주파에서 반송신호와 잡음비를 CN비(Carrier to Noise Ratio : 반송파대 잡음비)라 하고 TV 수신기 복조출력에서 영상신호와 잡음비를 S/N비(Signal to Noise Ratio : 신호대 잡음비)라고 하며 SN비와 CN비 관계는 6dB정도 SN비가 낮다.

- 잡음지수(Noise Figure)

TV 화면에 나타나는 노이즈는 회로에서 발생하는 불규칙한 잡음에 의해서 발생되는데 랜덤잡음(Random Noise)이라고도 한다. 랜덤잡음은 열(Thermal)잡음과 산탄(Short)잡음이 있다.

$$잡음지수(NF) = \frac{Ci / Ni}{Co / No}$$

Ci : 입력측 신호반송파전력
Ni : 입출측 랜덤잡음 전력
Co : 출력측 신호반송파전력
No : 출력측 랜덤잡음
Ro : 입 · 출력 임피던스 로 표시된다.

ⓕ 증폭기에서 발생하는 신호왜곡(Harmonic Distortion)

- 상호변조(IM : Inter Modulation)

실제로 CATV 시스템에서는 전송채널수가 수십 채널이 사용되므로 6㎒ 간격으로 주파수가 배열되므로 2, 3차 고조파성분수가 많이 발생하며 상호 변조에 의한 영상화질에 장애를 준다.

(1) CTB(Composite Trible Beat) : 3차 상호 변조왜곡으로부터 발생하는 3개 채널 반송파의 결합으로 3차 비트에서 전송레벨의 영향은 신호레벨 제곱에 비례하고 방해파 갯수는 전송채널의 제곱에 비례하여 증가한다.

(2) CSO(Composite Second order) : 2차 비트는 2개 채널의 영상 반송파가 2차 상호 변조왜곡과 결합하여 제 3채널 반송파 근처에 나타나서 단일 주파수의 방해가 되는 것을 말한다.

- 혼변조(XM : Cross Modulation)

A채널과 B채널을 동시 증폭할 경우에 다른 신호내용이 겹치게 되는 현상을 혼변조라고 하며 TV화면에서 혼변조가 있을 경우는 윈도우 와이퍼(Window Wiper)현상이 나타난다.

- 칼라 920㎑비트(Color Beat)

칼라 TV가 전파수신시에 비직선 왜곡이 있으면 화면에 음성반송파와 색부반송파(Color Subcarrier)의 차이(920㎑)에 의해 비트방해(Beat Disturbance)가 발생한다. 일종의 상호변조이다.

- 험변조(HUM Modulation)

험변조는 증폭기의 비직선성에 의해서 발생하는 잡음이다.

(6) 전력 삽입기(POWER INSERTER)

전원 공급기에서 공급되는 AC 전압을 동축 선로 상에 공급하기 위해 사용되는 기기로서 선로 상에 임피던스 변화 없이 공급하는 기기이다.

[그림4-21] 전력삽입기

(7) 수동 소자류(Passive Elements)

CATV 시스템에서 사용하는 수동소자는 광전송용과 동축전송용으로 나눌 수 있다.

① **분배기(SP : Splitter)**

종합유선방송 및 공시청시스템에 있어 복수 이상의 신호분배계통에 대하여 임피던스 변화없이 신호를 분배하는 기기이다.

[그림4-22] 분배기

② **분기기(TO : Tap-Off)**

CATV 구내용 분기기로서 전송 신호를 필요한 곳에 임피던스 변화 없이 신호를 균등하게 분기하는 수동소자로서 전송로의 신호 레벨 및 분기 수에 따라 TAP VALUE를 선택하여 사용한다.

[그림4-23] 분기기

③ **방향성결합기(DC : Directional Coupler)**

종합유선방송 및 공시청시스템에 있어 복수 이상의 신호분배계통에 대하여 임피던스 변화없이 간선신호를 분기하는 기기이다.

[그림4-24] 방향성 결합기

④ **직렬유니트(Outlet)**

기능적으로 분배기와 분기기를 혼합시킨 형식으로써 콘센트와 같이 벽에 매입하여 사용하며 중간 분기용과 단말분기용이 있다.

(8) 전원옥외용 수동소자

구 분	기 능
분기기(TO : Tap Off)	가입자에게 신호를 분기하기 위하여 사용되며 2, 4, 8분기(PORT)가 있으며 손실은 3.5~12dB정도이다.
분배기(SP : Splitter)	하이브리드 트랜스를 이용하여 입력신호를 2개 이상 분배하기 위해서 사용되며 2,3,4,8분배(Way)가 사용된다.
방향성 결합기 (DC : Directional Coupler)	신호를 간선에서 지선으로 나눌 때 사용됨.
전력 삽입기 (PI : Power Inserter)	선로에서 사용되는 능동소자에 전원을 공급해 주기 위해 사용되는 전력공급기와 CATV 전송로간의 접속에 사용
상향 필터(Filter)	희망하는 주파수의 전파만을 통과시킬 때 사용한다.

보안기	낙뇌나 누전으로부터 시설이나 가입자를 보호하기 위해서 사용함.
정합기	임피던스가 다른 전송케이블과의 접속을 위해서 사용됨.

① 분기, 분배기의 손실

분기, 분배기의 입력신호에 대해서 출력신호는 손실이 존재한다.

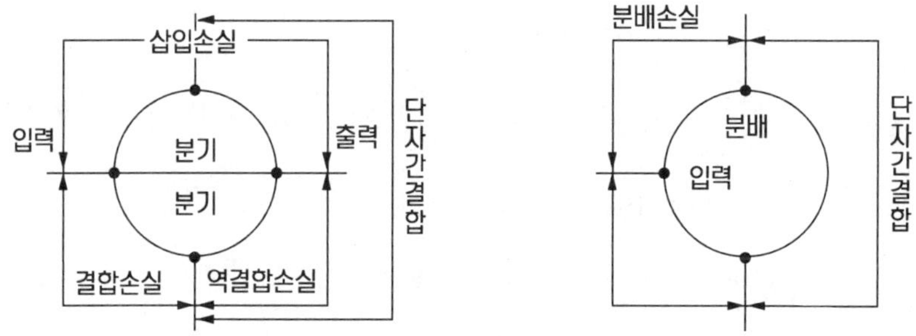

[그림4-25] 분기, 분배기 손실

손 실	정 의
분배손실	입력단자에 신호를 가했을 때 그 입력레벨과 분배단자에 나오는 출력레벨과의 차
결합손실 (분기손실)	입력단자가 신호를 가했을 때 그 입력레벨와 분기단자가 나오는 출력레벨과의 차
역결합손실	분기단자에 신호를 가했을 때 그 입력레벨과 간선의 출력단자에서 나오는 출력레벨과의 차
단자간결합	분배 혹은 분기단자가 2개 이상 있는 것으로 그중 하나의 단자에 신호를 가했을 때 그 입력 레벨과 다른 하나의 단자에서 나오는 출력레벨과의 차
삽입손실	입력단자에 신호를 가했을 때 그 입력레벨과 출력단자에서 나오는 레벨과의 차

② 분배기 손실

2분배기의 이론적인 손실은 다음과 같다.

$$10log\frac{1}{2} = 10(log1 - log2) = 10(0\text{-}log2) = 10log2 = -3.01[\text{dB}]$$

이 경우 입력과 출력의 전압변환을 계산해보면 다음과 같이 이루어 진다. 입력전력은 P_1, 출력전력을 P_2라고 하고 각각의 전압을 V_1, V_2라면

$P_1 = \frac{V_1^2}{75}, P_2 = \frac{V_2^2}{75}$ 가 된다.

2분배 경우 $P_2 = 1/2P_1$ 되므로

$$\frac{V_2^2}{75} = \frac{1}{2} \cdot \frac{V_1^2}{75}$$ 가 된다.

$$\therefore\ V_2^2 = \frac{1}{2} \cdot V_1^2$$

$$V_2 = \sqrt{\frac{1}{2} \cdot V_1^2} = \fallingdotseq 0.707V_1$$

즉, 이 V_1볼트 인가되면 V_2는 0.707볼트가 된다. 이를 데시벨로 환산하면

$$20log\ \frac{0.707}{1} = -3.01[dB]$$

일반적으로 3분배기의 이론적 손실은 분배손실을 D(dB)라면 다음과 같이 주어진다.

$$D = -10log\frac{1}{n} = 10log\ n[dB]$$

따라서 4분배기는 6.02dB, 8분배기는 9.03dB가 된다.

③ 분기기 손실

분기기는 전송선로의 도중에 입력 신호를 일부 분기하는 기기로서 결합손실과 삽입손실 관계를 수식으로 표시하면 다음과 같다.

분기하는 전력은 1/10라면, 결합손실은

$$10log\frac{1}{10} = 10(log1 - log10) = 10(0 - 1) = -10[dB]$$

삽입손실은

$$10log(1 - \frac{1}{10}) = 10log\frac{9}{10} = 10(log9 - log10) \fallingdotseq 10(0.95 - 1) = -0.457[dB]$$

결합손실 C(dB), 삽입손실 I(dB)일때의 1/10전력을 분기할 경우

$$C = 10log\frac{1}{10} = -10[dB]$$

$$I = 10log(1 - \frac{1}{10}) \fallingdotseq 0.457[dB]$$ 가 된다.

결합계수 X와 분기수 n과의 관계는 $X = C/N$가 된다.

예를 들면 결합손실 10[dB]의 4분기 경우, 이론적인 삽입손실을 계산해 보면 다음과 같다.

$$I = 10log(1 - \frac{N}{C}) = 10log(1 - \frac{4}{10}) = 10log(\frac{6}{10})$$

$$= 10(\log 6 - \log 10)$$

$$= 10(0.78 - 1) = -2.2[dB]$$

이 계산보다는 실제 제품은 열손실을 고려해야 한다. 즉, 10[dB]의 4분기 결합손실은 카타로그에 3.5~4[dB]로 표시되어 있다.

(9) 동축 콘넥터 및 어댑터

품 명	규 격	기 능
FT형 콘넥터 (PIN TYPE 콘넥터)	FT-12C-HFA FT-17C-HFA	동축케이블과 기기와 접속
FT 접속형 콘넥터 (SPLICE 콘넥터)	FT-SA-12C-HFA FT-SA-17C-HFA	케이블과 케이블 연결용 (PIN용)
F CLIMP형 콘넥터	F-CRIMP-5C	인입선 단말 처리용
FT 핀형 접속용 아답터 (FEMALE SPLICER 아답터)	FT-SA-JJ	케이블과 케이블 연결용 (JACK용)

(10) 광전송용 수동소자

CATV에서 사용되는 AM광장치는 그 신호의 특성상 입력이 Analog인 관계로 신호의 품질에 지대한 영향을 미치므로 광케이블의 접속손실이나 콘넥터 손실에 각별한 주의를 요한다. 따라서 콘넥터는 끝이 사선화된 APC Type을 주로 사용한다.

품 명	기 능
광분기기	H/E의 광신호를 가입자 인근의 광역 Cell에 거리에 따른 적정 신호를 공급하기 위해 수개의 광전송장치에 광신호를 분기해준다. 분기수는 다양하며 분기 Level은 광융착접속 기술에 의해 결정된다.
광 Jumper Cord	광케이블과 광전송장치의 Interface에 사용 ㅇ CATV 용으로는 FC/APC(PC), SC/APC(PC)가 주사용
광 Adapter	광콘넥터간의 Interface에 사용 ㅇ CATV 용으로는 FC/APC(PC), SC/APC(PC)가 주사용
광 접속함체(OFD)	광케이블 연결

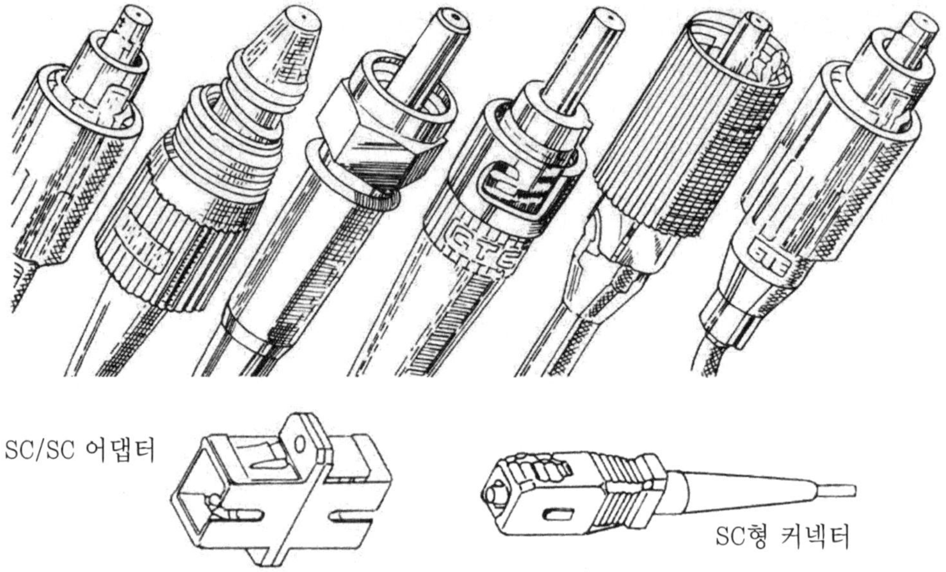

[그림4-26] 광 콘넥터 및 어댑터

(11) 단말장치

① 구성

보안기, 구내선, 컨버터, 홈터미널, TV수상기, 컴퓨터 등

방송국사업자의 사업 영역으로 가입자의 가입 요청시 전송계의 인입선과 함께 시설되어 시청이 가능토록 하는 설비 영역이다.

구 분	기 본 기 능
컨 버 터 (Converter)	○ 도청방지를 위한 스크램블(비화)과 디스크램블(해독) 기능 ○ 채널 변환기능, 기타 원격 제어기능
홈터미널 (Set Top Box)	○ 쌍방향 어드레서블 컨버터 기능 외에 방범, 방재, 홈쇼핑, Internet, 시내전화 등 부가통신 서비스 인터페이스 기능
부가장치	○ 낙뢰 및 과전압 보호를 위한 보안기능 ○ 동축케이블과 TV 수상기 임피던스 정합 기능
구내 선로설비	○ 아파트, 공동주택 등의 다가구 주택에 다수 수용가가 CATV를 시청할 수 있도록 공급해 주는 설비로 구내용의 능동, 수동소자로 구성된다.

② **주파수 변환기(CHANNEL CONVERTER)**

해드앤드 시스템에 설치되어 ANT 및 동축 전송로에서 유입되는 VHF, UHF 대역의 채널을 임의의 채널 주파수로 변환하는 기기이다.

[그림4-27] CHANNEL CONVERTER

③ **컨버터(Converter)**

TV 채널 및 CATV 신호를 Audio/Video 신호로 변환하는 컨버터로 HEADEND로부터 원격제어(양방향FSK통신)에 의하여 Volume Control 기능, Power On/Off 기능 및 채널가변기능을 수행한다.

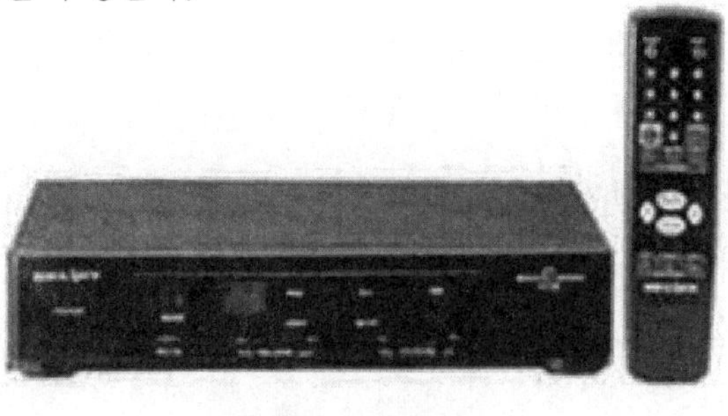

[그림4-28] 컨버터

4.2.4 디지털 CATV 시스템

1) 디지털 CATV의 개요

디지털 CATV방송은 영상정보, 음성정보 그리고 데이터가 디지털의 형태로 디지털 전송방송에 의해 유선매체를 통하여 전송하는 것을 말한다.

디지털 CATV 방송은 화질과 음질의 획기적인 향상을 가져와 방송서비스의 고품질화를 가능하게 할 뿐만 아니라 디지털 방송은 압축 기술의 발달로 동일 주파수 대역에서 아날로그 방식 보다 다수의 채널 공급이 가능해져 시청자들의 선택의 폭을 획기적으로 늘려 줄 수 있다. 아울러 영상, 음성, 문자, 그래픽 등의 다양한 정보 형태와 TV 수상기, 컴퓨터 등 다양한 구현 매체를 통합한 멀티미디어 방송이 가능하다.

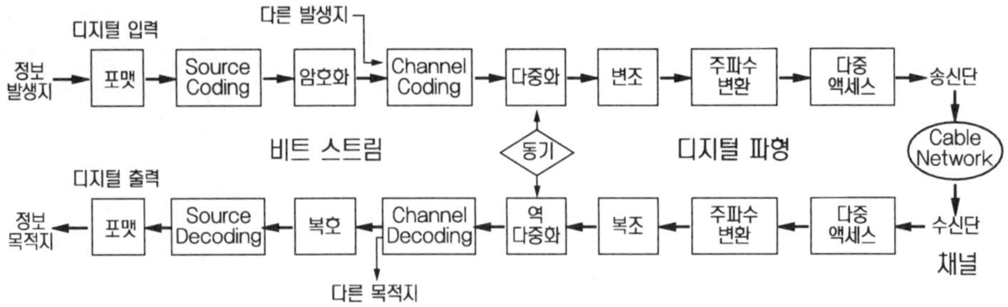

[그림4-29] 디지털 CATV 개요도

2) 디지털 CATV 의 장점

① 아날로그 방송에 비해 잡음에 강하므로 고품질 방송이 가능하고 다양한 오류 정정 부호 기술로 수신품질을 거의 완벽하게 유지 할 수 있다.

② 주파수의 효율적인 사용으로 수 백개의 다 채널화가 가능하다.

이는 표준 NTSC TV 신호를 디지털화하여 전송하려면 정보량이 114[Mbps]에 달하여 적절한 에러 보정을 고려하지 않더라도 57[MHz]이상의 대역폭이 소요된다.

이것은 현재 NTSC 1개 채널 이 6[MHz]인것을 생각하면 거의 10배에 달하는 대역을 차지하게 된다. 그러나 디지털 압축 기술의 발달로 디지털 전송이 가능하게 되었으며 15~40배 이상으로 압축을 할 경우 6[MHz] 1개 채널 당 4개에서 최대 10개까지 방송서비스가 가능하여 주파수를 효율적으로 이용할 수 있다.

③ 쌍방향성으로 방송과 초고속 인터넷 등의 통신과 융합이 가능하며 시청자가 방송에 참여할 수 있고 홈쇼핑, 홈뱅킹, 주문형 비디오(VOD), VoIP,여론조사 등 다양한 부가 서비스가 가능하다.

④ 다양한 신호처리 및 고 신뢰도, 반도체 집적기술의 발달로 소형화, 저가격화가 용이하게 실현될 수 있으며 소프트웨어의 변경으로 다양한 기능을 Upgrade 할 수 있다.

3) 디지털 CATV 변조방식(QAM, 16VSB)

① **QAM(Quad rature Ampude Modulation)변조**

QAM 방식은 디지털 변조방식의 하나로 직교진폭 변조방식 혹은 진폭위상 변조 방식이라 부른다.

이방식은 전송할 디지털 데이터 신호에 다라 진폭과 위상을 변화시키는 방식으로 한정된 전송대역 안에서 보다 고능률의 데이터를 전송하기에 적합하다.

64QAM(64state)의 디지털 주파수 변조기술은 주로 동축 케이블망에서 하향 데이터 전송에 상용한다. 64QAM은 매우 효율적이며 ,단일 6[MHz]채널상에서 최고 28[Mbps]전송률까지 지원한다.

4) 방송 표준으로서 미국의 Open Cable 방식

구분	미국	유럽	일본
방식명	Open Cable	DVB-C	ISDB-C
비디오 형식	MPEG-2 MP@ML/HL		
오디오 형식	Dolby AC-3	MPEG-2	
다중화	MPEG-2 SYSTEM		
변조 방식	16VSB / 64, 256 QAM	64 or 256QAM	

4.3 인터넷방송

4.3.1 인터넷 방송의 개요

인터넷 방송은 인터넷 환경을 통해서 멀티미디어 콘텐트를 실시간으로 제공해주는 새로운 방식의 미디어이다. 인터넷 방송은 Internet과 Broadcast의 합성어Internet-Cast 혹은 Web과Broadcast의 합성어인 Webcast라고 하기도 합니다.

인터넷 방송은 인터넷상에서 구현되는 여러 가지 매체 중에서 가장 고도화되고 기술집약이 절정을 이룬 차세대 미디어로 [그림4-30]은 인터넷방송 시스템도이다.

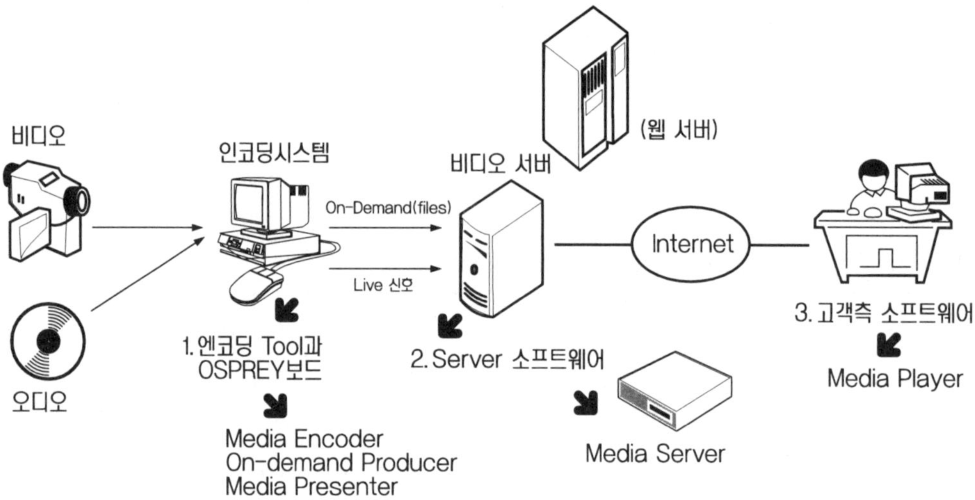

[그림4-30] 인터넷방송 개념도

1) 인터넷 방송의 방식

인터넷방송은 인터넷방송을 구현하는 방식에 따라서 다음의 몇 가지 방식으로 구분해 볼 수 있습니다. 인터넷 방송에 있어서 사용되는 방법으로는 크게 Live Streaming과 On-Demand방식 그리고 Push와 Intercat방식이 있습니다.

(1) Live Streaming 방식

Live Streaming방식은 인터넷상에서 실제 공연되는 세미너, 콘서트, 연극, 스포츠, 전시회 등을 직접 현장에서 촬영해서 Encoding을 거쳐 서버로 전달된 후 사용자들이 인터넷으로 실황을 볼 수 있도록 제공해 주는 서비스입니다.

(2) On-Demand 방식

Live 방식이 기존의 방송에서 인터넷을 이용한다는 차이이지만 On-Demand 방식은 인터넷 방송이 기존 방송과의 차별성과 특화를 가질 수 있는 가장 큰 이유 입니다. On Demand는 쌍방향 커뮤니케이션을 이용할 수 있는 멀티미디어 서비스가 가능합니다.

일반적으로 VOD(Video On Demand)라고 합니다. 기존의 방송이 방송국 중심의 시청자들은 일방적으로 받는 수동형태라면 On-Demand 인터넷 방송은 네티즌 중심의 주문형, 쌍 방향성으로 서비스가 됩니다. 즉 일방적으로 뿌려지는 전파가 아니라 자신이 보고 싶은 내용을 골라보고 싶은 시간대에 볼 수 있다는 것이 바로 VOD의 최대 매력이다.

VOD를 가능하게 하는 것은 바로 디지털입니다. 0과 1로 변환되어 디지털화된 동영상은 인터넷 방송용 파일로 서버에 보관되어 있다가 사용자의 요구에 따라 서버에서 클라이언트에게 실시간 스트리밍 됩니다. 따라서 사용자는 언제 어디서든지 자신의 요구에 따라 프로그램을 선택하여 시청할 수 있습니다.

① Pay-Per-View (PPV)

이 방식은 스크램블(암호화)처리한 컨텐트를 지정된 시간에 전송하며 컨텐트를 구입을 한 시청자에 한하여 예정된 시간에 시청할 수 있도록 해 주는 서비스입니다.

② Enhanced PPV 또는 Near Video-on-Demand(N-VoD)

스크램블 처리된 동일 한 내용의 컨텐트를 일정한 간격을 두고 여러 번 전송하는 방법으로 사용자는 컨텐트를 시청을 위해 가장 편리한 시간을 선택하여 시청할 수 있도록 해주는 서비스입니다. 또한 이 서비스는 사용자가 사용자 프로그램에서 컨텐트 시청 도중에 일시 정지하거나 재 시청이 할 수 있도록 해 주는 서비스입니다.

③ True Video-on-Demand(VOD)

사용자가 선택한 컨텐트를 사용자가 원하는 시간에 전송하는 서비스입니다. 이 서비스를 제공하기 위해서 일반적으로 컨텐트 서버 또는 디지털 서버가 사용자가 원하는 컨텐트들을 서버에 저장하고 있다가 사용자 요구에 의해서 컨텐트를 사용자 프로그램에 제공해 주므로 사용자 프로그램에서는 디지털화된 컨텐트를 재생할 수 있도록 해 줍니다. 이 서비스에서 사용자는 컨텐트에 대한 시작, 정지, 되감기, 고속전진 등의 기능을 수행할 수 있습니다

④ Enhanced Video-on-Demand (VOD)

True VOD 서비스에서 특별 사용자 프로그램이 서버에서 제공되는 컨텐트를 자체적으로 자동 녹화 시켜서 사용자가 편리한 시기에 컨텐트를 시청할 수 있도록 해 주는 서비스입니다. 이를 위해서 사용자는 특별한 사용자 프로그램이 필요하며 선택한 컨텐트에 따라서 사용료를 차등 지불할 수 있도록 해 줍니다. 마치 주문형 비디오 대여점과 같은 방식입니다.

(3) 푸시(Push) 서비스

Push 서비스는 말 그대로 인터넷서버 혹은 중앙컴퓨터에서 사용자의 컴퓨터로 원하는 정보를 제공하는 방식입니다. 정보를 제공하는 방식이 마치 서버에서 사용자에서 밀어주내는 것 같은 방식으로 제공해 주므로 밀어낸다라는 의미의 Push라는 단어을 이용하여 푸시기술 (Push Technology)이라고도 합니다.

이러한 기술이 필요한 이유는 인터넷을 사용하는 이유 중에서 가장 중요한 것이 검색입니다. 즉 각종의 인터넷 사이트들을 사용자들이 찾아가서 필요한 정보들을 찾는 것입니다. 그러나 이러한 검색은 매우 시간과 노력이 필요합니다. 그래서 나타난 개념이 푸시 기술입니다.

사용자가 원하는 정보를 찾아내서 서버에서 사용자에게 정보를 직접 제공하는 것이 바로 Push 기술입니다. 이러한 서비스는 서버쪽에서 뉴스, 스포츠, 증권, 날씨, 광고, 게임, 연예, 오락, 음악, 경제 등 다양한 사용자 선택메뉴를 만들어 놓고 사용자들이 이중에서 원하는 메뉴들을 선택하게 한 후 일정한 간격을 두고 각 메뉴별로 사용자 컴퓨터의 저장자료와 서버컴퓨터의 저장 자료를 비교하여 사용자가 컴퓨터에 없는 최신의 자료들을 서버에서 사용자쪽으로 전송해 주는 서비스 방식입니다.

사용자 환경이 인터넷에 온라인상태인 경우 지정한 시간 간격에 맞추어 서버에서 사용자쪽으로 지속적으로 데이터를 전송해 주며 Off-line인 경우 사용자 프로그램 이 자동적으로 모뎀 등을 통해서 온라인화 하여 데이터를 받아 저장해 줄 수 있도록 지원해 주는 서비스입니다.

4.4 디지털 멀티미디어 방송시스템 (DMB:Digital Multimedia Broadcasting)

4.4.1 개요

디지털 멀티미디어 방송(DMB)은 음성 방송의 디지털화가 CD 수준의 고품질의 음성과 다양한 데이터 서비스, 양방향성 ,양호한 이동 수신품질 등을 제공할 수 있으며,

멀티미디어방송으로 라디오방송의 개념을 확장한 이동멀티미디어방송이라 할 수 있다. 이동 수신 뿐 만아니라 뉴스, 교통정보, 기상정보, 지리위치 정보, 음악가사, 콘서트일정, EPG 등 프로그램 관련 서비스(PAD),주식정보, 날씨, 교통정보, 내비게이션 서비스 등 독립된 정보(NPAD)서비스를 함께 제공할 수 있어 뛰어난 컨텐츠 확장성을 갖는다.

① **PAD** : Program Associated Data

② **NPAD** : Non Program Associated Data

1) 사용국별 DMB방송의 종류

① **DAB(Digital Audio Broadcation)** : 미국 ,유럽, 캐나다 등

② **DAR(Digital Audio Radio)**

③ **DRB(Digital Radio Broadcasting)**

④ **DSB(Digital Sound Broadcasting)**

⑤ **DMB(Digital Multimedia Broadcasting)** : 수신기는 PC카드형, 홈 오디오형,자동차형이 있으며 지상파DMB 와 위성DMB가 있으며 위성 DMB 는 고정형 서비스와 이동형 서비스로 구분한다.

2) 주파수대역

VHF(H) 대역을 사용하며, 한국은 CH8번과 12번을 이용하여 DMB방송을 상용화하고 있으며, 6㎒ 대역 1채널에 3개의 영상채널과 음성채널을 송출할 수 있다.

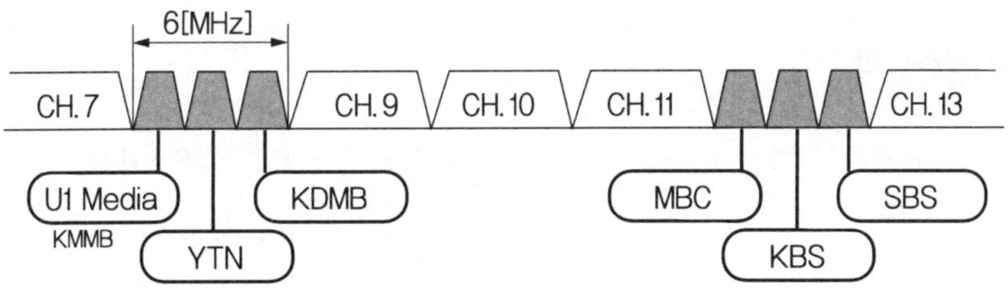

[그림4-31] DMB 주파수 스펙트럼도

3) DMB라디오

디지털라디오 표준방식은 크게 주파수 대역에 따라 Out-of-Band방식과 In-Band방식으로 대별된다. 유럽 및 일본의 Out-of-Band 방식은 기존 FM 대역 이외의 주파수를 사용하는 것이고 미국의 In-Band 방식은 기존 FM 대역을 사용하는 방식이다.

① **유럽** : 기술적으로 Eureka-147 방식을 채택

텔레비전방송용으로 사용하는 VHF 대역을 주로 사용하고 일부 L-Band를 사용하기도 하는 것으로 1개 밴드(1.536MHz)에 여러 개의 오디오 프로그램 및 데이터를 다중화하여 전송하는 것이 특징이다. 반면 미국의 IBOC 방식은 1개의 오디오 채널과 여분의 비트로 데이터 서비스를 제공하는 방식이다.

② **미국** : 디지털방식인 IBOC(In-Band-On-Channel)을 iBiquity를 중심

③ **우리나라** : MPEG-4 기술을 이용한 이동멀티미디어형 DMB

Eureka-147방식을 DMB 표준으로 채택

첫째, 국제표준방식으로서의 중요도, 시장확대 용이성, 방송프로그램 호환성 등 국제동향에 대한 평가이다. 둘째, 방송사의 설비투자 및 운용비용, 수신기 가격, 기기산업 등 관련산업의 파급효과, 기술료 등 경제적 분야에 대한 평가. 셋째, 다양한 서비스의 수용 가능성, 시스템 성능, 국내기숭의 축적도, 스펙트럼이용의 효율성, 기술의 완성도 등 기술적 분야에 대한 평가이다. 관련 기관의 합의를 통해 Eureka-147방식이 전분야에서 유리한 것으로 결론을 내렸다.

국내 방송주파수 분배현황을 살펴보면 TV방송에 총 354MHz(VHF 72MHz, UHF 282MHz) 대역폭을 분배하여 아날로그/디지털TV 동시방송에 이용하고 있으며, FM 아날로그 방송에 VHF대역 총 20MHz 대역폭을 분배하여 이용하고 있다.

4) DMB 방송규격

한국 표준규격은 TTAS. KO 07.0024이며, 국제표준은 ETSI TS 101428이다.

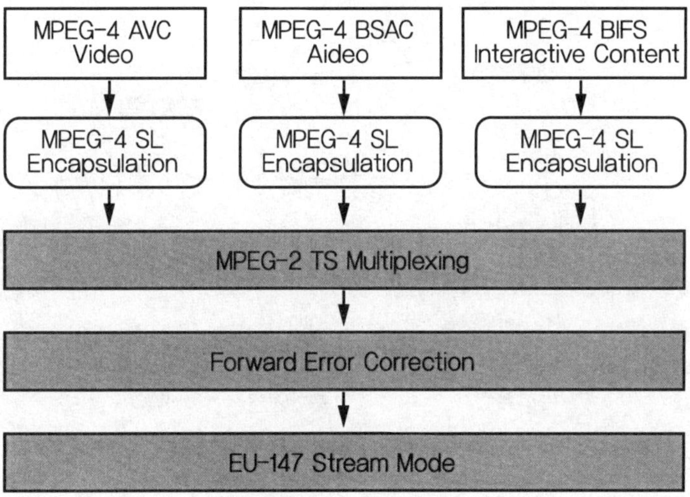

[그림4-32] DMB 방송규격

5) 위성DMB

위성 DMB는 변조 방식으로 CDM 기술을 사용하고 있으며, 64비트 Walsh code를 이용하고 있다. 현재 30개의 CDM 채널을 사용하여 CDM 채널당 256kbps의 data를 전송하므로, 25MHz 대역에 총 7.68Mbps의 페이로드 data 전송이 가능하다. 비디오 data의 경우 2개의 CDM 채널을 이용하여 전송하며, 오디오 data의 경우 1개의 CDM 채널을 이용한다.

(1) 위성 DMB 시스템 구성

CDM 기반의 디지털 라디오 방송은 일본의 ARIB가 최초로 제안하였다. ITU-R 시스템 권고안 BO.1130에 명시된 디지털 시스템 E는 위성과 상호 보완적인 지상 중계기(on-channel repeater 또는 gap filler)를 통해서 이동, 휴대 및 고정 수신기에 멀티미디어 서비스를 효율적으로 제공하기 위해서 고안되었다. 이 시스템은 2,630~2,655MHz의 주파수 대역을 사용하며 위성 서비스와 지상파 중계기 서비스 성능을 최적화하도록 설계되었으며, RS 부호와 길쌈 부호(convolutional error correcting coding)를 사용하는 연접 부호(concatenated code)와 함께 QPSK 변조를 기반으로 한 DS-CDM 방식을 통해서 동작한다.

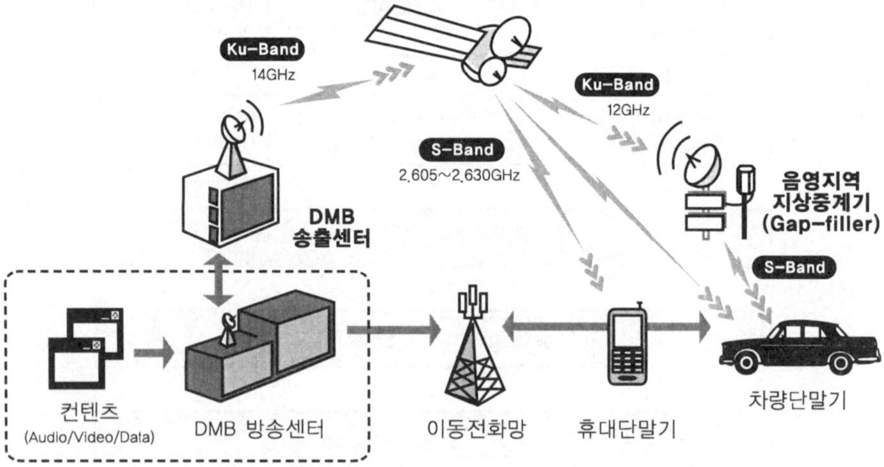

[그림4-33] 위성 DMB 시스템의 구성도

(2) 위성 DMB 전송 및 서비스 기술

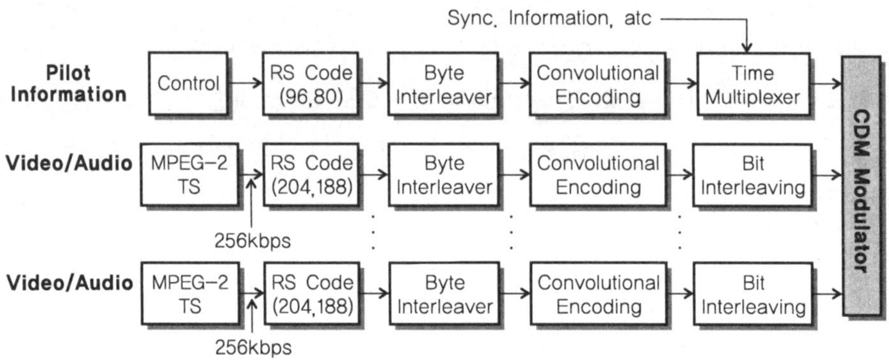

[그림4-34] 위성 DMB 송신기 블록도

(3) 파일럿 채널

전송되는 프레임과 슈퍼 프레임 동기, 파일럿 심벌 전송 및 수신기 제어 data 전송의 세 가지 기능을 위해 사용한다.

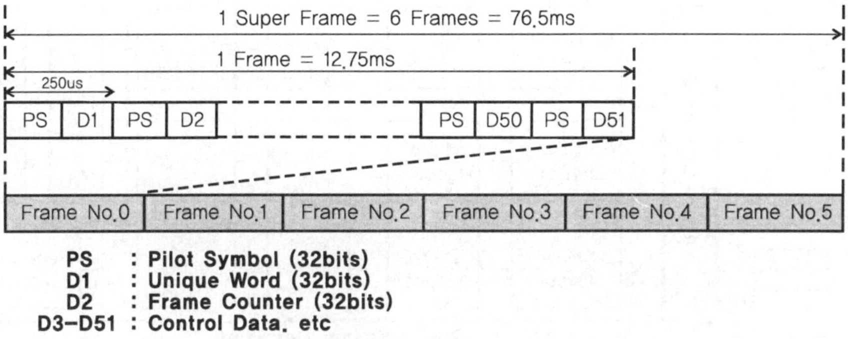

[그림4-35] 파일럿 채널 스팩트럼

(4) 지상 중계기

동일한 주파수 대역을 사용하여 단순히 신호를 증폭하는 Direct Amplifying Gap filler로, 이는 위성으로부터 신호를 직접 수신하여 증폭하고 이를 음영지역에 송신하는 역할을 한다. 수신과 송신 모두 2.630~2.655GHz의 주파수 대역을 사용하며, 실효 등방성 복사전력(EIRP, Effective Isotropic Radiated Power)가 1.7dBm이다. 서비스 가능 범위는 500m 이내의 가시 지역이다. 또한 지상 중계기는 송신과 수신 주파수 대역이 다른 주파수 변환 시키는 역할도 한다.

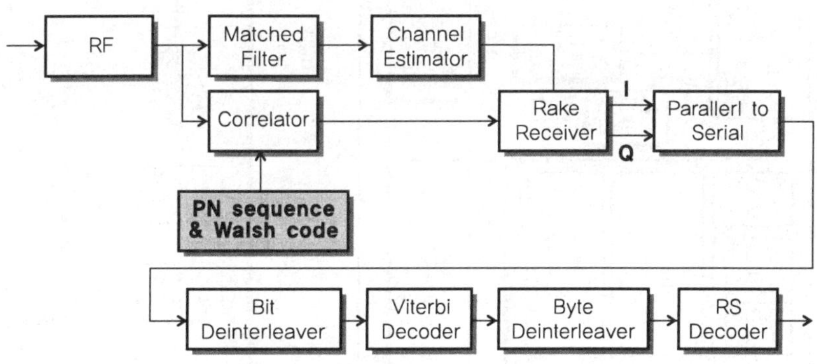

[그림4-36] 지상 중계기블록도

(5) 위성 DMB 단말기

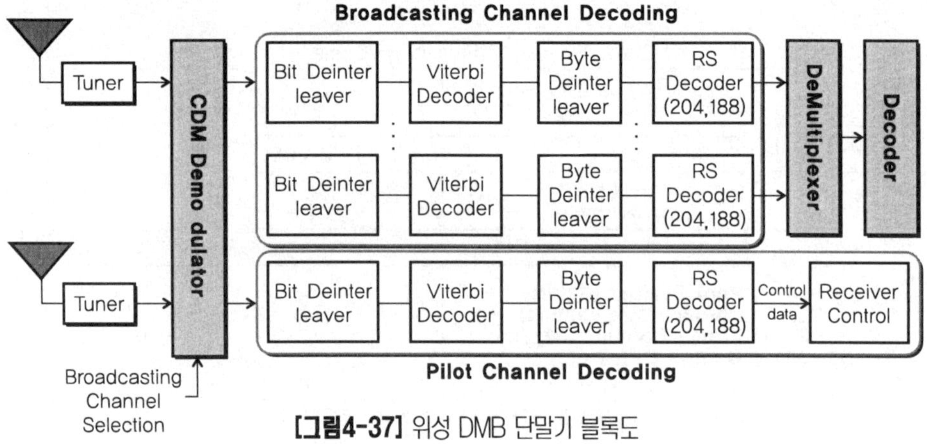

[그림4-37] 위성 DMB 단말기 블록도

6) 지상파 DMB

(1) 개요

정보통신부에서는 2007년 7월 12일 우리나라가 세계 최초로 상용화한 지상파 DMB가 아프리카의 가나와 네덜란드에 진출했다고 발표했다. 최근 가나의 방송사업자인 블랙스타TV가 ETRI와 2ii(투아이)테크놀러지 협력을 받아 1개월 동안 지상파 DMB 실험방송을 한 뒤 4개 TV채널, 3개 오디오 채널로 본 방송을 추진한다고 한다.

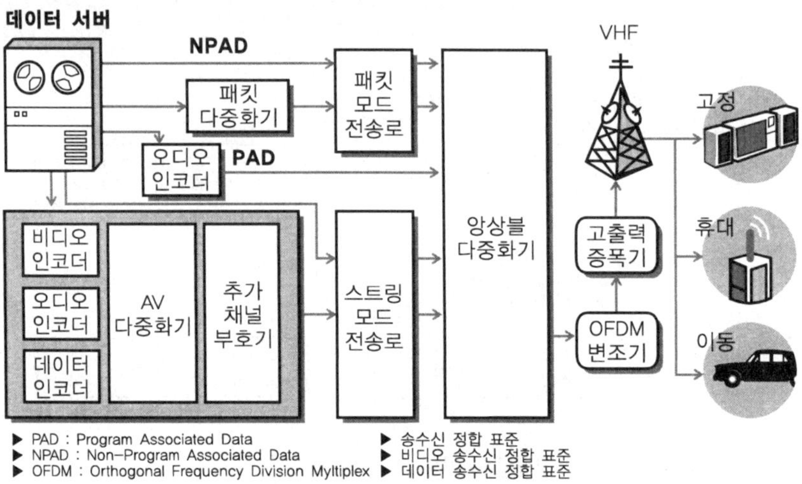

[그림4-38] 지상파 DMB의 개념도

또한 7월 11일에는 네덜란드의 방송사업자인 모바일TV네덜란드(MTVNL)가 한국산 지상파 DMB 단말기 80대를 이용하여 2007년 말까지 일정으로 실험방송에 나섰다. 이로써 지상파 DMB 실험방송 국가는 영국/독일/프랑스/이탈리아/캐나다/중국/남아프리카공화국/인도네시아 등에 이어 10개국으로 늘어났다. 20세기 말 IT 산업의 급속한 성장으로 산업 전반에 걸쳐 디지털화가 이루어졌다.

(2) 지상파 DMB 규격

우리나라 지상파 DMB는 유럽의 디지털 라디오 방송 시스템 규격인 EUREKA-147을 전송 규격으로 채택. EUREKA-147 전송 규격 4가지 mode로 나눈다. 우리나라 지상파 DMB에서 채택한 방식은 전송 모드 I 이며 대역폭은 1.536MHz이다. 또한 서비스 목적에 따라 선택 가능한 채널 부호화 기술, 시간 및 주파수 영역의 인터리빙 기술, 그리고 다중 경로 페이딩 영향에 강한 OFDM 전송 기술을 특징으로 하며 뛰어난 이동 수신 성능을 갖는다.

① 영상/음성 압축 규격

압축 기술로 비디오는 MPEG-4 AVC(Advanced Video Coding), 오디오는 MPEG-4 BSAC-ER(Bit Sliced Arithmetic Coding-Error Resilient)을 채택하였다.

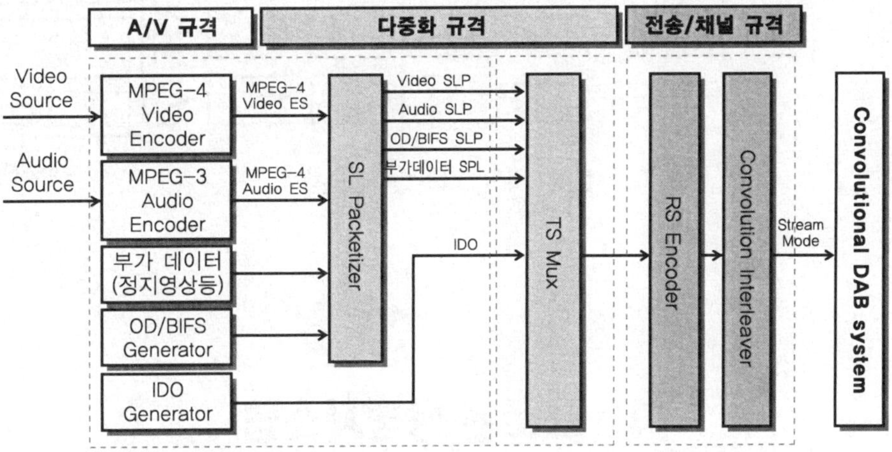

1) Bit Sliced Arithmetic Coding-Error Resilient
2) Object Descriptor / Binary Form Scene (MPEG-4에서 멀티미디어를 표현하기 위한 기술)
3) Syne. Layer Packetizer (MPEG-4에서 영상과 음성의 동기정보를 담는 패킷)
4) Transport Stream
5) Bit Error Rate
6) Es : Elemantary Stream (영상이나 음성을 압축하였을 때 압축된 데이터 열)

[그림4-39] 국내 DMB 규격

② 동기/다중화 규격

MPEG-4의 다양한 멀티미디어 처리 기술을 위해 OD(Object Descriptor)/BIFS(BInary Format for Scenes)와 SL(Synchronization 계층) 패킷화를 채택했으며, 디지털 TV에서 사용 중인 MPEG-2 TS(Transport Stream) 기술을 조합하여 서

비스의 확장성과 안정성을 고려하였다.

③ 채널 부호화 규격

오디오 서비스는 비트 오류율(BER, Bit Error Rate)이 2x10E-4, 비디오 서비스는 약 1x10E-8 정도 이하가 되어야 안정적인 수신이 보장되므로 이 성능을 만족시키기 위한 채널 부호화 규격을 적용하였다.

(3) DMB 의 송신시스템

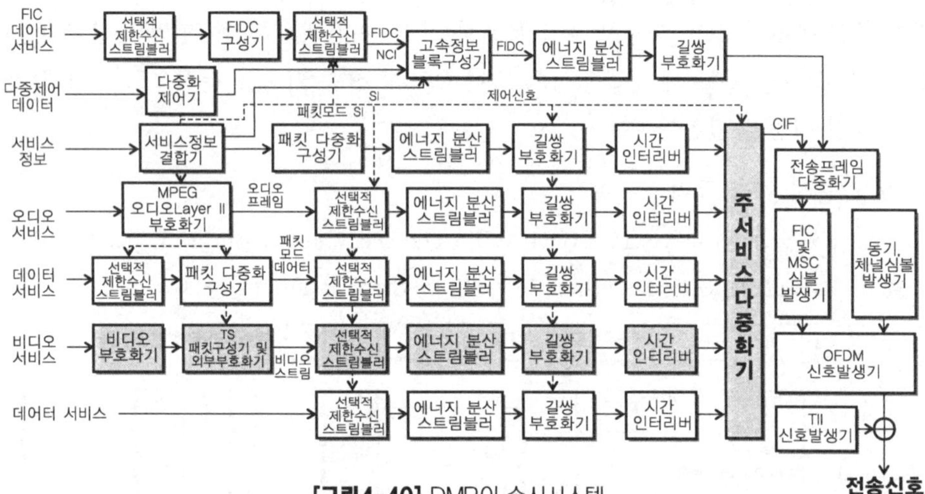

[그림4-40] DMB의 송신시스템

4.5 새로운 방송시스템

4.5.1 SMATV(위성 마스터 안테나 텔레비전)

1) SMATV(위성 마스터 안테나 텔레비전)개요

위성에서 송신된 전파를 마스터 안테나를 통해 직접 아파트나 호텔 등에 전송하는 이른바 케이블 텔레비전 과DBS(Direct Broadcast Satellite)의 혼합형 미디어로 미국에서는 주로 아파트 등 주택단지나 호텔 등에서 SMATV(Satellite Master Antenna Television)이용되고 있으며, DBS(직접위성방송: 위성을 통한 공중파 수신)보다 비용이 싸기 때문에 유망하다.

① **SMATV(Satellite Master Antenna Television) 시스템**

개인용 유선방송(Private Cable)이라고 하며, 아파트나 콘도, 사무실등의 시청자들이나 다른 형태의 지역 거주자들에게 서비스하는 소규모 유선 방송방식을 이용한다. 한 개인이 시청하기 위해 안테나를 설비하는 것보다 한국에서는 아파트를 지을 때부터 위성방송을 함께 송출하는 SMATV방식을 설비하고 있다. 하지만, 기존에 설비되어 있지 않거나 새로 짓는 건물에는 이 SMATV설비를 함으로서 모든 집에서 채널만 선택하면 시청할 수 있는 편리한 방식이다. 시청하는 세대수의 단위가 적기 때문에 초기 설비비가 많이 든다는 단점이 있으나, 추가적인 비용이 없다.

② **MATV(Master Antenna Television)**

대형 마스터 안테나와 여러 개의 TV 수상기를 결부시킨 TV방송의 공동 수신 시스템. 아파트, 빌딩, 호텔 등의 TV방송을 공동으로 수신할 때 사용된다.

2) SMATV(Satellite Master Antenna Television)의 계통도

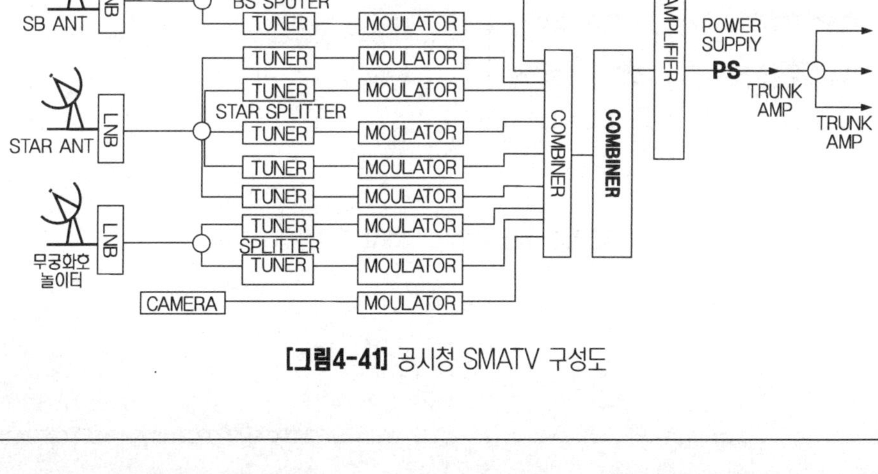

[그림4-41] 공시청 SMATV 구성도

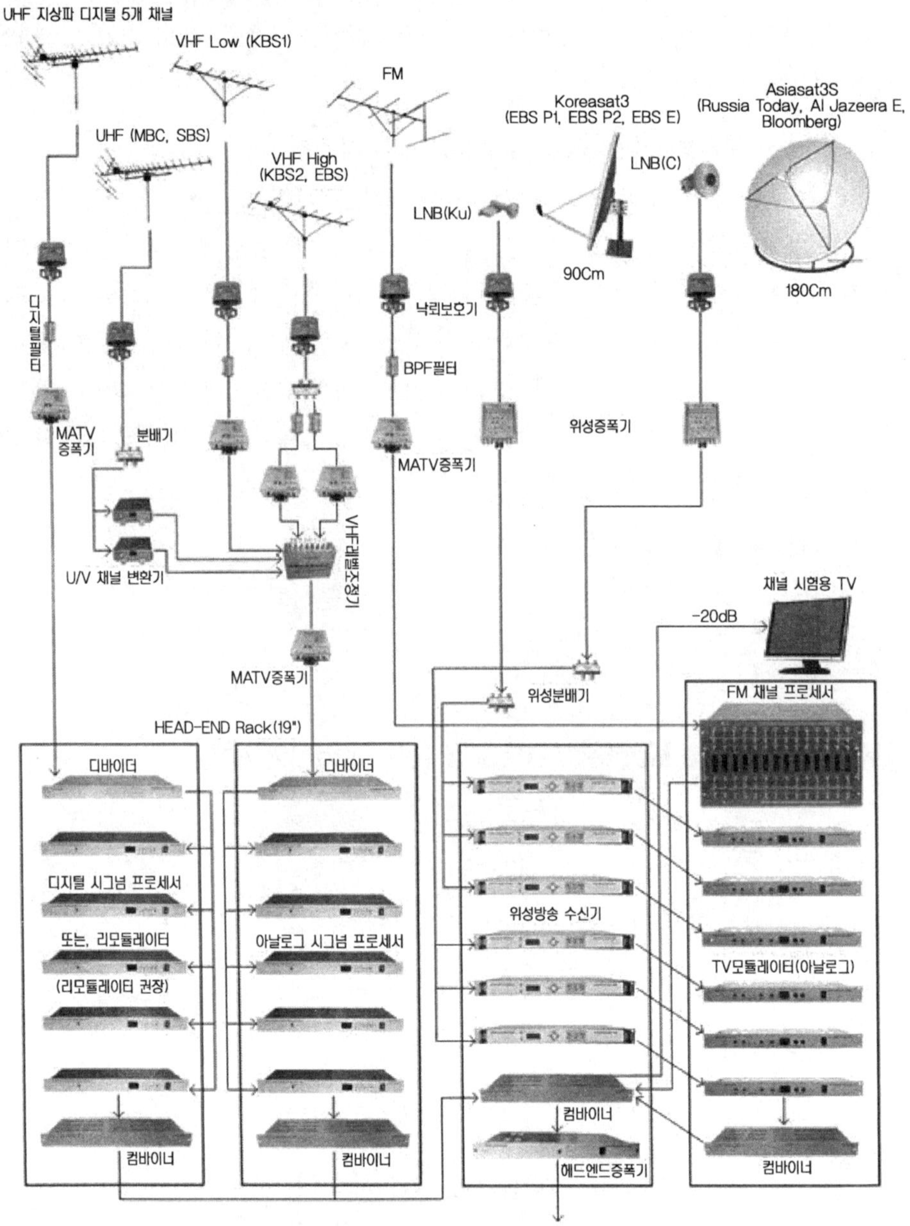

[그림4-42] 지상파 SMATV 구성도

4.5.2 지상파 다채널방송(MMS)

1) 다채널 멀티모드서비스의 개요

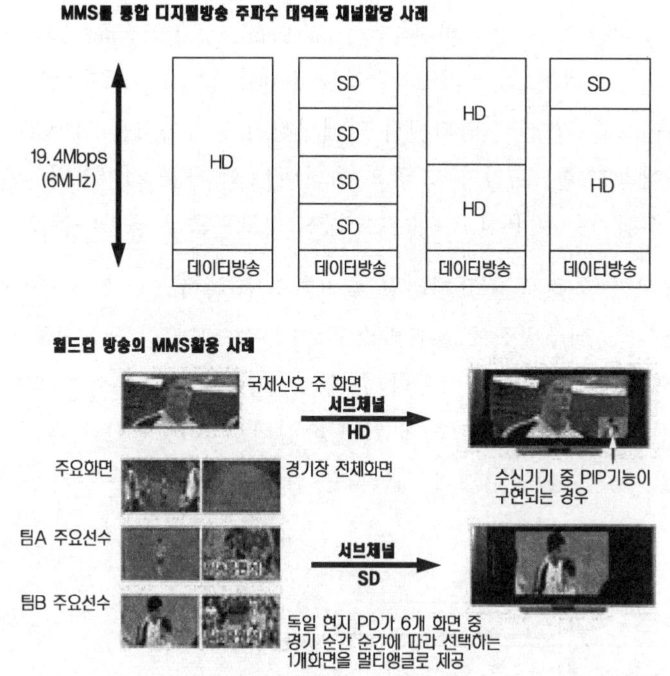

[그림4-43] MMS 개념도

2) 지상파 다채널방송(MMS)의 시스템

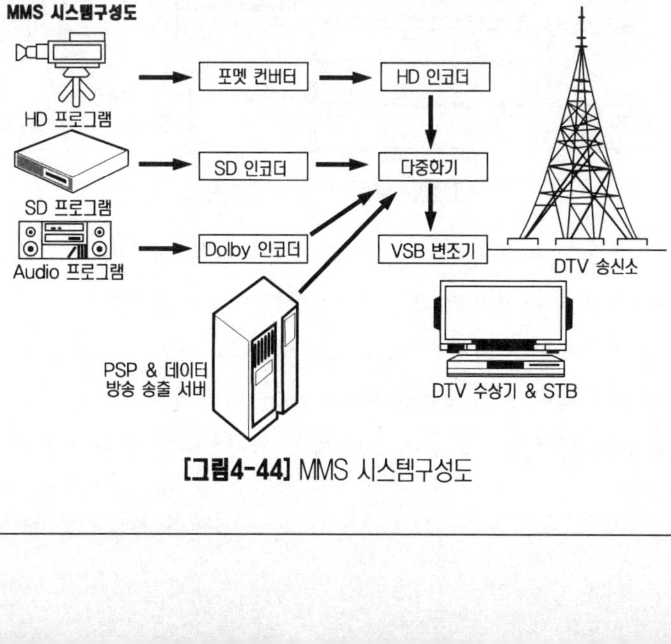

[그림4-44] MMS 시스템구성도

4.5.3 IPTV(Internet Protocol Television)

1) IPTV의 개요

IPTV는 인터넷 프로토콜 텔레비전(Internet Protocol Television)의 약자이다. 초고속 인터넷을 이용하여 정보 서비스, 동영상 콘텐츠 및 방송 등을 텔레비전 수상기로 제공하는 서비스를 말한다. 인터넷과 텔레비전의 융합이라는 점에서 디지털 컨버전스의 한 유형이라고 할 수 있다. 기존의 인터넷TV와 다른 점이라면 컴퓨터 모니터 대신 텔레비전 수상기를 이용하고, 마우스 대신 리모콘을 사용한다는 점이다.

IPTV를 이용하기 위해서는 텔레비전 수상기와 셋톱박스, 인터넷 회선만 연결되어 있으면 된다. 곧, 텔레비전에 셋톱박스(set top box)나 전용 모뎀을 덧붙이고 텔레비전을 켜듯이 전원만 넣으면 이용할 수 있다. 따라서 컴퓨터에 익숙하지 않은 사람이라도 리모콘을 이용하여 간단하게 인터넷 검색은 물론 영화 감상, 홈쇼핑, 홈뱅킹, 온라인 게임, MP3 등 인터넷이 제공하는 다양한 콘텐츠 및 부가 서비스를 제공받을 수 있다.

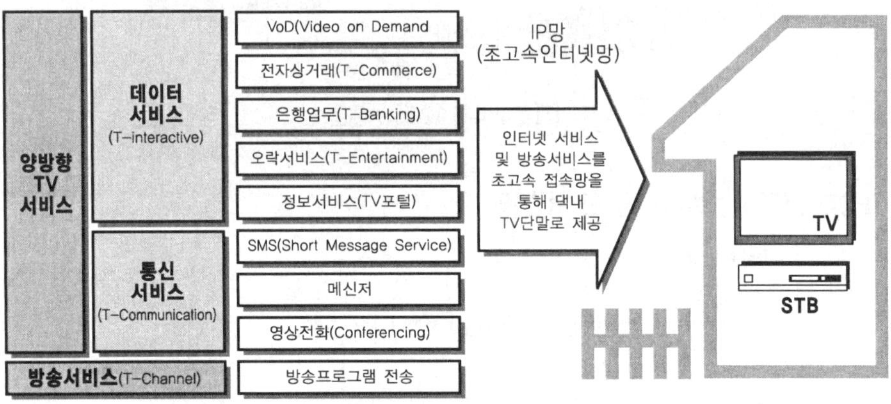

[그림4-45] IPTV 의 개념도

IPTV는 비디오를 비롯한 방송 콘텐츠를 제공한다는 점에서는 일반 케이블방송이나 위성방송과 별다른 차이점이 없지만, 양방향성이 추가된다는 점이 큰 특징이다. 일반 공중파 방송이나 케이블방송 또는 위성방송과는 달리 시청자가 자신이 편리한 시간에 자신이 보고 싶은 프로그램만 볼 수 있다. 따라서 TV 방송의 주도권이 방송사나 중계업자로부터 시청자에게 넘어가는 셈이 된다. 현재 홍콩과 이탈리아, 일본 등

일부 국가에서 IPTV 서비스를 하고 있지만 전세계적으로 초기 단계라고 할 수 있다. 국내의 경우, 통신사업자들이 기존의 인프라를 최대한 활용하여 범위의 경제 효과를 누리고자 IPTV 제공에 적극적으로 나서고 있다.

2) IPTV의 시스템 구성도

IPTV 시스템의 기본 구성은 플랫폼(HeadEnd), IP 네트워크, 단말장비이며 Triple Play의 서비스를 제공할 수 있는 장비로 구성된다.

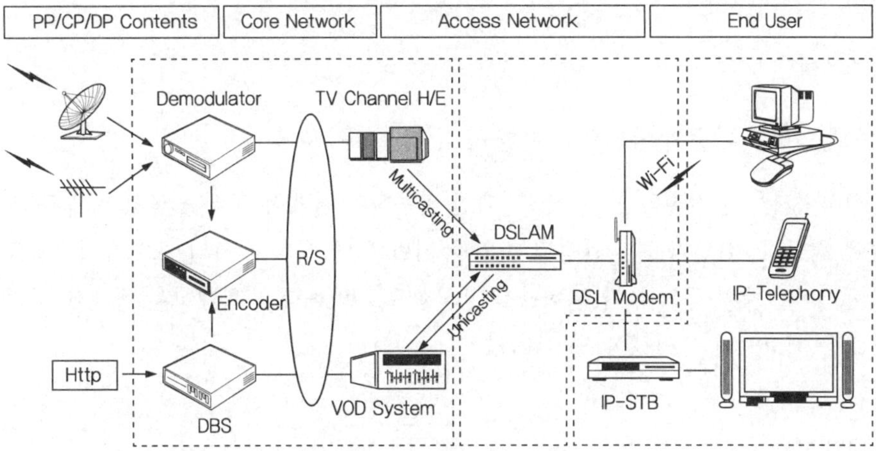

[그림4-46] IPTV 의 시스템구성도

3) 방송통신 융합 서비스 및 IPTV 배경

(1) 초고속 광대역화

① All IP 서비스 기반의 광대역 네트워크 구축

② 대용량 멀티미디어의 고속 서비스

③ 운영비의 최소화 및 변화 대응 최대화

(2) 컨버전스화

① 음성, 데이터, 영상 통합으로 triple play 서비스

② 가입자, ARPU 증대를 위한 독점적인 신규 서비스 창출

(3) 유비쿼터스 네트워크화

① 모바일 컴퓨팅, 무선 인터넷 확산

② 홈네트워킹 및 USN으로의 확장

4) 기술적, 경제적, 전략적 관점의 공급측 요인과 쌍방향성, 편리성 관점의 수요측 요인

(1) 공급측면

① 초고속인터넷 기술의 발전으로 인한 data 전송속도 증가

② 통신사업자들이 기존의 인프라를 최대한 활용하여 경제적 효과를 얻기 위해 IPTV 제공에 적극적. 사업자들은 안정된 가입자 기반 위에 이미 투자된 초고속인터넷을 통해 동영상, 방송 등의 부가 서비스를 제공함으로써 매출을 확대하는 동시에 설비 활용도를 제고시키는 일석이조의 효과

(2)소비자측면

① 사용자들이 원하는 콘텐츠만 선택해서 보는 쌍방향 서비스에 익숙

② 소비자가 융합형 서비스의 편리성을 요구. VOD 등의 영상서비스, Home Automation, Home-security 등 홈 네트워킹 서비스로 인식되던 다양한 형태의 서비스가 IPTV를 통해 쉽게 구현. 쌍방향성이 가미됨으로써 화상 전화를 비롯하여 TV를 통해 상거래를 하는 T-Commerce, u-Learning, 맞춤형TV 포털 등 다양한 개인 서비스로 발전

연습문제

1. 디지털 라디오 방송 시스템의 구성도를 그리고 동작 원리를 설명하시오.
2. 디지털 위성방송 수신기의 계통도를 그리고 설명하시오.
3. 디지털 CATV 방송시스템을 그리고 설명하시오.
4. 인터넷 방송 개념도를 그리고 설명하시오.
5. 실효등방성복사전력(EIRP)에 대하여 설명하시오.
6. 위성 DMB 송신기 블록도를 그리고 설명하시오.
7. 위성 DMB 방송시스템의 구성도를 그리고 설명하시오.
8. SMATV의 계통도를 그리고 설명하시오.
9. MMS 방송시스템에 대하여 설명하시오.
10. IPTV의 개념도를 그리고 설명하시오.
11. IPTV의 시스템 구성도를 그리고 설명하시오.

제5장 방송관련법규

5.1 방송법

제1장 총칙

제1조 (목적)

이 법은 방송의 자유와 독립을 보장하고 방송의 공적 책임을 높임으로써 시청자의 권익보호와 민주적 여론형성 및 국민문화의 향상을 도모하고 방송의 발전과 공공복리의 증진에 이바지함을 목적으로 한다.

제2조 (용어의 정의)

이 법에서 사용하는 용어의 정의는 다음과 같다. [개정 2004.3.22, 2006.10.27, 2007.1.26] [[시행일 2007.4.27]]

1. "방송"이라 함은 방송프로그램을 기획 · 편성 또는 제작하여 이를 공중(개별계약에 의한 수신자를 포함하며, 이하 "시청자"라 한다)에게 전기통신설비에 의하여 송신하는 것으로서 다음 각목의 것을 말한다.

가. 텔레비전방송 : 정지 또는 이동하는 사물의 순간적 영상과 이에 따르는 음성 · 음향 등으로 이루어진 방송프로그램을 송신하는 방송

나. 라디오방송 : 음성 · 음향 등으로 이루어진 방송프로그램을 송신하는 방송

다. 데이터방송 : 방송사업자의 채널을 이용하여 데이터(문자 · 숫자 · 도형 · 도표 · 이미지 그 밖의 정보체계를 말한다)를 위주로 하여 이에 따르는 영상 · 음성 · 음향 및 이들의 조합으로 이루어진 방송프로그램을 송신하는 방송(인터넷 등 통신망을 통하여 제공하거나 매개하는 경우를 제외한다. 이하 같다)

라. 이동멀티미디어방송 : 이동중 수신을 주목적으로 다채널을 이용하여 텔레비전방송 · 라디오방송 및 데이터방송을 복합적으로 송신하는 방송

2. "방송사업"이라 함은 방송을 행하는 다음 각목의 사업을 말한다.

가. 지상파방송사업 : 방송을 목적으로 하는 지상의 무선국을 관리 · 운영하며 이

를 이용하여 방송을 행하는 사업

나. 종합유선방송사업 : 종합유선방송국(다채널방송을 행하기 위한 유선방송국설비와 그 종사자의 총체를 말한다. 이하 같다)을 관리 · 운영하며 전송 · 선로설비를 이용하여 방송을 행하는 사업

다. 위성방송사업 : 인공위성의 무선설비를 소유 또는 임차하여 무선국을 관리 · 운영하며 이를 이용하여 방송을 행하는 사업

라. 방송채널사용사업 : 지상파방송사업자、종합유선방송사업자 또는 위성방송사업자와 특정채널의 전부 또는 일부 시간에 대한 전용사용계약을 체결하여 그 채널을 사용하는 사업

3. "방송사업자"라 함은 다음 각목의 자를 말한다.

가. 지상파방송사업자 : 지상파방송사업을 하기 위하여 제9조제1항의 규정에 의하여 허가를 받은 자

나. 종합유선방송사업자 : 종합유선방송사업을 하기 위하여 제9조제2항의 규정에 의하여 허가를 받은 자

다. 위성방송사업자 : 위성방송사업을 하기 위하여 제9조제1항의 규정에 의하여 허가를 받은 자

라. 방송채널사용사업자 : 방송채널사용사업을 하기 위하여 제9조제5항의 규정에 의하여 등록을 하거나 승인을 얻은 자

마. 공동체라디오방송사업자 : 공중선전력 10와트 이하로 공익목적으로 라디오방송을 하기 위하여 제9조제11항의 규정에 의하여 허가를 받은 자

4. "중계유선방송"이라 함은 지상파방송(방송을 목적으로 하는 지상의 무선국을 이용하여 행하는 방송을 말한다. 이하 같다) 또는 이 법에 의한 한국방송공사 및 특별법에 의하여 설립된 방송사업자가 행하는 위성방송(인공위성의 무선국을 이용하여 행하는 방송을 말한다. 이하 같다)이나 대통령령이 정하는 방송을 수신하여 중계송신(방송편성을 변경하지 아니하는 녹음 · 녹화를 포함한다)하는 것을 말한다.

5. "중계유선방송사업"이라 함은 중계유선방송을 행하는 사업을 말한다.

6. "중계유선방송사업자"라 함은 중계유선방송사업을 하기 위하여 제9조제2항의 규정에 의하여 허가를 받은 자를 말한다.

7. "음악유선방송"이라 함은 음반 · 비디오물및게임물에관한법률에 의하여 판

매 · 배포되는 음반에 수록된 음악을 송신하는 것을 말한다.

8. "음악유선방송사업"이라 함은 음악유선방송을 행하는 사업을 말한다.

9. "음악유선방송사업자"라 함은 음악유선방송사업을 하기 위하여 제9조제5항의 규정에 의하여 등록을 한 자를 말한다.

10. "전광판방송"이라 함은 상시 또는 일정기간 계속하여 전광판에 보도를 포함하는 방송프로그램을 표출하는 것을 말한다.

11. "전광판방송사업"이라 함은 전광판방송을 행하는 사업을 말한다.

12. "전광판방송사업자"라 함은 전광판방송사업을 하기 위하여 제9조제5항의 규정에 의하여 등록을 한 자를 말한다.

13. "전송망사업"이라 함은 방송프로그램을 종합유선방송국으로부터 시청자에게 전송하기 위하여 유 · 무선 전송 · 선로설비를 설치 · 운영하는 사업을 말한다.

14. "전송망사업자"라 함은 전송망사업을 하기 위하여 제9조제10항의 규정에 의하여 등록을 한 자를 말한다.

15. "방송편성"이라 함은 방송되는 사항의 종류 · 내용 · 분량 · 시각 · 배열을 정하는 것을 말한다.

16. "방송분야"라 함은 보도 · 교양 · 오락등으로 방송프로그램의 영역을 분류한 것을 말한다.

17. "방송프로그램"이라 함은 방송편성의 단위가 되는 방송내용물을 말한다.

18. "종합편성"이라 함은 보도 · 교양 · 오락등 다양한 방송분야 상호간에 조화를 이루도록 방송프로그램을 편성하는 것을 말한다.

19. "전문편성"이라 함은 특정 방송분야의 방송프로그램을 전문적으로 편성하는 것을 말한다.

20. "유료방송"이라 함은 시청자와의 계약에 의하여 수개의 채널단위 · 채널별 또는 방송프로그램별로 대가를 받고 제공하는 방송을 말한다.

20의2. "채널"이라 함은 동일한 주파수 대역을 통해서 연속적인 흐름 또는 정보체계의 형태로 제공되어지는 텔레비전방송, 라디오방송 또는 데이터방송의 단위를 말한다.

21. "방송광고"라 함은 광고를 목적으로 하는 방송내용물을 말한다.

22. "협찬고지"라 함은 타인으로부터 방송프로그램의 제작에 직접적 · 간접적으로

필요한 경비 · 물품 · 용역 · 인력 또는 장소등을 제공받고 그 타인의 명칭 또는 상호등을 고지하는 것을 말한다.

23. "방송편성책임자"라 함은 방송편성에 대하여 결정을 하고 책임을 지는 자를 말한다.

24. "보도"라 함은 국내외 정치 · 경제 · 사회 · 문화 등의 전반에 관하여 시사적인 취재보도 · 논평 · 해설 등의 방송프로그램을 편성하는 것을 말한다.

25. "보편적 시청권"이라 함은 국민적 관심이 매우 큰 체육경기대회 그 밖의 주요행사 등에 관한 방송을 일반 국민이 시청할 수 있는 권리를 말한다.

제4조 (방송편성의 자유와 독립)

① 방송편성의 자유와 독립은 보장된다.

② 누구든지 방송편성에 관하여 이 법 또는 다른 법률에 의하지 아니하고는 어떠한 규제나 간섭도 할 수 없다.

③ 방송사업자는 방송편성책임자를 선임하고, 그 성명을 방송시간내에 매일 1회 이상 공표하여야 하며, 방송편성책임자의 자율적인 방송편성을 보장하여야 한다.

④ 종합편성 또는 보도에 관한 전문편성을 행하는 방송사업자는 방송프로그램제작의 자율성을 보장하기 위하여 취재 및 제작 종사자의 의견을 들어 방송편성규약을 제정하고 이를 공표하여야 한다.

제5조 (방송의 공적 책임)

① 방송은 인간의 존엄과 가치 및 민주적 기본질서를 존중하여야 한다.

② 방송은 국민의 화합과 조화로운 국가의 발전 및 민주적 여론형성에 이바지하여야 하며 지역간 · 세대간 · 계층간 · 성별간의 갈등을 조장하여서는 아니된다.

③ 방송은 타인의 명예를 훼손하거나 권리를 침해하여서는 아니된다.

④ 방송은 범죄 및 부도덕한 행위나 사행심을 조장하여서는 아니된다.

⑤ 방송은 건전한 가정생활과 아동 및 청소년의 선도에 나쁜 영향을 끼치는 음란 · 퇴폐 또는 폭력을 조장하여서는 아니된다.

제6조 (방송의 공정성과 공익성)

① 방송에 의한 보도는 공정하고 객관적이어야 한다.

② 방송은 성별 · 연령 · 직업 · 종교 · 신념 · 계층 · 지역 · 인종 등을 이유로 방송편성에 차별을 두어서는 아니 된다. 다만, 종교의 선교에 관한 전문편성을 행하는 방송사업자가 그 방송분야의 범위 안에서 방송을 하는 경우에는 그러하지 아니하다.

③ 방송은 국민의 윤리적 · 정서적 감정을 존중하여야 하며, 국민의 기본권 옹호 및 국제친선의 증진에 이바지하여야 한다.

④ 방송은 국민의 알권리와 표현의 자유를 보호 · 신장하여야 한다.

⑤ 방송은 상대적으로 소수이거나 이익추구의 실현에 불리한 집단이나 계층의 이익을 충실하게 반영하도록 노력하여야 한다.

⑥ 방송은 지역사회의 균형 있는 발전과 민족문화의 창달에 이바지하여야 한다.

⑦ 방송은 사회교육기능을 신장하고, 유익한 생활정보를 확산 · 보급하며, 국민의 문화생활의 질적 향상에 이바지하여야 한다.

⑧ 방송은 표준말의 보급에 이바지하여야 하며 언어순화에 힘써야 한다.

⑨ 방송은 정부 또는 특정 집단의 정책등을 공표함에 있어 의견이 다른 집단에게 균등한 기회가 제공되도록 노력하여야 하고, 또한 각 정치적 이해 당사자에 관한 방송프로그램을 편성함에 있어서도 균형성이 유지되도록 하여야 한다.

제2장 방송사업자등

제8조 (소유제한 등)

① 방송사업자가 주식을 발행하는 경우에는 기명식으로 하여야 한다.

② 누구든지 대통령령이 정하는 특수한 관계에 있는 자(이하 "특수관계자" 라 한다)가 소유하는 주식 또는 지분을 포함하여 지상파방송사업자 및 종합편성 또는 보도에 관한 전문편성을 행하는 방송채널사용사업자의 주식 또는 지분 총수의 100분의 30을

초과하여 소유할 수 없다. 다만, 다음 각 호의 1에 해당하는 경우에는 그러하지 아니하다. [개정 2004.3.22, 2006.10.27]

1. 국가 또는 지방자치단체가 방송사업자의 주식 또는 지분을 소유하는 경우
2. 「방송문화진흥회법」에 의하여 설립된 방송문화진흥회가 방송사업자의 주식 또는 지분을 소유하는 경우
3. 종교의 선교를 목적으로 하는 방송사업자에 출자하는 경우

④ 「신문 등의 자유와 기능보장에 관한 법률」 에 따른 일간신문이나 뉴스통신을 경영하는 법인(각 특수관계자를 포함한다)은 종합유선방송사업자 및 위성방송사업자의 주식 또는 지분 총수의 100분의 33을 초과하여 소유할 수 없으며, 대기업과 그 계열회사를 경영하는 법인(각 특수관계자를 포함한다)은 단독 또는 공동으로 위성방송사 업자의 주식 또는 지분 총수의 100분의 49를 초과하여 소유할 수 없다. [개정 2007.1.26] [[시행일 2007.4.27]]

제9조 (추천 · 허가 · 승인 · 등록등)

① 지상파방송사업 또는 위성방송사업을 하고자 하는 자는 방송위원회의 추천을 받아 「전파법」이 정하는 바에 의하여 정보통신부장관의 방송국 허가를 받아야 한다.

② 종합유선방송사업 또는 중계유선방송사업을 하고자 하는 자는 방송위원회의 추천을 받아 대통령령이 정하는 기준에 적합하게 시설과 기술을 갖추어 정보통신부장관의 허가를 받아야 한다.

⑤ 방송채널사용사업 · 전광판방송사업 또는 음악유선방송사업을 하고자 하는 자는 방송위원회에 등록하여야 한다. 다만, 종합편성이나 보도 또는 상품소개와 판매에 관한 전문편성을 행하는 방송채널사용사업을 하고자 하는 자는 방송위원회의 승인을 얻어야 한다. 이 경우 데이터방송을 하기 위하여 등록을 하거나 승인을 얻은 자는 등록을 하거나 승인을 얻은 날부터 7일 이내에 전기통신사업법 제21조의 규정에 의한 부가통신사업의 신고를 하여야 한다. [개정 2004.3.22]

제10조 (심사기준 · 절차)

① 방송위원회는 제9조 제1항 및 제2항의 추천, 동조 제3항 · 제5항 · 제6항 및 제8항

의 규정에 의한 승인을 할 때에는 다음 각 호의 사항을 심사하여 그 결과를 공표하여야 한다.

1. 방송의 공적 책임 · 공정성 · 공익성의 실현 가능성
2. 방송프로그램의 기획 · 편성 및 제작계획의 적절성
3. 지역적 · 사회적 · 문화적 필요성과 타당성
4. 조직 및 인력운영등 경영계획의 적정성
5. 재정 및 기술적 능력
6. 방송발전을 위한 지원계획
7. 기타 사업수행에 필요한 사항

제13조 (결격사유)

① 국가 · 지방자치단체 또는 법인이 아닌 자는 방송사업 또는 전송망사업을 할 수 없다. 제18조의 규정에 의하여 허가 · 승인 또는 등록이 취소된 후 3년이 경과되지 아니한 자의 경우에도 또한 같다.

② 다음 각 호의 1에 해당하는 자는 중계유선방송사업 · 음악유선방송사업을 할 수 없다.

1. 외국인 또는 외국의 정부나 단체
2. 미성년자 또는 한정치산자
3. 파산선고를 받은 자로서 복권되지 아니한 자
4. 이 법을 위반하여 벌금 이상의 형을 선고받고 그 집행이 종료되거나 그 집행을 받지 아니하기로 확정된 후 3년이 경과되지 아니한 자 또는 그 집행유예기간중에 있는 자
5. 제18조의 규정에 의하여 중계유선방송사업 · 음악유선방송사업의 허가 또는 등록이 취소된 후 2년이 경과되지 아니한 자

③ 다음 각호의 1에 해당하는 자는 제9조제1항 · 제2항 · 제3항 · 제5항 · 제6항 · 제8항 및 제10항의 규정에 의하여 허가 또는 승인을 받거나 등록을 한 법인의 대표자 또는 방송편성책임자가 될 수 없다. [개정 2005.8.4 제7655호(치료감호법)]

1. 대한민국의 국적을 가지지 아니한 자

2. 미성년자 또는 한정치산자
3. 파산선고를 받은 자로서 복권되지 아니한 자
4. 이 법을 위반하여 벌금 이상의 형을 선고받고 그 집행이 종료되거나 그 집행을 받지 아니하기로 확정된 후 3년이 경과되지 아니한 자 또는 그 집행유예기간중에 있는 자
5. 형법 제87조 내지 제90조, 제92조, 제101조, 군형법 제5조 내지 제8조, 제9조제2항, 제11조 내지 제16조 또는 국가보안법 제3조 내지 제9조의 죄를 범하여 금고 이상의 실형의 선고를 받고 그 형의 집행이 종료되지 아니 하거나 집행을 받지 아니하기로 확정되지 아니한 자 또는 집행유예기간중에 있는 자
6. 「보안관찰법」에 의한 보안관찰처분, 「사회보호법」에 의한 보호감호 또는 「치료감호법」에 의한 치료감호의 집행 중에 있는 자
7. 외국의 법인 또는 단체의 대표자(전송망사업의 경우는 제외한다)

제14조 (외국자본의 출자 및 출연)

① 지상파방송사업과 종합편성 또는 보도에 관한 전문편성을 행하는 방송채널사용사업 및 중계유선방송사업을 행하는 자는 다음 각호에 해당하는 자로부터 재산상의 출자 또는 출연을 받을 수 없다. 다만 방송사업자 및 중계유선방송사업자가 방송위원회의 승인을 얻은 경우에는 교육 · 체육 · 종교 · 자선 기타 국제적 친선을 목적으로 하는 외국의 단체로부터 재산상의 출연을 받을 수 있다.

1. 외국의 정부나 단체
2. 외국인
3. 외국의 정부나 단체 또는 외국인이 대통령령이 정하는 비율을 초과하여 주식 또는 지분을 소유하고 있는 법인

② 위성방송사업을 행하는 자는 당해 법인의 주식 또는 지분 총수의 100분의 33을 초과하여 제1항 각호에 해당하는 자로부터 재산상의 출자 또는 출연을 받을 수 없다. [개정 2004.3.22]

③ 종합유선방송사업 · 방송채널사용사업(종합편성 또는 보도에 관한 전문편성을 제외한다) 및 전송망사업을 하는 자는 당해 법인의 주식 또는 지분 총수의 100분의 49를 초과하여 제1항 각호에 해당하는 자로부터 재산상의 출자 또는 출연을 받을 수 없다.

[개정 2004.3.22]

제16조 (허가 및 승인 유효기간)

제9조제2항의 규정에 따라 허가받은 종합유선방송사업 및 중계유선방송사업과 제9조제5항 단서의 규정에 따라 승인을 얻은 방송채널사용사업, 제9조제11항의 규정에 따라 허가받은 공동체라디오방송사업의 허가 또는 승인의 유효기간은 5년을 초과하지 아니하는 범위 내에서 대통령령으로 정한다.

제17조 (재허가 등)

① 방송사업자(방송채널사용사업자는 제외한다) 및 중계유선방송사업자가 허가유효기간의 만료 후 계속 방송을 행하고자 하는 때에는 방송위원회의 재허가 추천을 받아 정보통신부장관의 재허가를 받아야 한다.

제18조 (허가 · 승인 · 등록의 취소등)

① 방송사업자 · 중계유선방송사업자 · 음악유선방송사업자 · 전광판방송사업자 또는 전송망사업자가 다음 각호의 1에 해당하는 때에는 정보통신부장관 또는 방송위원회가 각각 허가 · 승인 또는 등록을 취소하거나 6월 이내의 기간을 정하여 그 업무의 전부 또는 일부의 정지를 명할 수 있다. 다만 제13조제3항의 각호의 1에 해당하는 자가 법인의 대표자 또는 방송편성책임자가 된 경우로서 3월 이내에 그 임원을 변경하는 때에는 그러하지 아니하다.

1. 허위 기타 부정한 방법으로 허가 · 변경허가 · 재허가를 받거나 승인 · 변경승인 · 재승인을 얻거나 등록 · 변경등록을 한 때
2. 제8조의 규정에 위반하여 주식 또는 지분을 소유한 때
3. 제13조의 결격사유에 해당하게 된 때
4. 제14조의 규정에 위반하여 재산상의 출자 또는 출연을 받은 때
5. 이 법에 의한 허가를 받거나 승인을 얻거나 등록한 날부터 2년 이내에 방송 또는 사업을 개시하지 아니한 때
6. 이 법 또는 이 법에 의한 명령에 위반한 때

② 정보통신부장관은 방송위원회의 요청이 있는 경우에 한하여 제1항의 규정에 의한 허가 또는 등록을 취소하거나 6월 이내의 기간을 정하여 그 업무의 전부 또는 일부의 정지를 명할 수 있다.

③ 제1항의 규정에 의한 허가 · 승인 또는 등록의 취소, 업무정지의 기준 및 절차등에 관하여 필요한 사항은 대통령령으로 정한다.

제3장 방송위원회(삭제)

제20조 (방송위원회의 설치)

방송의 공적 책임 · 공정성 · 공익성을 실현하고, 방송내용의 질적 향상 및 방송사업에서의 공정한 경쟁을 도모하기 위하여 방송위원회(이하 이 장에서 "위원회"라 한다)를 둔다.

제21조 (위원회의 구성)

① 위원회는 전문성 및 사회 각 분야의 대표성을 가진 자 중에서 대통령이 임명하는 9인의 위원으로 구성한다.

제23조 (위원의 임기)

① 위원의 임기는 3년으로 하고, 1회에 한하여 연임할 수 있으며, 위원장 · 부위원장 및 상임위원의 임기는 위원의 임기와 같다.

제25조 (위원의 결격사유)

다음 각 호의 1에 해당하는 자는 위원이 될 수 없다.

1. 국가공무원법 제2조 및 지방공무원법 제2조의 규정에 의한 공무원(교육공무원, 법관 및 이 법에 의하여 정무직공무원이 된 자는 제외한다)

2. 정당법에 의한 당원
3. 방송사업 · 중계유선방송사업 · 음악유선방송사업 · 전광판방송사업 또는 전송망 사업에 종사하는 자
4. 국가공무원법 제33조 각호의 1에 해당하는 자

제27조 (위원회의 직무)

위원회는 다음 각 호의 사항을 심의 · 의결한다. 다만, 위원회는 제1호의 사항을 심의 · 의결할 경우 방송영상정책과 관련된 사항은 문화관광부장관과 합의하여야 하고, 방송기술 및 시설에 관한 사항은 정보통신부장관의 의견을 들어야 하며, 제7호의 사항을 심의 · 의결할 경우에는 공정거래위원회 위원장의 의견을 들어야 하고, 제12호의 사항을 심의 · 의결할 경우에는 통일부장관의 의견을 들어야 한다.

1. 방송의 기본계획에 관한 사항
2. 방송프로그램 및 방송광고의 운용 · 편성에 관한 사항
3. 방송사업자 · 중계유선방송사업자 · 음악유선방송사업자 · 전광판방송사업자의 허가 · 재허가의 추천, 승인, 등록, 취소 등에 관한 사항
4. 위원회규칙의 제정 · 개정 및 폐지
5. 방송에 관한 연구 · 조사 및 지원에 관한 사항
6. 방송사업자 · 중계유선방송사업자 · 음악유선방송사업자 · 전광판방송사업자 상호간의 공동사업이나 분쟁의 조정
7. 방송프로그램 유통상 공정거래 질서확립에 관한 사항
8. 시청자불만처리 및 청원에 관한 사항
9. 방송발전기금의 조성 및 관리 · 운용의 기본계획에 관한 사항
10. 제100조의 규정에 의한 제재조치에 관한 사항
11. 위원회의 예산안의 편성 및 집행에 관한 사항
12. 남북간 방송 교류 · 협력에 관한 사항
13. 기타 이 법 또는 다른 법률에 의하여 위원회의 직무 또는 권한으로 규정된 사항

제33조 (심의규정)

① 위원회는 방송의 공정성 및 공공성을 심의하기 위하여 방송심의에 관한 규정(이하 "심의규정"이라 한다)을 제정 · 공표하여야 한다.

② 제1항의 심의규정에는 다음 각호의 사항이 포함되어야 한다. [개정 2006.10.27]

1. 헌법의 민주적 기본질서의 유지와 인권존중에 관한 사항
2. 건전한 가정생활 보호에 관한 사항
3. 아동 및 청소년의 보호와 건전한 인격형성에 관한 사항
4. 공중도덕과 사회윤리에 관한 사항
5. 양성평등에 관한 사항
6. 국제적 우의 증진에 관한 사항
7. 장애인등 방송소외계층의 권익증진에 관한 사항
8. 민족문화의 창달과 민족의 주체성 함양에 관한 사항
9. 보도 · 논평의 공정성 · 공공성에 관한 사항
10. 언어순화에 관한 사항
11. 제99조 및 제100조의 규정에 의한 시정 및 제재조치와 재심절차에 관한 사항
12. 기타 이 법의 규정에 의한 위원회의 심의업무에 관한 사항

③ 방송사업자는 아동과 청소년을 보호하기 위하여 방송프로그램의 폭력성 및 음란성등의 유해정도, 시청자의 연령등을 감안하여 방송프로그램의 등급을 분류하고 이를 방송중에 표시하여야 한다.

④ 위원회는 제3항의 방송프로그램 등급분류와 관련하여 분류기준 등 필요한 사항을 위원회규칙으로 정하여 공표하여야 한다. 이 경우 분류기준은 방송매체와 방송분야별 특성등을 고려하여 차등을 둘 수 있다.

⑤ 위원회는 제3항의 규정에 의하여 방송사업자가 자율적으로 부여한 방송프로그램의 등급에 대하에 적절하지 아니하다고 판단되는 경우 해당 방송사업자에게 당해 방송프로그램의 등급분류를 조정하도록 요구할 수 있다. [신설 2006.10.27]

제37조 (기금의 조성)

② 위원회는 지상파방송사업자로부터 대통령령이 정하는 바에 의하여 방송광고매출액의 100분의 6의 범위안에서 기금을 징수할 수 있다.

③ 위원회는 종합유선방송사업자 및 위성방송사업자로부터 대통령령이 정하는 바에 의하여 년 매출액의 100분의 6의 범위안에서 기금을 징수할 수 있다.

제4장 한국방송공사

제49조 (이사회의 기능)

① 이사회는 다음 각호의 사항을 심의 · 의결한다.

1. 공사가 행하는 방송의 공적 책임에 관한 사항
2. 공사가 행하는 방송의 기본운영계획
3. 예산 · 자금계획
4. 예비비의 사용 및 예산의 이월
5. 결산
6. 공사의 경영평가 및 공표
7. 사장 · 감사의 임명제청 및 부사장 임명동의
8. 지역방송국의 설치 및 폐지
9. 기본재산의 취득 및 처분
10. 장기차입금의 차입 및 사채의 발행과 그 상환계획
11. 손익금의 처리
12. 다른 기업체에 대한 출자
13. 정관의 변경
14. 정관이 정하는 규정의 제정 및 개폐
15. 기타 이사회가 특히 필요하다고 인정하는 사항

② 이사회는 특히 필요하다고 인정하는 경우에는 감사에게 공사에 대한 감사를 요청할 수 있다.

제5장 전송선로설비

제79조 (유선방송국설비등에 관한 기술기준과 준공검사등)

① 정보통신부장관은 유선방송국설비(종합유선방송국 및 중계유선방송 · 음악유선방송을 행하기 위한 설비를 포함한다. 이하 같다)의 설치 및 유지에 관한 사항과 전송 · 선로설비의 분계점등에 필요한 기술기준(이하 "기술기준"이라 한다)을 정하여 고시하여야한다.

② 종합유선방송사업자 · 중계유선방송사업자 및 음악유선방송사업자는 대통령령이 정하는 기한까지 기술기준이 정하는 바에 의하여 유선방송국설비를 설치하고 정보통신부장관의 준공검사를 받아야 한다. 설치한 유선방송국설비를 변경한 때에도 또한 같다.

③ 종합유선방송사업자 · 중계유선방송사업자 및 음악유선방송사업자는 전송 · 선로설비를 자체적으로 설치하거나 전송망사업자의 전송 · 선로설비 또는 전기통신기본법에 의한 기간통신사업자의 전기통신설비를 이용할 수 있으며, 종합유선방송사업자와 중계유선방송사업자는 전송 · 선로설비를 상호 이용할 수 있다.

④ 종합유선방송사업자 · 중계유선방송사업자 및 음악유선방송사업자는 천재 · 지변 기타 불가피한 사유로 대통령령이 정하는 기한까지 유선방송국설비를 설치할 수 없는 때에는 대통령령이 정하는 바에 의하여 정보통신부장관에게 설비설치기한의 연기를 요청할 수 있다.

제83조 (방송내용의 기록 · 보존)

① 방송사업자 · 중계유선방송사업자 · 전광판방송사업자 및 음악유선방송사업자는 방송일지에 방송내용을 기록하여 비치하여야 하며, 특별한 사유가 없는 한 방송 실시결과를 방송후 1월 이내에 방송위원회에 제출하여야 한다.

② 방송사업자는 방송(재송신을 제외한다)된 방송프로그램(예고방송을 포함한다. 이하 같다)의 원본 또는 사본을 방송후 6월간 보존하여야 한다. [개정 2006.10.27]

③ 제1항의 규정에 의한 방송일지의 기록 및 방송실시결과의 제출시기등과 제2항의 규정에 의한 사업자별 방송프로그램의 원본 또는 사본의 보존등에 관하여 필요한 사항은 위원회규칙으로 정한다.

제84조 (폐업 및 휴업 등의 신고)

① 방송사업자 · 중계 유선방송사업자 · 음악유선방송사업자 및 전광판방송사업자가 그 업무를 폐업하거나 휴업하고자 하는 때에는 방송위원회 및 정보통신부장관에게 각각 신고하여야 한다. [개정 2007.1.26] [[시행일 2007.4.27]]

② 방송사업자 · 중계유선방송사업자 및 음악유선방송사업자는 천재 · 지변등 불가피한 사유가 있는 경우에 한하여 휴업할 수 있다.

③ 제1항 및 제2항의 규정에 의한 폐업 및 휴업의 신고절차 등에 관하여 필요한 사항은 위원회규칙으로 정한다.

제6장 시청자의 권익보호

제87조 (시청자위원회)

① 종합편성 또는 보도전문편성을 행하는 방송사업자는 시청자의 권익을 보호하기 위하여 시청자위원회를 두어야 한다.

② 제1항의 규정에 의한 방송사업자는 각계의 시청자를 대표할 수 있는 자중에서 위원회규칙이 정하는 단체의 추천을 받아 시청자위원회의 위원을 위촉한다.

③ 시청자위원회의 구성 및 운영에 관하여 필요한 사항은 대통령령으로 정한다.

제88조 (시청자위원회의 권한과 직무)

① 시청자위원회의 권한과 직무는 다음과 같다.

1. 방송편성에 관한 의견제시 또는 시정요구
2. 방송사업자의 자체심의규정 및 방송프로그램 내용에 관한 의견제시 또는 시정요구
3. 시청자평가원의 선임
4. 기타 시청자의 권익보호와 침해구제에 관한 업무

② 시청자위원회의 대표자는 방송위원회에 출석하여 의견을 진술할 수 있다.

제89조 (시청자 평가프로그램)

① 종합편성 또는 보도전문편성을 행하는 방송사업자는 당해 방송사업자의 방송운영과 방송프로그램에 관한 시청자의 의견을 수렴하여 주당 60분 이상의 시청자 평가프로그램을 편성하여야 한다.

② 시청자 평가프로그램에는 시청자위원회가 선임하는 1인의 시청자평가원이 직접 출연하여 의견을 진술할 수 있다.

③ 방송위원회는 시청자평가원의 원활한 업무수행을 위하여 기금에서 경비를 지원할 수 있다.

제7장 방송발전의 지원

제96조 (방송프로그램 유통등 지원)

① 문화관광부장관은 영상 · 비디오 등 영상물이 방송프로그램으로 제작되어 방송매체별로 다단계로 유통 · 활용 또는 수출될 수 있도록 지원할 수 있다.

② 정보통신부장관은 방송기술 및 시설의 개발 · 활용 및 수출이 촉진될 수 있도록 지원할 수 있다.

제8장 보칙

제99조 (시정명령 등)

① 방송위원회는 방송사업자 · 중계유선방송사업자 · 광판방송사업자 또는 음악유선방송사업자가 다음 각호의 1에 해당하는 때에는 시정을 명할 수 있다.

1. 시청자의 이익을 현저히 부당하게 저해하고 있다고 인정될 때

2. 이 법 또는 허가조건 · 승인조건 · 등록요건을 위반하고 있다고 인정될 때

② 정보통신부장관은 방송사업자(방송채널사용사업자를 제외한다) · 전송망사업자 · 중계유선방송사업자 또는 음악유선방송사업자가 설치한 시설이 이 법 또는 허가조건 · 등록요건을 위반하고 있다고 인정될 때에는 그 시설의 개선을 명할 수 있다.

제106조 (벌칙)

① 다음 각 호의 1에 해당하는 자는 1년 이하의 징역 또는 3천만원이하의 벌금에 처한다. [개정 2004.3.22, 2006.10.27]

1. 제4조제4항의 규정에 위반하여 방송편성규약을 제정하지 아니하거나 공표하지 아니한 자
2. 제8조제12항의 규정에 의한 시정명령을 위반한 자
3. 제14조제6항의 규정에 의한 시정명령을 위반한 자
4. 허위 기타 부정한 방법으로 제15조제1항의 규정에 의한 변경허가를 받거나 변경승인을 얻거나 변경등록을 한 자
5. 제15조제1항의 규정에 의한 변경허가를 받지 아니하거나 변경승인을 얻지 아니하거나 변경등록을 하지 아니한 자
6. 제15조의2제3항의 규정에 따른 시정명령을 위반한 자

② 다음 각 호의 1에 해당하는 자는 3천만원 이하의 벌금에 처한다.

1. 제53조제2항의 규정에 위반하여 직무상 공사의 비밀을 누설하거나 도용한 자
2. 제100조제1항의 규정에 의한 방송위원회의 제재조치명령을 이행하지 아니한 자

제106조 (벌칙)

① 다음 각 호의 1에 해당하는 자는 1년 이하의 징역 또는 3천만원이하의 벌금에 처한다. [개정 2004.3.22, 2006.10.27]

1. 제4조제4항의 규정에 위반하여 방송편성규약을 제정하지 아니하거나 공표하지 아니한 자
2. 제8조제12항의 규정에 의한 시정명령을 위반한 자
3. 제14조제6항의 규정에 의한 시정명령을 위반한 자

4. 허위 기타 부정한 방법으로 제15조제1항의 규정에 의한 변경허가를 받거나 변경승인을 얻거나 변경등록을 한 자
5. 제15조제1항의 규정에 의한 변경허가를 받지 아니하거나 변경승인을 얻지 아니하거나 변경등록을 하지 아니한 자
6. 제15조의2제3항의 규정에 따른 시정명령을 위반한 자

② 다음 각 호의 1에 해당하는 자는 3천만원 이하의 벌금에 처한다. [개정 2007.1.26] [[시행일 2007.4.27]]

1. 제53조제3항의 규정에 위반하여 직무상 공사의 비밀을 누설하거나 도용한 자
2. 제100조제1항의 규정에 의한 방송위원회의 제재조치명령을 이행하지 아니한 자

제108조 (과태료)

① 다음 각 호의 1에 해당하는 자는 3천만원 이하의 과태료에 처한다. [개정 2002.4.20, 2004.3.22, 2005.5.18, 2006.10.27]

5.2 방송법 시행령

제1장 총칙

제1조 (목적)

이 영은「방송법」에서 위임된 사항과 그 시행에 관하여 필요한 사항을 규정함을 목적으로 한다. [개정 2006.3.10]

제1조의2 (용어의 정의)

이 영에서 사용하는 용어의 정의는 다음과 같다. [개정 2006.3.10]

1. "지상파텔레비전방송사업자"라 함은 텔레비전방송을 행하는 지상파방송사업(이하 "지상파텔레비전방송사업"이라 한다)을 하기 위하여 「방송법」(이하 "법"이라 한다) 제9조제1항의 규정에 의하여 허가를 받은 자를 말한다.
2. "지상파라디오방송사업자"라 함은 라디오방송을 행하는 지상파방송사업을 하기 위하여 법 제9조제1항의 규정에 의하여 허가를 받은 자를 말한다.
3. "지상파이동멀티미디어방송사업자"라 함은 이동멀티미디어방송을 행하는 지상파방송사업(이하 "지상파이동멀티미디어방송사업"이라 한다)을 하기 위하여 법 제9조제1항의 규정에 의하여 허가를 받은 자를 말한다.
4. "위성이동멀티미디어방송사업자"라 함은 이동멀티미디어방송을 행하는 위성방송사업(이하 "위성이동멀티미디어방송사업"이라 한다)을 하기 위하여 법 제9조제1항의 규정에 의하여 허가를 받은 자를 말한다.
5. "일반위성방송사업자"라 함은 위성이동멀티미디어방송사업을 제외한 위성방송사업을 하기 위하여 법 제9조제1항의 규정에 의하여 허가를 받은 자를 말한다.
6. "텔레비전방송채널사용사업자"라 함은 텔레비전방송을 행하는 방송채널사용사업(이하 "텔레비전방송채널사용사업"이라 한다)을 하기 위하여 법 제9조제5항의 규정에 의하여 등록을 하거나 승인을 얻은 자를 말한다.
7. "라디오방송채널사용사업자"라 함은 라디오방송을 행하는 방송채널사용사업(이하 "라디오방송채널사용사업"이라 한다)을 하기 위하여 법 제9조제5항의 규정에 의하여 등록을 하거나 승인을 얻은 자를 말한다.
8. "데이터방송채널사용사업자"라 함은 데이터방송을 행하는 방송채널사용사업(이하 "데이터방송채널사용사업"이라 한다)을 하기 위하여 법 제9조제5항의 규정에 의하여 등록을 하거나 승인을 얻은 자를 말한다.
9. "지상파방송채널사용사업자"라 함은 지상파방송사업자와 방송채널사용계약을 체결하여 그 채널을 사용하여 지상파방송을 행하는 방송채널사용사업자를 말한다.
10. "지상파이동멀티미디어방송채널사용사업자"라 함은 지상파이동멀티미디어방송사업자와 방송채널사용계약을 체결하여 그 채널을 사용하여 지상파방송을 행

하는 방송채널사용사업자를 말한다.

11. "위성이동멀티미디어방송채널사용사업자"라 함은 위성이동멀티미디어방송사업자와 방송채널사용계약을 체결하여 그 채널을 사용하여 위성방송을 행하는 방송채널사용사업자를 말한다.

제2장 방송사업자 등

제5조 (방송사업 등의 추천)

① 법 제9조제1항 및 제2항의 규정에 의하여 지상파방송사업 · 위성방송사업 · 종합유선방송사업 · 중계유선방송사업을 하고자 하는 자는 허가추천신청서에 다음 각 호의 서류를 첨부하여 방송위원회에 제출하여야 한다.

1. 신청인에 관한 사항을 기재한 서류
2. 사업계획서
3. 시설설치계획서

제6조 (허가신청 등)

① 제5조의 규정에 의하여 지상파방송사업 · 위성방송사업 · 종합유선방송사업 또는 중계유선방송사업의 허가추천을 받은 자는 추천을 받은 날부터 6월 이내에 정보통신부장관에게 법 제9조제1항 및 동조 제2항의 규정에 의한 허가를 신청하여야 한다.

제8조 (방송채널사용사업의 등록)

① 법 제9조제5항 본문의 규정에 의하여 방송채널사용사업을 하고자 하는 자는 다음 각 호의 사항을 기재한 등록신청서에 편성계획서 및 사업계획서를 첨부하여 방송위원회에 제출하여야 한다. [개정 2004.9.17]

1. 사업자명
2. 대표자 및 편성책임자

3. 납입자본금 및 실질자본금

4. 방송프로그램 공급분야

5. 발행주식 또는 지분 총수의 100분의 5 이상을 가진 주주 또는 출자자의 구성

6. 주된 사무소의 소재지

7. 제7조의2 제1항 제2호의 규정에 의한 송출시설의 소재지

제9조 (전광판방송사업 및 음악유선방송사업의 등록)

① 법 제9조제5항 본문의 규정에 의하여 전광판방송사업 또는 음악유선방송사업을 하고자 하는 자는 다음 각호의 사항을 기재한 등록신청서를 방송위원회에 제출하여야 한다.

1. 사업자명

2. 대표자 및 편성책임자

3. 사업구역

4. 사업목적 및 내용

제10조 (방송채널사용사업의 승인)

① 법 제9조제5항 단서의 규정에 의하여 종합편성이나 보도 또는 상품소개와 판매에 관한 전문편성을 행하는 방송채널사용사업을 하고자 하는 자는 방송채널사용사업승인신청서에 신청인에 관한사항 및 사업계획서를 첨부하여 방송위원회에 제출하여야 한다.

② 방송위원회는 제1항의 규정에 의한 승인신청서를 접수한 때에는 법 제10조제1항 각호의 사항을 심사하여 승인여부를 결정하고 그 결과를 60일 이내에 신청인에게 통보하여야 한다.

제12조 (전송망사업의 등록)

① 법 제9조제10항의 규정에 의하여 전송망사업을 하고자 하는 자는 다음 각 호의 사항을 기재한 등록신청서에 사업계획서 및 시설설치계획서를 첨부하여 정보통신부장관

에게 제출하여야 한다.
1. 등록신청인
2. 설립시 필요한 자금
3. 기술인력현황
4. 사업구역

제16조 (재허가 등)

① 법 제16조의 규정에 의한 허가 및 승인의 유효기간은 3년으로 한다.

제17조 (허가 · 승인 · 등록의 취소 등)

① 법 제18조제3항의 규정에 의한 허가 · 승인 · 등록의 취소 및 업무정지처분의 기준은 별표 1과 같다. [개정 2001.3.20.]

② 정보통신부장관 또는 방송위원회는 제1항의 규정에 의하여 허가 · 승인 · 등록의 취소 및 업무정지처분을 하는 경우에는 당해 방송사업자 · 중계유선방송사업자 · 음악유선방송사업자 · 전광판방송사업자 또는 전송망사업자에게 서면으로 이를 통지하여야 한다.

③ 정보통신부장관이 허가 또는 등록을 취소하거나 업무정지를 명한 때에는 이를 방송위원회에 통보하여야 한다.

제3장 방송위원회

제20조 (방송기본계획의 합의 등)

① 방송위원회는 법 제27조 단서 및 동조 제1호의 규정에 의하여 방송의 기본계획에 관한 사항을 심의 · 의결함에 있어서 방송영상정책과 관련된 다음 각 호의 사항에 대하여는 문화관광부장관과 합의하여야 한다.

1. 방송영상산업 진흥에 영향을 미치는 방송제도의 수립에 관한 사항

2. 방송프로그램의 제작 · 수급 및 유통 등에 영향을 미치는 방송사업자 구도의 변경에 관한 사항
3. 방송시장 개방 또는 국제협력증진 등을 위하여 정부차원의 협조가 필요한 사항
4. 새로운 방송환경의 형성 · 변화에 따른 정부차원의 지원이 필요한 사항

제22조 (방송발전기금의 징수)

② 방송위원회는 법 제37조제3항의 규정에 의하여 종합유선방송사업자 및 위성방송사업자로부터 기금을 징수하고자 하는 경우에는 연간 매출액의 100분의 6의 범위안에서 당해 종합유선방송사업자 및 위성방송사업자의 재정상태 · 수신자의 수 및 수신료와 방송운용의 공공성등을 참작하여 정하는 징수율을 고시하여야 한다. [개정 2006.3.10]

제4장 한국방송공사

제26조 (설립등기)

① 법 제43조제8항의 규정에 의한 한국방송공사(이하 "공사"라 한다)의 설립등기는 최초의 자본금 납입이 있은 날부터 2주일내에 하여야 한다.

제39조 (등록이 면제되는 수상기)

법 제64조 단서의 규정에 의하여 그 등록이 면제되는 수상기는 다음 각호와 같다. [개정 2001.2.24, 2004.9.17, 2006.3.10]

1. 흑백수상기
2. 수상기의 생산자가 제조한 것으로서 출고되지 아니한 수상기
3. 수상기의 판매인 또는 수입판매인이 영업을 목적으로 보관 또는 진열하고 있는 수상기
4. 「관세법」에 의하여 장치중인 수상기

5. 고물상을 경영하는 자가 영업을 목적으로 보관중인 수상기
6. 주한 외국기관 또는 외국군대의 소속원인 외국인 또는 그 가족이 소지한 수상기
7. 군 및 전투경찰대 영내에 비치한 수상기
8. 교도소의 수용자 또는 소년원 원생의 시청을 위하여 비치한 수상기
9. 방송사업자 및 중계유선방송사업자의 사무소에 비치한 수상기
10. 「초·중등교육법」제2조 및 「고등교육법」제2조의 규정에 의한 학교의 교실 또는 시청각실에 교육목적으로 비치한 수상기
11. 「영유아보육법」에 의하여 설립된 보육시설의 영유아를 위하여 비치한 수상기
12. 「사회복지사업법」에 의한 사회복지시설중 무료시설의 수용자 및 이용자를 위하여 당해 시설에 비치한 수상기
13. 국가 또는 지방자치단체가 일반시청을 목적으로 하지 아니하는 공무용 또는 홍보·교육용으로 비치한 수상기
14. 국가 또는 지방자치단체가 주관하는 전시회에 전시중인 수상기
15. 조약 또는 법령에 의하여 조세 및 이와 유사한 공과금을 면제받는 외국인 또는 그 가족이 소지한 수상기
16. 자동차·선박 또는 항공기에 비치한 수상기
16의2. 이동중 수신을 목적으로 하는 개인휴대용 수상기
17. 1세대가 주거전용의 동일주택 안에 2대 이상의 수상기를 소지하는 경우 1대외의 수상기
18. 집단수용중인 나환자를 위하여 비치한 수상기
19. 「전기사업법」에 의한 전기사업자가 제공하는 전기가 공급되어 있지 아니한 지역 안에 있는 수상기
20. 노인의 후생복지를 위하여 경로당 등에 비치한 수상기
21. 국가안보를 목적으로 설치·운영하는 유선공시청안테나시설에 가입된 수상기중 행정자치부장관이 방송위원회와 협의하여 지정한 수상기
22. 기타 방송위원회가 지정하는 수상기

제41조 (등록말소)

① 수상기등록자는 그 등록된 수상기가 다음 각호의 1에 해당하게 된 때에는 2주일내에 공사 또는 지정받은 자에게 수상기의 등록말소를 신청하여야 한다.

1. 수상기를 양도한 때
2. 노후 또는 파손으로 인하여 시청이 불가능하게 된 때
3. 멸실 기타의 사유로 수상기를 계속하여 소지할 수 없는 때

② 제1항의 규정에 의한 말소신청을 받은 자는 그 사실을 확인하여 수상기등록을 말소한다.

③ 공사 또는 지정받은 자는 그 수상기등록자의 소재가 분명하지 아니한 수상기에 대하여는 이를 확인한 후 그 등록을 말소할 수 있다.

제5장 방송사업의 운영 등

제58조 (외주제작 방송프로그램의 편성)

① 지상파방송사업자 및 지상파방송채널사용사업자는 법 제72조제1항의 규정에 의하여 국내에서 당해 방송사업자가 아닌 자가 제작한 텔레비전방송프로그램(영화를 제외하며, 이하 "외주제작 방송프로그램"이라 한다)을 당해 채널의 매분기 전체 텔레비전방송시간의 100분의 40 이내에서 방송위원회가 고시하는 비율 이상 편성하여야 한다. [개정 2004.9.17]

제59조 (방송광고)

① 법 제73조제2항의 규정에 의한 방송광고(공익광고를 제외한다)의 허용범위 · 시간 · 횟수 또는 방법 등은 다음 각 호의 기준에 의한다. [개정 2004.9.17, 2006.3.10]

1. 지상파방송사업자 및 지상파방송채널사용사업자의 텔레비전방송채널과 라디오방송채널의 경우
   가. 방송프로그램 광고시간은 방송프로그램시간(방송프로그램 광고시간을 포함한다)의 100분의 10을 초과할 수 없다.

제62조 (유선방송국설비의 준공검사 등)

① 법 제79조제2항 및 동조제4항에서 "대통령령이 정하는 기한" 이라 함은 종합유선방송사업 · 중계유선방송사업 또는 음악유선방송사업의 허가 또는 승인을 얻거나 등록을 한 날부터 1년이 되는 날을 말한다.

② 종합유선방송사업자 · 중계유선방송사업자 및 음악유선방송사업자가 법 제79조제2항의 규정에 의하여 유선방송국설비의 설치에 대한 준공검사를 받고자 하는 때에는 설치공사 또는 변경공사가 완료된 날부터 7일 이내에 준공검사신청서를 정보통신부장관에게 제출하여야 한다.

③ 정보통신부장관은 제1항의 규정에 의한 신청서를 접수한 때에는 60일 이내에 유선방송국설비가 시설설치계획에 따라 준공되었는지의 여부와 법 제79조제1항의 규정에 의한 기술기준에 적합한지의 여부를 심사하여 준공검사에 합격한 자에 대하여는 준공검사필증을 교부하여야 한다.

④ 종합유선방송사업자 · 중계유선방송사업자 및 음악유선방송사업자가 유선방송국설비에 대한 준공검사를 받은 때에는 준공검사필증사본을 방송위원회에 제출하여야 한다.

⑤ 종합유선방송사업자 · 중계유선방송사업자 및 음악유선방송사업자가 법 제79조제4항의 규정에 의한 불가피한 사유로 제1항의 규정에 의한 기한까지 유선방송국설비를 설치할 수 없는 때에는 그 사유가 없어진 날부터 6월의 범위내에서 정보통신부장관에게 그 기한의 연장을 신청할 수 있다.

⑥ 준공검사의 절차 및 방법 등에 관하여 필요한 사항은 정보통신부령으로 정한다.

제6장 시청자의 권익보호

제64조 (시청자위원회의 구성 및 운영)

① 법 제87조의 규정에 의한 시청자위원회는 10인 이상 15인 이내의 위원으로 구성한다.

제7장 보칙

제2조 (다른 법령의 폐지) 다음 각호의 법령은 이를 폐지한다.

1. 방송법시행령
2. 종합유선방송법시행령
3. 한국방송공사법시행령
4. 유선방송관리법시행령

5.3 방송표준방식 및 방송업무용 무선설비의 기술기준

제1장 총칙

제1조 (목적)

이 고시는 「전파법」제37조의 규정에 의한 방송표준방식과 「무선설비규칙」(이하 "규칙"이라 한다) 제24조 제2항 제1호의 규정에 의한 방송업무용 무선설비의 기술기준을 규정함을 목적으로 한다.

제2조 (적용범위)

이 고시에서 정하는 방송표준방식 및 방송업무용 무선설비의 기술기준은 방송을 행하는 방송국의 카메라 · 마이크로폰 증폭기 · 데이터방송용 저작장치 또는 저장 · 재생장치의 출력단자에서 송신공중선까지의 범위(중계용과 연락망용을 제외한다)의 무선설비에 적용한다.

제3조(용어의 정의)

① 이 고시에서 사용하는 용어의 정의는 다음과 같다.

1. "위성방송"이라 함은 공중이 직접 수신할 수 있도록 할 목적으로 텔레비전, 라디오 및 데이터 등의 방송프로그램 신호를 인공위성의 송신설비를 이용하여 방송하는 것을 말한다.
2. "디지털방송"이라 함은 방송신호를 디지털화하여 송신하는 방송을 말한다.
3. "텔레비전음성다중방송"이라 함은 음성신호 채널을 2개 이상으로 하여 방송하는 텔레비전 방송을 말한다.
4. "스테레오포닉 음성다중방송"이라 함은 텔레비전음성다중방송에서 음향에 입체감을 주기 위한 방송을 말한다.
5. "스테레오포닉방송"이라 함은 청취자에게 음성 기타 음향의 입체감을 주기 위하여 1개의 방송국에서 좌측신호 및 우측신호를 1개의 주파수의 전파로 동시에 전송하는 방송을 말한다.
6. "모노포닉방송"이라 함은 음성 기타 음향신호만으로 직접 주반송파를 변조하여 행하는 방송을 말한다.
7. "좌(또는 우)측 신호"라 함은 청취자의 좌(또는 우)측에 주세력을 갖는 음성신호를 전송하도록 배치한 단일 또는 조합 마이크로폰의 전기적 출력을 말한다.
8. "파이롯트 신호"라 함은 방송의 수신에 보조적 역할을 하도록 전송하는 신호를 말한다.
9. "주채널신호"라 함은 좌측신호와 우측신호의 합의 신호를 말한다.
10. "부채널신호"라 함은 좌측신호와 우측신호의 차의 신호로서 부반송파를 진폭변조할 때 생긴 측파대를 말한다.
11. "프리엠파시스"라 함은 정상신호파를 그 주파수대의 한 부분에 대하여 다른 부분보다 특히 강하게 하는 것을 말한다.
12. "디엠파시스"라 함은 프리엠파시스를 행한 신호파를 정상신호파로 환원하는 것을 말한다.

13. "텔레비전방송 부가서비스"라 함은 텔레비전의 수직귀선소거기간과 기저대역 내의 부반송파를 이용하여 디지털이나 아날로그 형태로 데이터 또는 가공된 정보를 전송하는 모든 서비스를 의미한다.

14. "페데스탈레벨"이라 함은 수평과 수직의 귀선을 소거하는 시간중에 삽입되는 신호파의 상단레벨로서 동기신호의 기준레벨이 되는 것을 말한다.

15. "백레벨"이라 함은 텔레비전의 화면이 백색이 되는 전기신호의 레벨을 말한다.

16. "흑레벨"이라 함은 텔레비전의 화면이 흑색이 되는 전기신호로서 전송계 전체를 통하여 보존함으로써 화면의 평균밝기를 충실하게 전할 수 있는 레벨을 말한다.

17. "주사"라 함은 화소의 휘도신호 또는 색신호(색상과 채도를 말한다)를 일정한 방법에 따라 화면에 조사(照査)하는 것을 말한다.

18. "필드"라 함은 화상을 구성하기 위해 위에서 아래로 1회 주사하는 것을 말하며 뛰어넘어 주사하는 경우에 한 화면은 2 필드로 구성된다.

19. "영상신호"라 함은 정지 또는 이동하는 사물의 순간적 영상을 전송하기 위하여 주사에 따라 발생되는 직접적인 전기적 변화를 말한다.

20. "동기신호"라 함은 영상을 동기시키기 위하여 전송하는 신호를 말한다.

21. "음성신호"라 함은 음성 또는 기타 음향을 전송하기 위하여 음성 또는 기타 음향에 따라 발생하는 직접적인 전기적 변화를 말한다.

22. "반송파"라 함은 신호파를 무선으로 운반시키기 위한 지속적인 주파수를 말한다.

23. "프로그램 채널"이라 함은 영상, 음성, 보조데이터로 구성되는 텔레비전 방송 서비스 채널과 단일 스트림으로 구성되는 데이터 서비스 채널을 말한다.

24. "MPEG(Moving Picture Experts Group)"라 함은 국제 표준화기구(ISO)와 국제 전기표준화회의(IEC) 산하의 정보기술 표준화를 위한 합동기술위원회(JTC1)에 소속된 여러 기술분과 중 하나인 ISO/IEC JTC1/SC29/WG11을 말한다.

25. "8-VSB(vestigial side band) 전송 방식"이라 함은 3 비트로 구성된 8 레벨의 심볼들을 VSB로 변조하여 전송하는 방식이다.

26. "멀티채널 오디오"라 함은 좌측, 우측, 좌측 서라운드, 우측 서라운드, 중앙 및 저대역 효과 채널 등 최대 5.1 채널로 구성되는 오디오 신호를 의미한다.

27. "서비스 정보(SI:Service Information)" 라 함은 수신기에서 프로그램 안내정보의 구성과 선택한 프로그램의 수신을 위한 위성 반송파와 영상, 음성, 데이터 스트림을 찾는데 필요한 정보를 의미한다.

28. "QPSK(Quadrature Phase Shift Keying)" 라 함은 데이터 전송시 전압의 크기를 똑같이 하고 위상을 45도, 135도, 225도, 315도의 4가지로 전송하는 방식을 의미한다.

29. "지상파 디지털멀티미디어방송(DMB)" 이라 함은 공중이 직접 수신할 수 있도록 할 목적으로 디지털 오디오, 비디오 및 데이터를 지상의 송신설비를 이용하여 초단파 대역에서 방송하는 것을 말한다.

30. "지상파 디지털멀티미디어방송(DMB) 오디오 서비스" 라 함은 지상파 디지털 멀티미디어 방송에서 오디오를 제공하는 서비스를 말하며, 오디오 신호 외에 보조영상 신호, 보조 데이터 신호 또는 이들의 조합으로 구성할 수 있다.

31. "지상파 디지털멀티미디어방송(DMB) 비디오 서비스" 라 함은 지상파 디지털 멀티미디어 방송에서 기본적으로 제공하는 비디오와 비디오에 따른 음성 · 음향 또는 그 보조데이터로 구성되는 서비스를 말한다.

32. "지상파 디지털멀티미디어방송(DMB) 데이터 서비스" 라 함은 지상파 디지털 멀티미디어 방송 오디오 서비스 및 비디오 서비스와는 독립적인 정보로 구성되는 모든 서비스를 말한다.

33. "$\pi/4$ DQPSK(Differential QPSK)" 라 함은 데이터 전송시 전압의 크기를 동일하게 하고 위상을 바로 전에 전송된 심볼의 위상에 0도, 90도, 180도, 270도의 4가지 중에 해당하는 위상을 더하고 천이위상 45도($\pi/4$)를 추가하여 전송하는 방식을 말한다.

34. "OFDM(Orthogonal Frequency Division Multiplexing)" 이라 함은 상호 직교성을 갖는 다수 반송파를 이용하여 신호를 변조하여 다중화하는 전송 방식을 말한다.

35. "전송 프레임" 이라 함은 전송의 기본 단위로 동기채널, 고속 정보채널, 주서비스채널로 구성된다.

36. "서비스 컴포넌트" 라 함은 서비스의 구성단위로서 물리적인 의미를 갖는 디지털 오디오, 비디오 또는 데이터를 말한다.

37. "위성 디지털멀티미디어방송(DMB)" 이라 함은 공중이 직접 수신할 수 있도록

할 목적으로 디지털 비디오, 오디오 및 데이터 등의 방송프로그램 신호를 위성 송신설비 및 지상 중계설비를 이용하여 극초단파대역에서 방송하는 것을 말한다.

38. "위성 디지털멀티미디어방송(DMB) 비디오 서비스"라 함은 위성 디지털 멀티미디어 방송에서 기본적으로 제공하는 비디오와 비디오에 따른 오디오 또는 그 보조 데이터로 구성되는 서비스를 말한다.

39. "위성 디지털멀티미디어방송(DMB) 오디오 서비스"라 함은 위성 디지털 멀티미디어 방송에서 기본적으로 제공하는 오디오 또는 그에 따른 보조 데이터로 구성되는 서비스를 말한다.

40. "위성 디지털멀티미디어방송(DMB) 데이터 서비스"라 함은 위성 디지털 멀티미디어 방송의 비디오 서비스 및 오디오 서비스와는 독립적인 정보로 구성되는 모든 서비스를 말한다.

41. "CDM(Code Division Multiplexing)"이라 함은 상호 직교성을 갖는 코드를 이용하여 주파수 대역을 확산하고 신호를 다중화하는 전송 방식을 말한다.

42. "BSAC (Bit Sliced Arithmetic Coding)"이라 함은 ISO/IEC14496-3에서 정의한 부호화 방식 중 하나로서 채널당 1kbps 단위의 계층적 구조를 가지는 고품질 오디오 압축 부호화 방식을 말한다.

② 이 고시에서 사용하는 용어의 정의는 제1항에서 정하는 것을 제외하고는 전파법령이 정하는 바에 의한다.

제2장 라디오 방송업무용 무선설비

제6조(중파(AM)방송용 무선설비)

① 중파(AM)방송용 무선설비의 기술기준은 다음 각 호와 같다.

1. 변조도

가. 모노포닉방송을 행하는 송신장치 등은 적어도 95퍼센트까지 직선적으로 변조할 수 있을 것

나. 스테레오포닉방송을 행하는 송신장치 등은 동일한 좌측신호와 우측신호를 합

한 신호에 의하여 적어도 95퍼센트까지 직선적으로 변조할 수 있을 것

7. 신호대 잡음비

가. 모노포닉방송을 행하는 송신장치 등은 변조주파수 1,000㎐로서 80퍼센트의 변조를 하는 경우에 50데시벨 이상일 것

나. 스테레오포닉방송을 행하는 송신장치 등은 변조주파수 1,000㎐로서 80퍼센트의 변조를 하는 경우에 좌측신호와 우측신호를 합한 신호에 대하여 50데시벨 이상이어야 하며 좌측신호와 우측신호를 각각 40퍼센트의 변조를 하는 경우에 42데시벨 이상일 것

11. 반송파의 진폭변동율

가. 모노포닉방송을 행하는 경우에 변조주파수 1,000㎐로서 0 퍼센트에서 95퍼센트까지 변조할 때, 반송파의 전류진폭의 변동율은 5퍼센트 이내 일 것

나. 스테레오포닉방송을 행하는 경우에 1,000㎐의 변조주파수에 의한 동일 좌측신호와 우측신호를 합한 신호에 의하여 0퍼센트에서 95퍼센트까지 진폭변조할 때, 반송파의 전류진폭의 변동율은 5퍼센트 이내일 것

제7조(초단파(FM)방송용 무선설비)

① 초단파(FM)방송용 무선설비의 기술기준은 다음 각 호와 같다.

1. (변조도) 송신장치 등은 적어도 100퍼센트까지 직선적으로 변조할 수 있을 것

2. 변조방식

가. 모노포닉방송을 하는 경우 주파수변조방식으로 하고 주반송파는 음성신호로 변조할 것

나. 스테레오포닉방송을 하는 경우에는 모노포닉방송의 경우와 양립성을 갖도록 하기 위하여 주파수변조방식으로 할 것

(1) 주반송파는 주채널 신호와 부채널 신호 및 파이롯트 신호로써 변조할 것

(2) 부채널 신호는 진폭변조방식으로 하고 변조 후 발생하는 부반송파를 억압하는 것으로 할 것

3. (변조주파수) 음성신호의 변조주파수는 15,000㎐ 이내로 할 것

4. 파이롯트 신호

가. 파이롯트 주파수는 19㎑이고 허용편차는 (±)2㎐이내일 것

나. 스테레오포닉방송을 하는 경우 파이롯트 신호에 의한 주파수편이는 제5호 가목에 규정하는 최대주파수편이의 8퍼센트에서 10퍼센트 범위 이내일 것

다. (파이롯트신호와 부반송파의 위상오차) 스테레오포닉 방송을 행하는 경우에 부반송파가 시간축과 정(+)의 경사로 교차하는 점과 파이롯트신호가 그 시간축과 교차하는 점과의 위상오차는 (±)3도 이상을 벗어나지 아니하여야 하며, 또한 정(+)의 값의 다중신호는 주반송파의 정(+)의 주파수편이를 발생할 것

5. 최대주파수편이

가. 최대주파수편이는 (±)75㎑일 것

나. 스테레오포닉방송의 경우 좌측신호 또는 우측신호의 입력단자에 신호를 가하는 경우 주채널 신호에 의한 주반송파의 주파수편이와 부채널 신호에 의한 주반송파의 주파수편이는 동일한 것으로 하며 각각의 최대치는 제5호 가목에서 규정한 최대주파수편이의 45퍼센트를 넘지 않도록 할 것

6. (종합왜율) 송신장치 등은 각각의 변조 주파수에 대해 (±)75㎑의 주파수편이로 변조한 경우에 아래 표와 같을 것

변 조 주 파 수(㎐)	종 합 왜 율(퍼센트)
50 내지 100	3.5 이내
100 내지 7,500	2.5 이내
7,500 내지 15,000	3.0 이내

7. (신호 대 잡음비) 1,000㎐의 변조주파수에 의하여 최대주파수편이로 변조한 송신장치 등은 75마이크로로초의 시정수를 가진 임피던스 주파수특성의 회로에 의하여 디엠파시스를 행한 경우에 60데시벨 이상일 것

13. (편파면) 송신공중선은 그 발사전파의 편파면이 원형일 것. 다만, 정보통신부장관이 특히 필요하다고 인정하는 경우에는 그러하지 아니한다.

제9조 (지상파 디지털멀티미디어방송용 무선설비)

① 지상파 디지털멀티미디어방송용 무선설비의 기술기준은 다음 각 호와 같다.

1. 방송신호는 오디오 서비스 신호, 비디오 서비스 신호 또는 데이터 서비스 신호로

구성될 것

2. 오디오 서비스 신호의 형식

가. 오디오 신호의 부호화

(1) 오디오 신호의 대역은 20,300㎐ 이하로 할 것.

(2) 오디오 신호의 표본화 주파수는 최대 48,000㎐로 할 것

(3) 오디오 신호의 표본당 비트 수는 최대 24 이하일 것

나. 부호화 형식 및 조건은 다음과 같을 것

(1) 오디오 압축 부호화 형식이 ISO/IEC 11172-3(MPEG-1 Audio Layer II) 또는 ISO/IEC 13818-3(MPEG-2 Audio Layer II)를 따르는 경우

(가) 오디오 서비스의 최대 비트율은 912kbps로 할 것

(나) 오디오 부호화기로부터 출력되는 신호의 최소 비트율은 112kbps로 할 것

(다) 보조 데이터 신호는 "지상파 디지털멀티미디어방송 송수신 정합 표준" 및 "지상파 디지털멀티미디어방송 데이터 송수신 정합 표준"에서 규정하는 형식을 따를 것

(2) 오디오 압축 부호화 형식이 ISO/IEC 14496-3(MPEG-4 BSAC Audio) 방식을 따르는 경우

(가) 오디오 서비스의 최대 비트율은 256kbps로 할 것

(나) 오디오 부호화기로부터 출력되는 신호의 최소 비트율은 64kbps로 할 것

(다) 보조 영상 및 보조 데이터 신호의 비트율은 전체 비트율의 40%이하일 것

(라) 보조 영상 및 보조 데이터 신호는 "지상파 디지털멀티미디어 방송 송수신 정합 표준" 및 "지상파 디지털멀티미디어방송 비디오 송수신 정합 표준"에서 규정하는 형식을 따를 것. 단, 보조 영상신호는 초당 1프레임 이하일 것

3. 비디오 서비스 신호의 형식

가. 비디오 신호 및 비디오에 따른 음성 · 음향 신호는 "지상파 디지털멀티미디어 방송 비디오 송수신 정합 표준"에서 규정하는 형식을 따를 것

나. 비디오 보조 데이터 신호는 "지상파 디지털멀티미디어방송 비디오 송수신 정합 표준"에서 규정하는 형식을 따를 것

4. 데이터 서비스 신호의 형식

가. 데이터 서비스 신호는 “지상파 디지털멀티미디어방송 데이터 송수신 정합 표준” 에서 규정하는 형식을 따를 것

5. 다중화는 다음 조건에 적합할 것

가. 오디오 서비스 신호, 비디오 서비스 신호, 데이터 서비스 신호 및 시스템 정보를 하나의 전송스트림으로 다중화할 것

나. 다중화 형식은 “지상파 디지털멀티미디어방송 송수신 정합 표준” 에서 규정하는 형식을 따를 것

6. 제한수신

가. 서비스 컴포넌트 단위로 제한수신 기능을 부가할 수 있을 것

7. 오류 정정 및 분산

가. 오류 정정 방식은 길쌈부호를 적용하며, 부호화율을 가변할 수 있을 것

나. 오류 분산 방법은 시간 인터리빙(Time Interleaving) 및 주파수 인터리빙(Frequency Interleaving)을 적용하고, “고속정보채널(Fast Information Channel)” 에는 주파수 인터리빙만을 적용할 것.

8. 변조 및 송신조건은 다음을 만족할 것

가. 변조된 신호의 주파수 대역폭은 1.536㎒로 할 것

나. 발사전파의 형식은 G7W일 것

다. 변조는 $\pi/4$-DQPSK 방식이고, 전송은 OFDM 방식으로 할 것

라. 유효 전송 속도는 0.8 Mbps이상 1.7Mbps이하로 할 것

마. 전송 프레임의 형식은 “지상파 디지털멀티미디어방송 송수신 정합 표준” 에서 규정하는 방식을 따를 것

바. 송신장치의 기술적 조건

(1) 대역외 발사강도는 별표 9-1과 같이 4㎑의 분해대역폭(RBW)으로 측정한 경우에 중심주파수로부터 ±0.97㎒에서 -71dB 이하이고 중심주파수로부터 ±1.75㎒에서 -106dB 이하일 것. 다만 정보통신부 장관이 필요하다고 인정하는 경우 별표 9-2와 같다.

(2) 첨두전력 레벨은 평균 전력 레벨의 13dB 이상을 초과하지 않을 것

(3) 신호대잡음비는 길쌈부호율 0.5일 때 별표 9-3을 기준으로 편차가 1㏈ 이내일 것

(4) 반송파의 주파수 허용편차는 중심주파수로부터 ±10㎐ 이내일 것. 다만, 다중주파수망(MFN)일 경우 ±100㎐ 이내

(5) 공중선 전력의 허용편차는 상한 12퍼센트, 하한 11퍼센트로 할 것

(6) 주파수응답특성은 전송대역폭내에서 ±1dB 이내일 것

제3장 텔레비전 방송업무용 무선설비

제10조(아날로그 지상파 텔레비전방송용 무선설비)

① 아날로그 지상파 텔레비전방송용 무선설비의 기술기준은 다음 각 호와 같다.

2. 반송주파수

가. 영상신호 반송파의 주파수는 6,000㎑의 주파수대폭의 하한으로부터 1,250㎑ 높은 주파수로 할 것

나. 음성신호 반송파의 주파수는 영상신호 반송파의 주파수로부터 4,500㎑ 높은 주파수로 하며 허용편차는 (±)1,000㎐이내 일 것

다. 칼라 텔레비전방송을 행하는 경우에 색신호(피사체의 색상 및 채도를 나타내는 신호를 말한다. 이하 같다) 부반송파의 주파수는 3,579.545㎑로 할 것. 이 경우에 허용편차는 (±)10㎐ 이내 이어야 하고 매초 (±)0.1㎐를 초과하지 않을 것

4. 영상신호

가. 칼라텔레비전 방송을 행하는 경우에 영상신호는 휘도신호(피사체의 휘도를 표시하는 신호를 말한다. 이하 같다)와 색신호로 구성되며 별표 10-2의 방정식(수상기에 동등이상의 효과를 주는 것을 포함한다)에 적합한 것으로 할 것

나. 페데스탈레벨은 반송파 최고레벨의 75퍼센트이어야 하며 허용편차는 (±)2.5퍼센트 이내 일 것

다. 백레벨은 반송파 최고레벨의 12.5퍼센트이어야 하며 허용편차는 (±)2.5퍼센트 이내 일 것

라. 흑레벨은 페데스탈레벨로부터 페데스탈레벨과 백레벨과의 차이에 대해 7.5퍼

센트이어야 하며 허용편차는 (±)2.5퍼센트 이내일 것

마. 연속한 2필드를 보내는 동안에 동기신호 첨두치 변동이 평균치에 대하여 가능한 한 (±)2.5퍼센트 이내일 것

바. 색신호의 진폭은 (±)15퍼센트 이내이고, 색신호의 위상은 (±)8도 이내로 유지하여야 할 것

6. 영상 송신장치

가. 색신호 부반송파의 주파수로 변조한 경우에 하측파대 강도는 200㎑의 주파수로 변조한 경우의 하측파대 강도에 대하여 (-)42데시벨 이하일 것

9. 음성신호

가. (최대주파수 편이) 음성신호에 의한 주파수 변조의 최대주파수 편이는 (±)25㎑로 할 것

나. (종합주파수특성) 50㎐에서 15,000㎐까지 최대주파수 편이의 50퍼센트로 변조한 송신장치 등은 75마이크로초의 시정수를 가진 임피던스 주파수특성의 회로에 의하여 프리엠파시스를 하여야 하며 별표 7-1에 정한 특성곡선과 같을 것. 다만, 동등한 특성을 가지는 경우에는 그러하지 아니한다.

다. (종합왜율) 50㎐에서 15,000㎐까지 최대 주파수편이로 변조한 송신장치 등은 75마이크로초의 시정수를 가진 임피던스 주파수특성의 회로에 의하여 디엠파시스를 행한 경우에 5퍼센트 이하일 것

라. (신호대 잡음비) 변조주파수 1,000㎐에 의하여 최대 주파수편이로 변조한 송신장치 등은 75마이크로초의 시정수를 가진 임피던스 주파수특성의 회로에 의하여 디엠파시스를 행한 경우에 50데시벨 이상일 것

10. 음성다중방송

가. (반송주파수) 제2음성신호 반송파(텔레비전 음성다중방송을 하기 위하여 부가되는 음성신호 반송파를 말한다. 이하 같다)의 주파수는 제2호 가목에서 정한 영상신호 반송파의 주파수보다 제5호 다목의 수평동기 펄스 주파수(이하 "수평동기 펄스 주파수"라 한다)의 300.25배 높은 주파수로 할 것

나. 제어신호

(1) 제어신호(텔레비전음성다중방송의 수신에 보조적 역할을 하기 위한 신호를 말한다. 이하 같다)의 주파수는 스테레오포닉 음성다중방송일 경우에 수평동기 펄스 주파수의 1/105배로 하고, 2음성 다중방송일 경우에는 수평동기

펄스주파수의 1/57배로 할 것

(2) 제어신호 부반송파의 주파수는 수평동기 펄스 주파수의 3.5배이고 주파수의 허용편차는 (±)5㎐로 할 것

(3) 제어신호 부반송파는 제어신호에 의하여 진폭변조로 하고, 그 변조도는 50%로 할 것

다. 변조신호

(1) 제1음성신호 반송파(제2호 나목의 음성신호 반송파를 말한다. 이하 같다)의 변조신호는 스테레오포닉 음성다중방송을 행하는 경우에는 좌측신호와 우측신호의 합신호일 것

(2) 제2음성신호 반송파의 변조신호는 스테레오포닉 음성다중방송을 행하는 경우에는 좌측신호와 우측신호의 차 신호이고 2음성다중방송(스테레오포닉 음성다중방송 이외의 텔레비전 음성다중방송을 말한다. 이하 같다)을 행하는 경우에는 부가되는 음성신호와 제어신호 부반송파일 것

라. 최대주파수편이

(1) 2음성다중방송을 하는 경우에 제1음성신호에 의한 반송파의 최대주파수편이는 (±)25㎑이고, 제2음성신호의 반송파는 주파수변조이며 제2음성신호에 의한 최대주파수편이는 (±)25㎑이며 제어신호 부반송파에 의한 최대주파수편이는 (±)2.5㎑(허용편차 ±0.5㎑)일 것

(2) 스테레오포닉 음성다중방송을 하는 경우에 제1음성신호에 의한 반송파의 최대주파수편이는 (±)12.5㎑이고, 제2음성신호에 의한 최대주파수편이는 (±)12.5㎑이며 제어신호 부반송파에 의한 최대주파수편이는 (±)2.5㎑일 것

마. (종합주파수특성곡선) 송신장치 등은 75마이크로초의 시정수를 가진 임피던스 주파수특성의 회로에 의하여 프리엠파시스를 한 경우에 별표 7-1에 정한 특성곡선과 같을 것

바. (종합왜율) 50㎐에서 15,000㎐까지 최대 주파수편이로 변조한 송신장치 등은 75마이크로초의 시정수를 가진 임피던스 주파수 특성의 회로에 의하여 디엠파시스를 행한 경우에 5퍼센트 이하일 것

사. (신호대 잡음비) 변조주파수 1,000㎐에 의하여 최대 주파수편이로 변조한 송신장치 등은 75마이크로초의 시정수를 가진 임피던스 주파수특성의 회로에 의

하여 디엠파시스를 행한 경우에 50데시벨 이상일 것

아. (혼변조) 제1음성신호반송파의 주파수와 제2음성신호반송파의 주파수와의 차의 주파수에 의한 혼변조파 발사의 평균전력은 제1음성신호반송파와 제2음성신호 반송파의 무변조시 제1음성신호반송파 주파수보다 224.2㎑ 낮은 주파수와 제2음성신호 반송파의 주파수보다 224.2㎑ 높은 주파수에서 각각 영상신호 반송파의 전력보다 50dB 이상 낮은 값이어야 할 것

자. (신호분리도) 송신장치의 제1음성신호 및 제2음성신호에 따라 제1음성신호 반송파와 제2음성신호반송파에 규정된 최대주파수 편이를 가한 경우에 각각 50㎐ 내지 15,000㎐ 범위 안의 어떤 주파수에 있어서도 다음의 값 이상이어야 할 것

(1) 스테레오포닉 음성다중방송일 때 30dB

(2) 2음성다중방송일 때 55dB

11. 음성송신설비의 실효복사전력

가. 모노포닉방송의 경우 음성반송파의 실효복사전력은 영상반송파의 영상송신설비의 실효복사전력의 10퍼센트 이상 30퍼센트 이하일 것

나. 제1음성신호반송파 및 제2음성신호반송파의 실효복사전력은 각각 텔레비전 영상신호 반송파 실효복사 전력의 5퍼센트와 1퍼센트로 할 것

12. (편파면) 송신공중선은 그 발사전파의 편파면이 수평일 것. 다만, 정보통신부장관이 특히 필요하다고 인정하는 경우에는 그러하지 아니한다.

15. 텔레비전방송 부가서비스의 기술적 조건은 다음 각목에 적합할 것

가. 텔레비전방송 부가서비스가 제공할 수 있는 서비스는 문자정보, 고스트 제거 기준신호, 프로그램 관련 정보, 자막방송, 인터넷 정보, 컴퓨터 소프트웨어와 데이터 전송을 포함하며 새로운 서비스의 개발에 따라 추가될 수 있다. 텔레비전방송 부가서비스는 서비스 제공자가 선택하여 실시할 수 있다.

나. 주파수대역폭

텔레비전방송 부가서비스에 사용하는 주파수대역폭은 동일 채널의 6㎒이내로 할 것

다. 변조

(1) 부가서비스 신호는 모든 방식으로 변조될 수 있을 것

(2) 수직귀선소거기간을 이용하는 경우 신호의 크기는 70IRE 이내로 할 것

라. 동기신호

(1) 텔레비전영상동기신호는 수직동기 펄스, 수평동기 펄스, 등화 펄스 및 색신호 부반송파로 구성되며 별표 10-4와 같을 것

(2) 수평동기 펄스 주파수는 제2호다목에서 규정하는 색신호 부반송파 주파수의 2/455인 15,734.264±0.044㎐로 할 것

(3) 수직동기 펄스 주파수는 수평동기 펄스 주파수의 2/525인 59.94㎐로 할 것

마. 데이터의 삽입위치

수직귀선소거기간을 이용하는 텔레비전방송 부가서비스에서 데이터를 삽입할 수 있는 라인은 10H ~ 21H와 273H ~ 284H로 할 것

바. 간섭

(1) 텔레비전방송 부가서비스의 실시로 인하여 동일 채널 또는 인접채널의 텔레비전 영상 또는 음성에 어떠한 품질 저하도 주어서는 아니 될 것

(2) 디지털 데이터 펄스는 정상 주파수대역폭에 에너지가 분포 되도록 정형화되어야 할 것

② 아날로그 지상파 텔레비전 방송용 채널은 별표 10-5와 같다.

제11조(디지털 지상파 텔레비전방송용 무선설비)

① 디지털 지상파 텔레비전방송용 무선설비의 기술기준은 다음 각 호와 같다.

1. 방송신호는 영상, 음성, 보조데이터로 구성되는 텔레비전 프로그램 신호 또는 데이터 방송을 하는 데이터 신호로 구성될 것

2. 방송신호의 표현 형식

가. 영상은 다음과 같은 신호를 사용하여 부호화 할 것

(1) 영상신호의 표현 형식은 "지상파 디지털 텔레비전방송 송수신 정합표준"에서 규정하는 조건에 적합할 것

(2) 휘도 신호와 색차 신호의 표본당 비트 수는 8로 할 것

(3) 영상 신호의 형식은 휘도 신호(Y) 블록 4개와 색차 신호(Cb, Cr) 블록 각 한 개씩으로 구성된 4:2:0 형식으로 할 것. 이 경우 블록은 수평x수직으로 8x8

화소로 구성된 매트릭스를 말하는 것일 것

나. 음성은 다음과 같은 신호를 사용하여 부호화 할 것

(1) 음성 신호의 대역은 3㎐ 이상 20,000㎐ 이하로 할 것. 이 경우 저대역효과(LFE: Low Frequency Enhancement)채널 음성 신호의 대역은 3㎐ 이상 120㎐ 이하로 할 것

(2) 음성의 서비스 유형은 "지상파 디지털 텔레비전방송 송수신 정합 표준"에서 규정하는 조건에 적합할 것

(3) 음성 채널의 수는 5.1채널이며 이 가운데 한 채널 이상을 선택하여 오디오 채널을 구성할 것

(4) 음성 신호의 표본화 주파수는 48,000㎐로 할 것

(5) 음성 신호의 표본당 비트 수는 16 이상, 24 이하로 할 것

3. 영상 신호의 압축 조건

가. 프로그램 채널당 영상 부호화 목표 비트율은 최대 19.4Mbps로 할 것

나. 부호화 기본 알고리즘은 MPEG-2 MP@HL 또는 MPEG-2 MP@ML을 따를 것. 이 경우 부호화 알고리즘의 정의 등은 MPEG-2 국제표준인 ISO/IEC 13818-2를 따를 것

다. 영상과 관련된 자막 데이터 등 영상 보조 데이터의 비트율은 최대9600bps로 할 것

4. 음성 신호의 압축 조건

가. 음성 부호화 목표 비트율은 최대 512kbps로 할 것

나. 음성 부호화 기본 알고리즘으로는 AC-3(돌비 디지털) 방식을 사용할 것

6. 다중화는 다음 조건에 만족할 것

가. 영상 · 음성 · 데이터방송 신호 및 시스템정보 스트림을 하나의 전송스트림으로 다중화하며, 다중화의 기술적 조건은 MPEG-2 국제 표준인 ISO/IEC 13818-1을 따를 것

나. 전송채널(6㎒대역)은 하나의 HDTV 프로그램 채널 또는 하나 이상의 SDTV 프로그램 채널을 포함하여 구성할 것

9. 변조 및 송신조건은 다음 조건에 만족할 것

가. 변조방식은 8-VSB 방식으로 할 것

나. 전송 속도는 10.762M symbols/sec로 할 것

다. 변조된 신호의 채널 당 주파수 대역폭은 6㎒로 할 것

라. 펄스 정형 필터는 제곱근 레이즈드 여현 필터(root-raised cosine filter)를 사용할 것

마. 데이터신호와 동기신호 심볼에는 직류 레벨의 파일럿 신호를 더할 것

바. VSB 전송 데이터 프레임의 구조

(1) VSB 전송 데이터 프레임은 2개의 데이터 필드로 이루어지며 각각은 데이터 세그먼트로 구성될 것

(2) 데이터 세그먼트와 데이터 필드의 시작점에 세그먼트 동기 신호와 필드 동기 신호를 각각 삽입할 것

(3) 동기신호의 형식은 "지상파 디지털 텔레비전방송 송수신 정합표준" 에서 규정하는 조건에 적합할 것

사. 송신장치의 기술적조건

(1) 대역외 발사강도는 별표 11-1과 같이 500㎐의 분해대역폭(RBW)로 측정한 경우에 채널경계로부터 500㎑까지는 47dB이하이고 채널경계로부터 500㎑에서 6㎒까지는 11.5(Δf+3.6)dB이하일 것 이 경우 Δf는 채널경계로부터의 주파수차(㎒)를 말한다.

(2) 신호대 잡음비는 등화를 행하지 아니한 경우에 27dB이상일 것

(3) 위상잡음은 20㎑에서 헤르츠당 -104dBc이하일 것

(4) 주파수응답특성은 6㎒ 대역내에서 ±0.5dB이내일 것

(5) 첨두전력대 평균전력비는 별표 11-2의 허용범위 이내일 것

13. 이 기준에 규정되지 않은 디지털 지상파 텔레비전방송업무에 대한 기술적 특성은 국제전기통신연합(ITU)에 규정된 조건을 따를 것

5.4 유선방송국설비 등에 관한 기술기준

제1장 총칙

제2조 (정의)

① 이 고시에서 사용하는 용어의 정의는 다음과 같다.

1. "유선방송설비"라 함은 유선방송국설비와 전송선로설비를 말한다.
2. "유선방송국설비"라 함은 유선방송을 편성 · 운행 · 송출하기 위하여 유선방송국 안에 설치하는 주 전송장치 등 설비를 말한다.
3. "전송선로설비"라 함은 케이블 · 접속커넥터 · 분배기 · 분기기 · 중계장치 · 증폭장치 등 유선방송신호를 전송하는데 필요한 전송설비와 선로설비를 말한다.
4. "주 전송장치"라 함은 유선방송신호를 증폭 · 조정 · 변환 및 혼합하여 선로에 전송하는 장치 및 이에 부가된 장치(수신공중선계 · 텔레비전카메라 · 마이크로폰 · 문자발생기 · 녹음기 및 녹화기를 제외한다)를 말한다.
5. "영상신호"라 함은 주사에 따라 생기는 직접적인 전기적 변화로서 정지 또는 이동하는 사물의 순간적 영상을 전송하기 위한 신호를 말한다.
6. "음성신호"라 함은 음성 기타 음향에 따라 생기는 직접적인 전기적 변화로서 음성 기타 음향을 전송하기 위한 신호를 말한다.
7. "기저대역"이라 함은 변조하기 전의 정보를 포함하고 있는 주파수 대역을 말한다.
8. "수신설비"라 함은 유선방송국에서 텔레비전방송신호를 수신하기 위한 수신안테나, 케이블 및 증폭장치 등을 말한다.
9. "구내전송선로설비"라 함은 유선방송을 수신하기 위하여 수신자가 구내에 설치하는 선로 · 관로 · 배관 · 증폭기 · 분배기 및 분기기 등과 그 부대설비로서「주택건설기준 등에관한 규정」제42조 및「전기통신설비의 기술기준에 관한 규칙」제21조의 규정에 의하여 건축물에 설치하는 유선방송 전송선로설비를 말한다.

10. "분배기"라 함은 입력신호 에너지를 2이상으로 균등하게 분배하는 장치를 말한다.

11. "분기기"라 함은 입력신호 에너지를 간선에서 지선으로 불균등하게 분리시키는 장치를 말한다.

12. "직렬단자"라 함은 동일 댁내에서 텔레비전방송 신호를 분배 또는 분기할 수 있으며, 그 내부에 텔레비전단자가 내장되어 있는 것을 말한다.

13. "보호기"라 함은 낙뢰 또는 강전류 전선과의 접촉등에 의한 이상 전류 또는 이상전압의 유입을 제한하거나 차단하는 장치를 말한다.

14. "증폭기"라 함은 동축케이블 · 분배기 및 분기기 등에 의한 상 · 하향신호의 전송손실을 보상하기 위하여 사용하는 장치를 말한다.

15. "프로그램채널"이라 함은 영상 · 음성 · 보조데이터로 구성되는 텔레비전방송서비스 채널과 단일 스트림으로 구성되는 데이터서비스 채널을 말한다.

16. "MPEG(Moving Picture Experts Group)"이라 함은 국제표준화기구(ISO : International Organization for Standardization)와 국제전기표준화회의(IEC : International Electrotechnical Commission) 산하의 정보기술표준화를 위한 합동기술위원회(JTC1 : ISO/IEC Joint Technical Committee 1)에 소속된 여러 기술분과중 하나인 ISO/IEC JTC1/SC29(Sub-committee 29)/WG11 (Working Group 11)을 말한다.

17. "가입자 단말장치"라 함은 주전송장치로부터 전송된 신호(영상 · 음성 · 데이터 등)를 외부장치(TV 수상기 등)에 전달하고, 주전송장치와 데이터통신 등을 하는 장치를 말한다.

18. "ATSC(Advanced Television Systems Committee)"라 함은 차세대 지상파 텔레비전방식을 개발하고 심의하기 위하여 미국의 전자 · 방송 및 산업관련 기관들이 조직한 위원회를 말한다.

19. "64QAM 또는 256QAM(QAM : Quadrature Amplitude Modulation)"이라 함은 데이터 전송시 매 심볼 주기당 64개 또는 256개의 레벨로 출력하여 직교축(I,Q)에 대한 정사영 값을 정현파와 여현파에 각각 반송파억압 변조하여 합한 뒤 전송하는 방식을 말한다.

20. "QPSK(Quadrature Phase Shift Keying)"라 함은 데이터 전송시 전압의 크기를 똑같이 하고 위상을 45도, 135도, 225도, 315도의 4가지로 전송하는 방식

을 말한다.

21. "대역내(In-band) 채널"이라 함은 음성 · 영상서비스, 디지털 멀티미디어서비스 및 정보서비스 등의 다양한 정보를 ISO/IEC 13818-1 (MPEG-2)에 규정된 전송스트림(TS : Transport Stream)의 형식에 따라 54㎒ 내지 864㎒ 주파수대역으로 전송하는 채널을 말한다.

22. "대역외(Out-of-band) 하향채널"이라 함은 주 전송장치에서 가입자 단말장치로 전달되는 제어정보, 접근정보, 응용코드 다운로드 및 프로그램 안내정보 등 기타 유사한 정보를 전송하는 채널을 말한다.

23. "대역외(Out-of-band) 상향채널"이라 함은 가입자 단말장치에서 주 전송장치로 정보를 5.75㎒ 내지 41.75㎒ 주파수대역으로 전송하는 채널을 말한다.

24. "서비스정보(SI : Service Information)"라 함은 가입자 단말장치에서 프로그램을 수신하는데 필요한 채널관련 정보 및 프로그램 안내정보로서, 대역외 채널을 이용하여 제공되는 정보를 말한다.

25. "프로그램 및 시스템정보(PSIP:Program and System Information Protocol)"라 함은 가입자 단말장치에서 프로그램을 수신하는데 필요한 채널관련 정보 및 프로그램 안내정보로서, 대역내 채널을 이용하여 제공되는 정보를 말한다.

26. "ATM(Asynchronous Transfer Mode)"이라 함은 일정 크기를 갖는 정보전달 단위인 셀(cell)을 기본으로 하여 비동기식으로 보내는 방식을 말한다.

27. "AAL 5(ATM Adaptation Layer Type 5)"라 함은 ATM 계층과 상위계층간에 통신특성이 다른 서비스를 연결하기 위한 계층으로서, 데이터통신 및 ATM의 시그널링과 관련된 제어정보를 전송하기 위한 규약을 말한다.

28. "IP(Internet Protocol)"라 함은 OSI(open systems interconnection) 모델의 제3계층(네트워크층)에 해당되는 프로토콜로 다른 네트워크간 패킷의 전송 · 경로제어를 위한 규약을 말한다.

29. "장치함"이라 함은 텔레비전방송 수신을 위한 기기를 수용하며, 동축케이블을 종단하여 상호 연결하는 함을 말한다.

30. "세대단자함"이라 함은 세대내에 인입되는 통신선로 또는 종합유선방송설비 등의 배선을 효율적으로 분배 · 접속하기 위하여 이용자의 전용공간에 설치되는 분배함을 말한다.

31. "세대내 성형배선"(이하 "성형배선"이라 한다)이라 함은 세대단자함 또는 이와

동등한 기능이 있는 단자함에서 각 직렬단자로 직접 배선되는 방식을 말한다.

② 제1항외에 이 고시에서 사용하는 용어의 정의는 「전파법」, 「방송법」 및 「전기통신설비의 기술기준에 관한 규칙」이 정하는 바에 따른다.

제3조 (수신공중선)

① 유선방송을 위한 수신공중선은 다른 사람의 수신설비 또는 전기통신설비에 장애가 되지 아니하도록 다른 사람의 수신설비 또는 전기통신설비로부터 1m 이상 떨어진 곳에 설치하여야 한다. 다만, 그 다른 사람의 승낙을 얻은 경우에는 그러하지 아니하다.

② 제1항의 규정에 의한 수신공중선의 설치기준에 관하여는 「무선설비 규칙」 제9조의 규정을 준용한다.

제5조 (전원설비)

① 유선방송국용 전원설비는 최대로 사용되는 때의 전력을 안정적으로 공급할 수 있는 용량을 가진 것으로서 전압 · 전류의 변동허용범위는 ±10% 이내로 유지할 수 있는 것이어야 한다.

② 제1항의 규정에 의한 전원설비에는 상용전원의 공급중단시 예비전원을 안정적으로 공급할 수 있는 설비가 설치되어야 한다. 이 경우 예비전원의 용량은 상용전원의 공급이 중단된 경우에 최대사용전원을 기준으로 하여 3시간 이상 공급할 수 있는 수준이어야 한다.

제7조 (측정 및 시험)

① 유선방송국설비는 매월 다음 각 호의 방송신호를 측정 · 시험하여 그 결과를 기록 · 관리하여야 한다.

1. 반송파의 주파수편차
2. 전원험 변조도
3. 혼변조도
4. 반송파대 잡음비(음악유선방송 제외)

5. 스퓨리어스

6. 반송파신호레벨(쌍대케이블을 사용하는 음악유선방송 제외)

② 제1항의 규정에 의한 방송신호의 측정 · 시험은 인입단자수 1만 이상인 유선방송사업자는 이에 필요한 측정장비를 갖추어야 한다.

제8조 (종사자의 자격과 정원)

① 종합유선방송사업자 · 중계유선방송사업자 및 음악유선방송사업자가 확보하여야 할 종사자의 자격과 정원은 [별표 1]과 같다.

② 제4조의 규정에 의하여 유선방송국설비를 공동으로 사용하는 경우 종합유선방송사업자 · 중계유선방송사업자 및 음악유선방송사업자가 확보하여야 할 종사자는 각각의 방송국이 갖추어야 할 자격과 정원을 합한 수의 1/2로 한다. 이때 산출된 정원이 정수가 아닌 경우에는 소수점 이하를 버리되, 1인 미만인 경우에는 1인으로 한다.

제2장 종합유선방송국설비

제10조 (분계점)

① 종합유선방송국설비와 전송선로설비의 분계점은 다음 각 호와 같다.

1. 종합유선방송국설비에 접속하는 전송선로설비가 동축케이블인 경우 : 진폭변조기(진폭변조기가 혼합기와 연결되어 설치된 경우에는 혼합기를 말한다)와 동축케이블의 최초 접속점

2. 종합유선방송국설비에 접속하는 전송선로설비가 광케이블인 경우에는 다음 각 목의 1에 해당하는 접속점

가. 진폭변조방식 : 진폭변조기(진폭변조기가 혼합기와 연결되어 설치된 경우에는 혼합기를 말한다)와 광송신기의 최초 접속점

나. 주파수변조방식 : 주파수변조기(주파수변조기가 혼합기와 연결되어 설치된 경우에는 혼합기를 말한다)와 광송신기의 최초 접속점

다. 펄스변조방식 또는 디지털변조방식 : 텔레비전인코더(텔레비전인코더가 변조기 및 혼합기와 연결되어 설치된 경우에는 혼합기를 말한다)와 광송신기의 최초 접속점

3. 종합유선방송국설비에 접속하는 전송선로설비가 무선방식인 경우에는 다음 각 목의 1에 해당하는 접속점

가. 진폭변조방식 : 진폭변조기(진폭변조기가 혼합기와 연결되어 설치된 경우에는 혼합기를 말한다)와 무선송신기의 최초 접속점

나. 주파수변조방식 : 주파수변조기(주파수변조기와 혼합기가 연결되어 설치된 경우에는 혼합기를 말한다)와 무선송신기의 최초 접속점

다. 펄스변조방식 또는 디지털변조방식 : 텔레비전인코더(텔레비전인코더가 변조기 및 혼합기와 연결되어 설치된 경우에는 혼합기를 말한다)와 무선송신기의 최초 접속점

② 제1항제2호의 규정에 불구하고 텔레비전인코더 · 변조기 또는 혼합기 등에 광송신 기능이 내장된 경우에는 종합유선방송국과 전송망사업자가 상호협의 하여 정하는 점을 그 분계점으로 한다.

③ 전송선로설비와 구내전송선로설비의 분계점은 도로와 택지 또는 공동주택단지의 각 단지와의 경계점으로 한다. 다만 케이블의 분계점은 이를 수용하는 구내전송선로설비와 최초로 접속되는 곳으로 한다.

④ 제2항 내지 제3항의 분계점이 사업자간 상호협의가 이루어지지 아니하는 경우에는 정보통신부장관이 정하는 바에 의한다.

제11조 (신호의 특성 및 질적수준)

① 종합유선방송국은 다음 각 호의 구분에 따라 영상신호 및 음성신호를 주 전송장치에 입력하여야 한다.

1. 영상신호인 경우에는 다음 각 목의 특성에 적합할 것

가. 사용하여야 할 기저대역 주파수는 4.2㎒ 범위안일 것

나. 신호의 바레벨은 100IRE±2IRE 이내, 동기레벨은 40IRE±1IRE 이내일 것

다. 출력 임피던스는 75Ω 불평형일 것

2. 음성신호인 경우에는 다음 각 목의 특성에 적합할 것

가. 사용하여야 할 기저대역 주파수는 50㎐에서 15㎑ 범위안일 것

나. 출력의 레벨은 0㏈m을 기준으로 하여 ±5㏈ 이내일 것

다. 출력 임피던스는 600Ω 평형일 것

② 제1항의 규정에 의한 영상신호 및 음성신호는 [별표 2]의 질적수준에 적합하여야 한다.

제12조 (방송채널 등)

① 종합유선방송국이 사용할 수 있는 채널 및 주파수대역은 [별표 3]과 같다.

② 제1항의 규정에 의한 채널중 552㎒까지의 주파수대역채널은 종합유선방송용 기본채널(아날로그방송용 채널 및 디지털방송용 채널 포함)로 하며, 552㎒ 내지 750㎒는 디지털방송용 및 기타 데이터서비스용으로 사용한다.

③ 종합유선방송국은 특별한 사유가 없는 한 [별표 3]에 의한 채널 중 채널번호가 낮은 것부터 사용하여야 한다.

제13조 (주 전송장치 등)

① 종합유선방송국의 주 전송장치의 전송방식은 진폭변조방식 · 주파수변조방식 · 펄스변조방식 또는 디지털변조방식으로 한다.

② 정보통신부장관은 다음 각 호의 1에 해당하는 경우에는 종합유선방송국이 사용하는 주 전송장치의 전송방식을 지정하거나 변경하도록 할 수 있다.

1. 기술의 발전에 따라 전송방식을 변경할 필요가 있는 경우
2. 방송구역의 규모 또는 형태에 따라 특정한 전송방식의 사용이 필요한 경우
3. 전송선로설비와 주 전송장치의 호환성을 확보하기 위하여 필요한 경우

③ 제1항의 규정에 의한 주 전송장치 등의 기술적 조건 및 특성은 [별표 4]와 같다.

제3장 중계유선방송 및 음악유선방송설비

제16조 (방송채널 등)

① 중계유선방송사업자는 54㎒ 내지 276㎒의 주파수대역을 중계유선방송용 기본채널로 사용할 수 있으며, 그 채널별 주파수대역은 [별표 5]와 같다.

② 중계유선방송사업자가 전기통신사업법 제32조의4제2항의 규정에 의하여 부가통신 역무를 제공하고자 하는 경우에 사용할 수 있는 상향 주파수대역은 5.75㎒ 내지 41.75㎒로 하고, 276㎒ 내지 750㎒의 주파수대역은 디지털유선방송용으로 우선 사용할 수 있다.

③ 음악유선방송사업자가 사용할 수 있는 주파수대역은 88㎒ 내지 108㎒이며, 채널간 격은 200㎑로 한다.

제4장 구내전송선로설비

제19조 (설치범위)

① 구내전송선로설비는 도로와 택지 또는 건축물의 경계점으로부터 건축물의 구내까지로 한다. 다만, 구내전송선로설비에 사용되는 동축케이블의 설치범위는 제21조의 규정에 의한 인입접속점으로부터 건축물의 구내까지로 한다.

② 종합유선방송 구내전송선로설비와 공동시청안테나시설은 장치함까지 따로 설치하여야 한다. 다만, 공동주택인 경우에는 세대단자함까지 따로 설치하여야 하고, 세대내는 성형배선으로 배선하여야 한다.

③ 제2항의 규정에도 불구하고 다음 각 호의 1에 해당하는 경우에는 유선방송의 구내전송선로용 배관을 따로 설치하지 아니할 수 있다.

1. 「전기통신설비의 기술기준에 관한 규칙」제17조의 규정에 의한 구내통신선로설비 또는 이동통신구내선로설비용 배관과 종합유선방송의 구내전송선로용 배관을

공동으로 사용할 수 있는 경우

2. 공동주택단지에 설치하는 공동구를 종합유선방송의 구내전송선로용 배관으로 사용할 수 있는 경우

제20조 (설치방법)

① 보호기는 원칙적으로 인입구 부근에 설치하고 접지하여야 한다.

② 분기기 및 분배기는 임피던스의 변화 없이 신호를 분기 또는 분배할 수 있어야 하며, 유휴분기단자 및 유휴분배단자는 사용회선에 영향을 미치지 아니하도록 75Ω 으로 종단 또는 종단형 직렬단자를 설치하여야 한다.

③ 구내전송선로설비 및 배관의 곡률반경 및 완곡개소 등의 설치방법과 규격에 관하여 필요한 사항은「접지설비 · 구내통신설비 · 선로설비 및 통신공동구등에 대한 기술기준」을 준용한다.

제22조 (사용되는 설비 및 조건)

① 구내전송선로설비에 사용되는 설비는 다음 각 호와 같다.

1. 분기기 및 분배기
2. 동축케이블
3. 증폭기
4. 보호기
5. 직렬단자

② 정보통신부장관은 제13조제2항의 규정에 의하여 주 전송장치의 전송 방식을 지정하거나 변경하도록 하는 경우에 제1항의 규정에 의한 구내전송선로설비를 변경하도록 할 수 있다.

③ 제1항의 규정에 의한 종합유선방송 구내전송선로설비의 기술적 조건은 [별표 7]과 같다.

제23조 (증폭기)

구내전송선로설비에 사용되는 증폭기는 다음 각 호의 기준에 적합하여야 한다.

1. 케이블의 특성에 의하여 자연적으로 감쇄된 상향신호 및 하향신호를 분리하여 증폭하는 기능이 있을 것
2. 수동으로 증폭기능을 조정할 수 있을 것
3. 등화기 및 감쇄기로 입력레벨을 등화 또는 감소할 수 있을 것
4. 전원을 수동으로 연결 또는 차단할 수 있어야 하며 접지단자를 구비할 것

제5장 전송선로설비

제6장 디지털유선방송국설비

제30조 (신호압축)

① 영상신호의 압축방식은 국제표준인 ISO/IEC 13818-2 (MPEG-2 Part 2)의 형식을 따른다.

② 음성신호의 압축방식은 AC-3(돌비 디지털방식)의 형식을 따른다.

제40조 (다른 법령의 준용)

① 유선방송의 전송선로설비의 설치 · 운영에 관하여는 이 고시에서 정한 것 외에 「전기통신설비의 기술기준에 관한 규칙」 제3조 · 제6조 · 제8조 · 제9조 · 제12조 및 제22조의 규정을 각각 준용한다.

② 유선방송의 전송방식 등에 관하여는 이 고시에서 정한 것 외에 「방송표준방식 및 방송업무용 무선설비의 기술기준」 제3조 · 제7조 · 제9조 · 제10조 및 제12조의 규정을 각각 준용한다.

[별표 1] 유선방송사업자가 확보하여야 할 종사자의 자격과 정원(제8조제1항 관련)

1. 유선방송사업자별 종사자의 자격과 정원

구 분	규 모(가입자)	종사자의 자격과 정원
종합유선방송사업	3만이상	전파통신기사, 정보통신산업기사, 통신선로산업기사, 무선설비산업기사, 방송통신산업기사, 또는 정보통신기술자(초급이상) 2명이상
	3만미만	전파통신기사, 정보통신산업기사, 통신선로산업기사, 무선설비산업기사, 방송통신산업기사 또는 정보통신기술자(초급이상) 1명이상
중계유선방송사업	3만이상	전파통신기사, 정보통신산업기사, 통신선로산업기사, 무선설비산업기사, 방송통신산업기사 또는 정보통신기술자(초급이상) 2명이상
	1만이상~3만미만	전파통신기사, 정보통신산업기사, 통신선로산업기사, 무선설비산업기사, 방송통신산업기사 또는 정보통신기술자(초급이상) 1명이상
	2천이상~1만미만	정보통신산업기사, 통신선로기능사, 무선설비기능사, 방송통신기능사 또는 통신기기기능사 1명이상
	2천미만	자격 또는 경력인정자
음악유선방송사업	1천이상	전파통신기사, 정보통신산업기사, 통신선로산업기사, 무선설비산업기사, 방송통신산업기사 또는 정보통신기술자(초급이상) 1명이상
	1천미만	자격 또는 경력인정자

[별표 2] 종합유선방송국의 영상신호 및 음성신호의 질적수준(제11조제2항 관련)

구 분	측정항목		단 위	기 준 치	비 고
영상신호	주파수 특성	0.5MHz	dB	(−)0.26~0.26	
		1.0MHz		(−)0.35~0.34	
		2.0MHz		(−)0.54~0.51	
		3.0MHz		(−)0.63~0.59	
		3.6MHz		(−)0.70~0.63	
		4.2MHz		(−)0.72~0.67	
	색도대 휘도특성	이득특성	%이내	(±)5	
		지연특성	ns이내	(±)40	
	직선파형 왜곡	필드시간왜곡	%이하	1	
		라인시간왜곡	%이하	2	
		단시간왜곡	%SD이하	3	
	비직선 왜곡	미분이득(DG)	%이하	3	
		미분위상(DP)	도이내	2	
	신호대 잡음비		dB이상	60	
음성신호	주파수 특성	50Hz~125Hz	dB이내	(−)1.5~0.4	
		125Hz~10KHz		(±)0.4	
		10KHz~14KHz		(−)1.5~0.4	
		14KHz~15KHz		(−)2.3~0.4	
	고주파왜곡		%이하	0.5	
	신호대 잡음비		dB이상	60	
	좌우분리도		dB이상	60	
수신공중선	출력레벨	VHF	dBμV이상	54	
		UHF	dBμV이상	70	

[별표 4] 종합유선방송용 주 전송장치 등의 기술적 조건(제13조제3항 관련)

1. 종합유선방송 변조기의 특성

가. 진폭변조기

<table>
<tr><th colspan="3">구 분</th><th>단 위</th><th>기준값</th><th>비 고</th></tr>
<tr><td rowspan="6">입력특성</td><td rowspan="3">영상신호특성</td><td>입력레벨</td><td>IRE</td><td>140±4</td><td>동기신호첨두치 기준</td></tr>
<tr><td>반사손실</td><td>dB이상</td><td>30</td><td>25Hz~6MHz</td></tr>
<tr><td>임피던스</td><td>Ω</td><td>75</td><td>불평형(공칭)</td></tr>
<tr><td rowspan="3">음성신호특성</td><td>입력레벨</td><td>dBm</td><td>0±5</td><td></td></tr>
<tr><td>제1음성신호 주파수편이
제2음성신호 주파수편이</td><td>KHz
KHz</td><td>±25
±27.5</td><td>파이롯트신호
주파수편이 ±2.5</td></tr>
<tr><td>임피던스</td><td>Ω</td><td>600±30</td><td>평형, 불평형</td></tr>
<tr><td rowspan="6">출력특성</td><td colspan="2">영상반송파</td><td>dBmV</td><td>55±5</td><td></td></tr>
<tr><td colspan="2">주파수안정도</td><td>KHz이내</td><td>±12</td><td>영상반송파기준</td></tr>
<tr><td colspan="2">제1/2음성신호 반송파레벨</td><td>dB</td><td>-16±1/
-23±1</td><td>영상반송파기준</td></tr>
<tr><td colspan="2">스퓨리어스</td><td>dB이하</td><td>-60</td><td>영상, 음성합성변환후</td></tr>
<tr><td colspan="2">임피던스</td><td>Ω</td><td>75</td><td>불평형(공칭)</td></tr>
<tr><td colspan="2">반사손실</td><td>dB이상</td><td>16</td><td></td></tr>
<tr><td rowspan="9">영상신호특성</td><td colspan="2">주파수특성</td><td>dB이내</td><td>±1</td><td>25Hz~4.2MHz</td></tr>
<tr><td rowspan="2">색도대 휘도특성</td><td>이득특성</td><td>%이내</td><td>±5</td><td></td></tr>
<tr><td>지연특성</td><td>ns이내</td><td>±40</td><td></td></tr>
<tr><td rowspan="3">직선파형 왜곡</td><td>필드시간왜곡</td><td>%이하</td><td>1</td><td></td></tr>
<tr><td>라인시간왜곡</td><td>%이하</td><td>2</td><td></td></tr>
<tr><td>단시간왜곡</td><td>%SD이하</td><td>3</td><td></td></tr>
<tr><td rowspan="2">비직선 왜곡</td><td>미분이득(DG)</td><td>%이하</td><td>3</td><td></td></tr>
<tr><td>미분위상(DP)</td><td>도이하</td><td>2</td><td></td></tr>
<tr><td colspan="2">신호대 잡음비</td><td>dB이상</td><td>60</td><td></td></tr>
<tr><td rowspan="5">음성신호특성</td><td colspan="2">주파수 특성</td><td>dB이내</td><td>±1</td><td>50Hz~15KHz, 50%</td></tr>
<tr><td colspan="2">고조파 왜곡</td><td>%이하</td><td>0.5</td><td>50Hz~15KHz, 100%</td></tr>
<tr><td colspan="2">신호대 잡음비</td><td>dB이상</td><td>60</td><td>〃</td></tr>
<tr><td rowspan="2">좌 우
분리도</td><td>음성다중</td><td>dB이상</td><td>55</td><td>〃</td></tr>
<tr><td>스테레오</td><td>dB이상</td><td>30</td><td>〃</td></tr>
</table>

(2) 무선방식(MMDS)

구 분			단 위	기준값	비 고
입력특성	영상신호특성	입력레벨	IRE	140±4	동기신호첨두치 기준
		반사손실	dB이상	30	25Hz~6MHz
		주파수대역	Hz	25~4.2M	
		임피던스	Ω	75	불평형(공칭)
	음성신호특성	입력레벨	dBm	0±5	
		주파수대역	Hz	50~15K	
		제1음성신호 주파수편이 제2음성신호 주파수편이	KHz KHz	±50 ±50	
		임피던스	Ω	600±30	평형, 불평형
출력특성	주파수 안정도		%이하	0.01	영상반송파 기준
	출력레벨		dBmV이상	20	
	제1/제2음성신호 출력레벨		dB	-23±2 /-23±2	영상반송파 기준
	스퓨리어스		dB이하	-60	영상반송파 기준
	임피던스		Ω	50	불평형(공칭)
영상신호특성	주파수특성		dB이내	±1	25Hz~4.2MHz
	색도대 휘도특성	이득특성	%이내	±5	
		지연특성	ns이내	±40	
	직선파형 왜곡	필드시간왜곡	%이하	1	
		라인시간왜곡	%이하	2	
		단시간왜곡	%SD이하	5	
	비직선 왜곡	미분이득(DG)	%이하	5	
		미분위상(DP)	도이하	5	
	신호대 잡음비		dB이상	55	
음성신호특성	주파수 특성		dB이내	±2	50Hz~15KHz, 50%
	고조파 왜곡		%이하	3	50Hz~15KHz, 100%
	신호대 잡음비		dB이상	55	〃
	좌 우 분리도	음성다중	dB이상	55	〃
		스테레오	dB이상	30	〃

※ LMDS는 주파수변조와 동일

[별표 6] 중계유선방송 및 음악유선방송의 질적수준(제17조제1항 관련)

1. 중계유선방송

구 분	기 준 값		비고
수신공중선의 출력레벨	VHF	54dBμV 이상. 다만, 디지털방송시 36dBμV 이상	유선방송 국설비
	UHF	70dBμV 이상. 다만, 디지털방송시 41dBμV 이상	
영상신호의 주파수대역 특성	-0.5~4MHz에서 ±3dB 이내(영상반송파 기준)		유선방송 국설비 및 전송 · 선로설비
영상반송파의 주파수 편차	±20KHz 이내		
영상반송파와 음성반송파간의 간격	4.5MHz±2KHz 이내		
영상반송파의 신호레벨	수신자설비의 분계점	65~85dBμV(75Ω 기준)	
	주 전송장치 후단	85~95dBμV(75Ω 기준)	
영상반송파의 레벨안정도	4dB 이내(1분간)		
채널간 영상반송파의 레벨차	인접채널	3dB 이내	
	비인접채널	10dB 이내	
음성반송파의 영상방송파에	상측 인접채널 영상방송파의 경우에는 -17~-3dB		
대한 레벨차(제1음성파 기준)	상기 이외의 경우에는 -17~-10dB		
영상반송파대 잡음비(C/N비)	40dB 이상(주파수대역 4MHz 기준)		
혼변조도	-46dB 이하		
전원험 변조도	-40dB 이하		
2차비트	-60dB 이하		
3차비트	-51dB 이하		
수신단자간 결합도	-15dB 이하. 다만, FM음악방송신호와 동시에 전송되는 경우에는 -25dB 이하		전송 · 선로 설비
누설전자파	-54MHz 이하인 경우에는 15μV/m 이하 (30m거리에서 측정시) -54MHz 초과 216MHz 이하인 경우에는 20μV/m 이하 (3m거리에서 측정시) -216MHz 초과인 경우에는 15μV/m 이하 (30m거리에서 측정시)		

비 고

가. “신호레벨”이라 함은 채널의 신호의 세기를 1마이크로볼트를 기준으로 하여 데시벨로 나타낸 것을 말한다(이하 2.에서 같다).

나. “레벨안정도”라 함은 신호레벨이 단위시간(1분)동안 변동한 폭을 말한다.

다. “영상반송파대 잡음비(C/N비)”라 함은 해당 채널잡음에 대한 반송파의 비율을 데시벨로 나타낸 것을 말한다(이하 2.에서 같다).

라. “비트방해비(D/U비)”라 함은 방해신호에 대한 영상반송파의 비율을 데시벨로 나타낸 것을 말한다.

2. 음악유선방송

가. 동축케이블 사용시

구 분	기 준 값
신호레벨	50dBμV 이상. 다만, 중계유선방송 신호와 동시에 전송하는 경우에는 55dBμV 내지 85dBμV
채널간 반송파의 레벨차	10dB 이내
반송파대 잡음비(C/N비)	28dB 이상(주파수대역 200KHz 기준)
전원험 변조도	-50dB 이하(주파수편이 75KHz 기준)
주파수 편차	±f×20/106(f는 반송파를 말한다)
수신단자간 결합도	-25dB 이하. 다만, FM 분기기 사용시는 -35dB 이하

[별표 7] 종합유선방송 구내전송선로설비의 기술적 조건(제22조제3항 관련)

1. 증폭기의 특성

구 분		단 위	기 준 값	비 고
하향특성	주파수대역	MHz	54~864	
	대역내 이득편차	dB이내	±1.25	
	정격출력레벨	dBμV이상	105	
	최대이득	dB이상	20/25/30/35/40	상한주파수 기준
	이득조정범위	dB이상	10	
	경사조정범위	dB이상	10	
	3차 상호변조(CTB)	dB이하	-55	정격출력 기준, 750MHz기준(110개 채널 평탄)
	2차 상호변조(CSO)	dB이하	-55	정격출력 기준, 750MHz기준(110개 채널 평탄)
	혼변조	dB이하	-55	정격출력 기준, 750MHz기준(110개 채널 평탄)
	잡음지수	dB이하	10	
	험변조	dB이하	-63	
	반사손실	dB이상	14	
상향특성	주파수대역	MHz	5.75~41.75	
	대역내이득편차	dB이내	±0.75	
	정격출력레벨	dBμV이상	97	
	최대이득	dB이상	20	상한주파수 기준
	이득조정범위	dB이상	10	
	경사조정범위	dB이상	4	
	상호변조	dB이하	-63	정격출력 기준
	혼변조	dB이하	-63	정격출력 기준
	잡음지수	dB이하	10	
	험변조	dB이하	-63	
	반사손실	dB이상	15	
전원	전송망전원 사용시	V	AC 60~90	
	상용전원 사용시	V	AC 110/220±10%	

※ 하향특성중 최대이득은 증폭기에 전달되는 전계의 세기에 따라 그 이득을 달리 할 수 있다.

2. 분기기의 특성

3. 분배기의 특성

구 분	단위	기 준 값								비 고
주파수 대역	MHz	5.75~864								
분배수		2	3		4	5/6	8	12	16	
			균등	불균등						
분배손실	dB이하	4.6	7.8	4.6/8.2	8.2	11.0	13.0	16.0	17.0	
단자간결합손실	dB이상	20								
반사손실	dB이상	15								
주파수응답	dB이내	±0.75								
험변조	dB이하	-65								전류통과형에 한하여 적용
전류통과용량	A이상	3								전류통과형에 한하여 적용

5. 동축케이블 특성

구 분		단 위	기 준 값								비 고
주파수 대역		MHz	5.75~864								
정재파비		이하	1.2								
절연저항		MΩ/km이상	1,000								
임피던스		Ω	75								공칭
내전압		V	AC 1,000								내·외부 도체간/분
정전용량		pF	52±3								
누설 전파	54MHz이하	μV/m이하	15								30m기준
	54~216MHz	μV/m이하	20								3m기준
	216MHz이상	μV/m이하	15								30m기준
감 쇄 량		MHz	10	50	150	250	350	450	750	864이상	
		dB/km (최대치)	5.1	9.1	12.1	22.0	28.6	34.6	47.0	52	17C
			7.8	17.6	31.9	41.8	50.0	57.2	70.9	76.5	12C
			12.0	25.4	42.2	54.0	65.7	73.4	96.2	106.2	10C
			15.7	30.7	55.1	71.0	86.2	95.9	124.3	133.7	7C
			23.8	47.2	77.2	98.9	117.1	137.0	178	195	5C
차폐			3중차폐 이상 또는 알루미늄튜브형								

6. 보호기의 특성

구 분		단 위	기 준 값	비 고
주파수대역		MHz	5.75~864	
임피던스		Ω	75	공칭
삽입손실		dB이하	1.2	
반사손실		dB이상	15	
절연저항		MΩ이상	1	
직류방전개시전압		V	DC 180~300	
절연전압		V이상	AC 1,000(1분간)	
잡음특성		dBmV이하	-30	
충격파 방전개시전압	DC 100V/μs	V이하	700	
	DC 1000V/μs		900	

[별표 10] 전송선로설비의 질적수준(제26조제1항 관련)

1. 아날로그 신호

측 정 항 목		기 준 값
주파수대역		5.75~750MHz
영상반송파의 신호레벨		65~85dBμV(75Ω 연결시)
영상반송파의 레벨안정도		3dB이내(1분간)
채널간 영상반송파의 레벨차	인접사용 채널간	3dB이내
	비인접사용채널간	10dB이내
음성반송파의 영상반송파에 대한 레벨차		1.제1음성반송파 경우 : -16±2dB 2.제2음성반송파 경우 : -23±2dB
영상신호의 주파수대역 특성		-0.5~4MHz에서 ±1dB이내(영상반송파기준)
영상반송파대 잡음비(C/N비)		40dB이상(주파수대역 4MHz기준)
혼변조도		-50dB이하
전원험 변조도		-44dB이하
영상반송파의 주파수 편차		±10KHz이내
영상반송파와 음성반송파간의 간격		4.5MHz ± 2KHz
수신단자간 결합도		-20dB이하 다만, FM음악방송신호와 동시에 전송되는 경우 : -30dB이하
누설전자파		54MHz이하인 경우 : 15μV/m이하(30m) 54MHz초과~216MHz이하인 경우 : 20μV/m이하(3m) 216MHz초과인 경우: 15μV/m이하(30m)
2차비트		-60dB이하
3차비트		-55dB이하

[별표 11] 유선방송시설의 설치도면 작성에 필요한 기호 및 약호(제39조 관련)

1. 선로설비

번호	명 칭	약호	기 호	비 고
1.1	간선(Trunk Line)	TL	3㎜	· 선의 굵기와 심선의 수를 명시 · 예) $\Phi 1.2 \times 2$
1.2	분기선(Feeder Line)	FL	2㎜	
1.3	분배선(Distributed Line)	DL	1㎜	
1.4	인입선(Subscriber Line)	SL	0.5㎜	
1.5	인입단자(Tab off)	TO		

2. 유선방송국설비 및 전송설비

번호	명 칭	약호	기 호	비 고
2.1	주전송장치(Head End)	HE	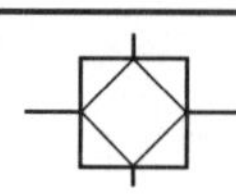	
2.2	수신공중선(Antenna)	ANT	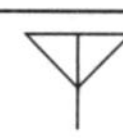	
2.3	전치증폭기(Head Amp)	H/A	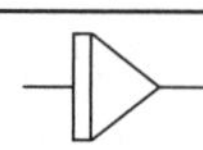	
2.4	채널변환장치(Convertor)	CON	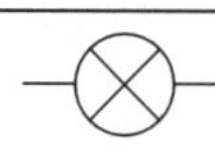	
2.5	증폭기(Amplifier)	A	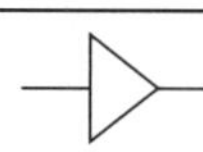	
2.6	혼합장치(Mixer)	MIX	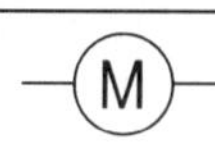	
2.7	분기증폭기(Bridging Amp)	BA	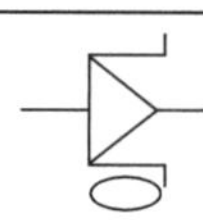	
2.8	보호기(Surge Protector)	P	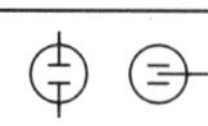	
2.9	전송상태시청장치 또는 TV수상기(Monitor or TV)	TV	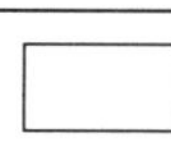	
2.10	분파기(Splitter)	SPL	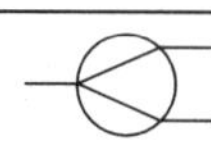	

번호	명 칭	약호	기 호	비 고
2.11	합파기(Combiner)	COMB	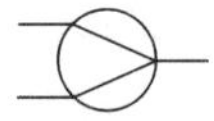	
2.12	감쇠기(Attenuator)	ATT	ATT	
2.13	등화기(Equalizer)	EQ	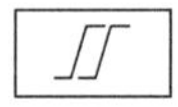	
2.14	분배기(Distributor)	DIST	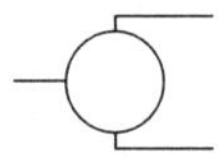	
2.15	분기기(Branch)	B	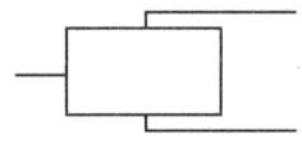	
2.16	채널선택장치(CH Selector)	SEL	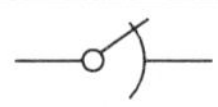	
2.17	접지(Ground)	G		
2.18	녹화기(Video Recorder)	VR	VTR	
2.19	촬영기(Video Camera)	VC		
2.20	마이크로폰(Microphone)	MIC		
2.21	광 송신기(Optical Transmitter)	OT	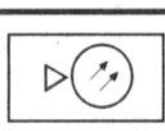	
2.22	광 수신기(Optial Receiver)	OR	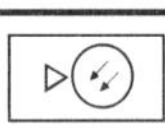	
2.23	옥외용 광 송수신기(Optial Node Unit)	ONU	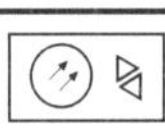	
2.24	광 분기기(Optical Splitter)	OS	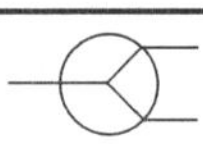	

부록 방송용어 정리

- ㄱ -

가변지향성 마이크 (Variable Directional Microphone)

지향성을 연속적 또는 단계적으로 변화시킬 수 있는 마이크.전지향성. 마이크의 뒷부분에 조그마한 구멍을 두거나 양지향성마이크 진동판의 뒷부분을 어느 정도 감싸주어 전지향성과양지향성의 중간적 특성을 실현하는 것이 보통이다.

가상 사설 통신망

보통의 전화망을 사용하면서 그 고도의 망 관리 기능을 활용하여 유연한 기업 내 전용망을 구축할 수 있는 서비스. 최근 미국 등 선진국의 장거리 통신 사업자들이 공중 통신망에서의 고도의 망 관리 기능을 이용자에게 제공하여 기업 내에 분산되어 있는 사업소간의 구내선 다이얼, 구내 선별 요금 명세, 각종 통계 보고 작성 등의 서비스를 제공한다. 통화요금도 일반 장거리 통화보다 저렴하고, 고객 기업은 자사 내의 제어 단말을 전화 회사의 망 관리 데이터 베이스에 접근하여 수시로 각종 변경 추가를 할 수 있다. 미국 AT&T의 SDNS(software defined network service)가 대표적인 것이다.

가상사설망서비스 (Virtual Private Network Service)

공중 전화망상에 사설망을 구축해 줌으로써 이용자가 마치 자기의 사설 구내 망 또는 전용 망과 같이 이용할 수 있게 하는 서비스. 공중 통신 사업자가 희망하는 기업이나 이용자 그룹으로 하여금 자신의 망 구성을 정의하고 임의의 전화 번호 체계를 구축할 수 있게 한다. 가상 사설망이라고 부르는 것은 이용자 입장에서는 사실상의 사설망을 경제적으로 구축할 수 있으나, 통신 사업자 입장에서는 공중망 내에 하나의 소프트웨어 프로그램으로 구축할 수 있기 때문이다. 이런 종류의 서비스는 1985년 미국 AT&T에서 최초로 SDN(software defined network) 서비스와 가상 전용선 서비스라는 명칭으로 도입하였는데, 그후에 미국의 다른 장거리 사업자들이 잇따라 유사한 서비스를 도입하였다. 도입 배경은 통신망의 지능화로 기술적으로 가능하게 되었고, 이용자와 통신 사업자 쌍방에게 유익하기 때문이다. 통화량에 따라 요금이 부과되므로 이용자에게 유리하고, 공중망의 회선 사용 효율을 향상시킬 수 있으므로 통신 사업자에게도 유익하다. 최근에는 미국의 지역 전화 회사와 세계 각국의 공중 통신사업자가 여러 가지 고유의 명칭으로 가상 사설망 서비스를 제공하고 있다. 미국 MCI의 'V net', US Sprint의 'VPN', 일본 NTT의 'Members Net', 한국 통신의 '가상 사설망', 데이콤의 '국제 가상 사설망' 등이 모두 같은 종류의 서비스이다.

가시청권(可視聽圈, Service Area)

특정 라디오 · TV방송국의 시 · 청취 가능한 지역의 범위. 프라이머리(primary coverage)라고도 한다. 이 시청취가능 범위내의 수용자를 주 시청자(primary audience)라고 한다. 라디오는 그 전파의 성질상 야간에는 반사파가 멀리까지 도달한다. 이에 비해 TV의 전파는 주야간 언제나 도달범위가 동일하다. 현재, 이 가시청권자의 수에 따라 광고료책정액이 정해진다.

가입 TV(STV: Subscription TeleVision)

유료 TV(pay TV)의 일종이다. 공중파를 이용한다는 점에서는 일반TV와 같으나 STV가 '방송(broadcasting)' 과 구별되는 점은 STV의 신호는 해독기(decoder)를 가진 가구에서만 수신이 가능하다는 점이다. 가입자는 주파수가 변조(scrambled)된 신호를 받게 된다. 재원은 해독기 안의 테이프에 STV의 시청상황을 기록하는 방법과, 해독기 월 대여료, 해독기를 작동한 기록인 시청카드에 의한 월정요금 등이 있다. 유료케이블처럼 STV의 매력은 상업 TV에서 볼 수 없는 특별 프로그램을 제공한다는 점과 광고가 없다는 점이다. 그러나 케이블은 유선이나 STV는 무선이라는 점이 다르다. 대부분의 STV는 프로그램의 대부분을 장편 영화로 채우고 있다.

간이중계소(TVR)

Television Repeater의 약어. 저출력 무인 텔레비전 중계소를일컫는 말로 간이 텔레비전 중계기, 무인 텔레비전 중계기, 간이TVR 등으로도 불린다.

감마(Gamma)

비디오 입력 신호에 따른 모니터상에서의 빛의 출력 또는 루미넌스 사이의 관계. 모든 이미지 재생 장치의 목표는 원래 화상의 모든 조건을 그대로 표시하는 것이다. 그런데 디스플레이 장치들은 톤을 재생하는데 있어서 비직선성(있는 그대로 재현할 수 없는 성질)을 가지고 있는데 이를 자연적인 감마 또는 원래의 감마라고 한다. 모니터상에서 충실히 재생하기 위해 이를 보상하는데 이는 보정감마(Correction Gamma)라고 한다.

개방스튜디오(Open Studio)

방송이 제작되는 과정을 스튜디오 밖에서 일반인들이 지켜볼 수 있도록 방음유리벽이나 특수자재로 설계제작된 스튜디오

건 마이크(Gun Microphone)

초지향성 마이크. 즉 먼 거리에 있는 소리를 포착할 수 있도록고안된 긴 지향성 마이크로 모양이 총(gun)과 같다고 해서 건마이크라 한다.

게이트웨이(Gateway)

① 컴퓨터의 한 시스템에서 호환성이 없는 다른 시스템으로 정보를 전송할 수 있도록 돕는 컴퓨터 프로그램. 비디오텍스(videotex)의전송에도 쓰인다. 데이타 통신에서는 송 · 수신자 사이에 통신프로토콜이 동일해야 교신이 가능하다. 프로토콜을 다른 통신망과 연결하기 위해서는 프로토콜 변환이 필요하며 이 프로토콜 변환기기를 게이트웨이라 한다. LAN에는 다른 종류의 LAN과 접속하는게이트웨이와 X.25 패킷스위칭 네트워크용 게이트웨이 등 여러 종류의 게이트웨이가 있다.

② 텔레비전을 통해 상품 소비자와 공급자를 연결하는 서비스를 제공하는 미국의 비디오텍스 시스템.

경성방송국

KBS의 전신. 1926년 11월 30일 조선총독부로부터 방송 무선전화시설의 인가를 받아 1927년 2월 16일 호출부호 JODK, 출력 1kW,주파수 690kHz로 본방송을 개시했다. 초창기의 방송은 단일 채널을 통한 한일 양국어의 혼합 방송으로 그나마 방송시간 비율도 1 대3으로 일본어 중심이었다. 그러나 이해 7월 신문의 비난을 받자 2대 3의 비율로 바뀌어 교대방송을 했다. 교대방송도 처음에는 동시간대에 매 프로그램별로 교대 방송하다가 다음에는 상호간의 프로그램을 함께 묶어 시보(時報)를 중심으로 교대방송했으며, 다시 서로의 프로그램을 아주 분리하여 격일로 교대 방송하다가 또다시 일어 방송이 전부 끝나는 한밤중 끝머리 시간에 경제 시황 정보와 한 · 일어 방송의 물가시세, 일기 예보 공지사항이 있었으나 순수한 한국어 방송으로는 창, 민요, 동화, 고담(古談)이 이따금방송되었으며 그밖에 한일 공동프로그램으로 양악 방송이 있었다.

고스트 이미지(Ghost Image)

텔레비전을 수신할 때 정규 영상이 2~3중

으로 겹쳐 나타나는 현상

고선명TV(HDTV: High Definition TeleVision)

기존의 TV보다 더욱 선명한 영상(높은 해상도)을 제공하는 TV로, 대략 현재의 NTSC보다 광폭화면과 두배 가량의 해상도를 제공한다. 현재의 TV 대역폭에 높은 해상도의 영상을 전송하려면 디지털화과정, 압축과정, 부호화과정을 거쳐 도달하고 가정에서는 다시 압축을 풀고 데이터를 분리하여 모니터상에서 시청할 수 있게 된다. 현재의 방송용TV보다 주사선수가 많아 선명한 화상과 양질의 음향인 고품질의 TV방송 방식이다. 일본의 NHK 개발 방식의 닉네임은 하이비전이라 부르고 있다. 국제적으로는 주사선수 1,000개 이상의 텔레비전 방식을 말한다. 하이비전은 NHK가 1970년경부터 연구개발한 것으로 1986년 말부터는 방송위성 BS-Ⅱb를 사용해서 실용화 시험을 계속하여 왔다. KBS는 자체기술로 HDTV Codec을 개발하여 1998년 디지털 위성방송 및 1999년 지상파 텔레비전 실험방송에 성공하였다. 2002년 월드컵을 HDTV로 방송하기 위해 활발하게 연구개발이 진행되었다.

고속 디지털 전송 서비스(High Speed Digital Transmission Services)

고속 대용량의 디지털 전송시스템. 속도의 종류로는 매초64킬로비트, 192킬로비트, 384킬로비트, 768킬로비트, 1.5메가비트, 3메가비트, 6메가비트의 일곱 종류가 있다. 통칭 슈퍼 디지털(superdigital)이라고도 한다. 고속대용량, 고품질, 저요금을 장점으로 컴퓨터간 통신, 초고속 팩시밀리 통신, 텔레비전 회의, 근거리통신망(LAN) 상호간 접속, 또는 복합적 이용이 대기업을 중심으로이뤄지고 있다.

고조파(Harmonics)

전기 음향에서 사용되는 용어. 음의 경우 배음에 해당하는것으로서, 고조파는 전기 진동 · 전자파의 경우에 사용되며, 기본진동수에 대해 그 배수(倍數)에 따라 제2, 제3조파(調波)라고 한다.

고퍼(Gopher)

미국 미네소타 대학에서 캠퍼스 내의 정보서비스용으로 개발되어 1991년에 최초로 도입된 분산형 정보검색 시스템으로서, 인터넷을 통하여 얻을 수 있는 자원의 광범위한 메뉴를 성공적으로 만드는 방법이다. 단 2년만에 Gopher가 전 세계적으로 확산되었지만, 지금은 Hypertext 기반의 World Wide Web에 자리를 뺏기고 있는 실정이다. 고퍼는 WWW, WAIS, Archie, Telnet, FTP 등 다른 인터넷 서비스의 중계기능(gateway)도 있다. 인터넷 상에는 아직도 수천 개의 Gopher 서버가 있지만, 현재는 그저 존재하고 있는 정도이다.

공칭 커버리지 에어리어(公稱-; Nominal Coverage Area)

우주국 및 지상 송신국이 특정 주파수로 일정한 업무를 수행하기 위한 우주국(또는 지상 송신국)과 관련된 지역으로서 그 지역 내에서 어떤 주어진 조건하에서 수신 또는 송신이 가능한 지역을 넓은 의미로 커버리지 에어리어라 한다. 앞에서 말한 주어진 조건이란, 송신국과 수신국에서 사용되는 장비의 특성, 설치 상태, 보호비와 같은 희망 전송 품질 및 기타 운용 조건 등을 말하는데 이들 조건은 사전에 제시되어야 한다. 커버리지 에어리어를 세분하면 다음과 같다. ① 무간섭 커버리지 에어리어 : 자연 또는 인공 잡음에 의해서만 제한 받는 에어리어. ② 공칭 커버리지 에어리어 : 주파수 이용 계획 수립시 예상되는 송신기의 출력 등을 고려하여 확정하는 에어리어. ③ 실제 커버리지 에어리어 : 실제로 존재하는 잡음 및 간섭을 감안한 에어리어.

광대역(Broadband)

① 음성 커뮤니케이션에 필요한 주파수보다 더 큰 주파수를 운반할수 있는 전송시설. 3-4 kHz 이상의 대역폭.
② 넓은 주파수 대역.오디오 기기의 이득이 주파수 뿐만 아니라 거의 일정한 범위가 넓은 경우의 형용사인데 그 범위에 대해서는 특별히 정해진 것은 없다.즉 광대역이란 비교 형용사라고 할 수 있는데 상식적으로는 전기음향 변화기, 가령 스피커라면 50Hz에서 20kHz를 초과하면광대역이고 오늘날의 앰프라면 5Hz에서 100kHz 정도라도 별로 광대역이라고는 할 수 없다.
③ 케이블 텔레비전 시스템의 다채널수용능력

광대역 전송(Broadband Distribution)

복수 TV, 음성, 데이타 채널의 단일 시스템 전송.광대역커뮤니케이션네트워크(Broadband Communication Network) 또는광대역커뮤니케이션(Broadband Communication)이라고 부른다.

광대역 커뮤니케이션 네트워크(Broadband Communication Network; BCN)

음성대역보다 넓은 대역을 갖는 전송로를 단위로 한 통신망으로 고속 데이타통신, TV전화, 고속팩시밀리 등의 전송에 사용된다.

광섬유(Optical Fiber, Fiber Optics)

광통신에 이용되는 전송로. 전선이 전류로 신호를 전하는 것과 같이 광섬유는 빛을 신호로 하여 정보를 먼 곳으로 전송한다. 광섬유는 신호의 감쇠가 적기 때문에 장거리 통신이 가능하다.

보낼 수 있는 정보량이 많고 전기적 잡음을 받지 않는 등 많은 특징이 있다.

광 케이블

석영계 유리 등을 재료로 만든 모발 굵기(직경 0.1mm 안팎)의 섬세한 섬유를 말함. 광파이버 케이블이라고도 한다.

국가지리정보시스템(NGIS)

NGIS(국가지리정보시스템)는 1995년부터 정부가 실시하는 국가GIS 사업을 말하는 것으로 사회간접자본 중 위치 및 공간 정보자원을 구축하기 위한 범국가적인 사업이다. 국가지리정보 시스템(NGIS) 구축 사업은 정부정보화 추진의 일환으로 정보사회의 기반정보를 구축하는 사업이라는 점에서 큰 의미를 갖는다. 국가지리정보 시스템 사업의 골간은 全 국토의 수치지도화 및 기반정보 공유환경을 조성하는 기술개발과 표준화이며 그 중 수치지도의 구축이 가장 핵심으로 이의 적절성 여부가 NGIS의 국가역할을 평가하는 척도이기도 하다. 국가지리정보 시스템을 효율적으로 수행하기 위해서는 체계적인 법제도의 정비 추진기구와 인력구조의 재편 및 강화, 다른 정보화 정책과의 연계성이 이루어져야 하는데 그렇지 못할 경우에는 정책성과를 기대할 수 없을 뿐만 아니라 엄청난 인적, 시간적, 물적 자원의 낭비를 초래하게 된다. 국가지리정보 시스템의 최대 문제점은 정책적 공감대와 책임의식 부재, 핵심 추진기구의 법제도적 위상 부재 등이 있다.

그레이스케일(Grayscale)

완전히 꺼진 경우부터 최대 밝기로 했을 경우 사이의 컬러 필터를 통과하는 빛의 루미넌스 크기를 말함.

그룹 딜레이(Group Delay)

주파수의 변화에 따라 비선형적인 위상응답을 나타내는 현상. 이는 비디오 대역폭 내에서 비선형적인 위상 · 주파수 응답 특성 때문에 발생하는 것으로 주로 3.58MHz 근처 또는 그 이상의 주파수에서 위상의 비선형적인 이동현상으로 나타난다. 이렇게 높은 주파수에서 위상응답이 떨어지게 됨에 따라 위상 · 주파수 응답특성도 같이 떨어지게 된다.

극초단파(UHF, Ultra High Frequency)

300[MHz]~3[GHz] 전파 주파수대 약칭. VHF의 중간에서 UHF중간까지의 전파를 극초단파, 그 이상 SHF 중간 정도까지를 마이크로파라고도 한다. 텔레비전방송, 통신위성, 아마추어무선 등에 사용한다.

기준감도
(基準感度; Reference Sensitivity)

수신 감도란, 규정 출력을 얻기 위한 수신기 입력 전압이라 할 수 있다. 따라서 입력 전압이 작은 상태에서 규정 출력을 얻을 수 있으면 그 수신기는 감도가 우수한 것이다. 기준 감도란 신호 대 잡음비, 수신기 대역폭, 변조도 및 신호원의 임피던스 등을 규정한 값에 대한 최대 사용 감도로 정의된다. 즉 수신기의 음성 출력이 기준값의 50%인 조건에서 신호 대 잡음비(signal to noise and distortion ratio : SINAD)가 12dB로 되는 표준 변조시의 무선 주파수 신호 레벨이다.

- ㄴ -

널 모뎀(Null Modem)

널 모뎀 케이블(null modem cable)을 사용하여 2대의 컴퓨터를 접속해서 모뎀을 사용하지 않고 정보를 교환할 수 있게 하는 것. 컴퓨터 입장에서는 모뎀을 사용하는 것과 차이가 없기 때문에 이것을 널 모뎀이라고 부른다. 한쪽 컴퓨터의 송신 선이 다른 쪽 컴퓨터의 수신 선이 되고, 반대로 한쪽 컴퓨터의 수신 선이 다른 쪽 컴퓨터의 송신 선이 되도록 케이블의 송신용 선과 수신용 선을 교차(cross)함으로써 널모뎀을 구성한다.

네트워크 아키텍처(network architecture)

정보통신 네트워크의 아키텍처를 말한다. 고도정보화사회의 하부구조로서 중요시되고 있다. 정보통신 네트워크에는 컴퓨터 데이타를 통신하는 네트워크와 음성이나 컴퓨터 데이타나 화상을 통합해서 통신하는 네트워크가 있다. 전자의 네트워크 아키텍처에는국제표준화기구(ISO)의 OSI(Open Systems Interconnection), IBM의SNA가 있고, 후자에는 ISDN(Intergrated Services DigitalNetwork)이 있다.

- ㄷ -

단파방송(Short Wave Boadcasting)

단파를 이용한 방송 또는 방송국. 송신소에서 발사되면 공간파가 되어 지구의 상층에 있는 전리층(지상 150km - 300km)에서 반사되고, 또한 지구표면으로 되돌려지는 반복반사를 계속하면서 원거리까지 도달한다. 단파는 이같이 전리층에서 반사되기 때문에 멀리까지 전달할 수 있어 해외방송 등에 이용되고 있다.

능동 매트릭스(Active Matrix)

AMLCD(Active Matrix LCD)로도 알려져 있음. 각 픽셀에 부착된 스위칭 트랜지스터 또는 다이오드가 각 픽셀을 켜고 끄는 LCD를 말함. passive matrix보다 더욱 밝고 선명한 이미지, 와이드 화면을 제공할 수 있음. 종종 TFT 스크린을 말하기도 함.

대비(Contrast)

이미지상에서 가장 밝은 상태와 가장 어두운 상태 사이의 범위.

대역외 발사(帶域外發射-)

Out-of-band Spectrum Emission 필요 주파수 대역폭 외곽에 존재하며, 변조로 인해서 생긴 발사 전력 밀도 스펙트럼(또는 스펙트럼 이산(離散) 성분으로 이루어질 때는 전력 스펙트럼) 부분을 말한다. 다만, 이 경우 불요 발사 성분인 스퓨리어스는 제외된다. 대역 외 발사 스펙트럼은 대역 외 발사 전력과 다른 의미를 가지고 있다. 즉 대역 외 발사 스펙트럼은 필요 주파수 대역폭 밖에 새로이 존재하는 스펙트럼 부분이다. 반면, 대역 외 발사 전력은 필요 주파수 대역폭 외곽에 존재하지만 동 대역 내 개개 주파수에 대한 전력의 총 합계치를 말한다.

데드 룸(Dead Room)

실내 잔향이 많은 방을 라이브 룸(live room), 적은 룸을 데드룸이라고 한다. 또 레코딩 스튜디오에서는 반향이 많은 쪽을 라이브사운드, 적은 쪽을 데드 사운드라고 한다. 이처럼 반향이 많고 적은 것에 따라 라이브와 데드로 구분하고 있는데 라이브와 데드의 경계는 잔향시간으로 약 0.6초 정도이다.

데이타 방송(Data Broadcasting)

① 두 지점간의 데이타를 운반하는데 사용되는 아날로그, 디지털커뮤니케이션 채널.
② 날씨, 정보, 메시지, 선전물 등을 전달하는 케이블 텔레비전 채널.
③ CD에서 오디오 정보에 반대되는 데이터의 전송에 사용되는 채널.
④ CD-ROM에서 모드-1 데이터를 전달하는채널.

도플러 효과(Doppler Effect)

어느 일정한 주파수의 발생원과 관측자 사이에 상대적인 운동이 있을 때 관측 주파수가 발생원의 주파수와 달라지는 현상을 말한다. 이동하는 물체에서 발하는 소리를 정지하고 있는 사람이 들을 때와 반대로 정지한 발음원의 소리를 이동하는 사람이 들을 때는 이동속도가 빠르면 음원의 음정은 일정하더라도 음원과 사람이 가까우면 음정이 높게 들리고, 멀 때는 음정이 낮게 들리는 효과이다.

이 효과를 잘 나타내고 있는 소리로는 구급차의 소리나 가까이 지나가는 제트기의 소리이다. 도플러가 발견한 것으로, 음뿐만 아니라 파동 일반에 나타나는 현상이다.

동기분리회로(同期分離回路) Synchronizing Separator Circuit

TV 수상기에서 복합 영상 신호로부터 동기 신호를 분리하기 위한 회로. 분리하는 방법은 먼저 진폭 분리를 한 다음 영상 신호와 동기 신호를 분리하고 다시 주파수 분리에 의해서 수평 동기 신호와 수직 동기 신호를 분리한다.

동기식 전송(Synchronous Transmission)

동기식 전송은 한 문자 단위가 아니라 미리 정해진 수만큼의 문자열을 한 묶음으로 만들어서 일시에 전송하는 방법이다. 이 방법에서는 데이터와는 별도로 송신측과 수신측이 하나의 기준 클럭으로 동기신호를 맞추어 동작한다. 수신측에서는 클럭에 의해 비트를 구별하게 되므로, 동기식 전송을 위해서는 데이터와 클럭을 위한 2회선이 필요하다. 송신측에서 2진 데이터들을 정상적인 속도로 내보내면, 수신측에서는 클럭의 한 사이클 간격으로 데이터를 인식하는 것이다. 동기식 전송은 비동기식에 비해 전송효율이 높다는 것이 장점이지만 수신측에서 비트계산을 해야 하며, 문자를 조립하는 별도의 기

억장치가 필요하므로 가격이 다소 높은 것이 단점이다

동축 케이블(Coaxial Cable)

통신용 케이블의 일종으로 금속외관의 중심에 절연된 내부도체를가진 도선. 손실이 적기 때문에 TV 영상 등 주파수가 높은 신호를보내는 데 사용된다. 그러나 동축케이블은 구리를 주재료로 쓰기 때문에 단가가 높고 자원면에서 한계가 있다. 점차 늘어나고 있는 전신, 전화 등의 통신수요에 대처하기 위해서는 한 개의 케이블로 동시에 대량의 정보를 전송할 필요가 있다.

디더링(Dithering)

디더링은 필요한 색상이 없어서 사용할 수 없을 때, 컴퓨터 프로그램으로 다른 색상을 혼합하여 유사한 색상으로 만드는 것을 말한다. 예를 들면, 어떤 운용시스템에서 브라우저가 지원할 수 없는 웹페이지를 위한 색상이 명시되었을 때, 디더링이 필요하다. 브라우저는 필요한 색상을 둘 혹은 그 이상의 색상을 혼합하여 만든 유사한 색상으로 대체하기 위하여 시도할 것이다. 그런 경우, 그 결과가 그래픽 디자이너에 의하여 수용되거나 안될 수도 있다. 그것은 또한 단일 강도의 색상영역이 아니고 여러 가지의 강도를 가지는 화소로 구성되기 때문에 밝기가 다른 여러 개의 점을 찍어서 만든 것처럼 거칠게 보인다.

디더링은 또한 디스플레이 모니터가 처리할 수 있는 것 이상의 색상이 명시된 이미지를 디스플레이 하고자 할 때도 발생한다.

디지털 (Digital)

어떤 값을 숫자로 나타내는 일. 정보를 전기 펄스(pulse)의 유무와 그 조합의 형태로 표현하는 것으로, 정보량을 길이나 전압 등 양의 크기로 계산하는 아날로그 형식과 대조적이다. 라디오나 텔레비전에서는 정보를 아날로그로 취급하는데 반해서 컴퓨터에서는 정보를 디지털 신호로 다루고 있다.

디지털 방식은 아날로그 방식에 비해서 정보 송신 과정에서 발생하는 전송능력의 약화를 줄일 수 있다. 이 때문에 최근에는 정보전달 방법으로 디지털 방식이 채택되고 있다. 디지털은 숫자를 의미하는 말로서 디지트(digit)의 형용사임

디지털 워터마크(Digital Watermark)

디지털 워터마크란 어떤 파일에 관한 저작권 정보(즉 저자 및 권리 등)를 식별할 수 있도록 디지털 이미지나 오디오 및 비디오 파일에 삽입한 비트 패턴을 말한다. 이 용어는 편지지의 제작회사를 나타내기 위해 희미하게 프린트된 투명무늬(이것을 영어로 "워터마크"라고 한다)로부터 유래되었다. 디지털 워터마크는 디지털 형식으로 되어 있는 지적재산에 대한 저작권보호를 제공하기 위한 목적으로 삽입한다. 의도적으로 어느 정도까지는 볼 수 있도록 만든 프린트 워터마크와는 달리, 디지털 워터마크는 완전히 안보이게(저작물이 오디오인경우에는 안 들리게) 설계된다. 게다가 워터마크를 나타내는 실제 비트들은 그것들이 식별되거나 조작되지 않도록 파일 전체에 걸쳐 펴져 있어야만 한다. 그리고 마지막으로, 디지털 워터마크는 그 파일에 대한 일반적인 변경, 예를 들어 로씨 압축 알고리즘에 의한 축소 등에 견딜 수 있도록 충분히 견고해야만 한다. 이러한 요건을 모두 만족시키는 것이 결코 쉽지는 않지만, 이 기술에 관해 경쟁력을 갖추고 있는 몇몇 회사들이 있다. 그 모든 회사들이 워터마크를 마치 노이즈, 즉 대부분의 디지털 파일들에 존재하는 랜덤 데이터처럼 보이도록 만들고 있다. 워터마크를 보기 위해서는, 워터마크 데이터를 추출하는 방법을 알고 있는 특수한 프로그램이 필요하다.

- ㄹ -

라디오 데이타 방송(RDS)

자동차에 설치된 라디오의 디스플레이(액정표시판)를 통해 긴급 정보 등 각종 데이타 메시지를 수신할 수 있는 시스템. FM 다중방송의 한방식인 RDS는 FM방송 전파에 음성신호를 중첩해 보내는 데이타방송(문자다중방송) 시스템이다. 1970년대 유럽에서 처음 도입된 이후 전세계적으로 급속히 확산되고 있는 뉴미디어방송서비스이다.

래스터(raster)

비디오 모니터 또는 텔레비전 수상기의 화면에서 주사선에 의해영상이 재생되는 영역. 즉, 유효주사선이 주사되는 범위로서NTSC방식에서는 화면의 종횡비가 3 대 4이다.

렌더링(Rendering)

1. 비디오의 프레임 위에 변환 효과를 주었을 때의 결과를 수학적으로 계산하는 과정.
2. 컴퓨터 그래픽으로 물체를 표현할 때, 물체의 모양을 그 형태와 위치 및 광원 등을 고려하여 실감나는 영상을 표현하는 컴퓨터 도형제작 기법. 즉 2D나 3D로 컴퓨터 그래픽(CG) 영상을 제작할 때, 영상을 생성하는 최종 과정을 말한다.

리본형 고음 스피커 (-形高音-; Ribbon Tweeter)

고음 전용 스피커의 일종으로서 구조적으로는 다이내믹 스피커에 속한다. 도체를 겸한 리본 형태의 금속판을 진동판으로 작용하도록 해서 이 금속판 자체가 진동하여 음을 발생한다. 따라서 공진이 없고 평탄한 특성이 있지만 진동판의폭에 상당한 자기 회로(磁氣回路)의 캡을 만들어 내기 때문에 능률이 낮게 되는 결점이 있다.

그러나 최근의 제품에는 알니코(알루미늄, 니켈, 코발트 등의 합금의 영구 자석)를 사용해서 높은 자속 밀도를 얻고 또 진동판 자체도 9mg으로 아주 가볍기 때문에 능률도 96.5dB까지 높게 되어 재생 주파수 대역은 120㎑까지 평탄한 재생이 가능한 것도 있다.

이와 같은 높은 주파수는 귀에는 들리지 않지만 악기의 배음(倍音)을 재생하기 때문에 스튜디오 등에서는 점차 사용이 증가하고 있다.

리프레시 레이트(Refresh Rate)

1초간 스크린이 완전하게 바뀌는 횟수

루미넌스(Luminance)

디스플레이 장치의 표면에서 방사되는 빛의 양. 각각 조합하여 색깔을 만드는 빨간색, 녹색, 파란색의 평균 값으로 결정된다.

- ㅁ -

마스킹 효과(Masking Effect)

어떤 음(Masking Sound)의 방해로 인하여 다른 음에 대한 가청임계치가 증가되는 현상을 말한다. 예를 들면, 주변 잡음이 있는 상황에서 대화를 하려면 조용한 상태에서 대화할 때 보다 더 크게 말해야 들리게 되는데 이때 주변 잡음이 방해음이 된다.

다시 말해서, 하나의 소리(음향)에 다른 소리가 영향을 주어 듣는 것이 어렵게 되거나 불가능하게 되는 것을 말한다. 세기와 진동수가 다른 소리(순음)가 있을 때, 마스킹 효과를 확인할 수 있다. 즉, 세기가 다른 두 개의 소리(순음)가 있을 때, 큰 소리가 잘 들리고 작은 소리는 들리지 않으며, 진동수가 다른 같은 세기의 소리가 있을 때, 낮은 진동수의 소리가 잘 들리고, 높은 진동수의 소리가 잘 들리지 않는다.

이러한 마스킹 레벨은, 방해하는 소리(masking sound)가 있을 때 원하는 소리가 들리도록 하는데 필요한 threshold shift로써, dB로 정의한다. 실험절차는 조용한 방에서 어떤 소리의 threshold를 먼저 결정한다. 다음에 가리는 소리를 울리고, 첫 번째 소리가 들릴 때까지 그 레벨을 높인다. 이 차이를 dB로 계산한다.

마스킹은 또한 원하는 소리의 전후 수 ms에서 발생하며, 이러한 현상을 각각 순방향 마스킹과 역방향 마스킹이라고 부른다.

듣고자하는 음의 진동수가 방해음의 진동수 혹은 그 정수배에 가깝게 될 때, 맥놀이 현상이 일어나며, 그 전후의 진동수에서는 방해를 심하게 받는다. 이러한 것은 복합음 내의 순음간에도 발생하며, 복합음을 듣는데 영향을 준다.

마스킹효과는 MPEG, Dolby AC와 같은 알고리즘에서 많은 양의 데이터를 효율적으로 압축하는데 필수적으로 응용되고 있다.

멀티캐스트(Multicast)

인터넷에서 여러 명의 특정 그룹의 수신자들에게 데이터를 전송하는 방식으로서, 인터넷상에서 같은 내용의 전자메일, 화상회의를 위한 화상, 음성 데이터 등을 둘 이상의 다른 수신자들에게 동시전송하는 방식이다. 특정한 한 사람의 수신자에게만 데이터 패킷을 전송하는 방식인 유니캐스트와 대응되는 개념이다.

유니캐스트 방식에서는 받는 사람 수만큼 데이터 패킷을 반복해서 보내야 하기 때문에 통신망 효율을 저하시키고, 보내는 사람의 전송 부담도 크다. 그러나 다자간 화상회의와 같은 대화형 인터넷 기능에서는 음성 및 화상 데이터의 실시간 전송이 필요하므로 동시에 여러 명이 데이터를 주고받는 멀티캐스트 방식이 필수적이다.

멀티캐스팅은 엠본(MBone)이라고 하는 가상의 네트워크를 이용하여 한 개의 인터넷 주소로 특정 그룹에 참여하는 모든 사람에게 동일한 데이터를 전달한다. 그러므로 많은 사람들이 한꺼번에 특정 서버에 접속하여 대용량 멀티미디어 정보를 전송 받을 때 겪는 정보체증 현상을 크게 해소할 수 있다.

또한 멀티캐스트 기술은 인터넷 정보제공업(Information Provier)의 발전에도 큰 몫을 차지한다. IP 멀티캐스팅에서는 호스트가 멀티캐스트 그룹에 참여하거나 탈퇴할 수 있고, IGMP(Internet Group Management Protocol)가 포함되어 있어 그룹 멤버십 정보를 관리할 수 있다.

즉, 멀티캐스트 전송방식은 데이터 중복전송으로 인한 네트워크 자원낭비를 막고, 그 정보를 필요로 하지 않는 곳에는 부담을 주지 않으면서 실시간 공동작업을 효율적으로 보장하는 전송기법중 하나이다.

메타데이터(Metadata)

메타데이터란 데이터의 구조를 정의하는 데이터, 즉 데이터의 이력을 의미한다. 예를 들면, 도서관에서는 오랫동안 도서목록을 사용해오고 있다. 도서의 관리, 도서 자료의 분석 및 도서에 접근을 위해서 도서명, 저자, 저술연대 등 도서에 관한 정보 즉, 메타데이터를 사용한다. 이러한 서지정보 외에도 초록, 색인, 핵심 단어 등 검색을 위한 부가정보가 메타데이터가 될 수 있다.

이와 같이 메타데이터란 정보자원의 내용에 관한 사항, 다른 자원과의 관계, 자원의 속성, 자원의 물리적 형태, 생성 일자 등 자원을 식별할 수 있는 요소 데이터들로 구성된다.

사람을 비롯해서 세상의 모든 자원은 메타데이터를 가지고 있으며, 이러한 메타데이터가 수집, 정리되어 디지털화되면, 자원에 관한 서술, 탐색, 이용 및 장기 보존 등 자원의 효율적 관리가 가능하게 될 것이다.

무선가입자망 WLL(Wireless Local Loop)

무선가입망(WLL : Wireless Local Loop)이란 전화국에서 전화가입자의 댁내까지를 연결하는 유선선로대신 무선시스템을 이용해 전화선을 구성해 주는 것을 말한다. 이 기술은 농어촌지역과 같이 인구밀도가 희박한 지역에 전화를 가설할 경우 가설비를 줄이기 위한 방편으로 70년대 초 미국 벨연구소에서 처음 고안되었지만 무선주파수의 확보가 쉽지 않았고 안테나와 무선 송수신장치의 제조 및 설치비용이 과다하여 상용화 단계에까지 이르지 못했었다. 그러나 90년대 중반 전자통신기술의 급속한 발전과 더불어 여러 제조업체에서 경제성 있는 제품을 시장에 속속 출시하고 있고, 통신사업자들도 이 WLL의 상용화에 지대한 관심을 보이고 있다. WLL의 장점을 요약하면 전자기술의 발달로 회선당 단가가 저렴한 경제성과 함께 유선선로에 비해 설치가 용이하다는 점이다. 또한 전파가 도달하는 지역은 어디에나 간편하게 설치할 수 있어 통신망 구축이 유연하다. WLL용으로 개발된 제품으로는 위성을 이용한 시스템, 고정용 마이크로웨이브를 응용한 시스템, 셀룰러 기술을 응용한 시스템, 코드리스 기술을 응용한 시스템 등이 있는데 셀룰러 기술을 응용한 시스템이 가장 많이 사용된다.

문자다중방송(문자방송)

문자나 도형 등의 신호를 TV전파의 틈새(수직귀선소거기간내의 주사선)을 이용해서 보내는 방송으로서 국제적으로 텔레텍스트라는 통일 명칭으로 불려지고 있다. 문자다중방송 이용자는 키패드(keypad)를 사용하여 문자나 도형정보를 현재의 뉴스속보 텔롭(telop, television opaque projector의 합성어로서 TV에 투시되는 글자)과 같이 화면위에 비치게 하거나 TV의 화면을 지우고 문자나 도형정보를 화면에 비치도록 할 수가 있다.

문자발생기(Character Generator)

TV 스크린 등에 나타나는 문자를 만들어 내는 장치. 보통문자나 도형을 디지탈 신호로 리드 온리 메모리(ROM)등의 IC 메모리에 기억시켜 이를 찾아내는 방식이다. 컴퓨터의 문자는 이같은 방법으로 발생된다.

텔레텍스트 등의 문자정보 시스템 중에 특히 코드방식은 수신자측에서 이 장치가 필요하다. 다수의 한자(한자)를 발생시키기 위해서는 대용량의 메모리가 필요하며 현재는 비용이 많이 들어서 장차 IC 메모리의 고집적화(고집적화)를 통해서 이 문제가 해결될 것으로 보인다.

미들웨어(Middleware)

인터넷의 보급에 따라, 중앙집중형 메인프레임(mainframe) 컴퓨팅 파워를 업무의 특성에 따라 여럿의 호스트(host)로 분리하고자 하는 다운사이징(downsizing) 기법과, 기존에 구축된 독립적인 서로 다른 기종의 시스템들을 하나의 네트워크로 연결하고자 하는 SI(system integration:시스템통합) 기법이 등장하면서 기존의 집중형 컴퓨팅(centralized computing)은 급격히 분산형 컴퓨팅(distributed computing)으로 변하고있다.

초고속정보통신망의 확산에 따라 이러한 분산형 컴퓨팅의 중요성이 부각되고 있는데, 이를 실현하기 위해서는 서로 다양한 하드웨어, 프로토콜, 응용프로그램 및 다른 운영체제의 차이를 메워주어야 한다. 이러한 서로 다른 체제간의 다리 역할을 하는 소프트웨어를 미들웨어라고 부른다.

예를 들면, 두 개의 서로 다른 어플리케이션을 연결하는 소프트웨어인, 데이터베이스 시스템을 웹 서버에 연결하는 미들웨어 제품이 있는데, 이것은 사용자들이 웹 부라우저에서 표시되는 형태를 사용하여 데이터베이스에서 데이터를 요구할 수 있게 해주며, 웹 서버가 사용자의 요구와 프로파일에 기초하여 활동적인 웹페이지로 되돌릴 수 있게 해준다.

- ㅂ -

바이트[byte]

컴퓨터에서 연산이나 저장을 위한 정보의 최소 단위는 2진법의 한 자리수로 표현되는 bit이다. 그러나 비트 하나로는 "0" 또는 "1"의 두 가지 표현밖에 할 수 없으므로, 8개 비트를 묶어 1 바이트(byte)라고 하여 정보를 표현하는 기본단위로 삼고 있다. 8개의 비트로 구성되는 바이트는 256 종류의 정보를 나타낼 수 있어 숫자, 영문자, 특수문자 등을 모두 표현할 수 있다.

1 바이트는 하나의 문자(혹은 숫자나 기호)를 표현하기 때문에 1 캐릭터(Character)라고도 부른다. (이는 물론 알파벳과 같은 영어의 경우이고, 한글의 경우는 조합형이나 완성형에 따라 다르지만, 근본적으로는 2~4개의 바이트가 필요한 문자이다).

바이트를 표기할 때는 영문 대문자 "B"를 쓰고, 비트를 표기할 때는 소문자 "b"로 나타낸다.

관련된 용어로는 4비트 묶음을 니블(Nibble), 2비트 묶음을 1/4 바이트인 쿼터(Quarter)라고 하고, 2바이트 혹은 4바이트를 1 워드(Word)로 부르고 있다. 또한 대용량 기억장치의 용량을 나타내는 단위로 킬로바이트(kilo byte : kB), 메가바이트(Mega byte : MB), 기가바이트(Giga byte : GB) 등이 사용된다.

박막 트랜지스터 TFT

Thin Film Transistor. AMLCD라고도 부린다.현재 가장 고해상도를 제공하며 가격도 비싸다.

브이 · 비 · 엔 · 에스 Very High Speed Backbone Network Service [VBNS]

미국 국립 과학 재단(NSF)이 미국의 장거리 통신 사업자인 MCI사와 공동으로 개발하고 있는 초고속 기간 통신망. 슈퍼 컴퓨터간의 고속통신 등 학술용으로 개방하여 현재의 인터넷 통신 속도로는 할 수 없는 응용의 개발을 촉진하고자 하는 것이다.

VBNS는 상용 목적으로는 사용할 수 없으나 일부 통신 회사간에는 VBNS를 본보기로 한 초고속 기간 통신망을 건설하려는 움직임도 있어서 고속의 차세대 인터넷 기간망 구축의 기폭제라고 불리고 있다.

버스트 증폭기(-增幅器) Burst Amplifier

컬러 TV 수상기의 반송파 신호로부터 컬러 버스트(color burst : 색동기 신호라고도 하며, 색 신호를 올바르게 재생하는 데 필요한 기준이 되는 신호)를 뽑아내서 증폭하는 대역 증폭 회로를 가진 증폭기. 수평 동기 신호를 이용해서 컬러 버스트를 분리하는데, 수평 동기 신호의 백 포치(back porch : 후부 포치. 복합 색신호의 동기 펄스의 후연(後緣)으로부터 귀선 소거(歸線消去) 신호의 후연까지의 부분)와 시간적으로 다르므로 지연 회로를 통해서 시간을 일치시키고 있다.

비디오전화(Video Phone)

원거리를 두고 서로 떨어져 있는 복수의 회의장소들을 통신회로로 연결, 브라운관을 통하여 영상과 음성을 송수신하는 것으로 가만히 앉아서 먼 곳의 사람과 회의를 하는 시스템이다.

비디오텍스(Videotex)

전화회선과 가정이나 사무실의 TV 수상기를 연결 이용자의 요구에 따라 정보센터 또는 외부 컴퓨터에 축적시킨 정보를 검출 송신하여 이용자측에서 어댑터(변환기)를 통하여 브라운관에 도형, 문자로 재생하는 정보 시스템.

비트 레이트(Bit Rate)

디지탈 신호의 정보 전송속도

- ㅅ -

색상 보정(Color Calibration)

디스플레이 장치의 출력 특성을 이미 정의된 표준 또는 셋팅에 맞게 설정하는 과정. 컬러 또는 루미넌스 측정 장비와 키에 의해 항목이 구별되어 있는 배열이나 도표에서 데이터 항목을 가려내는 프로그래밍 기법인 lookup teble 값을 이용해서 작업한다.

색상 전반(Color Gamut)

모니터와 같은 디스플레이 장치의 색상 재현 범위. 24비트 컬러인 경우 color gamut은 천육백칠십만 컬러라고 말한다.

색상 해상도(Color Resolution)

모니터에서 재현될 수 있는 그레이스케일의 수로 표시될 수 있는 색상을 말함

색온도(Color Temperature)

빛을 전혀 반사하지 않는 완전 흑체를 가열하면 온도에 따라 각기 다른 색의 빛이 나온다. 온도가 높을수록 파장이 짧은 청색 계통의 빛이 나오고, 온도가 낮을수록 적색 계통의 빛이 나온다. 이때 가열한 온도와 그때 나오는 색의 관계를 기준으로 해서 색온도를 정하고 있다. 이때 온도는 섭씨온도에 273을 더한 절대온도를 사용한다.

우리가 주변에서 흔히 보는 태양광은 5,500 ~ 7,000° K, 카메라 플래쉬는 5,600 ~ 6,000° K, 백열등은 2,500 ~ 3,600° K, 촛불은 1,800 ~ 2,000° K가 된다.

TV 시스템에서 카메라의 촬상소자는 색에 대한 감도가 다르기 때문에 색온도가 매우 중요하다. 따라서 TV의 제작에서 조명조건 즉, 광원이 달라지면 색온도가 달라지므로 그때마다 화이트밸런스(White Balance)를 다시 맞춰야 한다.

색조(Hue)

흑백과 관련되지 않은 색깔을 말함

성형 빔(Shaped Beam)

인텔새트 위성과 같이 국제간의 통신을 목적으로 하는 통신위성은 1개의 위성을 될 수 있으면 많은 나라들이 이용할 수 있도록 빔의 폭을 넓히는데, 이를 글로벌 빔이라고 한다. 방송위성의 경우 전파가 인접국가로 흘러 들어가지 못하도록 전파의 빔의 폭을 좁히게 된다. 이를 스포트빔이라고 한다. 이에 반해 방송위성의 전파를 그 목표로 하는 지역에만 미치도록 하기 위하여 목표지역에 모양에 맞추어서 성형(성형)시킨 빔을 성형 빔이라고 한다.

소리(음향)의 강도/Sound Intensity Level

소리(sound)는 에너지를 가지는 파(wave)의 형태로 매체의 공간을 전파해 나가며, 이러한 음파(sound wave)의 물리적인 세기를 음향강도(sound intensity)라 부른다. 음향강도 즉, 음파(sound wave)의 강도(intensity)는 파의 크기의 자승에 비례한다.

음향강도란 [단위시간에 단위면적을 통하여 전송되는 음향 에너지]로 정의하며, 측정 단위는 1초에 평방센티미터(㎠) 당의 erg(erg/㎠) 혹은 평방미터 당 왓트(watt/㎡)로 표현한다. 특히, 이러한 음향의 강도를 가청임계치를 기준으로 하여 데시벨

눈금으로 표현한 것을 음향강도 레벨(SIL, Sound Intensity Level) 또는 음향강도라고 정의한다. 즉, 음향강도(SIL)는 다음의 공식에 의하여 계산된다.

LI = 10 log (I/I0)

여기에서 LI는 음향강도에 대한 심볼이고, I는 측정하고자 하는 음향강도, I0는 사람이 들을 수 있는 가장 작은 소리로 정의되는 1,000Hz에서의 가청임계레벨로 10~12 Watt/㎡를 말한다.

측정하기가 용이한 음압의 자승에 비례하는 음향강도는 음향 측정의 기초로서 사용된다. 자유공간에서의 음향 강도는 음원으로부터의 거리의 자승에 반비례한다. (역-자승법칙 참조)

소리의 크기 (Loudness, loudness level)

Loudness란 일반적으로 소리의 크기를 뜻하는 말이나, 소리(음)에 대하여 전문적으로 다루는 음향학에서는 사람이 소리에 대하여 주관적으로 느끼는 (감각적인) 크기를 의미하며, 물리적인 세기(혹은 강도, intensity)와 구별하고 있다.

어떤 소리의 크기를 그것과 같은 크기로 느끼는 기준음(1000Hz의 소리)의 음압레벨(dB수)로 나타내어 이것을 폰(phon)이라고 정의한다. 다시 말해서, N 폰의 소리란 주파수 1,000Hz · N dB인 소리와 같은 크기로 들리는 소리를 말한다. 따라서 loudness는 주파수별로, 그리고 기준음의 레벨에 따라 실험에 의하여 얻어진 등감곡선(equal loudness contour)에서 구하여야 한다.

예를 들어, 아래의 그래프에서 주파수 100Hz, 51dB의 소리는 실제로 1,000Hz의 소리가 40dB의 세기를 가질 때와 같은 크기로 들리므로 40폰의 크기가 되며, 50Hz, 120dB의 소리는 1kHz, 100dB와 같은 크기로 들리므로 100폰이 된다.

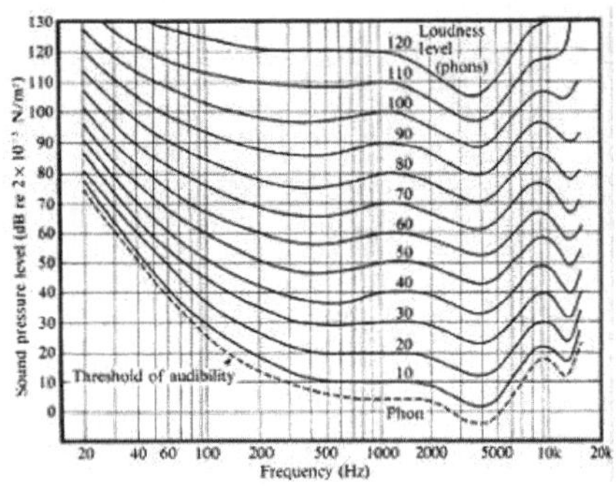

등감곡선

이렇게 소리에 대하여 느끼는 주관적인 단위를 설정하였지만, 상대적으로 느끼는 정도는 loudness level에 직접적으로 일치하지 않는다. 예를 들면, 50 폰의 loudness를 가지는 소리는 25 폰의 loudness를 가지는 소리의 두 배로써 감지되지 않는다. 실제로는, 10 폰의 loudness 증가로 두 배의 loudness가 감지된다고 한다. 이러한 감지되는 loudness의 표준 측정을 주관적 loudness라 부르고, 손(sone)이라는 단위를 사용한다.

Sone은 소리가 두 배로 들린다고 판단될 때까지 레벨을 조정하여 측정하는 심리음향학적 방법을 통하여 도출한다. 이것은 감지되는 loudness 즉, 주관적 loudness(sone)와 phon의 관계를 알 수 있게 해준다. 1 sone은 40 phon으로 정의한다. 따라서, 이보다 두 배로 들리는 50 폰은 2 sone이 되고, 그것의 반으로 들리는 소리는 30 폰으로 0.5 sone이 된다. 폰은 다음 공식에 의하여 sone으로 환산된다.

SL = $2^{(PL-40)/10}$ (1)

여기에서, SL은 sone으로 표시하는 주관적 loudness이고, PL은 폰으로 표시한 loudness 레벨이다. 만일 loudness가 sone으로 주어지고, 등가의 폰 값을 알기 위해서는 다음의 공식을 사용한다.

PL = 10[log10(SL)/log10(2)]+40. (2)

다음 도표에 의하여 phon과 sone의 환산

이 가능하다.

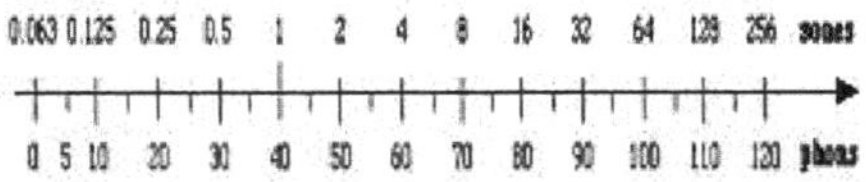

소리의 맵시, 음색(tone color)

같은 크기, 같은 높이의 소리라도 바이올린과 피아노 소리는 다르게 들린다. 이것은 그 악기에서 발생하는 음파의 모양이 다르기 때문이며, 이러한 소리의 차이를 소리의 맵시 혹은 음색이라 한다. 여러 가지의 악기로 같은 음악을 각각 연주할 때, 현장에 있지 않더라도 연주하는 소리만 듣고서 각각의 악기를 구분할 수 있는 것은 각각의 악기가 가지는 음색이 다르기 때문이다.

음색이란 물리적으로, 소리를 구성하는 상음(上音, 기본음에 대하여 진동수가 많은 음)의 차이에 의해서 발생한다고 설명한다. 즉, 소리의 높이는 주로 기음(基音, 발음체가 낼 수 있는 기본이 되는 가장 낮음 음)에 의하여 결정되지만, 상음의 구성이 따라 같은 높이라도 음색이 달라진다.

수동 매트릭스(Passive Matrix)

전압을 동기시키는 방법으로 시간을 구분하여 다중조정법으로 구동하는 LCD. 일반적으로 스캔 횟수가 많아지기 때문에 시청 각도가 좁고 대비가 떨어지며 화면이 어두운 경향이 있다.

수동위성(Passive Satellite)

미국이 1968년 12월 발사한 스코어, 60년 8월에 발사한 에코 1호 등 초기의 통신위성은 모두 수동위성이었다. 이 수동위성은 트랜스폰더(중계증폭기)를 갖추고 있지않기 때문에 지상에서 송신해준 전파를 반사시켜 다시 지상에서 이를 수실할 때는 전파가 극히 약해진다는 결점이 있다.

슈퍼스테이션(Super Station)

지역의 독점적인 TV국이 그 프로그램을 국내 위성을 이용하여 전지역의 CATV에 배급하게 되는 새로운 서비스를 말한다.

시큐러티 서비스(Security Service)

화재나 범죄 등의 비상사태에 신속히 대처하기 위하여 신호, 경보 등으로 통보하는 방재 방범 서비스. 최근 고층빌딩이나 고층아파트에서는 관내(관내) 감시 시스템을 이용하여 방재 방범서비스를 실시하고 있는 예가 늘어나고 있다. 이와 같은 관내 케이블 시스템을 CCTV(Closed Circuit Television, 폐쇄회로 TV)라고 한다.

신디케이션(Syndication)

네트워크를 거치지 않고 제작사에서 방송국으로 완성된 프로그램을 직접 공급하는 것

스테이션 브레이크(SB: Station Break)

한 프로그램이 끝나고 다음 프로그램으로 넘어가는 시간을 말한다. 스테이션 브레이크는 라디오나 TV 모두 앞 프로그램의 길이에 따라 결정되며 적어도 1분 50초 이상이며 라디오의 경우에는 SB시간으로 80초가 확보되어 있다. 이 SB 간에 스팟 광고방송을 할 수 있다.

– ㅇ –

아날로그(Analogue)

연속된 양을 연속된 형으로 나타내는 방식. 가령 음성을 아날로그적인 전기신호로 처리할 경우, 연속적인 시간에 대한 연속적인 전압이나 전류의 변화라는 형으로 나타난다.

현대의 방송은 모두 아날로그 방식으로 영

상이나 음성을 보내고 있다. 이 방식에 의한 정보의 전송수단은 도중에서 혼입(혼입)되는 잡음까지도 정보의 일부로서 재생되는 단점이 있다.

알지비(RGB)

적색(R), 녹색(G), 청색(B)신호의 약어로써 컬러TV시스템의 색상을 합성하는데 쓰이는 3원색(primary Colors)이다. 이 세가지 색상은 어느 2가지 색을 합쳐도 만들어 낼 수 없는 색이며 또한 다른 모든 색상은 이 세가지 색중 둘 이상의 색상 또는 그 합성색상들을 혼합하여 만들어 낼 수 있다. TV에서는 빨강대신에 주홍색을, 파랑대신에 청자색을 사용하는데 이 주홍색(red orange), 녹색(green), 청자색(blue violet)의 삼원색광을 다른 말로 가색(additive primaries)이라고도 하며 이 삼원색광을 서로 결합하여 다른 여러 가지의 색상과 백색광을 만들어 내고 있는데 이들 색상의 영문 첫 글자를 따 흔히 RGB라고 한다. 컬러카메라와 텔레시네의 경우 RGB 수신기를 갖고 있으며 TV수상기는 RGB 전자총에 의해 발생하는 발광체를 갖고 있다. 프로덕션에서 사용하는 모니터의 대부분은 RGB이다. 3원색(primary Colors), 가색(additive primaries), RGB가 컬러TV의 기본색을 뜻할 땐 동의어로 생각해도 무방하다. 참고로 자연계의 3원색은 적색, 청색, 황색이다.

양자화(Quantization)

원래의 아날로그신호를 표현하는 디지털형태의 정보를 제공하기 위해 아날로그 파형을 표본화하는 과정

음압 레벨-Sound pressure level

음압 레벨(SPL, sound pressure level)이란 소리를 만들어내는 공기 진동의 압력, 즉, 소리가 나타내는 물리적인 압력을 측정하는 것이다. 그것은 고정된 기준 압력과 실제의 음압과의 비로서 측정되는 상대적인 양으로, 사람이 감지하는 음압 범위(20μ Pa~60 Pa)가 크기 때문에 수를 다루는데 편의성을 제공하기 위하여 데시벨 단위(dB)를 가지는 대수눈금에 의하여 측정한다. 음압 레벨 Lp는 다음 식으로 주어진다.

$Lp = 10 \log(p^2/pref^2) = 10 \log(p/pref)^2 = 20 \log(p/pref)$ (1)

여기에서,

Lp = sound pressure level (dB)

p = sound pressure (Pa)

pref = 2×10-5 - reference sound pressure (Pa)

세대	표준 혹은 시스템명칭	비고
0G	ARP	1971
1G	NMT	1977
	AMPS	1980초
2G	GSM	1991
	iDEN	1999
	D-AMPS	1990s
	cdmaOne	1996
	PDC	1993(일본 only)
2.5G	GPRS	2000
2.75G	EDGE	2003
3G	W-CDMA -UMTS -FOMA	2003 2001(일본 only)
	CDMA200	2003
	TD-SCDMA	2005(예정)
3.5G	3G+HSDPDA	2005(예상)

여기서 기준이 되는 음압은 1,000Hz에서의 대략적인 가청임계(threshold of hearing)로 정하는데, 이는 다른 음원이 없는 환경에서 사람이 들을 수 있는 가장 작은 소리로서, 국제적으로 2×10-4 dyne/㎠(= 2×10-5 N/㎡ = 2×10-5 Pa)으로 합의하고 있다. 음압 레벨(Sound Pressure Level, SPL)은 근본적으로 소리가 얼마가 큰 가를 의미한다.

SPL은 주파수에 따라서 청각의 감도가 달라지는 것을 보정하는 주관적 측정치인

sound level과는 구별하여야 한다. 다시 말해서, SPL은 소리에 의한 물리적 압력의 크기를 측정하는 것이고, Sound level(SL)은 소리를 주파수-가중에 의하여 주관적으로 측정하는 것을 말한다.

Sound pressure level은 Sound level meter(SLM)로 측정하며, SLM에 주파수-가중회로를 추가하여 측정하는 것을 음의 주관적 측정치로 sound level이라고 한다.

아시아-태평양 방송연맹(ABU)

Asia-Pacific Broadcasting Union. 1964년 7월 1일 설립. 아시아 및 태평양 지역의 방송기관을 중심으로 한 국제조직으로, 설립목적은 회원의 이익 보호, 방송에 관한 연구 촉진과 조정, 정보의 교환, 나라의 발전과 교육분야에 있어서의 방송 이용의 촉진 등에 두고 있다.

애플리케이션(Application)

어플리케이션이란 어플리케이션 프로그램, 즉 응용프로그램을 줄인 말이다. 응용프로그램은 사용자(어떤 경우에는 다른 응용프로그램)에게, 특정한 기능을 직접 수행하도록 설계된 프로그램이다. 응용프로그램의 예로는 워드프로세서, 데이터베이스 프로그램, 웹브라우저, 개발도구, 이미지 편집 프로그램(포토샵, 일러스트레이터, 코렐…) 및 기타 통신프로그램 등이 포함된다. 응용프로그램은 컴퓨터의 운영체제와 기타 다른 지원프로그램의 서비스를 이용한다.

양대역 증폭(兩帶域增幅) Bi-amping

중.고역 전용 앰프와 저역 전용 앰프를 각기 별도로 증폭하는 것. 방송국의 모니터용 스피커는 대부분 중.고역부와 저역부의 2 way 시스템으로 구성되어 있는데, 명료성 및 현장감을 높이기 위해서 해당 대역별로 분리해서 스피커에 연결하여 사용하는 것을 말한다.

따라서 2 way 스피커를 바이 앰핑하여 모노럴(monoral) 시스템으로 사용할 경우에는 2대의 앰프가 필요하지만 스테레오(stereo) 시스템으로 사용할 경우에는 4대의 앰프가 필요하게 된다.

양방향통신(Two-way Communication)

방송국에서 방송하는 것을 수신자가 그저 받기만 하는 일방통신이 아니라, 수신자가 영상과 음성을 반신(반신)하는 통신 시스템. 미국의 CATV에서는 이와같은 시스템을 채택하고 있다.

양방향신호 전송능력이 있는 동축(동축)케이블과 광섬유를 사용하고 있는 CATV에서는 방송응답 서비스.전기. 가스.수도 등의 자동검침(자동검침), 방재.방범 집중감시 시스템, 텔레쇼핑(teleshopping)등의 응용이 가능해졌기 때문에 CATV의 발전이 가일층 기대되고 있다.

업링크/다운링크(Uplink/Downlink)

업링크는 지구국만을 말하는 경우도 있으나 일반적으로 지구국으로부터 위성으로 보내는 통신회로를 뜻한다. 다운링크도 지구국만을 말하는 경우도 있으나 업링크와는 반대로 통신위성으로부터 지상으로 되돌아오는 통신회로를 뜻한다.

에코(Echo)

울림, 공명

엑스트라넷 (Extranet)

월드 와이드 웹(WWW:World Wide Web)과 같은 인터넷의 기술을 사용하여 기업체 내의 각 부문간에 정보를 공유하기 위해 구축된 시스템이 인트라넷(interanet)인데, 납품 업체나 고객 업체 등 자기 회사와 관련 있는 기업체들과의 원활한 통신을 위해 인트라넷의 이용 범위를 그들 관련 기업체간으로 확대한 것이 엑스트라넷이다. 엑스트라넷은 '외부'를 의미하는 extra와 통신망을 의미하는 net를 합성한 조어이다.

엑스트라넷은 자기 회사와 관련 기업체들간의 업무를 신속하고 능률적으로 처리하기 위해 그들 관련 기업이 전자 데이터 교환(EDI) 등의 목적으로 인트라넷에 제한적으로 접속하는 것을 허용한다. 구조적으로는 인트라넷과 동일하지만 타기업의 접속이 허용되기 때문에 적절한 보안(security) 기술의 적용이 불가결하게 된다.

오버랩(Overlap)

하나의 영상 또는 음성이 서서히 없어지고(fade out) 중간에 다른 영상 또는 음성이 서서히 나타나(fade in) 어떤 시간동안 서로의 레벨이 변하지 않고 겹쳐있게 하는 화면(음성)전환기법. Dissolve라고도 한다.

오라클 (ORACLE)

Optional Reception of Announcement by Coded Line Electronics. 영국의 IBA(Independent Broadcasting Authority)가 실시하고 있는 텔레텍스트 서비스. 1974년에 종전 발표된 BBC의 시팩스와 방식을 통일(영국방식). 1980년에 그 동안의 실험방송을 거쳐 본방송으로 들어갔고 1981년 9월부터 광고방송을 개시했다. 서비스는 시팩스의 경우와 같이 TV방송중 상시 제공되고 분량은 300페이지 정도. 또한 청각장애 미 위한 서비스도 실시하고 있다.

와이드 스크린(Widescreen)

일반적인 경우보다 더 넓은 화면비율을 가진 영상화면에 사용하는 용어로서 정상적인 TV 화면비율이 4:3인데 대해 와이드스크린(widescreen)은 16:9이다. 이 화면비율은 HDTV의 화면비율로 사용된다.

와이프인(Wipe in-Out)

기계 조작으로 화면이 다른 화면으로 밀려가면서 바뀐다.

워닝 라이트(Warning Light, 주의등)

TV카메라에 카메라맨이나 프로그램 관계자의 주의를 환기시키기 위하여 방송전에는 녹색, 방송중에는 적색 램프가 켜지는데 이러한 등을 주의등 또는 큐 라이트(Cue Light)라 한다.

워커(Walker)

방송계 종사자들이 사용하는 속어로 TV스튜디오에서 일하는 연출관계자를 가리키는 말

월드 와이드 웹 컨소시엄 (World Wide Web Consortium, WWW Consortium)

월드 와이드 웹 브라우저/서버(World Wide Web browser/server) 기술의 표준화를 추진하고 있는 교육 · 연구 기관 및 관련 회사들의 단체. 월드 와이드 웹 컨소시엄은 WWW 컨소시엄 또는 W3C라는 약어로 불리는 일이 많다.

미국 MIT 공과대학교와 WWW 서버를 개발한 유럽 소립자 물리학 연구소(CERN) 등이 주축이 되고, 마이크로소프트사(MS)나 넷스케이프 커뮤니케이션즈사 등 관련 회사들이 표준화 작업에 참가하고 있다. 이 단체는 WWW의 페이지 기술 언어(PDL)인 하이퍼텍스트 생성 언어(HTML), WWW 브라우저/서버 사이의 통신 규약인 하이퍼텍스트 전송 규약(HTTP) 등의 표준화를 진행하고 있다. 인터넷의 표준화 조직인 인터넷 엔지니어링 태스크 포스(IETF)를 보좌한다.

유닉스(Unix)

Unix란 컴퓨터의 운영체제 즉, 우리가 많이 접하는 DOS나 Windows처럼 프로그램을 실행시키고 자원을 관리하는 제어 프로그램이다. 그러나 DOS나 Windows는 대부분 PC에서 쓰이고, 대부분의 Workstation에서는 Unix를 OS로 사용하고 있다. 그리고 DOS에 DR-DOS, MS-DOS처럼 여러 가지가 있듯이 Unix에도 System V 계열과 BSD계열이 있고 PC에서 쓰이는 Linux가 있다.

Unix의 특징은 하나의 컴퓨터를 여러 사람이 사용하는 Multiuser 기능, 사용자가 여러 프로그램을 동시에 실행시킬 수 있는 Multitasking 기능, 그리고 다수의 사용자 인터페이스를 가지는 Multichoice (명령을 받아드리는 여러 가지 환경 중에서 사용자가 선택해서 사용하는 것) 기능이 있다.

초기에는 워크스테이션에 탑재되어 보급되었지만, 현재는 개인용 컴퓨터, 대형 컴퓨터 및 마이크로 컴퓨터에 이르기까지 많은 컴퓨터에서 사용되고 있으며, 거의 모든 컴퓨터에 이식이 가능한 운영체제로 프로그램개발 및 문서처리 기능이 우수하다.

윈드 필터(방풍필터, Wind Filter)

마이크의 내부나 혹은 외부에 장착되어 바람에 의해 발생되는 소음을 제거하는 장치

음성 중간 주파수(音聲中間周波數) Sound Intermediate Frequency

영상 중간 주파수와 음성 중간 주파수의 차의 비트(beat) 주파수. 텔레비전 방송 전파는 영상 신호와 음성 신호를 각각의 영상 반송파와 음성 반송파에 실어서 보내고 있으므로 TV 수상기에서 주파수를 변환하면 각각 영상 중간 주파수와 음성 중간 주파수로 된다.

인터캐리어 수신 방식에서는 이 두 개의 신호를 영상 중간 주파 증폭기로 증폭하고 영상 검파기로 검파해서 4.5㎒를 뽑아 내고 있는데, 이것을 음성 중간 주파수 또는 제 2 음성 중간 주파수라 한다.

음성 패킷망 관리(Voice Packet Net-work Management)

IBM사의 SNA(시스템 네트워크 체계)에서 CNM(통신 네트워크 관리)의 관리하에 음성 네트워크를 구축하기 위한 프로그램의 하나.

음성프레임 중계 (音性中繼, VFR: Voice Over Frame Relay)

프레임릴레이 망을 사용해서 전화음성을 전송하는 기술. 옛날에는 전송지연 등 품질을 제어하는 기구가 없는 프레임릴레이에 의한 음성전송은 불가능한 것으로 알고 있었다. 그러나 데이터의 종류나 가상 채널에 따라서 우선 제어 가능한 프레임 조립/분해 장치(FRAD: Frame Assembly/Disassembly)가 등장해서 프레임릴레이에 의한 전화음성 중계를 할 수 있게 되었다. 현재 통신 사업자의 프레임 릴레이 서비스를 사용해서 내선망을 구축하는 기업도 있다.

- ㅈ -

잔류측파대방사(殘留側波帶放射) Vestigial-Sideband Emission

단측파대(SSB) 통신의 진폭 변조에 있어서 변조 신호의 하측 주파수에 상응하는 스펙트럼 성분만 유지되는 측파대로서 다른 성분은 심하게 감쇠된다.

전자프로그램 안내 (EPG , Electronic Program Guide)

시청자들을 위한 정보를 제공하는 규격

의 일부로서 SI(System Information) 및 EPG 규격화가 필요하다. 예를들면 DVB-SI(Service Information)나 프로그램 배열정보와 같은 기능을 실현하기 위한 규격을 말하는데 네트워크내에서 PID(Packet Identifier)를 식별하는 수단 등 시스템 전반에 걸친 부분을 SI로 하고 사용자를 위한 대화적인 전자 프로그램 안내를 실현하기 위한 부분을 EPG로 규격화하고 있다.

적외선 화상 전송(赤外線畵像傳送) Infrared Transfer Picture Ir Tran-P

디지털 정지 화상을 적외선 통신으로 전송하는 화상 전송 방식. 이 방식은 1997년 10월 미국 샌프란시스코에서 개최된 적외선 데이터 통신 연합(IrDA) 총회에서 제품화를 위한 권장 규격으로 채택되었다.

종래의 IrDA 규격과 달리 이 Ir Tran-P 대응의 기기는 제작 회사와 기종을 불문하고 정지 화상을 송수신할 수 있다.

디지털 카메라뿐만 아니라 무선 방식으로 사진 인쇄를 할 수 있는 프린터도 제품화되어 있다. 지금까지의 IrDA 규격을 보완, 기기간의 통신로 접속이나 절단 등의 관리 순서, 파일 전송시의 순서(binary File Transfer Protocol : bFTP) 및 교환된 데이터를 각각의 기기로 표시하는 데 필요한 파일 형식(UPF : Uni Picture Format)에 대하여 규정함으로써 정지화 전송을 실현하고 있다.

접사(클로즈 업, CU: Close Up)

비교적 작은 물체를 화면 가득히 채운 쇼트로 사람의 눈만 잡는다든가, 손에 쥔 권총을 화면 가득히 잡아 보여주는 것을 말한다. 롱 쇼트에 비해 화면 속의 인물과의 감정동화가 쉽다. 보통 어느 사물의 중요성을 나타낼 때 쓴다.

주색상 Primary Colors

빛에는 다른 색상을 혼합하여 만들 수 없는 빨간색, 녹색, 파란색을 말한다. 다른 색상들은 빨간색, 녹색, 파란색(RGB, Red, Green, Blue)을 혼합하여 만들 수 있다.

중계차(OB Van: Outdoor Broadcasting Van)

방송국에서 떨어져 있는 장소 등에서 중계방송하고자 할 때 중계방송에 필요한 일체의 장비를 실은 자동차

지터(Jitter)

1. 녹음기, 녹화기, CD류(LP, DVD, Video CD 등)와 같은 회전운동을 이용하는 기록매체에서 기록시 또는 재생시에 회전 속도의 불균일에 따라 출력되는 신호가 기준 위치로부터 벗어나는 것을 지터라고 한다. 또한 기온, 습도에 따른 테이프의 신축에 의한 것, 재생 기기의 테이프 주행부분의 불균형의 마모 등도 지터의 원인이 될 수 있다.

   디지털 기기에서는, 샘플링 주파수의 불균일에 따라 지터가 추가된다. 다만, 사용매체나 재생기기의 불균일, 부정확한 동작에 의하여 발생하는 대부분의 지터는 재생기기의 정확한 기준 클럭신호에 의하여 디코딩과 필터를 거침으로서 해소된다.
2. 지터는 어떠한 신호가 시간축 상에서 기준이 되는 위치로부터의 변화하는 것을 의미한다. 지터는 주로 통신(방송을 포함)에서 신호의 전송에 사용되는 용어로, 2지점 이상을 거치는 경우의 전송과정에서 발생하는 지연의 분산을 의미한다. 지터는 저장매체, 전송채널 및 AD/DA 변환과정에서 주로 발생하게 되는데 신호품질 손상의 요인과 시스템의 성능저하에 중요한 요인이 된다.

* CCITT 정의 : Short Term variations of the significant instants of a digital signal from their ideal positions in time.

직교 주파수분할 다중방식(OFDM)

Orthogonal Frequency Division Multiplexing

- ㅊ -

채도(Saturation)

색상의 빛나는 정도

초 저주파(Infrasonic)

주파수가 너무 낮아 사람의 귀에 들리지 않는 진동이나 음파를 말한다. 즉, 20Hz 이하의 주파수를 말한다. 이 말은 또한 낮은 주파수의 소리를 대략적으로 말할 때도 사용된다.

초저주파는 만일 그것의 강도가 충분하다면, 구토, 어지러움 및 일시적 시각(의식 · 기억)상실 혹은 뇌출혈을 일으킬 수 있다. 그러한 소리나 진동은 회절 및 공진효과와 이러한 진동이 땅이나 구축물을 통하여 전송되는 경향 때문에 참기가 어렵다. 이러한 소리에 지속적으로 장기적으로 노출되어 나타나는 생리적 및 심리적 영향은 잘 이해되지 않고 있다.

초점심도(焦點深度; depth of focus)

렌즈는 이론적으로 한 점에서 초점이 맞는다. 이 점에서 전후로 멀어질수록 초점이 맞지 않아 점차로 흐릿하게 된다. 그러나 사진 즉, 렌즈를 사용하는 영상계에서 보면 초점이 맞은 점을 전후로 어느 정도의 거리에서는 초점이 맞는 것을 볼 수 있다.

이렇게 초점 거리를 전후해서 초점이 맞는다고 여겨지는 정도를 초점심도 혹은 피사계 심도라고 하고, 초점이 맞는 범위가 큰 것을 초점 심도가 깊다고 하며, 범위가 작은 것을 초점심도가 얕다고 한다.

초점심도는 조리개, 촬영거리 및 렌즈가 가지고 있는 초점거리에 의하여 영향을 받는다.

조리개의 열리는 정도는 초점심도에 가장 큰 영향을 미친다. 많이 열면 초점심도가 얕아지고, 작게 열면 초점심도가 깊어진다. 조리개를 두 배로 열면 초점심도는 1/2로 떨어지고, 반대로 1/2로 열면 초점심도는 두 배로 깊어진다.

초점심도는 촬영거리, 즉 카메라와 피사체와의 거리에 따라서도 달라진다. 촬영 거리가 멀어지면 초점심도는 깊어지고, 촬영 거리가 짧아지면 초점심도는 얕게 된다.

다음으로, 초점심도는 사용하는 렌즈의 초점거리에 따라서 달라진다. 렌즈의 초점거리가 길면, 초점심도가 얕아지고, 초점거리가 짧아지면 초점심도가 깊어진다. 즉 초점심도는 렌즈의 초점거리에 반비례한다. 초점거리가 긴 망원렌즈보다 초점거리가 짧은 광각렌즈의 초점심도가 깊다.

- ㅋ -

컷 아웃(Cut Out)

내보내고 있던 음악이나 말, 화면 등을 갑자기 줄이거나 없애버리는 것

캐시 (Cache)

컴퓨터의 성능을 향상시키기 위해 사용되는 전용의 소형 고속 기억 장치, 또는 같은 목적으로 사용되는 주기억 장치의 일부분(섹션).

캐시는 고속의 CPU와 CPU에 비해 속도가 느린 주기억 장치 사이에 데이터와 명령어들을 일시적으로 저장하는 기억 장소를 제공하여, CPU가 주기억 장치로부터 읽고 주기억

장치에 기록할 때보다 몇 배 빠른 속도 또는 CPU에 가까운 속도로 접근할 수 있게 한다. 캐시의 기억 용량이 클수록 요구되는 데이터가 이미 캐시에 저장되어 있을 확률이 크기 때문에 그만큼 성능이 향상된다.

컴퓨터 시스템에 사용되는 캐시에는 전용의 고속 기억 장치인 캐시 기억 장치(cache memory)와 주기억 장치의 일부분을 사용한 디스크 캐시(disk cache)의 2종류가 있다.

① 캐시 기억 장치는 주기억 장치 캐시(memory cache) 또는 CPU 캐시라고도 불린다. 일반적으로 캐시라고 하면 이것을 가리킨다. CPU가 주기억 장치에 접근하여 데이터를 읽거나 기록하면, 그 내용의 사본이 주기억 장치 주소와 함께 캐시에 저장된다.

CPU가 어떤 주기억 장치 주소를 참조하면, 캐시는 그 주소가 캐시 내에 있는지를 점검하여 그 주소가 있으면 해당되는 데이터를 즉시 CPU에 전달한다.

따라서 주기억 장치에 접근할 필요가 없게 된다. 그 주소가 캐시에 없으면 캐시는 해당되는 데이터를 주기억 장치로부터 읽어와 CPU에 전달하고 캐시 내에 저장한다. 또 캐시는 CPU가 다음 명령이나 프로그램을 실행하기 위해 필요한 데이터와 명령어를 미리 알고리즘을 통해서 예측하여 주기억 장치로부터 큰 블록 단위로 읽어와 저장하고 CPU가 필요할 때마다 주기억 장치로부터 인출해야 하는 시간을 단축하여 실행을 고속화한다.

CPU에 내장되는 캐시를 주캐시(primary cache) 또는 1차 캐시라고 하고, 컴퓨터 본체 기판에 탑재되는 캐시를 보조 캐시 또는 2차 캐시라고 한다.

펜티엄과 같은 최근의 CPU에는 캐시 충돌(cache conflict)의 방지와 성능 향상을 위해 명령어 캐시와 데이터 캐시로 분리된 2개의 캐시가 내장되어 있다.

② 디스크 캐시는 디스크로부터 읽어 온 데이터를 디스크와 CPU 사이에 일시적으로 저장하기 위하여 특별히 할당되어 있는 주기억 장치의 일부분(섹션)이다.

최근에 디스크로부터 읽어 온 데이터 또는 디스크에 기록된 데이터가 여기에 저장된다. 요구되는 데이터가 디스크 캐시에 있으면, 그 데이터를 디스크 장치가 디스크로부터 인출해 오는 것을 프로그램이 기다리지 않아도 되기 때문에 접근 시간이 상당히 단축되고 실행이 고속화된다.

캐시기억장치(-記憶裝置; Cache Memory)

캐시(cache)와 동의어. 컴퓨터의 성능을 향상시키기 위해 사용되는 캐시에는 캐시 기억장치와 디스크 캐시(disk cache)의 2종류가 있다.

캐시기억 장치는 하나의 고속 기억 장치이고, 디스크 캐시는 캐시 목적으로 특별히 할당(예비)되어 있는 주기억 장치의 일부분(섹션)이다.

캐시기억 장치는 주기억 장치 캐시(memory cache) 또는 CPU 캐시라고도 하며, 주기억 장치와 CPU 사이에서 데이터와 명령어를 일시적으로 저장하는 소형의 고속 기억 장치다.

일반적으로 주기억 장치에 사용되는 기억 소자는 DRAM으로, 그 접근 시간은 100~150ns(나노초)이고, 캐시 기억 장치에 사용되는 기억 소자는 SRAM으로 접근 시간은 수 ns~수십 ns이므로, 주기억 장치의 1/5~1/10 정도의 고속 접근이 가능하다. 캐시 기억 장치의 기억 용량은 캐시 적중률(cache hit ratio)과 가격 등을 감안하여 결정되는데, 일반적으로 주기억 장치의 수천 분의 1에서 수백분의 1 정도를 갖게 되어 있다.

캐시 기억 장치는 접근 시간을 더 단축시키

기 위해 CPU에 내장되기도 하는데, CPU에 내장되는 것을 주 캐시 또는 1차 캐시라고 하고 컴퓨터의 본체 기판에 탑재되는 것을 보조 캐시 또는 2차 캐시라고 한다.

컨버전스 (Convergence)

컨버전스란 CRT 모니터에서, 전자총의 세 개의 빔(RGB)이 스크린 상의 동일한 지점을 때릴 수 있는 능력을 의미한다. CRT 모니터는 색의 가법 원리에 의하여 동작하기 때문에 컨버전스는 필수적인 요소이다. 3개의 색이 같은 세기로 합쳐지면 흰색의 점이 되고, 반대로 이것이 없으면 검은색 점이 된다. 한두 개의 빔이 그 세기가 변하면 색이 나타나게 된다. 빔 중 하나가 다른 두 개와 위치가 맞지 않아서 색의 그림자가 나타나면 컨버전스가 틀어진 것인데, 글자나 그래픽 영상에서 뚜렷하게 볼 수 있다.

이것은 주로 빔 편향력이 변하거나 혹은 스크린 상에서 컨버전스 조정이 잘못된 것이 원인이다. 컨버전스는 외부 자계에 의해서도 영향을 받을 수 있다.

크로마 키(Chroma Key)

크로마키는 인물이나 특정한 물체의 배경에 넓은 청색판(Blue Back)을 놓고 촬영한 영상으로부터 청색 부분을 제거하고 영상이 제거된 부분을 다른 영상으로 대체하여 특수한 효과를 얻고자하는 방식이다. 예를 들면, 일기예보를 하는 장면에서 예보를 하는 사람의 배경에 청색판을 설치하여 촬영한 영상으로부터 청색을 제거하고 남은 사람만이 있는 영상과 예보에 필요한 다른 영상(일기도, 위성 구름사진 등)을 합성하여 필요한 화면을 만든다.

이와 같이 청색을 배경으로 하는 영상신호를 Key 신호라 하는데, Key 신호는 반드시 청색일 필요는 없다. 녹색이나 적색으로도 가능하지만, 청색을 주로 사용하는 이유는 그것이 피부색의 보색이 되어 영상의 합성에서 피부색에 영향을 주지 않기 위함이다.

이렇게 Key 신호를 이용하여 영상을 합성하는 것에는 이 외에도 Luminance Key 방식과 Down Stream Key 방식이 있다. 이런 영상합성을 Color Separation Overlay라고도 한다.

큐(Cue, Q)

연출 : 개시신호. 대사, 연기, 음악, 효과 등의 시기 등을 지시하기 위해 정해놓은 사인. 몸짓, 손짓, 인터컴 등의 통화장치 등을 통해 지시를 전달한다.

기술 : 동작을 시작 또는 중지시키거나 프로그램 소재의 미리 지정된 지점으로 움직이게 하는 신호. 테이프 시스템에서 이 용어는 테이프를 감거나 릴을 교환하는 것을 의미할 수도 있다. 디스크상에서 큐cue는 순간적으로 실행된다.

큐시트(Cue-Sheet)

한 프로그램의 개시에서 종료까지 무엇을 어떤 타이밍에서 방송 또는 녹음, 녹화할 것인가를 일정한 형식에 따라 구체적으로 기입하게 되어 있는 진행표. 방송 시작전에 작성되어 모든 스탭에게 돌려져 방송진행 전과정의 기본 틀이 된다. 큐시트는 연출자가 기입하고 카메라 및 기술담당자에게 넘겨지며 방송실시의 기본자료가 된다. 방송의 큐시트는 원래 라디오방송에서 쓰던 것으로 제작담당자가 프로그램의 진행상 필요한 사항을 세밀하게 정한 타이밍에 맞추어 수동조작하는 각각의 스탭, 즉 VTR담당이나 음향효과 담당자에게 구두로 지시할 것을 시각적으로 도표화한 표현수단이었다.

클로즈 샷(CS: Close Shot)

피사체와 카메라 간의 거리가 가까운 쇼트. 때로는 접사와 동의어로 쓰이기도 하고 또 때로는 그보다 약간 먼 거리의 화면 크기를 지칭하기도 하나, 전반적으로 중사와 접사의 중간이라는 다소 모호한 동시에 포괄적이기도 한 용어이다. 한 인물에 대한 근사는 가슴 위의 부위를 촬영한 장면을 가리키는데 이때도 역시 접사와 명확한 구분은 없다.

클로즈 업(CU: Close Up)

→접사

- ㅌ -

텔넷(Telnet)

텔넷은 '원격접속 서비스'로서 사용자가 네트워크를 통해 다른 컴퓨터에 연결하여 그 컴퓨터에서 제공하는 서비스를 받을 수 있게 하는 것이다. 텔넷을 이용하면 네트워크에 있는 컴퓨터를 자신의 컴퓨터처럼 파일의 전송, 파일이나 디렉토리의 생성 등을 자유롭게 이용할 수 있다. 일반적으로 텔넷 서비스를 이용하기 위해서는 연결 컴퓨터에서 제공하는, 즉 텔넷 서버에 계정(Telnet account)이 있어야 하고, 텔넷을 사용할 수 있는 Client 프로그램이 있어야 한다.

그러한 프로그램으로는 윈도우에서 기본적으로 지원하는 telnet.exe, Netterm 그리고 새롬데이타맨 등이 있다. 텔넷 프로그램을 구동시키고, 원하는 텔넷주소를 입력하여 접속한다.

텔레디직 위성 시스템 (-衛星-; Teledesic Satellite System)

미국 휴대 전화의 산 증인인 그레이그 맛코와 마이크로소프트사의 빌 게이츠 회장이 출자한 Teledesic사의 위성 시스템. 주요 용도 및 응용 분야는 대규모 기업 사용자로부터 가정 사용자까지를 대상으로 한 광대역 통신 서비스임. 텔레디직은 당초 고도 700km의 고도상에 840기(21개의 궤도면에 각각 40기의 위성 배치)의 위성을 저궤도에 발사, 전세계를 커버할 계획이었으나 여러 가지 기술적 측면 및 비용 등을 고려해서 288기(12개 궤도면에 각각 24기의 위성 배치)의 위성을 지상 1400km에 발사하기로 계획을 축소, 조정하였다. 한편 위성에는 비동기 전송 방식(ATM)과 유사한 고속 패킷 교환 기능과 위성간 통신 기능을 가진 것으로서 광대역의 "Internet-in-the-sky"를 실현하는 것이 목적이다. 위성 시스템의 구축에는 미국의 보잉(Boeing)사가 참여하게 되며, 총비용은 미화 약 90억불이 소요되는 대형 프로젝트로서 2003년 서비스를 목표로 건설을 추진중이다. 통신 속도는 표준 단말기인 경우 단말-센터는 2Mbps, 센터-단말은 64Mbps로서 상상을 초월할 만큼 고속이다. 또한 사용 주파수대 역시 "WRC-97"에서 상향(up-link)용 28.6-29.1㎓, 하향(down-link)용으로 18.8-19.3㎓를 이미 할당하여 실용화를 촉진하는데 ITU에서도 적극 지원하고 있다.

토폴로지(Topology)

네트워크의 물리적인 형태를 말한다. 즉 네트워크에 장비들이 연결된 모양에 따라 버스 토폴로지(bus topology), 링 토폴로지(ring topology), 스타 토폴로지(star topology), 메쉬 토폴로지(mesh topology) 등이 있으며, 네트워크의 구성 목적에 따라 하나 혹은 둘 이상의 토폴로지를 결합하여 구성하기도 한다.

버스 토폴로지는 구성이 쉽고 케이블 소요량이 가장 적어지는 장점이 있는 반면, 장애 발견과 관리가 어려운 단점이 있다.

링 토폴로지는 버스 토폴로지와 같이 구성이 쉬우며, 메시지 전송권리를 나타내는 토큰을 사용함으로서 네트워크에 연결된 컴퓨터가 똑같은 권리를 갖는다. 이웃한 컴퓨터에 신호를 증폭하여 전달함으로서 신호가 약해지는 문제점이 없다. 반면, 하나의 컴퓨터가 다운되면 전체 시스템이 제대로 동작하지 못하고, 새로운 컴퓨터를 추가하려면 연결을 끊고 작업을 해야하므로 서비스가 중단되는 단점이 있다.

스타 토폴로지는 버스 토폴로지와 유사한 점이 많으며, 어느 시점에 한 대의 컴퓨터만이 신호를 전송할 수 있고, 동시에 여러 컴퓨터가 신호를 보낼 수 없다. 하나의 컴퓨터가 다운되더라도 전체에 영향을 주지 않는다. 장애의 발견이 용이하고 네트워크의 관리가 쉽다.

메쉬 토폴로지는 어떠한 경우에도 전송로를 확보할 수 있어 네트워크가 동작된다. 연결되는 컴퓨터가 증가할수록 설치비용이 증가하고 네트워크가 복잡하게 되며 관리가 어렵다.

- ㅍ -

펌웨어(Firmware)

예를 들어 코덱이나 기타 전자장비에 사용하기 위하여, 비휘발성 반도체 메모리 회로에 저장된 데이터 혹은 프로그램 소프트웨어를 말한다.

그 자체로는 프로그램으로서 소프트웨어의 특성을 갖지만, ROM에 고정되어 있기 때문에 하드웨어의 특성도 갖고 있다. 이와 같이, 펌웨어(firmware)는 소프트웨어를 하드웨어화 한 것이라고 말할 수 있다.

소프트웨어의 기능을 펌웨어로 바꾸면, 그 소프트웨어를 바꾸기 어렵다는 단점이 있으나 속도가 빨라지기 때문에 고속처리가 필요한 프로그램을 펌웨어로 대체하고 있다.

펌웨어는 일반적인 소프트웨어와 동일한 과정으로 만들어지며, 마이크로코드 시뮬레이션을 이용하여 테스트된다. 그러한 과정이 완료되면, 다른 소프트웨어처럼 배포할 수도 있고, 사용자가 특별한 사용자 인터페이스를 이용하여 PROM 내에 설치할 수도 있다. IBM에서는 펌웨어라는 용어 대신에 마이크로코드라는 용어를 사용한다.

포인트캐스트(PointCast)

사전에 사용자가 지정한 특정 분야의 뉴스 기사의 모음을 서버가 자동적으로 각 사용자에게 발신하는 인터넷 서비스. 사용자가 클라이언트 소프트웨어인 월드 와이드 웹 브라우저(WWW browser 또는 Web browser)로 서버에 접속하여 서버상에 있는 정보를 인출하는 월드 와이드 웹 서비스나 기타 사용자의 검색 조작에 의해 정보를 인출하는 이른바 풀형(pull type)의 다른 인터넷 서비스와는 달리, 포인트캐스트는 푸시 기술에 의한 푸시형(push type) 서비스이므로 클라이언트로부터의 요구가 없어도 서버가 자동적으로 해당 뉴스 기사를 올려주기(upload)한다.

푸시(Push)

① 후입 선출(LIFO : last-in first-out) 방법에 의해 구성되고 유지되는 데이터 구조인 스택(stack)의 최상 위치에 새로운 데이터 요소를 추가(add)하는 조작. 푸시는 스택의 최상 위치에 있는 데이터 요소를 인출하여 삭제하는 조작인 팝(POP)과 대칭된다.

② 인터넷에서 클라이언트측 사용자의 검색 조작에 의하지 않고 서버의 작용에 의해서 서버상에 있는 정보를 클라이언트로 자동 배포(전송)하는 것. 클라이언트측 사용자의 조작에 의해서 서버로부터 정보를 검색하는 풀(pull)과 대칭된다.

푸시 기술(-技術; Push Technology)

인터넷과 같은 컴퓨터 통신망에서 클라이언트(client)측 사용자의 검색 조작에 의하지 않고 서버(server)가 자동적으로 서버상에 있는 데이터나 프로그램을 클라이언트로 배포(전송)하게 하는 기술. 푸시 기술에 의해 각종 뉴스 기사를 사용자들에게 배포하는 포인트캐스트(PointCast), 데이터 이외에 응용 소프트웨어도 배포하는 캐스터넷(Castanet)과 같은 인터넷 서비스를 푸시형(push type) 서비스라고 하고, 푸시형 서비스를 이용할 수 있게 하는 소프트웨어를 푸시형 소프트웨어라고 한다.

프레임 레이트(Frame Rate)

1초간 표시되는 이미지의 횟수를 말하는 것으로 Hz로 표시함. CRT 모니터에서는 왼쪽에서 오른쪽으로, 위에서 아래로 래스터에 전자빔을 주사한다.

액티브 매트릭스 디스플레이 장치의 경우에는 프레임 레이트는 위에서 아래까지 스크린상의 모든 영역이 정상적으로 밝아지는 1초간의 횟수를 말한다. 대개 LCD는 60Hz인데 CRT 모니터는 형광 물체의 특성상 더 높은 72Hz 주위의 값을 가지기도 한다.

프레임(Frame)

영화를 이루는 가장 작은 단위로, 1초에 24장의 그림이 연속적으로 보여지면 시각의 잔상효과에 의해 움직이는 것처럼 보이는데 이때 1초당 연속되는 24장의 그림을 프레임이라 하며 이는 쇼트를 이루는 낱조각으로 무성영화는 일초에 16~18개의 프레임으로, 사운드 영화는 1초에 24프레임으로 이루어져 있으며 비디오에서 스틸(still) 버튼을 눌렀을 때 나타나는 정지화면이 한 프레임에 해당된다. 따라서 1시간 30분짜리 일반 극영화의 경우 정상속도의 영화로 만들어졌을 땐 모두 12만9천6백개의 프레임으로 이루어져 있다. 프레임수를 조정해서 얻어지는 영화의 속도 변화 테크닉중 슬로우 모션은 1초당 48프레임(일반적인 슬로우 모션의 경우)으로 고속촬영하여 이것을 정상속도의 영사기에 영사할 경우 느린 속도의 화면을 얻는 방법이고, 코미디 영화의 패스트 모션은 1초당 9프레임이나 18프레임의 저속촬영을 하여 영사시 정상속도 보다 빠른 화면을 얻는 방법이다

프레임 레이트(Frame Rate)

1초간 표시되는 이미지의 횟수를 말하는 것으로 Hz로 표시함. CRT 모니터에서는 왼쪽에서 오른쪽으로, 위에서 아래로 래스터에 전자빔을 주사한다. 액티브 매트릭스 디스플레이 장치의 경우에는 프레임 레이트는 위에서 아래까지 스크린상의 모든 영역이 정상적으로 밝아지는 1초간의 횟수를 말한다. 대개 LCD는 60[Hz]인데 CRT 모니터는 형광 물체의 특성상 더 높은 72[Hz] 주위의 값을 가지기도 한다.

프로덕션(Production)

프로그램을 만들기 위해서 구성된 스탭. 또는 그 회사를 말한다. 라디오, 텔레비전 프로그램의 제작, 구성, 연출의 과정을 말한다.

프로토콜(Protocols)

인터넷 상에서 데이터를 교환하기 위하여 미리 정한 방법으로서, 메시지의 공식적인 기술 형식과 그러한 메시지를 교환하기 위하여 지켜야할 규칙이 있다. 다시 말해서 네트워크에서 컴퓨터가 서로 대화하기 위하여 따라야 할 규칙을 말한다. 본질적으로 프로토콜이란 문법과 문장 규칙을 가진 언어이며, 통신의 상대방은 모두 동일한 언어를 사용해야 한다. 그렇지 못한 경우 통신은 실패한다. 통신의 양방이 모두 동일한 언어로 이야기하지 못하는 경우 통역이 필요하게 되는데, VAN이 제공하는 서비스의 하나가 프로토콜 통역이다. 많은 프로토콜이 OSI를 기반으로 하며, OSI 계층 분류의 하나로서 적합하다. 따라서 인터넷 세계에는 여러 형태의 프로토콜이 존재하게 된다.

픽셀(Pixel)

디스플레이 장치의 가장 기본적인 구조. 모니터의 해상도는 전체 모니터를 구성하는 가로 세로의 픽셀수로 결정된다.

저장 장치에서 픽셀은 1 또는 수비트로 구성되어 있다. 이 비트수가 높을수록 더 많은 밝기의 단계 또는 색상이 표현될 수 있다. 픽셀당 24비트를 제공하는 디스플레이 장치는 1670만 색상을 표현할 수 있다.

스크린상에서 픽셀은 하나 또는 여러 개의 도트로 이루어진다. 컬러에서는 빨간색, 녹색, 파란색 각각의 도트를 혼합하여 이들의 세기로 색상이 정해진다.

픽셀 해상도(Pixel Resolution)

다음과 같이 해상도에 따라 구분한다.

- VGA: 640×480
- SVGA: 800×600
- XGA: 1024×768
- SXGA: 1280×1024
- SXGA-Wide: 1600×1024
- UXGA: 1600×1200
- HDTV: 1920×1080
- UXGA-Wide: 1920×1200
- QXGA: 2056×1536

-ㅎ-

하이브리드 방식 (Hybrid Form)

패턴방식과 코드방식을 병용한 문자다중방송의 한 방식. 예를 들면 문자는 코드방식으로 전송하는데 그 문자는 사용도가 높은 1천자 내지 3천자 정도로 한정시켜 둔다. 문자발생기에 수록되어 있지 않은 그 외의 문자나 도형은 패턴방식으로 전송한다.

하이퍼텍스트 생성 언어(-生成言語; Hypertext Markup Language[HTML])

인터넷의 정보 검색 시스템인 월드 와이드 웹(WWW : World Wide Web)의 페이지를 작성하는 데 사용되는 생성 언어. 보통 HTML이라는 약어로 불린다. 문자뿐만 아니라 화상이나 음성, 영상을 포함하는 페이지를 표현할 수 있다.

HTML은 국제 표준화 기구(ISO)에서 책정한 표준 범용 문서 생성 언어(SGML)을 바탕으로 책정되었다. SGML과 같이 HTML도 문서 중의 텍스트나 도형 등의 요소에 태그(tag)를 부착함으로써 이들 요소들은 WWW 브라우저(또는 웹 브라우저)가 사용자에게 표시해야 하는 방법과 키보드를 누르거나 마우스를 클릭하여 연결(link)시키는 등의 사용자 조작에 브라우저가 반응해야 하는 방법을 표시한다.

사용자는 태그를 사용하여 문서의 제목이나 문자의 크기, 색 등을 지정할 수 있고, 화면의 배치 등을 지정하거나 연결을 선택하여 다른 페이지나 다른 서버에 있는 페이지를 자동적으로 호출할 수 있다.

월드 와이드 웹 브라우저에 널리 사용된 최초의 공통적인 HTML은 IETF(인터넷 엔지니어링 태스크 포스)에서 작성한 HTML 2.0이다. 그 이후의 HTML의 개발은 월드 와이드 웹 컨소시엄(WWW Consortium)이라는 단체가 진행하고 있다. 현재 널리 사용되는 것은 이 단체가 1996년에 표준화한 HTML 3.2이며, 다음 버전인 HTML 4.0의 초안은 1997년에 공개되어 작업이 진행되고 있다.

넷스케이프 네비게이터(Netscape Navigator), 인터넷 익스플로러(Internet Explorer) 등 대부분의 브라우저는 현행 HTML 표준에 포함되어 있는 것보다 더 광범위한 HTML 태그를 인식할 수 있다.

할당 주파수 (割當周波數; Assigned Frequency)

무선국에 할당된 주파수대의 중심 주파수. 전파 관리 주관청(또는 허가 주무 관청)은 무선국이 사용할 주파수를 결정하기 위해서는 송신기로부터 발사될 주파수, 전파 형식 및 공중선 전력 등을 고려해서 당해 통신에 필요한 점유 주파수 대역(주파수 허용 편차 포함)을 확정하게 되는데, 이 대역의 중앙 주파수를 할당 주파수라 한다.

특정 업무(육상 이동, 해상 이동, 항공 이동 또는 방송 업무 등)용으로 주파수 대역을 확정, 분배하는 것을 "주파수 업무 분배(frequency allocation)"라고 하고, 이 분배된 주파수를 개개의 무선국에 허가하는 것을 "지정"이라고 하므로 엄밀한 의미에서 주파수 할당과 주파수 지정은 다른 개념이라고 할 수 있다.

또한 어떤 주파수(또는 주파수대)를 공평하게 분배하기 위해 전파 통신 규칙은 세계를 3개 지역으로 구분하여 각 지역용으로 분배하는 것을 "주파수 구역 배당(frequency allocation)"이라 한다.

확장성 생성 언어(擴張性生成言語; Extensible Markup Language[XML])

하이퍼텍스트 생성 언어(HTML)를 대체할 목적으로 월드 와이드 웹 컨소시엄(WWW Consorsium)이라는 단체가 표준화 작업을 진행하고 있는 페이지 기술 언어로, 보통 XML이라는 약어로 불린다.

HTML에서 사용되는 연결(link) 기능 등을 확장함과 동시에 표준 범용 문서 생성 언어(SGML)를 인터넷용으로 최적화한 것이다. HTML과 SGML의 장점을 모두 갖도록 규정하였다고 말할 수 있다.

마이크로소프트사는 XML을 바탕으로 한 푸시형(push type) 소프트웨어용의 정보 배포 형식(information distribution format)인 채널 정의 형식(CDF : Channel Definition Format)을 규정하여, 인터넷 익스플로러 4.0(Internet Explorer 4.0)에서 실현하고 있다.

해상도(Resolution)

재생되는 영상을 어느 정도까지 세밀하게 보여줄 수 있는 지를 나타내는 단위(척도)로서 영상의 픽셀(pixel)수에 영향을 받는데, 예를 들면 HDTV의 경우 약 2,000×1,000, 방송TV는 720×576 또는 720×487이다. 그러나 픽셀수가 최대 해상도를 정의하는 것은 아니며 단지 그 장비의 해상도를 나타낼 뿐이다. 스크린의 영상을 재생하기 위해 사용되는 렌즈, 카메라, 촬상관, 필름, 필름스캐너 등의 성능이 모두 고려되어야 한다.

휩(whip)

특별히 빠르게 팬닝(panning)하는 것

휩 팬(whip pan)

카메라를 수평 좌우로 움직여 촬영하는 기법을 Pan이라 하는데 영상을 거의 식별할 수 없을 정도로 급속히 카메라를 움직이는 것을 휩 팬이라 한다.

- A -

A · B Roll

두 릴의 소재, 즉 A롤과 B롤의 소재가 편집시 원본소재로 이용된다. 이는 되감는 시간을 줄여주고, 디졸브(dissolve)나 와이프(wipe) 등 디지털효과에 필요한 두 개의 동일 소재를 제공하기위해 사용한다. B롤은 A롤을 전부 복사하거나 그 일부분만 복사한 것이다. 이 방법은 원본소재의 복사본 하나만 필요한 순수 랜덤억세스(true random access) 편집에는 사용되지 않는다. 순수 랜덤억세스 기능이 없는 넌리니어(non-linear) 편집시

스템에서는 복사본이 필요하다. 참조 : Dissolve, DVE, Mixes

ACATS

Advisory Committee on Advanced Television Service의 약어. 고선명 텔레비전(HDTV) 방송의 권고안 제정을 목적으로 1987년 FCC에 의해 미국에 설립된 기구이다. 참조 : Grand Alliance, HDTV

A-mode

원본소재를 최종 프로그램 순서대로 편집용 마스터테이프(master tape)에 복사하는 편집방법의 일종.

A/D or ADC

아날로그신호를 디지털신호로 변환하는 것. 또는 디지털화나 양자화를 의미하기도 한다. TV에서는 음성과 영상신호를 표본화한 뒤 디지털신호로 바꾸며, 신호처리의 정확도는 표본화 주파수와 아날로그 진폭정보의 해상도, 즉 아날로그 레벨을 표현하기 위해 얼마나 많은 비트(bit)가 사용되는가에 달려 있다. TV영상에서는 보통 8비트나 10비트가 사용되고, 음성에서는 16비트 또는 20비트가 사용된다. CCIR 601 표준에서는 비디오신호의 표본화 주파수를 13.5MHz로 정의하고 있으며, AES/EBU에서는 오디오신호의 표본화 주파수를 44.1kHz와 48kHz로 규정하고 있다. 화면을 구성하는 표본들을 픽셀(pixel)이라 부르며, 각 픽셀에는 밝기 데이터와 색 데이터가 포함되어있다.

Active picture

TV의 프레임에서 화상정보를 싣는 부분. 디지털 TV 프레임의 유효영역(active area)의 바깥부분에는 라인블랭킹(line blanking)과 필드블랭킹(field blanking)이 있는데, 이는 정확하지는 않지만 대체로 525라인과 625라인 아날로그 시스템에서 기본적으로 정의된 곳에 해당한다. 디지털 텔레비전에서의 블랭킹/유효영역은 CCIR 601, SMPTE RP125와 EBU 3246-E에 규정되어 있다. 625와 525라인 포맷에서 유효 주사선 길이(active line length);13.5MHz, 휘도샘플 720의 경우 53.3μs.

디지털 비디오에서는 아날로그와 같은 1/2라인은 없다. 필드블랭킹은 다음과 같다.

포맷
625/50, 525/60
필드1
24라인, 19라인
필드2
25라인, 19라인
유효주사선/프레임
576, 487

AES/EBU

음향 기술자 협회(Audio Engineering Society, AES)와 EBU가 함께 디지털 음향에 관해 정한 규격으로서 지금은 ANSI(미연방표준 연구소)에 의해 채택되어 있다. 보통 AES/EBU로 언급되는 이 디지털 음향표준은 CD의 44.1kHz, 디지털 VTR의 48kHz 등 다양한 표본화 주파수를 인정하고 있다. 이중 48kHz는 포스트 프로덕션 분야에서 널리 채택되고 있는 표준 주파수이다.

Aliasing

신호의 미세부분을 충실히 재생하기에는 표본화 주파수가 너무 약해서 생기는 바람직하지 않은 비팅(beating) 증상. 예를 들면,

① 일시적인 앨리아싱(aliasing) : 마차바퀴의 살이 거꾸로 돌아가는 것처럼 보인다거나, 불충분한 순간필터 링으로 방식변환기(standard converter)에서 나타나는

동작의 심한 흔들림 등.

② 주사선 주사 앨리아싱 : 수평라인에서 깜빡거리는 증상.

불충분한 필터링때문에 생기는 이러한 현상은 저품질의 DVE에서 화상의 미세부분이 압축되었을 때 자주 볼 수 있다. TV래스터(raster)에서 각이 진 부분에 나타나는 필터링(filtering)되지 않은 계단형태의 모양도 역시 앨리아싱이라 한다.

Anti-aliasing

필터링이나 그외의 기술을 이용하여 앨리아싱(aliasing)을 약하게 하거나 제거하는 것. 대부분의 최신 DVE와 문자발생기는 앨리아싱 보정(anti-aliasing)회로를 내장하고 있다.

Archive

정보의 장기 보관. 디지털 형태로 저장되는 영상이나 음향은 손실이나 왜곡 없이 저장할 수 있고 복원할 수 있다. 저장용 매체는 신뢰성이 있고 안정되어야 하며 많은 양의 정보를 보관할 필요가 있지만 비용이 매우 중요한 문제가 된다. 가장 값이 싼 저장매체는 자기 테이프, 릴(reel)이나 카세트이다. 비압축 콤포넌트 디지털 포맷(D1과 D5)은 뛰어난 영상 · 음향 저장방법이다. 압축 콤포넌트 디지털 포맷(Digital Betacam이나 DCT)도 저장용으로 쓰일 수 있다. 그러나 요구조건이 많은 경우, 예를들면 저장된 영상으로 키신호를 다시 만들어야 할 경우에는 시스템의 타입을 신중히 고려해야 한다.정지화와 컴퓨터그래픽 영상 보관의 경우에는 즉시 검색 · 출력이 가능한 광자기 디스크를 주로 사용한다. 디지털 필름영상의 저장을 위하여 Quantel에서는 D16 포맷을 고안했는데, 이 포맷은 필름 해상도의 영상을 표준 CCIR 601 녹화기로 완벽하게 저장 · 재생할 수 있다. 편집이나 합성과정을 저장할 때는 이 과정을 위해 필요한 모든 데이터가 저장되어야 한다. 특히 순수 랜덤억세스 설비를 사용하여 편집본을 수정하기 위하여 이미 저장된 데이터를 이용하는 경우에는 EDL외에도 색보정 파라메터(parameter), DVE, 키(key) 등이 여기에 포함될 수도 있다. 이 데이터는 MO 등 removable 디스크로도 옮길 수 있다.

Artifact

어떤 기술적 한계의 직접적인 결과로 나타나는, 특별히 눈에 띄는 좋지 않은 효과. Artifact는 일반적으로 전통적인 신호평가방법으로는 설명되지 않는다. 예를들면 영상의 윤곽특성의 시각적인 감지는 S/N비나 선형성(linearity)측정으로는 설명할 수 없다.

ASCII

American Standard Code for Information Interchange의 약어. 정보교환을 위한 미국 표준코드. 키보드 문자를 디지털정보로 나타내기 위하여 산업계 전반에서 사용되는 컴퓨터 문자세트이다. ASCII 테이블에는, 보통의 모든 대소문자와 캐리지 리턴(Carriage return), 라인피드(line feed) 등과 같이 화면에 나타나지 않는 제어 문자를 포함하여 127자가 있다. 기본 코드를 변경 · 확장하여 특수 용도로도 사용하고 있다.

ASIC

Application Specific Integrated Circuit의 약어. 특별한 용도에 맞게 만든 사용자 설계 집적회로. 이는 많은 개별소자들을 효과적으로 대체했다. 단일 칩은 분리된 칩의 어레이(array)보다 신속하게 동작한다. 일반적으로 속도는 10배정도 향상되고 전력소비도 비슷한 수준으로 감소되며 신뢰도는 크게 향상된다.

Assemble Editing

빈 테이프에 선형적으로 편집하는 방법. 콘트롤트랙(control track), 타임코드(time code), 비디오 및 오디오가 모두 동시에 수록되며 앞서 녹화된 소재의 끝과 이어진다. 일반적으로 녹화된 타임코드와 콘트롤트랙의 불연속을 야기하기 때문에 선호하는 방법은 아니다. 콘트롤트랙의 불연속은 편집용 마스터테이프(master tape)를 VTR을 바꿔가면서 녹화할 때 자주 발생한다.

ATM

Asynchronous Transfer Mode의 약어. 비동기 전송모드. 근거리 지역과 넓은 지역에서도 작동가능한 고속 절환 데이터 통신시스템. 현재 초기단계에 머무르고 있으며, 현재 사용중인 근거리 통신망과의 양립성을 확보하기 위하여 ATM 포럼에서 많은 종류의 사양들이 공식화되고 있다. 이론에 의하면 ATM은 사용자의 필요에 따라 25Mbit/sec에서 수 Gbit/sec까지 구축할 수 있다. 동축케이블, twisted pair, 화이버 링크(fiber link)에 관한 사양도 개발되고 있다.

ATTC

Advanced Television Test Center. 고품위텔레비전 시험센터. 새롭게 제안된 고품위텔레비전 시스템을 시험할 임무를 지닌 연방기구. 1993년 첫번째 제안을 보고한 이래로 디지털 HDTV 개발업체 대연합이 형성되었고, HDTV시스템에 대한 시험을 계속하고 있다. 참조 : ACATS, Grand Alliance, HDTV

Auto assemble

편집기에 의한 편집. 이 용어는 VTR과 선형편집에만 제한사용되며 순수 랜덤억세스 편집과는 관련이 없다.

Auto conform

EDL의 제어 하에 자동으로 편집하는 것. 완전히 자동으로 실행하기 위해서는 필요한 모든 녹화소재가 편집시스템 내에 저장되어야 한다. 선형 VTR 설비에서 편집할 때는 EDL이 정확해야 하고, 편집내용은 최종 확정된 것이어야 한다. 반면에 순수 랜덤억세스 설비는 편집점을 손쉽게 조정할 수 있는 유연성이 있다. 참조 : Conform

Axis(x,y,z)

DVE에서 3차원 축을 의미한다. 정상상태(clear)에서 x는 왼쪽에서 오른쪽을 가로질러서 놓여 있고, y는 스크린의 아래에서 위로, z는 스크린을 관통한다. 장비의 성능과 DVE 이동의 복잡도에 따라 여러 세트의 축들이 한꺼번에 사용되기도 한다. 예를들면 하나는 스크린을 가리키고 하나는 화상을, 하나는 공간상의 어떤 지점을 나타낼 수 있다.

- B -

B-mode

현재 VTR에 걸려 있는 소재테이프만을 사용하여 편집용 마스터(master)로 더브(dub)하는 편집작업. 마스터테이프의 완성품은 다른 릴에 있는 내용이 빠져있어 불연속적이기 때문에 매우 정확한 편집계획이 필요하다. 그러나 테이프의 교환은 가장 적어진다.

Background task

주 작업을 방해받지 않고 계속하면서 수행되는 작업. 예를들면 게이트웨이(Gateway)를 통해 컴퓨터 시스템과 페인트박스(Paintbox)간에 영상을 주고받으면서도 페인트박스는 정상동작을 계속하는 것.

Bandwidth

대역폭(bandwidth)은 주어진 시간 내에 통과할 수 있는 정보의 양으로 정의된다. 영상의 섬세한 부분까지 나타내기 위해서는 넓은 대역이 필요하기 때문에 대역폭은 기록 · 전송 화상의 품질을 나타내는 한 요소가 된다. CCIR 601과 SMPTE RP125는 아날로그 휘도 대역 5.5MHz, 색도대역 2.75MHz를 허용하고 있는데, 이는 어떠한 표준 방송포맷에서도 최고의 품질을 얻을 수 있는 것이다. 디지털 영상시스템은 일반적으로 매우 넓은 대역폭을 필요로 하기 때문에 대다수의 기억매체와 전송 시스템에서는 압축기술을 이용하여 신호를 수용하고 있다.

Betacam

카세트(가정용 베타맥스 카세트Betamax cassette와 매우 비슷)를 사용하는 아날로그 콤포넌트 VTR 시스템. 소니(Sony)에 의해서 개발되었고 다른 여러 생산자들에 의해 출시되고 있다. 베타캠 시스템은, 방송사업자를 위한 순휘도대역(Betacam SP), PCM 오디오, 디지털 입출력뿐만 아니라 일반용과 방송용 모델을 제공하기 위하여 수년에 걸쳐서 개발이 계속되고 있다.

Binary

숫자 2를 기초로 하여 수학적으로 나타낸 것. 즉 단 두 개의 상태 1과 0 ; on과 off, 또는 high와 low만이 있다. 이것은 디지털 시스템과 연산에서 사용되는 수학의 기본이다. 이진수로 숫자를 나타내기 위해서는 우리가 일상에서 사용하는 10진수보다 더 많은 자리수를 차지한다. 예를들면 10진수 254는 이진수로는 11111110이 된다. 2진수의 곱셈은 원래숫자의 합과 같다. 즉,

10101111×11010100=1001000011101100(175×212=37,100)

각 자릿수를 비트(bit)라고 한다. 이 예에서는 두 개의 8비트를 곱하여 16비트가 되었는데, 이는 디지털 영상처리 장비에 있어서 매우 일반적인 처리과정이다. 참조 : Bit, Byte, Digital Mixing

Bit

1 binary digit = 1 bit. 하나의 수학적인 비트(bit)는 두 레벨 또는 상태, on/off, 흑/백 등을 정의할 수 있다. 따라서 2비트는 4가지 레벨, 3비트는 8가지 레벨을 나타낼 수 있다. 영상의 경우 8비트는 흑과 백사이에 256개의 회색 음영을 정의할 수 있다.

16 bit

디지털 텔레비전에서 16비트(bit)는 두 개의 8비트 영상을 믹싱(mixing)하면 만들어진다(참조 : Digital mixing). 이 16비트의 결과는 믹싱을 부드럽게 해준다. 그러나 이 결과는 8비트나 10비트 시스템에서는 기록 · 전송할 수 없다. 이상적인 포스트 프로덕션 환경의 제작과정 중에는 가능한한 제작 초기의 16비트를 계속 유지시켜야 한다.

Bit Rate Reduction(BRR)

비트율 감축. 참조 : Compression

Browse

스틸 스토어(still store)나 그래픽 시스템(graphic system), 넌리니어(non-linear), 순수 랜덤억세스 시스템에서 사용되는 방법으로 저장된 클립(clip)이나 정지화(still)를 선택하는데 도움을 주기 위하여 축소된 크기의 영상들을 발췌해 디스플레이하는 것. 타임라인(time line)을 이용할 수 있기 때문에 클립을 셔틀(shuttle)할 수 있고, 전체 크기의 영상이 프리큐(pre-cue)에 이용된다.

Browse station

저장된 영상의 일람browse을 제공하도록 픽처넷(Picturenet) 시스템에 연결된 저가격 뷰잉 스테이션(viewing station).

Bug

시스템을 오동작하게 하거나 부정확하게 하고, 또는 모두 정지시켜 버리게 하는 컴퓨터 프로그램상의 오류.

Built-in time code

화면상에 중첩된 타임코드. 이것은 오프라인(off-line)에서 컷을 발췌하는데 이용되며, 오프라인 초벌 컷(cut)을 제공하기 위한 편집에 이용된다.

Byte(Kbyte, Mbyte, Gbyte, Tbyte)

1 byte = 8 bit = 256개의 밝기, 또는 색

1 kilobyte = 210 bytes = 1,024 bytes

1 megabyte = 220 bytes = 1,048,576 bytes

1 gigabyte = 230 bytes = 1,073,741,824 bytes

1 terabyte = 240 bytes = 1,099,511,627,766 bytes

윈체스터 디스크(winchester disk)는 현재 20 Mbytes에서 9 Gbytes까지 저장할 수 있다.(약 24에서 10,000까지의 CCIR 601 영상). 고체 반도체칩(chip)은 일반적으로 1, 4, 16, 64 Mbit로 증가되는데 8 bit로 배열되어 있다면 1, 4, 16, 64 Mbytes가 된다.CCIR 601에 의거하여 표본된 풀(full) 프레임 디지털 텔레비전에서는, 1 Mbytes에 조금 못 미치는(625 라인에서는 829 Kbytes, 525 라인에서는 701 Kbytes) 기억용량을 필요로 한다. HDTV 프레임은 4~5배, 디지털 필름 프레임은 이보다 훨씬 더 많은 용량을 필요로 할 것이다.

- C -

Cable TV(케이블 티브)

공중파 텔레비전 난시청 지역의 불만을 해소하기 위해 시작된 케이블 TV는 보다 선명한 고화질의 화면제공 및 운용 채널수의 확대와 이로 인한 다양한 욕구를 충족시킬 콘텐츠제공에 따른 프로그램 선택권의 확대, 그리고 기술적 발전으로 미디어 관련 업체들의 참가를 통해 크게 발전하여 다양한 부가서비스와 유료고객의 확보를 통한 홈쇼핑 등 각 분야로 사회적 영향력을 넓혀가고 있다. 케이블 TV는 다른 뉴미디어에 비해 컴퓨터 및 위성통신과의 결합 활용도가 높으며 정보채널도 다양하다. 미국에서 크게 활성화된 케이블 TV는 우리나라에서 1995년 3월 21일 개국, 1995년 10월 6개 채널의 방송을 시작한 게 그 시발점이다. 케이블 TV는 전송망 사업자, 프로그램공급자, 방송국 등을 3 주체로 하며 이의 개국에 따라 우리나라도 본격적인 다채널, 뉴미디어 시대에 진입하게 되었으나 미국과는 달리 방영 콘텐츠의 부족과 자체 제작 프로그램의 질 저하, 유선방송의 확대 등 시청자의 호응에 미치지 못해 유료화 및 상업화에 실패하고 영화, 교육, 홈쇼핑 등 특수 채널을 제외하고는 운영에 큰 어려움을 겪고 있다.

Call Sign(콜 사인, 호출부호)

소관관청으로부터 부여받은 무선국이나 방송국의 지정된 호출부호. 일반적으로 방송국의 동일성을 나타내는 부호(호출부호)로, 국제적으로 배당되며 대한민국은 HLA부터 HLZ까지 쓸 수 있다. 호출부호는 여러 문자의 조합으로 구성되며, TV에서는 4개의 문자가 일반적이고 라디오 호출부호를 물려받아 그대로 사용할 때는 3개의 문자로 된다. 국제협약으로 방송국 콜 사인 첫 번째 또는 두 번째 글자가 국가를 표시하고 나머지 글자가 방

송국이나 무선국을 표시하게 되어있다. 예로 우리나라의 경우 대한민국을 뜻하는 콜 사인은 두 글자 HL이고 여기에 각 방송국의 고유번호 두 글자를 붙여 사용하고 있다. 이러한 콜 사인은 방송국을 구별키 위한 목적으로 방송이 시작할 때와 끝날 때, 방송 중간 SB(스테이션 브레이크) 등에서 명시하여 방송하도록 의무화 되어 있다.

참조) 각 방송국별 Call Sign

KBS: HLKA
MBC: HLKV
CBS: HLKY
PBC: HLQP
EBS: HLQL
SBS: HLSQ
BBS: HLSG

Camera Light(카메라 라이트=Cue Light, 큐 라이트)

카메라 앞에 추가해서 설치한 조명. 빨간불이 켜지는 터것 라이트와는 다르다.

Carrier Frequency(반송주파수)

특별한 파장을 갖는 주파수. 여기에 어떤 신호가 실려 수상기에 보내지면 반송주파수로 없어지고 신호만 증폭되어 재생된다.

Captioning(캡셔닝)

시청각 장애자들을 위한 문자서비스로 주로 TV화면 아래 부분에 부가되는 설명자막. 화자의 말을 그대로 옮겨 나타내거나 주요 골자만을 나타내기도 하며 근래는 공지사항이나 선물시장의 물품가격, 주가의 변동상황 등을 나타내는데 이용하기도 한다.

Cathode Ray Tube(음극선관)

전자광선을 발생하는 음극선이 있는 진공관. 비디콘과 TV수상관은 모두 음극선관이다.

CCD(Character Coupled Device)

전하 결합 소자. 광감지 소자가 선형적으로 또는 2차원으로 결합되어 있다. 빛은 각 셀(cell)에 부딪히는 빛의 양에 비례하는 전하로 변환된다. 각 셀은 주사 시스템과 결합되어 있는데, 아날로그에서 디지털로 변환된 후 영상을 일련의 2진 숫자로 나타내게 된다.

CCIR(Comite Consultatif International de Radio-communition)

ITU에 흡수되어 ITU-R 아래로 대체되었다.

CG(Computer Graphic)

컴퓨터를 이용한 화면 그래픽을 처리

C-mode   편집 리스트에서 같은 릴번호를 가진 이벤트(event)의 타임코드 순서대로 편집리스트를 정렬하여 편집을 행하는 방법으로 테이프의 교환과 되감기를 최소화하면서 빠르고 쉽게 소재에 접근하는 방법이다. 이것은 편집은 당연히 최종 프로그램 순서대로 이루어져야 함을 의미한다. 그러나 순수 랜덤억세스(true random access) 시스템에서 편집은 순간적으로 이루어지며 어떤 형태의 결과도 쉽게 재편집할 수 있다.

CABSC

캐나다 선진 방송시스템 위원회(Canadian Advanced Broadcast Systems Committe). 캐나다 정부, CBC, 방송사업자, 케이블 텔레비전 운영자, 산업계가 연계하여 HDTV방송과 데이터방송, 기타 다른 가능한 뉴미디어 서비스의 표준 개발과 도입전략을 조정하기 위하여 설립된 공동위원회.

CCD

전하 결합 소자(Character Coupled Device). 광감지 소자가 선형적으로 또는 2차원으로 결합되어 있다. 빛은 각 셀(cell)에 부딪히는 빛의 양에 비례하는 전하로 변환된다. 각 셀은 주사 시스템과 결합되어 있는데, 아날로그에서 디지털로 변환된 후 영상을 일련의 2진 숫자로 나타내게 된다. 초기의 CCD 어레이(array)는 넓은 영역의 밝기를 나타낼 수 없었으나 지금은 저잡음 고해상도의 영상을 제공하고 있다. 현 텔레비전 방송의 해상도를 훨씬 능가하는 무결점 2차원의 CCD가 지금 HDTV용으로 생산되고 있다.

CCIR

Comite Consultatif International de Radio-communition의 약자. 이것은 ITU에 흡수되어 ITU-R 아래로 대체되었다. 참조 : ITU

CCIR 601 (ITU-R 601)

비록 CCIR이 지금은 ITU-R로 대체되었지만, 이 표준은 아직도 일반적으로 원래의 명칭대로 불려지고 있다. 이 표준은 스튜디오용 디지털 텔레비전의 부호화 파라메터(parameter)를 정의한다. 이는 525라인과 625라인 시스템 공용의 콤포넌트 컬러텔레비전 영상을 디지털화하는데 사용되는 국제표준으로, SMPTE RP125와 EBU Tec. 3246-E에서 유래된 것이다.CCIR 601은 색차신호(Y, R-Y, B-Y)와 R · G · B 비디오를 모두 취급하며, 표본화 시스템과 R · G · B/Y, (R-Y), (B-Y)의 매트릭스 값, 필터특성을 정의하는 것으로 전기 · 기계적인 인터페이스를 정의하지는 않는다 - CCIR 656 참조. CCIR 601은 일반적으로 디지털 영상의 컬러 색차성분(R · G · B가 아니라)을 언급하는 것으로 간주되며, 13.5MHz 대역, 4:2:2 표본화, 유효라인당 720 휘도표본, 8 또는 10비트 디지털화로 정의된다. 흑(black)레벨 16과 백(white)레벨 235사이에는 잡음과 오버슈트(over-shoot)의 클리핑(clipping)을 최소화하기 위한 약간의 헤드룸(headroom)이 있다. 8비트 디지털화를 이용하면 약 1600만개의 색상을 표현할 수 있다: Y(휘도)성분과 Cr, Cb(디지털화된 R-Y와 B-Y)가 각각 28, 즉 224 = 16,777,216의 조합이 가능하다. 표본화 주파수 13.5MHz는 525/60시스템과 625/50시스템 공용의 표본화 표준을 제공하기 위한 정치적인 고려에 의해 선택되었는데, 이는 양자의 통계적인 표본패턴을 제공하는 최소의 공통 주파수 2.25MHz의 배수이다. 참조 : 4:2:2, ITU-R 601

CCIR 656

CCIR 656 권고 - 525라인과 625라인 텔레비전 시스템의 디지털 콤포넌트 영상신호에 대한 인터페이스 규격. SMPTE RP125와 EBU Tec.3246-E에서 유래된 CCIR 601에서 정의한 4:2:2 표준으로 작동하는 디지털 텔레비전 장비를 연결하는데 사용되는 국제표준. 블랭킹(blanking), sync word, 병렬(parallel)과 직렬(serial) 인터페이스에 연결되는 비디오 멀티플랙싱(multiplexing) 포맷, 인터페이스의 전기적인 특성과 컨넥터의 기계적인 세부사항 등을 정의하고 있다. 참조 : CCIR 601

CCITT

국제전신전화 자문위원회(International Telephone Consultative Committee). 이름이 암시하는 바와 같이, 처음에는 유럽에서 전화산업의 표준을 제정하기 위한 목적으로 설립되었다. 지금은 ITU-T로 대체되었는데, 이에따라 무선주파수(ITU-R)와 정보통신이 하나의 국제기구 아래에 놓이게 되었다

CDDI

Copper Data Distributed Interface(구리선 데이터 분배 인터페이스). FDDI와 마찬가

지로 고속 데이터 인터페이스이지만 구리선을 사용한다. 참조 : FDDI

Chatter Disk Management

Quantel이 개발한 시스템으로 비디오와 필름용의 순수 랜덤억세스(true random access) 저장 시스템을 만들기 위하여 solution specific 하드웨어와 소프트웨어 뿐만 아니라 RAM으로 디스크 용량을 증가시키는 일종의 디스크 기술.

Chroma keying

하나의 영상 신호에 다른 하나의 영상을 겹치게 하는 기술로서 겹쳐지는 부분은 특정한 색상, 색도로 제한된다. 이 작업을 신뢰성 있게 하려면 색도는 충분한 해상도, 또는 대역폭을 가져야한다. 콤포지트(composite) 영상 시스템은 제한된 색대역폭을 갖고 있기 때문에 고품질의 크로마키에는 적합하지 않다.

Chrominance

신호의 색 성분으로, 색상(hue)과 채도(saturation)에 관계되며 신호의 밝기 또는 휘도와는 무관하다. 따라서 흑색, 회색, 흰색은 색도가 없지만 모든 색깔이 있는 신호는 색도성분과 휘도성분 모두를 갖는다. Cr과 Cb, (R-Y)와 (B-Y)는 신호의 색도정보를 나타낸다. 참조 : Coded, YCrCb, (Y, R-Y, B-Y)

Clean (EDL)

편집을 정확히 반영하는 EDL. 이 EDL에는 편집내용에 포함되어 있지 않은 여분의 프레임은 정의하지 않는다. dirty EDL이 아닌 EDL.

Clone

비압축 디지털 테이프를 또 다른 비압축 디지털 테이프로 복사한 것. 이 복사본은 원본과 구별할 수가 없기 때문에 크론(clone)이라 한다.

Co-sited sampling

동일 위치 표본화. 이것은 컬러 색차 콤포넌트 영상신호(Y, R-Y, B-Y)에 적용되는 표본화 기술로, 예를들면 4:2:2에서 색차신호 (R-Y)와 (B-Y)는 휘도신호 주파수의 약수로 표본화된다. 만약 동일위치 표본화가 적용되면, 두 색차신호와 휘도표본 하나가 동시에 표본화된다. 디지털화된 Y, (R-Y)와 (B-Y)신호를 Y, Cr, Cb라 한다.

Component (video)

콤포넌트 영상신호의 개념은 휘도와 색도를 별개의 성분으로 남겨두는 것이다. 예를들면 MII와 베타캠(Betacam) VTR의 아날로그 콤포넌트와 CCIR 601의 디지털 콤포넌트 Y, Cr, Cb가 그것이다. R · G · B도 역시 콤포넌트 신호이다. 콤포넌트 영상신호는 최대의 휘도와 색도 대역폭을 갖는다.

Composite (video)

휘도와 색도는 PAL, NTSC, SECAM 중 하나의 코딩기준에 의해 결합되어 콤포지트 영상이 된다. 그 과정은 아날로그 압축의 한 형태로 각 성분들의 대역폭(화상의 미세부분)을 제한한다. 색도신호는 시각적으로 받아 들여질 수 있는 기술을 이용하여 휘도신호에 더해진다. 그 과정을 역으로 하여 원래의 순수한 휘도와 색도로 정확하게 되돌리는 것(decode)은 불가능하지는 않지만 어려운 일이다. 이것은 특히 포스트 프로덕션에서 문제를 유발할 수 있다. 그렇지만 콤포지트 신호는 프로그램을 전송 · 기록하는데 있어서는 매우 효과적이고 경제적인 방법이다. 디지털 처리기술은 와이드 스크린(widescreen)(고품위 TV가 아님) 처리신호를 가정까지 전송할 수 있는 가능성을 열어 주었다. 그러한 여러 계획들이 세계적으로 탐구되고 있는데, 예를들면 유럽에서의 PALplus, 일본에 있어서의 EDTV-II 등이 그것이다. 참조 : 4fsc, D2, D3, PALplus, Widescreen

Compositing

동화상을 위한 동시 멀티레이어링(multi-layering)과 디자인. 현대의 디자인은 흔히 프로그램 내용에서는 물론 프로모션(promotion) 비디오(신곡을 낼 때 선전용으로 만드는 비디오), 타이틀과 광고용의 복잡한 애니메이션과 필름을 만들기 위하여 멀티레이어링뿐만 아니라 페인팅(painting)이나 리터칭(retouching), 로토스코핑(rotoscoping), 키잉(keying)/매팅(matting), 디지털 이펙트와 색보정 등의 여러 기술을 함께 사용한다. 창조적인 요소이외에도 합성장비는 이미지 수정, 유리 페인팅, 선 제거 -특히 영화에서- 등에서 중요하게 응용되고 있다. 따라서 특히 깨끗한 결과가 요구될 때 완성된 작업의 품질은 장비에 의해서 결정된다. 예를들면, 배경(background) 위에 자연스럽게 전경(foreground)를 추가하는 것 -합성된 것을 눈치채게 하는 blue edge나 그 장면이 합성되었음을 나타내는 다른 표시없이 한 장면 속에 배우를 위치시키는 것- 등이다 .

Compression (video)

영상의 대역폭이나 데이터 율을 줄이는 과정. 현재 사용되는 표준인 PAL, NTSC, SECAM은 아날로그 영상압축 시스템이다. 디지털 시스템에서는 화상을 분석하고 여유분과 반복되는 부분을 찾아내어 불필요한 데이터를 없앤다. 디지털 압축기술은 처음에는 디지털 전송을 위해 개발되었으나 컴퓨터에서 디지털 영상을 취급하게 하고, 디지털 VTR에서 요구되는 저장량을 줄이기 위한 수단으로 채용되어 왔다. 참조 : Compression ratio, DCT, Digital Betacam, JPEG, MPEG

Compression ratio

압축되지 않은 디지털 영상신호 데이터 대 압축된 영상신호의 데이터 비. 현대의 압축기술은 CCIR 601 콤포넌트 디지털 텔레비전 신호로부터 시작되는데 압축되지 않은 영상신호의 데이터 양은 625/50 표준에서는 75 Gbyte/hour, 525/60 표준에서는 76 Gbyte/hour이다. 압축비가 압축된 신호의 품질을 평가하는 절대적인 방법으로 사용되어서는 안된다. 주어진 기술에 있어서 압축비가 크면 클수록 품질은 나빠진다고 할 수 있지만 압축기술이 달라지면 압축비가 같더라도 품질은 크게 다를 수 있다. 또 압축결과는 화면의 내용에 따라 달라지게 된다. 압축결과를 평가하는 확실한 판단방법중 하나는 압축된 그림을 자세히 조사해 보는 것이다.

Conform

EDL이나 초벌 컷(cut) 등 준비된 계획에 의하여 최종 편집물을 만드는 것. EDL은 온라인 편집시스템에서 직접 편집을 수행하도록 사용할 수 있다(auto conforming). conform에 걸리는 시간은 완성된 프로그램의 러닝타임(running time)보다 훨씬 더 많이 걸리는 테이프, 짧은 시간에 해결되는 순수 랜덤억세스(true random access)까지 폭넓게 변한다 - 순수 랜덤억세스 편집에서는 차후 수정도 쉽게 할 수 있다. 참조 : Auto conform, Uncommitted editing

Contouring

포스터리제이션(posterisation)과 비슷한 불필요한 결점. 디지털 시스템에서는 양자화 레벨이 부족하거나 부정확한 처리, 비트수를 줄일 경우(truncation) 이러한 현상이 나타난다. 참조 : Dynamic Rounding

Control track

VTR의 주행속도, 비디오 트랙track의 위

치와 읽기의 기준신호로서 프레임 주파수로 비디오테이프 상에 기록되는 선형트랙. 테이프 카운터 -필름의 스프라킷 홀(sprocket hole)에 해당된다- 를 구동시킨다. 테이프 스트라이핑(striping)의 주요 목적은 콘트롤트랙을 기록하는 것이다. 콘트롤트랙은 디스크 레코딩에서는 사용되지 않는다.

Corner pinning

DVE에서 그림의 위치와 회전을 정의하는 기술로, 가장자리를 끌어서 배경 씬(scene)에 맞추는 것. 예를들면 벽에 걸려있는 프레임 속으로 DVE 그림을 맞추는 것이다. corner pinning은 3D 공간에서 그림을 정확한 위치에 위치시키기 위해 필요한 많은 파라메타(parameter)들을 정확히 설정하기 위한 대안으로 Quantel에 의하여 개발되었다.

Crash edit

크랏슈 레코드(crash record)라고 하며, 재생모드에서 기록모드로 갑자기 바꾸거나, 자동편집 모드가 아닌 상태에서 직접 기록할 때를 말한다. 이 방법은 VTR에서 타임코드(timecode)와 콘트롤트랙(control track)의 불연속을 초래하게 하여 재생시 화면장애를 유발시킨다. 이런 문제들은 디스크를 기초로 한 작업에는 적용되지 않는다

Cue

동작을 시작 또는 중지시키거나 프로그램 소재의 미리 지정된 지점으로 움직이게 하는 신호. 테이프 시스템에서 이 용어는 테이프를 감거나 릴을 교환하는 것을 의미할 수도 있다. 디스크상에서 큐(cue)는 순간적으로 실행된다.

Cut(edit)

프레임 경계에서 하나의 클립(clip)에서 다른 클립으로의 절환. 테이프 상에서 커트 편집은 마지막의 out점에 새로운 클립을 기록함으로써 이뤄지며, 반면 순수 랜덤억세스(true random access)에서는 재녹화할 필요가 없고 단지 새로운 순서로 프레임을 읽어라 라는 명령만 있다. 간단한 비선형 디스크 시스템에서는 어떤 프레임에서 원하는 프레임으로 접근하기 위하여 녹화된 데이터를 뒤섞을 필요가 있을지도 모른다. 참조 : Non-linear (editing), True random access

Cut-aways

주동작을 보여주지 않는 여분의 샷, 그러나 주동작의 리액션일 수도 있다. 인서트(insert)라고 하기도 하는 이 샷들은 나중에 주동작으로 급격하게 뛰는 것을 감추기 위해 사용될 수 있다. 카메라가 한 대만 있을 경우의 인터뷰에서 흔히 사용된다.

Cutting copy

클립과 함께 잘라내는 것. 보통 완전한 한 세트이거나, 거의 한 세트의 영상으로서 품질은 낮다. 이들은 작업의 기준으로 이용될 수 있으며 나중에 고품질의 원본영상으로 대체된다.

- D -

D1

CCIR 601의 4:2:2 표준으로 기록되는 디지털 비디오테이프 기록의 한 형태. 19mm의 넓은 테이프를 사용하며 94분까지 녹화할 수 있다. 2세대 장비에서는 스턴트(stunt) 모드 - 저속, 고속, 역 모션을 포함하는 새로운 사양을 선보이고 있다. 콤포넌트 녹화시스템의 이점을 살려 높은 색대역으로 우수한 크로마키(chromakey)가 가능하기 때문에 스튜디

오와 포스트 프로덕션 작업에는 이상적이다. 동시에 여러번 복사해도 열화가 거의 없으며, 대부분의 디지털 효과 시스템, 텔레시네, 그래픽장비, 디스크 레코더 등과 별도의 변환처리없이 결합가능하다. 콤포넌트이기 때문에 컬러프레임(color frame)의 문제는 없다. 이런 장점에도 불구하고 D1 장비는 TV프로덕션의 일반적인 분야에 널리 사용되지 않는다. 그 이유는 다른 장비에 비해 비교적 고가이기 때문이다.

D2

디지털 콤포지트 PAL이나 NTSC용 VTR 표준. 19mm 테이프를 사용하며 하나의 카세트 테이프에 204분까지 녹화할 수 있다. 카세트, 녹화포맷 모두 D1과는 호환되지 않는다. D2는 1₩" VTR 교체용으로 흔히 사용된다. 비록 우수한 스턴트(stunt) 모드를 제공하고 여러번 복사해도 손실이 적지만, 합성시스템이므로 합성특성(coded characteristics)이 존재한다. 사용자들은 크로스 컬러(cross color), 변환 흔적, 낮은 색 대역폭과 컬러 프레임 시퀀스에 대해 알고 있어야 한다. 합성된 신호 전부를 표본화하는데 8비트 포맷을 사용하므로 진폭 해상도가 줄어들어서 윤곽선 결함(artifact)에 더욱 민감하다.

D3

카세트를 사용하고, 8비트로 표본화한 디지털 콤포지트 (coded) PAL과 NTSC신호 녹화용 VTR 표준. 카세트는 50분용에서 245분용까지 사용할 수 있다. 콤포지트 신호를 사용하기 때문에, 1/2₩" 크기의 카세트를 사용하며 캠코더를 포함한 VTR장비 일체가 하나의 포맷으로 가능하다는 점을 제외하고는 특성은 일반적으로 D2와 비슷하다.

D5

D3과 같은 카세트를 사용하지만 CCIR 601 권고안을 따라 10비트로 표본화한 콤포넌트 신호를 녹화하는 VTR 포맷. 내부에서 디코딩하는 D5 VTR은 D3 테이프를 재생할 수 있으며, 콤포넌트 출력을 제공한다. 비압축 콤포넌트 디지털 비디오 레코더이기 때문에 D5는 D1의 모든 장점을 갖고 있어서 일반적인 스튜디오 사용은 물론 첨단 포스트 프로덕션에 적합하다. 현재의 625와 525라인 시스템을 지원하는 것 외에, 약 5:1정도의 압축을 사용하여 HDTV 녹화도 지원하고 있다.

D16

표준 D1 녹화기나 비압축 CCIR 601 장비(예를들면 디스크 레코더나 D5)를 사용하는 디지털 필름영상용 기록 포맷. 이 포맷은 Domino (Digital Opticals for Movies) 영상을 16개의 625라인 디지털 영상이 차지하는 공간에 기록하도록 하는 방법으로 Quantel에 의하여 특별히 고안되었다. 이 방법에 의하면 3개의 필름 프레임은 매 2초마다 녹화되거나 재생된다. 녹화기를 재생하면 필름영상을 표준 모니터로 볼 수 있다. 16배의 스피드로 재생되므로 테이프에서 직접 완전한 동작을 볼 수 있다.

D/A 또는 DAC

디지털을 아날로그로 바꾸는 변환기. 디지털 데이터를 아날로그 신호로 변환시키는 데 사용되는 장비. 각 입력 디지털 숫자 또는 워드(word)는 그에 해당하는 아날로그 레벨로 변환된다. DAC는 칩chip 형태로 만들 수 있으며 아날로그 출력을 제공해야 할 필요가 있는 디지털 시스템에서는 필수 불가결한 부분이다. 이것은 A/D 또는 ADC의 역과정이다.

DCT(compression)

이산 여현 변환(Discrete Cosine Transform). 디지털 비디오 영상의 데이터압축에 널리 쓰이는 방법의 하나로, 기본적으로는 영상의 블럭(보통 8×8의 픽셀pixel)을 주파수, 진폭, 컬러로 분해한다. JPEG은 DCT를 사용한다.참조 : JPEG

DCT(equipment)

Digital Component Technology - Ampex에 의하여 일련의 장비에 붙여진 이름. DCT VTR은 낮은 데이터 압축율을 사용하며(약 2:1) 19mm 테이프 카세트에 기록한다. D1이나 D2 혹은 다른 어떤 포맷과도 호환되지 않는다.

DD2

D2 테이프를 이용하여 방대한 양의 데이터(또는 영상)를 기억시킬 수 있는 데이터 레코더가 개발되었다. 컴퓨터 인터페이스에 맞게 데이터 전송률의 선택이 가능하다. 다른 컴퓨터 기록매체와 마찬가지로 영상은 직접 볼 수 없으며 편집도 어렵다.

Decibel(dB)

인간의 청각, 시각과 관련된 결과를 로그(log)눈금으로 표현하는 측정단위. 0dB라는 기준점에는 많은 다른 속성들이 주어지며 -예를들면 소리나 전력의 표준레벨- 여러번의 측정으로 그 표준에 대한 상대적인 값이 된다. 많은 성능 레벨들이 dB로 언급된다. 예를들면 신호대 잡음비(S/N) 등이다. Decibel은 다음 식으로 표현된다

20log10(level1/level2)

여기서 레벨 1과 2는 음향, 영상 또는 다른 전압레벨일 수도 있다.

Dedicated hardware

범용(컴퓨터)이 아니라, 특수한 작업(예를들면 DVE)을 위해 만들어진 하드웨어나 소프트웨어. 전용 하드웨어는 같은 기술을 범용의 구조와 운영체계에 적용했을 때보다도 10내지 100배의 향상된 처리속도를 낼 수 있다. 이것은 특히 영상파일의 크기에 비례하여 많은 처리능력이 요구되는 작업인 영상처리에 있어서 중요한 부분이 되었다.

Diagnostics

하드웨어나 소프트웨어의 정상적인 동작을 체크하기 위한 테스트. 디지털 시스템이 점점 복잡해짐에 따라 내장 자동검사는 장비의 필수적인 부분이 되었다. 테스트를 동작시키려면 몇 가지 특별한 하드웨어와 소프트웨어를 추가해야 한다. 이러한 설비가 되어 있는 디지털 시스템은 숙련된 서비스 엔지니어가 쉽게 접근할 수 있어서 빠른 수리가 가능하다.

Digital chroma keying

디지털 크로마키는 콤포넌트 디지털 영역에서 표현되는 1600만가지 색깔 중 어떤 색으로도 키를 할 수 있다는 것이 아날로그 크로마키와 다른 점이다. 그래서 색번짐 문제를 야기시킬 수 있는 전경(foreground)의 채도가 매우 높은 색보다는 상당히 낮은 색으로도 크로마키를 할 수 있다. 고품질 디지털 크로마키어(chroma-keyer)는 화상의 3성분을 조사하여 각각에 대한 리니어 키(linear key)를 생성시킨다. 이것이 다시 최종적인 키동작을 하기 위하여 콤포지트 키와 결합된다. 3개의 키를 사용하면 색도만의 키를 사용하는 것에 비해 더 정교하게 크로마키를 뽑을 수 있다.

Digital disk recorder

디지털 영상을 기록하는 디스크 시스템. 전형적으로 병렬전송(parallel transfer) 디스크드라이브에 기초를 두고 있으며, 1분정도의 짧은 기록시간을 갖고 있다. 디지털 디스크 레코더는 종종 DVTR보다도 더 적은 비용으로 디지털 비디오소재를 기록하는 여분의

비디오 캐쉬(cache)로서 이용된다. 비록 프리롤(pre-roll)이나 되감기가 필요치 않은 장점이 있지만, 그 동작은 반드시 순수 랜덤억세스(true random access)일 필요는 없다.

Digital mixing

디지털 믹싱은 두 디지털 신호의 ₩" 비율처리(scaling)₩" 와 두 신호의 합을 필요로 한다. 이를 수학적으로 표시하면 아래와 같다.

A × K = MIX1

B × (1-K) = MIX2

Result = MIX1 + MIX2

여기서 A와 B는 두 TV신호를 나타내며 K는 믹싱의 어떤 점에서 있어서의 위치상수이다. 디지털 시스템에서 K는 물론 숫자이며, 8비트 값으로써 부드럽게 믹스나 디졸브를 할 수 있게 해 준다. 두 개의 8비트 숫자를 곱하면 결과는 16비트가 된다(참조 : binary). 믹싱시에 정확한 결과를 얻으려면 두 16비트 숫자를 더하는 것이 중요하다. 이 결과를 디지털 시스템의 다른 부분으로 전송하기 위해서는 끝수를 자르거나 8비트로 만들어야 한다.단순히 부분적인 결과인 Mix1과 Mix2를 하위 비트를 잘라내어 10비트 또는 12, 14비트로 만드는 truncation은 부정확성을 유발시킨다. 따라서 모든 중간결과, 즉 Mix1과 Mix2는 16비트의 해상도를 유지해야 한다. 최종 결과를 8비트로 하면 1비트의 열화가 생긴다. 그러나 이는 다이나믹 라운딩(dynamic rounding)에 의해 피할 수 있다.

Digital transmission

미래의 TV전송은 디지털 영상과 음성을 가정까지 가져오게 할 것이다. 디지털 압축을 이용하면 하나의 아날로그 채널 대역폭으로 여러 개의 TV채널을 전송할 수 있어서 더 선명한 영상과 음향을 여러 채널에서 수신할 수 있다. 미국에서는 MPEG2 압축을 이용한 HDTV의 디지털 전송에 관한 표준이 제안되었다. 디지털 전송의 또 다른 이점은, 더 낮은 S/N비로서 더 좋은 품질의 영상을 만들 수 있기 때문에 송신기 전력을 줄일 수 있고 수신영역도 증가하게 된다는 점이다. 케이블 회사들은 더 많은 채널을 제공하기 위해 디지털 전송기술을 이용할 것이다. 그러나 감수해야 할 것이 있다. 일반적으로 채널수가 많으면 많을수록 압축을 더 많이 해야 하며 따라서 화질은 더 나빠진다는 것이다. VOD(Video On Demand : 주문형 비디오)같은 서비스는 선택된 어떤 영화도 엄격하게 규정지어진 타임 프레임(time frame)내에서 케이블로 전송될 수 있도록 하기 위하여 대량의 압축에 의지하는데 화질은 현재의 VHS 수준 이하이다.

Digitiser(digitisation)

아날로그 입력을 디지털로 바꾸는 시스템. ADC(아날로그/디지털 변환기), 터치 타블렛(touch tablet), 마우스(mouse) 등이 그 예이다. 이들 가운데에서 마우스와 터치 타블렛은 공간측정을 하여 이를 디지털 포맷으로서 컴퓨터 상에 표현하는 시스템이다.

Digitising time

디스크 베이스 편집시스템으로 소재를 녹화하는데 걸리는 시간. 이름 자체로 보면 소재가 아날로그로 재생되는 것을 암시하지만, DVTR의 사용증가로 인해 다른 의미로도 사용된다. Digitising time는 일반적으로 대기시간으로 간주된다. 만약 소재를 미리 선택해 놓는다면 이 시간은 줄일 수 있다. 장면선택기능이 있는 Quantel 시스템을 이용하면 소재를 로드하면서 표시를 해 둘 수 있어서 최종 편집을 빨리 할 수 있다. 참조 : Scene Select

Dirty(EDL)

최종 편집에 쓰이는 장면의 전후에 여분의 부분이 포함되어 있는 EDL로서 편집내용을 정확히 나타내는 것은 아니다. Dirty EDL은 특히 순수 랜덤억세스 시스템에서 운용될 때 매우 유용한데, 이미 사용된 소재의 앞이나 뒤를 다시 찾는 빠른 방법을 제공하며, 편집할 곳을 빼거나 이동 또는 조정을 할 수 있다.

Dissolve

하나의 장면에서 다른 장면으로 여러 프레임에 걸쳐서 화면이 바뀌어지는 것. 사라지는 장면과 나타나는 장면이 서서히 혼합되는 것으로 두 장면의 동시 접근이 필요하다. 디졸브의 모양은 디졸브의 길이를 바꾸는 것뿐만 아니라 전환형태(transition profile) -선형적이냐(일정한 비율로 변환) S형태냐(좀더 천천히 시작하고 끝나는 형태로 필름의 결과와 비슷함)- 에 따라서도 바뀔 수 있다.

Dither

디지털 텔레비전에서 아날로그 영상은 숫자로 변환된다 - 즉, 연속적인 휘도와 색도 값이 숫자들의 집합으로 바뀌어진다. 어떤 아날로그 값은 정확하게 숫자에 일치하지만 다른 어떤 것들은 불가피하게 숫자들 사이에 놓여지게 된다. 아날로그인 원래 신호에서는 항상 얼마간의 잡음이 있어서 두 인접 값 사이에는 LSB만큼 떨림이 있다. 이것은 디지털 시스템으로 하여금 LSB사이의 아날로그 값을 표현하게 해주어 아날로그의 세계를 매우 정확하게 디지털로 해석하게 한다. 만약 영상이 컴퓨터에 의하여 생성된다거나 또는 디지털 처리결과에 의해 만들어지면 떨림현상(dither)은 존재하지 않지만 윤곽선 문제를 야기시킨다. 다이나믹 라운딩(dynamic rounding)과 떨림현상을 잘 조절하여 화면에 부가하면 더 나은 결과를 얻을 수 있다.

DRAM

Dynamic RAM(Random Access Memory). 고밀도, 적정가격의 메모리 칩(집적회로). 이는 일본사람들이 전자공학의 쌀이라고 부를 만큼 중요하다. DRAM은 컴퓨터에서는 절대적으로, 디지털 회로설계에는 일반적으로 쓰일 뿐만 아니라 프레임 저장이나 애니메이션 저장에도 쓰인다. 고체상태이기 때문에 동작부위가 없어서 데이터를 저장하거나 접근하는데 가장 밀도 높은 방법이다. 각 비트는 하나의 트랜지스터에 저장되고, 칩에는 데이터를 보유하기 위한 전원과 클럭(clock)을 공급해 주어야한다. 현재 사용되고 있는 크기는 4메가비트와 16메가비트, 64메가비트이며 현재는 256메가비트 칩이 대량 생산되고 있다. 이 프로젝트에는 인간의 머리카락보다 400배나 작은 1/4㎛ 크기의 칩을 만들기 위하여 X-ray 석판인쇄술의 사용이 요구된다.

Drop-frame(timecode)

525/60 라인/필드 포맷 NTSC 컬러 코딩시스템에서 60 필드/초는 정확히는 59.94 필드/초 또는 29.97 프레임/초 -1000에서 1만큼의 차이가 있다- 이다. 타임 코드는 30프레임/초를 나타낸다. 드롭프레임(drop-frame)타임코드는 10의 배수가 되는 분을 제외한 매분마다 2프레임씩 누락시켜 보상을 한다. 625/50 PAL시스템은 드롭프레임이 필요없다.

Dub (editing)

원본에서 선택해가면서 복사하여 새로운 녹화물을 만드는 것 - 면도날로 자르던 시대부터 순수 랜덤억세스 시대에 이르기까지 모든 편집의 기본원리이다. 복사하는 것 자체가 시간이 걸리는 일이며 복사 중에 신호가 왜곡될(generation loss) 위험에 처하게 된다. 어떤 디지털 VTR 포맷에서는 신호의 왜곡을 현저히 줄인다. 순수 랜덤억세스 편집시스템은 편집을 하기 위하여 신호를 더브(dub)할 필요가 없다는 점에서 다르다. 참조 : True random access

DVC

Digital Video Cassette(디지털 비디오 카세트). 차세대 민수용 VCR이 개발 중이며 1995년에 등장하기로 되어있는데 Hitachi, JVC, Matsushita, Mitsubishi, Philips, Sanyo, Sharp, Thomson, toshiba의 제휴에 의한 것이다. DVC는 디지털 기기이며, 525/60, 625/50, HDTV 녹화용으로 6.35mm의 넓은 테이프를 사용하게 된다. 제안된 포맷은 약 5:1 정도의 디지털 필드내 압축을 사용하여 13.5MHz, 8비트, 4:1:1(525/60)이나 4:2:0(626/50)영상과 2개의 16비트/48 또는 44.1kHz의 음성채널을 4.5시간 표준 카세트나(14.6×78×125) 더 작은 1시간용 (12.2×48×66)카세트에 녹화한다. 영상기록율은 25Mbits/sec이다.

DVE

Digital Video Effects(디지털 영상 효과). 별개의 기기로써 공급되었으나 점차 시스템 전체에 포함되고 있다. 영상효과의 종류는 달라지고 있으나 줌zoom과 위치변경과 같은 영상조작은 항상 포함되며, 회전, 3D 투시, 페이지 턴page turn, 영상의 변형, 모자이크 등으로 발전되고 있다. 영상효과의 종류뿐만 아니라 영상의 품질과 제어면에서도 크게 바뀌고 있다.

DVTR

Digital Video Tape Recorder. 상업적으로 사용된 최초의 DVTR은 1986년에 등장했는데 CCIR 601 콤포넌트 디지털 표준과 DVTR의 D1표준으로 동작하는 것이었다. 이는 19mm카세트를 사용하며 34, 78, 94분까지 녹화할 수 있는 것이다. 현재는 많은 DVTR 포맷들을 이용할 수 있다. D2와 D3는 둘다 콤포지트 신호를 녹화하며, 주목적은 C포맷 아날로그 기기를 대체하기 위한 것이었다. DCT와 디지털 베타캠(digital betacam)은 모두 낮은 데이터 압축율(약 2:1 정도)을 사용하여 CCIR 601 영상을 녹화한다. D5는 D1과 마찬가지로 압축되지 않은 CCIR 601 신호를 녹화하지만 1/2인치 테이프를 사용한다. DVC라는 하나의 또다른 포맷이 탄생했다. DVC는 압축된 CCIR 601 신호를 6.35mm의 테이프에 기록한다. DVTR에서는 여러번 복사를 해도 테이프 노이즈(noise)나 모아레(moire)등에 의한 열화를 받지 않는다. 그러나 테이프는 닳거나 찢어지기 쉽다. 이에 의한 오차와 드롭아웃(drop-out)의 가능성을 없애기 위하여 에러 은폐회로가 필요불가결하게 된다. 극단적인 경우에는 여러번의 복사를 하면 물결무늬나 다른 결함들이 누적될 수 있다.

Dylan

Quantel에 의하여 개발된 순수 랜덤억세스(true random access)에서 사용하는 비디오와 영화용의 경제적이고 안전한 저장시스템의 상품명. 딜란Dylan은 편집시스템(Henry와 Editbox)과 합성장비(Hal), 필름(Domino)용의 훌륭한 기억장치로서 비압축 CCIR 601 영상을 순수 랜덤억세스하게 해 준다. 클립박스(Clipbox) 시스템에서는 여러개의 딜란을 사용하여 8시간까지의 CCIR 601 비압축 영상과, 40시간까지의 압축영상을 저장할 수 있으며 동시에 여러 영상채널도 지원할 수 있다.각 딜란은 Chatter Disk Management와 인터페이스된 20개의 표준 3.5인치 SCSI 디스크 드라이브를 사용한다. 내장된 여분의 디스크 드라이브(redundancy)와 에러검색, 수정방법에 의하여 디스크 드라이브가 작동을 계속하지 못해도 데이터의 손실은 없게 해준다. 참조 : Error detection

Dynamic Range

신호에서 이용가능한 유효한 값의 범위. 신호원에서 다이나믹 레인지(dynamic range)는 원치않은 잡음에 대한 최대 신호의 비로 제한된다. 화면시청시의 다이나믹 레인지(dynamic range)는 최대밝기에서 최소밝기까지 이다(빛의 산란과 반사에 영향을 받는다).

Dynamic Rounding

디지털 신호를 효율적으로 줄이는 것. 어떤 영상처리에서는 두 신호를 곱해야 할 필요가 있다. 예를들면 디지털 믹싱에서는 두 8비트의 신호로부터 16비트의 신호가 생성된다. 이것은 줄이거나 초과분을 잘라내어 다시 8비트로 만들어야 한다. 간단히 하위 비트들을 없애버리면 윤곽선의 손상이 눈에 띄게 되는데 이는 특히 순수한 컴퓨터 영상에서 두드러진다. 비슷한 문제점이 프린트(print)에서도 나타나는데 화상이 분명하게 바뀌는 부분에서 잉크 도트(dot)에 비트(beat)나 모아레(moire)가 생기게 된다. 다이나믹 라운딩(Dynamic rounding)은 픽셀(pixel)의 단어 길이를 축소하는 -보통 8 비트로 만든다- 수학적인 방법이다. 이는 눈에 띄는 결함들을 효율적으로 제거하며 여러 번의 경로를 통과해도 축적되지 않는다. 다른 해결책은 비트의 수를 늘리는 방법으로 -흔히 10비트로 늘인다- LSB를 더 작게 만드는 것인데 이는 문제점을 은폐시킬 뿐이다. 다이나믹 라운딩은 특허기술로서, Quantel에서 쓰기 시작하여 현재는 Quantel과 다른 생산자들에 의해 점차로 많은 디지털 기기에 사용되고 있다. 참조 : 8비트와 10비트, Digital mixing, Dither, LSB

- E -

E to E

Electronics To Electronics. 이는 동작하고 있지 않은 영상기기나 음향기기로의 입력이 출력으로 직접 나타나는 것을 말한다. 흔히 VTR에서 재생(play)되고 있지 않을 때와 DVE의 clear상태에서 적용된다.

EBU

European Broadcasting Union(유럽방송연맹). 유럽방송의 제작과 기술적인 사항을 조정하기 위하여 유럽방송사업자들로 구성된 기구. 산하에 권고안(예를들면 Tech.3246-E)을 만드는 여러 개의 위원회가 있다.

EDL

편집 결정 리스트. 일련의 편집을 나타내주는 편집 리스트로서 종종 플로피 디스크에 기록된다. EDL은 오프라인(off-line)에서 만들어져서 최종 편집을 수행하기 위하여 온라인(on-line)으로 넘겨진다. 여러 범주의 장비들과 함께 쓰이도록 CMX3400과 같은 널리 채택된 표준이 있다.

EDTV

기존의 전송채널 내에서 인코드(encode)된 전통적인 주사비율의 와이드스크린(wide-screen)을 제공할 수 있게 한 고품질 텔레비전(extended definition television)을 나타내는 일반적인 용어. 일본에서 EDTV I 은 NTSC 시스템을 개조한 것이다. 이에는 순차주사와 고스트(ghost) 제거 기준신호를 포함하고 있으며 흔히 ₩"클리어 비전(clearvision)₩"이라고 일컬어진다. EDTVII는 2세대 시스템으로 16×9 종횡비와 PCM 사운드를 포함한다. 4×3스크린에서 보이는 편지함 모양의 디스플레이 주변의 검은 부분에는 16×9의 풀 스크린 디스플레이로 확장하기 위한 보충정보가 들어 있다(PALplus의 Helper).

Encryption

암호화. 원래의 데이터를 복원하려면 특별한 코드(code)나 키(key)가 필요하도록 데이터를 코딩(coding)하는 것. 방송에서 암호화는 위성이나 케이블 시스템에서 흔히 사용하는데 허가받지 않으면 수신할 수 없게 하기 위하여 사용된다. 참조 : Scrambling

ENG

Electronic News Gathering. 보통 뉴스에 사용되는 방송용 품질의 TV카메라, VTR, 마이크로 웨이브 링크 등을 갖춘 소형 휴대용 장비에 적용되는 용어. 이것은 필름에 의한 뉴스취재와 비디오 테이프에 의한 뉴스취재를 구분하기 위한데서 비롯되었다. 스튜디오 겸용 휴대용 편집장비를 일컫기도 한다.

Error detection, Concealment correction

에러 검출, 은폐, 정정. 완벽한 디지털 녹화방법은 없다. 자기 테이프나 디스크는 모두 기록, 재생이 어렵거나 불가능한 가장자리 녹화부분 때문에 고민하고 있다. 그러나 에러는 검출될 수 있고 에러은폐나 정정에 의한 구제책을 마련할 수 있다. 에러은폐는 눈에 띄지않는 방법으로 문제를 숨기는 것이며, 에러정정은 에러를 정정하여 완벽한 데이터가 출력되게 하는 것이다. 기록된 데이터가 영상이라면 에러는 그 전 또는 후의 TV라인이나 필드를 이용하여 간단히 은폐할 수 있다. 그 결과는 원래의 신호와 동일하다고 장담할 수는 없다. 그러나 그 처리과정은 비교적 간단하고 빠르다. 만약 저장된 정보가 데이터베이스 정보이거나 컴퓨터 프로그램, 더 특수한 영상처리를 위한 정보라면, 100% 정확도의 데이터가 필수적이다. 이 때는 에러가 생기면 반드시 검출하여 다른 기록정보에서 정확한 데이터를 계산하는 방식으로 확실히 데이터를 기록할 수 있다. 이것이 에러 정정이다. 컴퓨터 시스템과 TV의 차이점은 TV는 연속적이고 나중에 수정하도록 기다릴 수가 없다는 점이다. 정확한 결과가 제시간에 준비되든 다른 행동이 취해지든 -쇼는 계속되어야 한다- 어떤 TV등급의 에러정정이더라도 매우 제한된 짧은 시간안에 취해져야 한다. 반면에, 컴퓨터는 보통 천천히 운용할 수 있고 수 ms 동안은 기다릴 수 있다. 디지털 VTR들은 에러율을 감시하여 과도한 에러 -비록 즉각적으로 보이지는 않지만 여러 경로를 통하면 보일 수도 있는- 에 대한 경고를 내보낸다. Dylan 디스크 시스템은 에러정정 기능을 갖고 있다. 비록 디스크의 에러율은 일반적으로 디지털 테이프에서의 에러율보다 수 배는 낮지만 역시 일어날 수 있다. 이를 위하여 여분의 디스크(disk redundancy)가 있고 재생되는 모든 데이터는 체크된다. 만약 에러가 발견되면, 충분한 추가정보가 기록되어 있어서 계산을 하여 정확한 데이터로 대체한다. 디스크 드라이버가 완전히 고장이 나도 커버될 수 있고, 분실한 데이터는 새로운 장소에 재생·기록된다. 이것이 시스템을 매우 정확하고 안전하게 만든다.

Ethernet

Ethernet는 LAN(근거리 통신망)의 한 형태로 컴퓨터를 서로 연결하는데 널리 이용되며 IEEE 802.3에 규격이 정해져있다. 여러 종류의 생산자들이 호환성이 있는 인터페이스와 성능을 확장시키기 위한 리피터(repeater)나 브리지(bridge) 등을 생산하고 있다. 데이터 전송률은 10Mbit/sec이다. 그러나 데이터 패캐지와 패킷(packet) 분리에 필요한 overhead로 인하여 초창기 인터페이스의 실제적인 처리량은 100～ 1000Kbits/sec에 불과했으나 지금은 일부 워크스테이션(workstation)에서는 전대역폭(full bandwidth) 8 Mbit/sec의 약 80%까지 도달하고 있기도 하다. Carrier Sense Multiple Access/Collision Detect(CSMA/CD)를 사용하므로, 네트워크상의 잠재적인 話者는 차례를 기다리

기보다는(Token Passing Ring LAN에서 처럼) 단지 케이블이 비기만을 기다리면 된다. Ethernet는 구리선을 사용하느냐 광케이블을 사용하느냐에 따라 여러가지 연결 방법이 있다. 현재 사용되고 있는 가장 흔한 방법 3가지는 아래와 같다.

10 base 2

비교적 저가격인 50ohm의 동축 케이블과 BNC 컨넥터를 사용하는 가는 선의 Ethernet. 리피터(중계기)가 없을 때의 최대 길이는 180m이며 30개까지의 장비를 연결할 수 있다.

10 base 5

표준 두꺼운 선 Ethernet. 두꺼운 동축 케이블과 AUI 컨넥터를 사용한다. 중계기가 없을 때의 최대 길이는 500m이며 100개까지의 장비를 연결할 수 있다.

10 base T

RJ 컨넥터를 사용하는 4선 twisted pair 케이블의 표준. 이는 매우 저가격의 노드(nod) 네트워크를 제공한다.

2개의Fast Ethernet 표준은 100Mbits/sec가 가능하고, 주요 통신장비 메이커들에 의해 현재 개발되고 있다. 100 base T는 물리적으로 10 base T와 호환성이 있으며, 같은 프로토콜(CSMA/CD)을 사용한다. 그러나 더 고급품의 케이블이 필요하다. 100VGAnywhere는 다른 프로토콜을 갖고 있고 다른 하드웨어를 필요로 한다.

EUREKA

HDTV 개발과 같은 국제협력 유럽 연구프로젝트를 장려, 조정하기 위한 유럽 의회 기구.

- F -

Fade (down, up)

흑(무음)으로 또는 흑(무음)으로부터 비디오(오디오)로 디졸브 시키는 것.

FDDI

Fiber Data Distributed Interface(광데이터 분배 인터페이스). 100Mbits/sec까지 동작되는 고속 광데이터 인터페이스. FDDI는 Ethernet나 Token Ring과 같은 협대역 네트워크용 데이터 분배망의 중추로써 가장 흔하게 이용된다. 참조 : CDDI

Fettle (colour)

대부분의 Quantel 시스템에서 제공되는 색조작 제어계.

Field sequence

텔레비전 프레임 또는 화면은 2개의 필드로 구성이 된다. 콤포넌트 525와 625 라인 텔레비전의 각 연속된 프레임은 같은 형태를 되풀이하므로 필름편집에서와 마찬가지로 프레임 경계에서 편집을 할 수 있다. PAL, NTSC, SECAM과 같은 콤포지트 영상은 부반송파에 색정보를 싣고 있는데 부반송파의 반복 패턴은 PAL에서는 4프레임, NTSC와 SECAM에서는 2프레임 시퀀스sequence -각각 8과 4필드 시퀀스로 알려져 있음- 주기로 나타난다. 편집에서는 이 시퀀스를 깨뜨려서는 안된다. 따라서 콤포넌트 영상보다는 정밀치 못한 동작을 지시하게 된다. 아날로그이건 디지털이건 같은 제약이 따른다 - 문제는 콤포넌트이냐 콤포지트이냐 이다. CCIR 601 콤포넌트 디지털 신호는 어떠한 프레임의 경계에서도 편집할 수 있지만, 반면 콤포지트 디지털 시스템(D2나 D3 VTR과 같은)은 4나 8필드 경계로 제한이 된다. 그렇지 않으면 그림이 튀거나 추가 처리로 인하여 화질이 변하게 된다.

Floppy disks

보호 재킷안에 회전할 수 있는 자기 산화물(magnetic oxide)로 덮여져 있는 얇고 휘기 쉬운 디스크로 이루어진 기록 매체. 플로피 디스크는 가볍고 값싸며 들고 다닐 수 있지만, 윈체스터 디스크와 같은 다른 컴퓨터 기록매체만큼 확실하지는 못하다. 휴대하기 간편하기 때문에 소프트웨어의 운반용으로 PC시장에서 매우 인기가 있다. 최초의 8인치 플로피 디스크는 5.25인치로 대체되었고, 지금은 다시 3.5인치 -마이크로 플로피디스크- 로 대체되었다. 이것은 1.4M bytes -하나의 TV 프레임 기록에 충분함- 까지 기록할 수 있다. 광자기 디스크는 플로피보다 많은 기억 용량과 데이터 율을 갖고 있어서 영상 저장에 더욱 적합하다.

Frame store

흔히 DRAM으로 이루어진 고체상태 영상 기록장치에 붙여진 이름. 기술적으로는 하나의 완전한 프레임을 저장함을 의미한다. 그러나 일반적으로 이 용어는 수 라인부터 수 프레임까지의 저장을 두루 포함하여 사용된다. DRAM의 용량증가로 인하여 프레임스토어는 장비의 디자인을 향상시키는데 점차로 많이 이용된다.

Frequency

주어진 시간내에서(보통 1초)의 신호의 진동수. 예를 들면 아날로그 시스템에서의 부반송파 주파수, 디지털 시스템에서의 클럭 주파수 등이 있다. 다음은 TV에서 흔히 쓰이는 주파수들이다.

PAL 부반송파subcarrier : 4.43 MHz
NTSC 부반송파 : 3.58 MHz
CCIR 601 clock rate : 27 MHz
CCIR 601 휘도 표본율 : 13.5MHz
CCIR 601 색도 표본율 : 6.75MHz
HDTV Y 표본율 : 72MHz(1250/50),
74.25MHz(1125/60)

Full motion video

데스크 탑 플랫홈(flatform)에서 디스플레이되는 동화상의 일반적인 용어. 품질은 다양하며 정의되어 있지 않다.

- G -

Gateway

두 컴퓨터 네트워크를 연결하는 장비의 이름. 현재 영화나 TV에서 사용되는 많은 영상들은 컴퓨터 시스템에서 만들어진다. Quantel에서는 컴퓨터 네트워크와 픽처박스(Picturebox)나 페인트박스(Paintbox)같은 장비를 연결시켜주는 게이트웨이(gateway)를 제공하고 있다. 일단 게이트웨이가 구성이 되면 운용자는 이미지 파일의 양방향 전송을 위해 아무런 행동을 취할 필요가 없다.

Generation(loss)

녹화를 할 때마다 소재의 또다른 복사본(generation)을 만들게 된다. 복사손실(generation loss)란 연속적인 녹화에 의해 야기되는 열화를 말한다. 처음 녹화된 소재가 첫번째 복사본이고, 다시 한번 녹화하면 두번째 복사본(generation)이 만들어진다. 이것은 아날로그 편집계에서는 중요한 관심사였는데, 비록 디지털 VTR이심하게 손상된 테이프의 드롭아웃(drop-out)(은폐 및 정정 가능)에 민감하긴 하지만 완전한 디지털 환경에서는 중요도가 낮다.여러 번 복사해서도 가장 화질이 좋은 것은 비압축 CCIR신호를 디스크에 기록하는 것이다. 디스크는 드롭아웃이나 에러없이 수백만 번 재기록 할 수 있다. 즉, 복사를 무한히 계속할 수 있는 것이다. 최근에는 압축뿐만 아니라 디코더나 DVE 같은 영상처리장비의 사용이 증가함에 따라 복사손실에 중대한 영향을 미치는 것이 더욱 많아졌다. 이러한 처리장비의 품질도 고려해야 한다.

Global (control)

다채널 영상효과기에서 사용되는 컨트롤기능의 최상위 레벨로서 모든 채널을 한번에 컨트롤 할 수 있다. 예를들어 투명도를 변경시키고 싶다거나 클로벌축(global axis)을 중심으로 이동시키고 싶어서 대상물체 자신을 완전히 분리시켜야 하는 경우에 사용한다. 이런 경우 모든 대상에 대한 관점(viewing point)이 함께 변화할 것이다.

GCR(Ghost Cancelling Reference)

TV다중방송의 일종으로 TV방송수신에 가장 큰 장애를 일으키는 다중상을 제거하여 맑고 깨끗한 화면을 시청자에게 제공하는 방식으로 KBS가 자체개발 국제표준방식으로 등록을 마쳤고, '95년부터 방송을 개시중이다.

GOP(Group Of Picture)

MPEGⅡ의 경우 JPEG 압축에 더하여 앞뒤 프레임간의 상관을 이용하여 정보삭감(압축)을 하고 있다. TV화상은 frame 간에는 거의 차이가 없기 때문에(상관관계가 높다) 압축율을 높일 수 있다. JPEG와 동일한 frame내 압축(intra frame)의 I frame을 선두로 이후의 frame은 앞뒤 frame을 참조한 움직임벡터 등으로 표현되는데 몇 frame마다 I frame을 만들 것인가 즉, 앞뒤의 상관을 몇 frame마다 취하는가에 따라 압축신호의 원화상에 대한 정확도가 결정된다. 이 frame수를 GOP라하며 GOP가 클수록 압축율은 높아지나 화상의 복원정밀도는 저하한다.

GPI

General Purpose Interface의 약어로 어떤 장치에 의해 큐(cue)를 필요로 하는 장비에 사용되는 것이다. 프레임단위까지 정확하게 동작하고 간단하므로 다양한 장비에 손쉽게 적용할 수 있다.

Grand Alliance (Digital HDTV) 1993년 봄 미국에서 최상의 HDTV시스템을 생산하기 위해 조직된 모임의 이름. 참가자는 AT&T, General Instrument Corporation, 메사추세츠 기술연구소, 필립스, David Sarnoff 연구소, 톰슨, 제니스사 등 세계 유수업체이다. 이들이 제안한 시스템은 모두 실험과 제작을 위해 고안된 것이다. 전송방식은 디지털방식이며 영상은 MPEG-2를 사용하여 압축하였다. 오디오는 돌비(dolby) AC-3에 의해 압축한 서라운드(surround) 오디오를 사용한다. 컴퓨터를 포함한 여러 다양한 소재를 사용할 수 있도록 24Hz, 30Hz 그리고 60Hz에서 운용될 수 있는 2 라인 표준안이 있으며 수신기에서 이 모든 영상을 운용가능하다. 영상주사형식은 아래와 같다.

1) Spatial format (active picture)
   1280픽셀 × 720라인
   Temporal rate
   23.976/24Hz 순차주사
   29.97/30Hz 순차주사
   59.94/60Hz 순차주사
2) Spatial format (active picture)
   1920픽셀 × 1080라인
   Temporal rate
   23.976/24Hz 순차주사
   29.970/30Hz 순차주사
   59.940/60Hz 비월주사註)
   註) 1440 × 1080 active pixel 가능

모든 화소는 사각형태이고 75MHz 근처의 표본화 주파수를 가진다. 영상, 음성, 부가 데이터들을 함께 연결하고 변화시켜 새로운 서비스 -여러 채널의 스테레오 오디오, 컴퓨터 소프트웨어의 분배 혹은 고선명 영상-를 가능하게 하는 전송 레이어(transport layer)가 있다. 데이터는 초당 19.3MHz까지

압축되어 6MHz 아날로그 채널로 전송된다. 주요 시스템 요소 -영상압축, 주사형식, 오디오, 변조시스템- 에 관한 내용은 FCC의 산하 그룹인 ACATS(Advisory Committee on Advanced Television Service)에 제안되어 있다(1994. 2). 전체 표준안은 1995년에 정해졌으며 HDTV서비스는 1996년 후반쯤에 시작될 것이라고 보고된 바 있다. 참조 : ACATS, ATTC, Compression, HDTV

Grid compression

Quantel사에서 독점 개발하여 사용하고 있는 영상 압축시스템.

GUI

Graphical User Interface의 약어로서 화면에 표시되는 그림들을 이용하여 시스템을 운용하는 방법이다. 컴퓨터의 예를 들면 애플사의 매킨토시나 마이크로소프트사의 윈도우같이 마우스로 동작하는 범용 소프트웨어를 말한다. 1981년 Quantel사는 압력센서가 달린 펜과 터치 타블렛으로 동작시키는 on screen menu 시스템인 페인트박스를 개발하였다. 이것은 점점 발전하여 DVE, 편집, VTR 컨트롤, 오디오를 비롯해 Quantel 제품 전체에 해당하는 다양한 범위에 적용시켜 운용할 수 있게 되었다.

- H -

Hard Disk (fixed disks)

magnetic oxide로 코팅되어 있는 최대 10개의 플래터(platter)로 구성된 기록장치를 뜻하며 양면 모두에 기록할 수 있다. 각 기록면에는 읽기/쓰기 헤드가 있는데 각각 주어진 순간에 동작한다. 하드디스크 기술은 매우 빠른 속도로 발전하고 있는데 크기는 점점 작아지고 Megabyte당 가격은 점점 낮아지는 추세이다. 현재는 20Mbyte로부터 4Gbyte(3.5inch), 9Gbyte(5.25inch)까지 가능하다. 데이터 전송율의 범위는 1~10Mbyte/sec (SCSI 2)로부터 20Mbyte/sec(SCSI Wide)까지 가능하다.

HDTV

High Definition Television의 약어로서 16:9의 새로운 스크린 비율을 가진 TV형식인데 현재 방송되는 시스템보다 5~6배 증가된 해상도를 가지고 영상을 재생한다. HDTV는 스크린형태는 변화했으나 화질개선은 되지 않은 PAL (PALplus), NTSC, SECAM의 변형 시스템인 와이드스크린과는 다르므로 혼동하지 말아야 한다. 현재까지는 세계적인 HDTV 표준이 정해져있지 않은 상태이다. 유럽에서는 625/50의 정수배로 구성되는 1250/50을 선호하는 반면, 미국에서는 1995년부터 2종류의 라인(720, 1080)과 3종류의 frame-rate(24Hz, 30Hz, 60Hz)를 포함하는 표준안이 적용될 예정이다. 지금까지 일치된 사항은 MPEG-2를 적용시킨 디지털압축을 사용하여 전송한다는 점이다. CCIR(ITU)은 1125line/60Hz와 1250line/50Hz 형식에 기초한 2종류의 표준안을 갖고 있다. 참조 : ITU document 709, Grand Alliance

HF(High Frequency)

주파수가 3[MHz]~30[MHz]의 전파대역을 말하고 전리층 반사를 이용하여 장거리 서비스가 가능하여 국제방송으로 사용 중이다.

- I -

In-point

편집시에 사용되는 용어로써 비디오나 오

디오 혹은 비디오와 오디오 두가지 모두의 편집이 시작되는 지점.

Insert editing

가장 많이 사용하는 테이프의 편집기법중의 하나로서 기존에 녹화되어 있는 소재에 새로운 영상 혹은 컬러바, 기준신호가 실린 블랙 등의 비디오나 오디오를 중간에 삽입하는 것이다. 이는 흔히 어셈블(assemble) 편집과 함께 많이 언급되는데 인서트(insert) 편집은 기존에 녹화되어 있는 콘트롤트랙과 타임코드를 보존한 상태에서 단지 새로운 비디오와 오디오만을 삽입함으로써 편집내용이 불연속하게 되는 것을 최소화하는 기법이다. 참조 : Assemble editing, Striped tape

Interpolation

어떤 영상을 디지털 영상으로 변환시키는 과정에서 발생하는 수많은 화소들의 값의 크기와 위치를 변형시켜(평균화하여) 저장한 다음 유사화소의 평균값에 적절한 가중치를 두어 필요한 화소의 값을 계산해낸다. 참조 : Anti-aliasing, Spatial interpolation, Temporal interpolation

ISDN(Integrated Services Digital Network)

공중전화망을 통해 고속으로 데이터를 전송하는 것을 뜻하며 기본속도 64kbits/sec에서 최고속도 2Mbits/sec로 동작한다(30채널을 기본으로 구성되는 경우 영국에서는 ISDN-30이라고 부른다). 이미 많은 나라에서 128Kbits/sec로 동작하는 회로를 제공하고 있다. 이제는 매우 빠른 발전을 이루어 누구나 ISDN이 일반화되는 것을 예상할 수 있다. TV와 영화업계의 오디오 기기에서는 이미 사용하고 있으며 Quantel에서는 ISDN을 사용하여 전 세계의 영상기기들이 서로 영상을 교환할 수 있는 시스템을 개발했다. TV 프레임의 경우, 기본 전송율의 경우는 2~3분 정도 걸려서 전송이 가능하며 이를 사용하는 기본비용은 대개 정상적인 전화비용과 비슷하다. ISDN의 경우 명목상으로는 국제적으로 운용된다고 하지만 실제로는 규격과 서비스의 내용이 너무 다양하다. 미국에서의 몇몇 운용자들은 Switched 56 (56kbits/sec나 그 이상의 전송율을 가짐)이라 불리는 유사한 시스템을 사용하고 있기도 하다.

ITC

Independent Television Commission의 약어로서 케이블이든, 위성이든 혹은 지상파방송이든간에 영국에서의 모든 독자적인 프로그램의 법적, 기술적인 조정에 대해 책임이 있다.

ITS

International Teleproduction Society의 약어. 통신수단으로 영상을 사용하고자 이를 개발하는 미국의 산업체들이 모인 협회의 이름이다. 영국에도 분회가 있다. 참조 : Directory

ITU

국제연합(UN)의 전문기관의 하나로서 모든 형태의 통신에 대해 RF스펙트럼(spectrum)을 규제하고 표준안을 제정한다. ITU-R(과거의 CCIR)은 무선통신의 운영문제와 규제에 대해 다루고 있으며, ITU-T(과거의 CCITT)는 전기통신의 표준화를 다루고 있다. 참조 : CCIR, CCITT, Directory

ITU-R601

CCIR 601 참조

I.D(Intelligence Department)

방송국명 고지 즉 방송국명을 말해주는 것

Internet Broadcasting

인터넷방송은 컴퓨터상의 쌍방향성을 극복하여 사용자가 직접 정보를 선택하여 검색할 수 있는 통신의 성격과 동영상과 음향을 함께 전달하는 방송의 성격을 결합시킨 통신방송 융합서비스의 대표적인 예라 할 수 있다.

INTRANET(INTRAinterNET)

인터넷 기술을 이용해 기업의 정보시스템을 구축하는 것. 특히 본점 및 지점간 국제통신에 전용 및 공중회선을 사용하지 않고 인터넷을 이용하는 것

IRE(Institute of Radio Engineers)

무선기술자협회(미국) 현재는 IEEE1963년 IRE와 AIEE가 합병하고 IEEE로 개칭

ISDN(IntegratedServices Digital Network)

공중전화망을 통해 고속으로 데이터를 전송하는 것을 뜻하며 기본속도 64[kbits/sec]에서 최고속도 2[Mbits/sec]로 동작한다(30채널을 기본으로 구성되는 경우 영국에서는 ISDN-30이라고 부른다). 이미 많은 나라에서 128[kbits/sec]로 동작하는 회로를 제공하고 있다. 이제는 매우 빠른 발전을 이루어 누구나 ISDN이 일반화되는 것을 예상할 수 있다. TV와 영화업계의 오디오 기기에서는 이미 사용하고 있으며 Quantel에서는 ISDN을 사용하여 전 세계의 영상기기들이 서로 영상을 교환할 수 있는 시스템을 개발했다. TV 프레임의 경우, 기본 전송율의 경우는 2~3분정도 걸려서 전송이 가능하며 이를 사용하는 기본비용은 대개 정상적인 전화비용과 비슷하다. ISDN의 경우 명목상으로는 국제적으로 운용된다고 하지만 실제로는 규격과 서비스의 내용이 너무 다양하다. 미국에서 Switched 56(56[kbits/sec]나 그 이상의 전송율을 가짐)이라 불리는 유사한 시스템을 사용하고 있기도 하다.

- J -

Jam sync

녹화할 때와 똑같은 타임코드를 재발생시키기 위하여 제너레이터를 이용하여 더빙하는 경우 타임코드 신호의 품질을 유지하는 방법.

Jog

정지상태에서 프레임 단위로 내용의 앞쪽이나 뒤쪽으로 아주 느린 속도로 움직이는 것을 뜻하며, VTR에서는 셔틀(shuttle) 동작을 한 후 그림의 정밀한 탐색을 위해 일반적으로 많이 사용된다. 종종 in점과 out점을 정확하게 정하기 위해 사용된다.

JPEG

Joint Photographic Experts Group의 약어로서 ISO/ITU-T. JPEG은 정지영상의 데이터 압축기법의 표준안을 제정한 곳이다. 특히 이 작업에는 CCIR 601 로 코딩된 영상이 포함되어 있다. JPEG은 DCT를 사용하며 5~100배의 영상압축율을 제공하고 baseline, extended, 무손실 encoding의 3레벨 과정을 포함한다. 일반적으로 압축과정은 어느 정도의 영상손실을 포함하게되는데 그 정도는 영상의 내용, 압축율 그리고 알고리즘에 따라 달라진다. 참조 : Compression, Compression ratio, MPEG

Jump Cut

필름이나 영상편집에서 연속적인 줄거리에서 한 부분을 삭제하여 장면사이의 행동연기가 연결되지 않는 편집을 말하는데 그 사이의

변화가 점프(jump)의 형태로 나타낸다해서 이런 이름이 붙여진 것이다. 이것은 일종의 제작기법이며 믹스(mix)를 사용하여 부드럽게 표현될 수도 있으나 어떤 경우이든 편집은 필수이며 일반적으로 컷어웨이(cut-away)를 사용하여 이 불연속성을 커버한다.

- K -

KBPS(KoreanBroadcastingProgrammingSystem)

한국형 예약녹화시스템. KBPS(일명 "바로K")는 방송사에서 프로그램정보를 다중화하여 전송함으로써 그동안 예약녹화의 문제점으로 대두되었던 방송사정으로 변경된 프로그램까지도 정확하게 녹화할 수 있는 방식으로 가전사와 공동개발 '95년부터 방송을 실시중이다.

Keying(키잉)

하나의 영상을 다른 영상에 선택적으로 뒤덮는 과정으로 2개 영상(전경과 배경) 사이의 선택방식이 고정된 경우에는 전경의 가장자리 부분이 들쭉날쭉할 것이다. 이 키 과정은 이름은 조금씩 다를지라도 모든 형태의 영상구성에 사용된다. TV는 키라는 용어를 알파 신호(또는 채널)라 부르기도 한다. 영화의 경우 이와 비슷한 경우를 매트(Matt)라고 부른다. 그래픽에서는 잘라내고 색칠하는 과정을 의미하며 스텐실(Stencil)이라고 부른다.

Keyframe

DVE 시스템에서 디지털 효과의 변환점을 나타내는 변수들의 집합이다. 예를들면 키프레임(keyframe)은 영상의 위치, 크기, 회전 상태 등을 나타낸다. 디지털 효과를 사용하려면 최소한 2개 이상의 키프레임을 필요로 한다. 물론 복잡한 경우에는 100개 정도의 키프레임을 갖는 경우도 있다.

Keying

하나의 영상을 다른 영상에 선택적으로 뒤덮는 과정으로 2개 영상(전경과 배경) 사이의 선택방식이 hard인 경우에는 전경의 가장자리 부분이 들쭉날쭉할 것이다. 이 키key과정은 이름은 조금씩 다를지라도 모든 형태의 영상구성에 사용된다. TV는 키라는 용어를 알파(alpha) 신호(또는 채널)라 부르기도 한다. 영화의 경우 이와 비슷한 경우를 매트(matt)라고 부른다. 그래픽에서는 잘라내고 색칠하는 과정을 의미하며 스텐실(stencil)이라고 부른다.

Ku band

위성시스템에서 사용되는 12.5[GHz]~18[GHz]범위의 주파수 대역이다.

- L -

LAN(Local Area Network)

사무실 등 비교적 작은 규모의 범위 안에서 구축되는 컴퓨터의 네트워크. LAN의 구축에 의해서 여러 대의 컴퓨터자원을 유효하게 이용할 수 있는 개발 · 생산 시스템이 실현된다.

L Band

1.6[GHz] 대역

LCD(Liquid Crystal Displays)

격자 구조로 설계된 픽셀 안에 반도체를 장치한 디스플레이 장치. 보통 디지털 디스플레이 장치를 말하는데 주로 컴퓨터, 노트북 컴퓨터의 모니터로 주로 사용되며 그래픽을 나타낼 디지털 정보를 각 cell에 표시하게 된다.

LD(Laser Disc)

레이저디스크

LMDS(LocalMultipointDistributionService)

LMDS는 광역으로 전파를 발사하는 MMDS와 달리 소구역/Cellular방식으로 망을 구성해 필요한 방송구역을 커버하는 신 기술방식이다.

log

FCC의 규정에 의해서 각 방송국에서 보존하는 전 방송활동의 기록

Long Pray

속도에 따른 RECORD의 분류
-LP : Long Pray-1분에 33, 1/3회 회전
-EP : Extended Pray-1분에 78회회전
-SP : Standard Pray-1분에 45회회전

Lead(sound or video)

스플릿(split)편집을 할 때 그 다음 내용의 비디오나 오디오가 선행되는 것. 참조 : Split edit

Linear(editing)

릴에 녹화된 순서에 따라서만 편집내용을 재생하고 검색할 수 있다. 테이프는 선형적이기 때문에 원하는 소재를 찾으려면 테이프를 원하는 지점까지 감아야 한다. 즉 녹화된 순서대로만 재생할 수 있는 것이다. 1956년 이후 폭넓게 사용되어 온 테이프편집은 리니어(linear)한 특성을 가지고 있다. 1980년대 후반에 들어와서 테이프를 이용한 편집을 넌리니어(non-linear)와 구별하기 위해 리니어(linear)로 정의하였다. 테이프를 감고, 조그(jog), 프리롤(preroll)하는데 걸리는 시간이 전체 VTR 작업시간의 약 40%에 달한다. 선형편집은 그 특성상 속도가 느리다. 더구나 편집마스터 장비에 녹화 소재를 순서대로 입력하는 것은 나중에 내용을 변화시키는데 제한을 가지게 된다. 특별한 인터페이스 없이는 디지털비디오디스크녹화기 또한 부분적으로는 선형적이다. 비록 읽기/쓰기 헤드가 필요한 위치에 도달하기 위해 테이프처럼 내용을 감을 필요는 없다할지라도 디스크의 어떤 부분은 TV 필드 인터벌(1.6ms 혹은 2ms이하) 기간동안 도달하기에는 너무 멀어서 (읽기/쓰기 헤드가 위치를 잡는데 걸리는 시간은 통상 10ms이다) 다음 트랙(track)을 찾아서 재생하는 데에 제한을 받게 된다. 참조 : Digital disk recorder, Preroll, True random access

Linear (keying)

한 영상신호를 다른 신호위에 선택적으로 얹는 것으로, 이때 어떤 점에서의 전경(foreground)과 배경(background)의 비율은 키신호 레벨의 선형적인 크기에 따라 정해진다. 키의 이런 현상은 에지(edge)와 앤티앨리아싱(anti-aliasing)을 가장 잘 나타내게 하며 영화에서의 매트와 유사하다. 이것은 윈도우와 부분반사(reflection)를 통한 투명 그림자(shadow)와 같은 반투명효과를 얻을 때 필수적이다. 참조 : Keying

Logging

샷(shot)의 리스트를 만드는 것. 이것은 녹화된 필름이나 테이프에 쓰이는 용어로써 편집할 때 원하는 곳을 빨리 찾을 수 있다. 디스크를 기초로 한 편집시스템으로 나아가고 있는 현시점에서 볼 때 정리하는 시간을 최소화할 수 있다는 장점이 있다. 리스트 혹은 로그(log)는 종이 또는 컴퓨터 디스크에 기록될

수 있다. 후자의 경우 디스크의 내용을 로딩(loading)하면 직접 컨트롤 할 수 있게 된다.

LSB

Least Significant Bit의 약어이다. 2진수는 0과 1로 표현된다. 예를 들면, 2진수 1110 = 10진수 14이 예에서 제일 오른쪽의 값은 0인데 이것이 LSB이고 2 =1을 의미한다. 참조 : MSB

LTC

Longitudinal TimeCode의 약어이다. 테이프의 선형트랙(linear track)에 기록된 타임코드로써 고정헤드에 의해 읽혀진다. 영상소재에 녹화된 타임코드가 사용될 때 정지 프레임이 아니라 테이프가 전후로 동작하고 있는 경우에도 쉽게 읽을 수 있다. 참조 : VITC

Luminance

영상의 구성요소로써 흑백 혹은 밝기요소 Y로 나타내어지며 YUV, YIQ, (Y, R-Y, B-Y), (Y, Cr, Cb)에서의 Y가 모두 영상의 밝기정보를 뜻한다. 칼라 TV 시스템에서 밝기신호는 항상 카메라나 텔레시네로부터 나오는 RGB신호로부터 나온다. 그 관계식은,Y = 0.3R + 0.6G + 0.1B이다. 참조 : Coded, RGB, YUV, YIQ, (Y, R-Y, B-Y), (Y, Cr, Cb)

- M -

MAC

Multiplexed Analogue Components의 약어로써 휘도신호와 색차신호를 하나로 압축 · 결합하는 전송코딩 표준이며, 이것은 모든 요소의 전체 대역폭을 포함하며 현재의 PAL 과 NTSC전송표준과는 달리 색간섭을 방지한다. 유럽의 직접방송위성이 이 시스템을 도입하고자 하였으나 원하는 만큼의 좋은 결과를 얻지는 못하였다.

Markers

녹화된 내용 중에서 원하는 내용을 나중에 빨리 찾을 수 있도록 영역을 정의하기 위해 삽입하는 것으로 소재가 녹화되었을 때 재생 또는 라이브(live)상태에서 삽입된다. 참조 : Scene select

Master (edited)

편집된 마지막 결과물을 뜻한다. 지금까지는 대부분 테이프 형태였으나, 디스크를 사용한 방송의 경우에는 원래의 내용은 언제나 그대로 존재하며 편집명령이 디스크에서 행해진다.

Match Frame (edit)

어떤 내용을 원본에서 찾아 동일 in/out전 사이에 삽입하는 편집, 다시 말해서 알아차리지 못하게 소재를 재결합하는 것이다. 테이프에서 다음 편집내용을 변화시키거나 추가하기 위해 사용하는 기술 중 하나로써, 예를들면 컷을 디졸브로 혹은 (rough cut)이나 복사분 대신 원본의 같은 프레임을 편집하여 원래의 내용을 고품질로 유지하게된다. 테이프 편집시스템은 일반적으로 타임코드를 사용해 매치시키며 디스크를 이용한 시스템의 경우, quick visual method는 reference frame을 사용해 실행한다.

MHz

MegaHertz의 약어로써 초당 수백만 사이클 또는 샘플의 주파수.

Mix

2개 이상의 영상 혹은 음성채널을 섞는 것으로 이 때 그 각각의 비율은 컨트롤레벨에 의해 정해진다. 참조 : Digital mixing, Dissolve, Non-additive mixing

MPEG-1, MPEG-2

Moving Picture Experts Group의 약어로써 ISO/ITU-T. MPEG은 동영상 압축표준안이다. 이 작업은 JPEG에 inter-field 압축과 동영상의 연속된 프레임의 유사성을 이용하여 행하는 압축 등을 추가했다. MPEG 1은 1.2Mbits/sec와 CD-ROM급의 데이터로 동작하도록 되어 있으며 따라서 CD를 사용해서 영상을 재생할 수 있다. 그러나 화질은 방송용으로는 부적합하다. MPEG 2는 VHS로부터 HDTV에 이르는 넓은 범위를 커버하며 영상해상도의 레벨과 프로파일을 사용해서 여러 단계로 구분된다. 일반적인 데이타율은 2~10Mbits/sec이다.

Masking

음압이 큰 음이 작은 음을 차폐하는 현상

MATV(Master Antenna Television)

같은 건물이나 건물 밀집지역 내의 다양한 TV 수상기들을 연결시키는 단일수신체계를 말하는 말로, 하나의 주안테나를 세우고 거기에서 TV신호를 복수의 TV수상기에 분배해 보게끔 한 수신방식을 뜻한다.

Mix

한 소리가 지워지면서 곧이어 다른 소리와 맞물려 나오는 것

MP3

MPEG-1 Audio Layer 3를 말하는 것으로 IS 11172-3와 IS 13818-3에 규정되어 있음

MPEG(MovingPicturecodingExpertsGroup)

움직이는 화면을 압축/신장하는 방식을 표준화 할 목적으로, 1988년에 설립된 ISO(국제표준화기구)와 IEC(국제전기표준회의, International Electrical Commission) 조직이나 그 방식을 말한다. 동화상 압축방식 텔레비전 화상을 압축해서 예를 들면 위성의 트랜스폰더 한 개로 수 채널의 방송이 되도록 한다.

MPEG-1

Moving Picture coding Experts Group-1. CCIR 권고601 화상(720 480)을 1.5[Mbps]로 압축하여 VHS수준의 화질을 얻을 수 있는 규격

MPEG-2

동화상을 10[Mbps]정도로 압축하여 광디스크 수준의 화질을 얻을 수 있는 규격. MPEG은 높은 압축비율을 사용하면서도 고품질 영상을 제공하므로 거의 모든 디지털 위성방송이나 지상파방송에 채택되고 있다. 그러나 영상 코딩은 대단히 복잡하며 특히 수신단에서의 디코딩이 가능한 한 쉽고 싸야 한다는 점도 고려하여야 한다.

MPEG-2 Audio AAC

Moving Picture Experts Group phase Ⅱ Audio Advanced Audio Coding. AAC 방식은 1997년 4월에 규격화된 국제표준으로 MPEG Ⅱ Audio(BC) 방식에 비해서 2배의 압축효율을 가지기 때문에 현재의 1/2인 128[kbps] 정도로 CD와 같은 고품질 스테레오 방송이 되는 등 비교적 낮은 비트 레이트로 다채널화, 고품질화가 가능하다.

MPEG-3

동화상을 30 50[Mbps]정도로 압축하는 부호화방식 규격이며, HDTV의 고정화상을 대상으로 하는 화상라이브러리 및 방송에의 적용을 고려하고 있다.

MPEG-4

MPEG-4는 MPEG-1과 MPEG-2의 기능을 바탕으로 사용자와 서비스 제공자와의 쌍방향 통신이 가능하고, 이동통신 등에서 발생하는 에러를 극소화하며 통신, 컴퓨터, 방송기기 등을 통합하는 목적으로 개발되었다. 주요 응용분야는 TV나 영화 등의 AV 데이터를 컴퓨터 환경처럼 상호적으로 액세스하거나 무선통신에 응용될 수 있도록 확대되었다. PEG-4는 표준화를 위한 4가지 목표를 다음과 같이 설정하였다. 첫째, 소리와 영상 정보들은 소리/영상객체(AVO, Audio/Visual Objects)라 하고, 이들이 동기화될 수 있도록 하여, 마이크, 카메라 컴퓨터 등의 서로 다른 매체를 통해 만들어진 정보들을 하나로 모을 수 있도록 하고, 둘째, 장면들에서 소리/영상 객체들이 서로 복합되어 하나의 객체를 이룰 수 있도록 하였고, 셋째, 이들을 서로 다중화 및 동기화를 통해 네트워크 채널들로 전송될 수 있도록 하였고, 넷째, 사용자가 이들 소리/영상객체들을 이용해 장면들의 상호작용이 가능하게 하였다.

MPEG-7

MPEG-7은 콘텐츠 검색을 위하여 내용기반 검색에 필요한 요소기술들을 제공하는 것을 목적으로 개발되고 있는 표준이다. 영상 압축기술과 전송기술의 발달로 수많은 양의 이미지, 오디오, 비디오 정보가 공급되고 있고 특히 인터넷상에서 이러한 정보의 제공은 급속히 증가하고 있다. 동영상 등의 멀티미디어 정보를 검색하려면

멀티미디어 정보자체를 분석하고 색인하는 기술이 필요한데, 기존의 검색방법은 엔진은 단순히 문자만 분석, 색인하기 때문에 기존의 문자기반의 정보 검색방법으로는 풍부한 멀티미디어 정보를 쉽고, 빠르게 액세스하기가 어렵다. 이러한 문제를 극복하기 위하여, 내용기반 검색이라는 방법이 제안되었고 이의 표준화 필요성이 제기되어 개발되고 있다. MPEG-7은 멀티미디어에 대한 정보를 설명하는 표준을 정하고, 이러한 표준에 맞추어서 만들어진 응용프로그램 기기들은 MPEG-7에 의해 검색이 가능하게 함. 멀티미디어 콘텐츠의 내용기반 검색을 위하여 모두 7개의 파트로 구성되어 표준화가 진행되고 있다.

MUSE(MUltiplex Sub-nyquist sampling Encoding)

일본의HDTV(1,125개 60필드 하이비전) 위성방송방식. 1992년 CCIR에서 국제방식의 하나로서 승인되었다.

MUSE-Digital

MUSE방식은 원래 아날로그 전송방식으로 개발된 것인데, 국제간 다단중계에서 FM변복조를 반복하면 화질열화가 발생할 우려가 있으므로 이를 해결하기 위해 디지털전송을 개발한 것임. 따라서 전송계에 대응하여 아날로그전송, 디지털 전송중에서 유리한 것을 선택하여 보다 고화질을 얻을 수 있게 선택의 폭을 넓혔다.

MUSICAM(Masking pattern adapted Universal Subband Integrated Coding And Multiplexing)

프랑스(CCETT), 독일(IRT), 네델란드(필립스)가 공동개발한 음성의 디지털 대역압축방식으로 32대역분할방식을 사용하고 있다. MPEG-1 LayerⅡ의 오디오 부호화방식의 표준안으로 청각특성을 이용한 서브밴드 부호화 방식이며, 96~128[kbps]에서 CD수준의 음질을 얻을 수 있다.

MUX(Multiplexer)

일반적으로 단일의 전송로를 다수의 입출력장치 또는 송수신장치가 시분할, 주파수분할 등의 방법으로 공유하고 데이터를 다중전송하는 방식

Narrow MUSE

편집된 마지막 결과물. 지금까지는 대부분 테이프 형태였으나, 디스크를 사용한 방송의 경우에는 원래의 내용은 언제나 그대로 존재하며 편집명령이 디스크에서 행해진다.

Network

동시방송을 위한 조직, 혹은 방송망. 2개 이상의 방송국이 유선 또는 무선으로 동시에 방송하는 것

N.G(No Good)

방송을 하다가 잘못됐을 때 N.G라고 말하고 다시 방송을 한다.

Notch Filter

오디오 또는 비디오에서 아주 좁은 영역의 주파수 범위를 통과하는 타대역의 주파수를 Cut하거나 약하게 만드는데 사용한다.

NTSC

NTSC는 National Television System Committee의 약자로 컬러 TV방식의 하나이다. 미국에서 1953년 12월에 제정되었다. 미국 연방통신위원회(FCC)가 당초 3원색을 차례로 보내는 CBS방식을 채택했으나 그 후 흑백 TV와의 양립성이 있는 NTSC방식을 채택했다. NTSC방식은 흑백 TV와의 양립성을 유지하기 위한 휘도신호에 색정보를 사람의 시각에 맞춰 교묘히 삽입함과 동시에 전송하는 것으로서 회로가 간단하다. 한국, 미국, 일본, 캐나다, 멕시코 등이 이 방식을 사용하고 있다. 우리나라의 TV방송표준은 NTSC M이며(M은 525[line]/60[field]을 뜻함) NTSC 시스템의 대역폭은 휘도신호 Y 4.2[MHz], R-Y는 1.3[MHz], B-Y는 0.4[MHz]이다. 여기서 R-Y, B-Y는 NTSC의 부반송파의 I, Q축을 변조하는 컬러 색차신호를 뜻한다.

- P -

PAL방식(Phase Alternation by Line)

서독의 텔레푼켄(Telefunken)사가 개발한 컬러 TV 방식. 전송왜곡(distortion)이 없는 송신이 가능하다는 점이 특징이다. 준 컬러 버스트 신호를 위상반전시켜 전송로의 위상에러로 인해 생기는 색상변화를 정정할 수 있다. 625/50 PAL 시스템의 대역폭은 휘도신호가 5 또는 5.5[MHz]이고 PAL부반송파의 V, U축을 변조한 R-Y와 B-Y 색차신호의 경우는 1.3[MHz]이다.

PPV(Pay Per View)

시청한 프로그램마다 요금을 지불하는 유료 케이블 TV 방식

PCI(Peripheral Component Interface)

일반적으로 약어로 불리는 로컬버스(local bus)의 일종이다. PCI는 인텔사를 중심으로 하는 미국의 주요 개인용 컴퓨터(PC) 관련 제조업체 백수십개 사가 참가하여 작성한 로컬버스 규격인데 PCI 버스 또는 PCI 로컬버스라고도 한다. PCI 버스는 중앙처리장치(CPU)와 주변장치를 직접 연결하여 고속으로 데이터를 전달하는 데이터 통로를 제공하는 로컬버스의 일종인데, 안정성이나 확장성 등이 먼저 보급된 VL 버스보다 우수하여 펜티엄을 탑재한 대부분의 PC에 채용되고 있

다. PC 본체 기판에 ISA나 EISA 확장슬롯과 는 별도로 3개 또는 4개의 PCI 슬롯을 내장할 수 있게 되어 있어서 고속 데이터 전송능력이 요구되는 비디오카드, SCSI 확장보드 등을 PCI 슬롯에 삽입하여 사용할 수 있다. PCI버스는 CPU와 버스 사이에 브리지 회로를 두는 구조이기 때문에 VL버스와 같이 CPU의 종류에 의존하지 않으므로 CPU의 종류가 달라도 그에 대응하는 브리지회로를 갖추기만 하면 어떤 CPU와도 연결할 수 있다. 또 PCI버스는 주소를 전달하는 신호와 데이터를 전달하는 신호를 시분할 다중화하여 하나의 신호선으로 전송하기 때문에 버스 내의 신호선의 수가 적어서 확장슬롯의 크기가 작아도 된다. PCI버스의 또 하나의 특징은 PCI 확장카드나 보드가 CPU와 독자적으로 작업을 동시에 처리할 수 있게 하는 버스 마스터링(bus mastering)을 지원하는 것이다. 이것은 데이터 전송속도가 다른 복수의 주변장치가 버스에 접속되었을 때 동화(動畵) 등의 멀티미디어 데이터를 우선적으로 고속으로 전송할 수 있게 하기 위한 것이다. PCI버스는 32비트 또는 64비트 버스이며 동작 주파수는 CPU의 동작 주파수와 같다. 접속 가능한 장치의 수는 10개가 권장되고 있다.

PCM(Pulse Code Modulation)

아날로그신호를 디지털신호로 변조하여 전송하는 방식

PCM 녹음

음(음)의 신호를 PCM 신호로 바꾸어서 녹음하는 방식. 재생할 때에는 거꾸로 변환기를 통해서 본래의 신호로 복원(복원)한다. 이제까지의 녹음방식과 비교하여 볼 때 훨씬 음질이 좋은 녹음이 가능하다. 종래의 테이프 레코더에 의한 녹음은 SN비(신호와 잡음의 비)가 좋지 않기 때문에 실제의 음에 비하여 음량의 범위(dynamic range)가 좁아진다는 결점이 있었다. 이를 해결하기 위하여 일본의 NHK에서는 1969년 세계 최초로 PCM녹음방식을 개발했다. 따라서 장치가 커지고 다루기에도 지장이 많았으나 최근에는 IC기술의 발전 등을 배경으로 이 문제가 해결되어 종래의 테이프 레코더와 거의 크기가 같은 PCM 레코더가 개발되었다. 이것은 오늘날 여러 나라의 FM방송에서 채택되고 있다.

PD(프로듀서, Producer)

하나 이상의 프로그램의 기획을 총괄하는 사람. 우리나라에서는 프로듀서, 디렉터, 연출가를 명확히 구분하지 않고 혼용하고 있으나 본래는 구분되어야 할 개념이다. 프로듀서는 프로그램의 제작 · 기획을 담당하며 디렉터는 연출을 맡는다.

PDM(Pulse Duration Modulation)

펄스폭변조

Pre-Roll

VTR에서 안정된 신호를 재생할 수 있도록 In점, Out점 혹은 편집점 앞으로 일정시간 동안 되감는 것

Preview

편집시 녹화하지 않는 상태에서 정확성을 체크하기 위해 편집과정 전체를 미리 확인하는 기능. VTR을 사용하는 편집의 경우에는 Record가 눌러지지 않았다는 점을 제외하고는 모든 것이 편집과정과 동일하다.

RS(Reed-Solomon, 리드솔로몬부호)

블럭부호의 오류정정에 적용하는 신호구성으로 자유도가 크다.

Run Length Coding

데이터를 압축하는 시스템은 항상 필요한

저장량을 줄여 준다. 이 코딩방법의 원칙은 같은 값을 지닌 유사한 픽셀의 숫자를 정보로써 기억하는 것이다. 넓은 영역이 단일한 색 혹은 문자인 경우 이 방법은 대단히 효율적이다. 그러나 카메라로부터의 영상, 노이즈를 포함한 자연현상에 대한 정보를 나타내기에는 그다지 효율적이지 못하고, 실제로는 원래의 영상보다도 더 많은 공간을 필요로 한다.

Running Time

녹음 시간

- S -

Sampling

아날로그신호를 일련의 디지털 값으로 바꾸는 과정

SAN(Storage Area Network)

SAN 아키텍처(Storage Area Network Ar-chi-tecture)는 스토리지를 전용 네트워크로 묶음으로써 스토리지에 담긴 데이터를 통합 및 관리할 수 있는 스토리지 기술을 말한다. SAN 기술을 적용한 스토리지를 사용할 경우에는 서버는 서버끼리 한 곳에 통합 관리하고, 스토리지 시스템의 경우에는 별도의 장소에 설치하여 통합적인 관리가 가능해져 통합 컴퓨팅 환경을 스토리지 분야에서도 수용할 수 있다. SAN 아키텍처의 핵심은 파이버 채널이다. 파이버 채널은 전체 데이터를 프레임(frame)으로 나누어 각 프레임 전송시 간격을 두기 때문에 네트워크 부하를 최소화할 수 있다. 따라서 이 기술을 도입한 저장장치는 빠른 속도와 높은 신뢰성을 갖추었고, 데이터전송 지연시간도 줄일 수 있을 뿐만 아니라 다중주소할당이 가능하고 저장장치간 연결 거리도 수십 킬로미터까지 가능하다는 장점이 있다. 또한 전사적인 데이터를 공동으로 집중관리하고 공유함은 물론 데이터 관리의 안정성을 확보함으로써 궁극적으로는 총소유비용(TCO:TotalCostofOwner-ship)을 절감할 수 있으며, 많은 사람이 한꺼번에 동일한 데이터 자원을 공유할 수 있는데다 데이터 백업을 할 경우 전용선을 사용하기 때문에 네트워크 트랜잭션에 따른 부하가 생기지 않는다. 또한 SCSI, 파이버 채널, ESCON 등 기술이 혼재된 다양한 이기종 서버에서 데이터에 접근할 수 있는 것도 강점으로 꼽히고 있다.

SCA(SubsidiaryCommunicationAuthorizations)

기존의 FM 방송 주파수의 빈 공간에 다른 프로그램을 실어 보내는 보조통신채널을 말한다. 1995년 11월부터 KBS가 표준 FM주파수(97.3[MHz])대 SCA방식으로 "사랑의 소리방송"을 시작했다. 이 방식을 들으려면 전용 라디오가 있어야 한다.

SCH(Subcarrierto Horizontal Sync Timing)

부반송파(Subcarrier)와 수평동기 타이밍(H Sync Timing)의 관계. PAL과 NTSC의 색상정보는 그 주파수가 라인/필드 주사비율과 수학적으로 밀접한 관계에 있는 색부반송파에 있다. 이 관계는 영상이 그 품질을 변화시키는 어떤 과정으로 인해 변하지 않는 한 고정된 값이다.

Script(각본)

넓은 의미의 방송원고. radio, TV의 대본.

극으로써 상영, 촬영, 방송할 수 있는 조건을 구비한 대본. 미국, 영국에서는 영화나 방송용 대본을, 일본에서는 라디오. 텔레비전의 방송용 대본을 스크립트라고 칭한다. 단순히 드라마의 대본에만 한하지 않고 스포츠 중계, 뉴스, 보도프로그램, 텔롭(telop) CM에 이르기까지 일체가 방송 대본에 포함된다. 흔히 영화는 시나리오, 무대연극은 극본, TV에서는 스크립트 또는 대본(영어로는 teleplay라고도), CM에서는 스토리보드(storyboard)로 쓰는 예가 많다.

SDTV(Standard Definition TV)

HDTV와 비교적으로 쓰이며 기존 NTSC급의 품질을 나타낼 때 사용된다.

SECAM(SEquential Couleur A Memoire)

SECAM 방식. 프랑스가 개발한 컬러 TV 방식으로 1967년 처음 프랑스에서 방송되었다. 이 방식은 독일에서 개발한 PAL방식과 미국의 NTSC방식과 상반되는 것으로서 2가지 색도신호를 NTSC및 PAL방식의 경우와 같이 동시에 보내지 않고 연속적으로 보낸다는데 그 특징이 있다. 그 송신장치나 수상기의 회로가 복잡하고 시청범위가 좁다는 결함이 있으며 흑백 TV로서는 전혀 시청할 수 없다는 결점이 있으나 현재 대부분의 중동지역과 프랑스 언어권의 아프리카 지역, 동유럽 지역, 러시아(구 소련)등에서 채택하여 사용하고 있는 방식이다.

SFN(Single Frequency Network, 단일주파수 네트워크)

최근 디지털 지상파 방송의 주파수 할당과 필드테스트 계획 등과 관련하여 단일 주파수 네트워크(Single Frequency Network)가 화제가 되고 있다. SFN은 귀중한 주파수 자원을 효율적으로 활용하는데 유용한 네트워크 구축 기술이지만 실용화까지는 검토해야 할 과제가 아직 많이 남아 있다.

SNG(Satellite News Gathering)

통신위성을 이용한 TV뉴스 취재시스템. SNG는 취재현장에서 핸디용 송신기로 통신위성을 향해 영상과 음성을 발사, 그것을 TV 방송국 등에 설치된 지상기지에서 수신하는 중계방식으로 걸프전 때 CNN의 신속 보도를 가능케 한 이후 널리 이용되고 있다. 과거 생방송시 취재지역의 지정학적 위치로 인해 산, 건물등 전파방해 요소가 있는 경우나 산간오지에서의 중계방송일 경우 마이크로 웨이브망과 지상에 설치된 중계안테나를 이용, 2~3단계 많게는 4, 5단계까지 릴레이식 방송을 해야 했으며 이에 따라 음질과 화질이 떨어지는 현상이 발생, 산간벽지나 낙도오지, 남극북극이나 에베레스트 같은 고산지대에서의 방송에 한계가 있었으나 SNG는 적도 상공 약 36,000[km] 궤도상에 있는 정지위성 즉, 통신위성을 이용해 지역적 제한을 받지 않고 간단한 장비를 이용, 취재현장에서 직접 통신위성에 전파를 쏘아 방송국을 연결하여 생방송을 함으로써 화상과 음향품질 향상은 물론 신속성과 기동성 및 생생한 현장감을 전달하여 속보성 보도에 획기적 진전을 이룬 첨단 방송통신 서비스라 할 수 있다.

SO(System Operator, 시스템사업자)

보통 케이블 텔레비전 방송국 그 자체를 가리키는데, 케이블 TV국을 소유, 운영하는 유선 텔레비전 시설 사업자를 말한다. 전송망 사업자는 NO(Network Operater), 프로그램 공급자는 PP(Program Provider)라고 한다.

SP(Standard Pray)

→Long Pray

STB(Set Top Box)

CATV나 위성방송 서비스를 수신하기 위해 각 시청자의 텔레비전세트 전단에 장치해서 수신한 텔레비전 신호의 선택/계약 내용에 따른 프로그램의 수신 제한/스크램블 해독/

압축 화상 신호의 해독(디지털의 경우)/양방향 조작 등을 하는 터미널이다.

Stereo

Stereophonic의 약칭으로 입체음을 말한다. classic연주에 구성된 악기의 종류에 따라 들리는 방향감이 다르다. 이 방향감은 사람의 귀가 두개 있기 때문이다.

STL(Studio-Transmitter Link)

방송국의연주소에서 송신소까지의 프로그램 전송 라인[무선]을 말한다.

Sub-channel(서브 채널)

하나의 통신용 회선 또는 방송에 다른 하나 이상의 신호를 동시에 전송하는 것을 다중전송이라 하며, 덧붙여진 신호회선을 서브 채널이라 한다.

- T -

TBC(Time Base Corrector)

종종 VTR의 한 부분으로 포함되기도 하며 테이프에서 재생되는 영상의 부정확한 타이밍을 보정하는데 사용한다. 디지털 기술의 도입으로 보정범위를 확대시켜 경제적으로 더 많은 저장을 가능하게 했으며 특히 정밀한 기계에 대한 필요성을 낮추었다.

TD(Technical Director, 기술감독)

스튜디오에서 제작된 프로그램, 중계방송 등을 불문하고 한 프로그램 기술부문의 최고 책임자를 뜻한다.

Telop

프로그램 끝부분에 제작진 이름 등을 담은 엔딩 부분의 자막. telop은 TELevision Opaque card Projector의 머리글자를 합쳐서 만든 용어로, 텔레비전 방송에 사용되고 있는 자막카드의 투사용 장치 또는 자막 그 자체를 일컫는 용어. 필름이나 슬라이드에 비하면 훨씬 쉽게 만들 수 있기 때문에 프로그램의 타이틀이나 커머셜, 인명, 지명, 기타 수퍼임포즈용 스틸 사진의 방송에 많이 사용되고 있다. 카드에는 손으로 쓴 것, 인쇄물이나 사진 따위를 붙인 것, 사진식자에 의한 것 등이 있다. 흔히 사용하는 이런 Telop(텔롭)이라는 용어는 credit라 고쳐 써야 하며. credit란 넓은 의미에서는 커머셜이다. 또는 '제공 **식품' 이라고 말하는 것처럼 제공자 명을 전달하는 것을 "credit을 부여한다" 고도 한다. 또한, 프로그램의 제작에 참여한 사람들의 명단을 가리킨다. 우리나라에서는 크레디트라는 말을 많이 사용하지 않고 있지만, 미국에서는 흔히 쓰는 말이다. 컴퓨터의 발달로 인해 텔롭이란 본래한 의미는 퇴색되어가고 있다. 예전의 인쇄(식자)문화에서 벗어나 수정이나 제작에 용이한 컴퓨터 문자발생기로 인해 모든 방송국들이 바뀐 것이다.

Test Pattern

카메라 또는 수신기 화면을 조정하기 위한 특수한 도안. 보통 프로그램을 방송하기 전에 이것을 잠시 방송한다.

Tilt Up(Down)

카메라가 수직으로 올라간다.(내려간다)

Tone

음색, 음조

Tracking

테이프에 녹화된 영상정보 중에서 VTR의 영상헤드의 위치를 뜻하며 이 위치는 컨트롤트랙의 순간적인 정보를 제공한다. 트래킹 조정은 더 뚜렷한 신호를 만들기 위해 하는 것이다.

Triax Cable

카메라 영상신호 전송에 사용되는 동축케이블로 영상신호를 변조하여 전송하기 때문에 장거리(약 2[km]) 전송이 가능하다. 동축케이블의 외부 도체 외측에 절연물을 넣고 외부 도체를 피복한 동축케이블이다.

TVR(간이중계소)

TElevision Repeater의 약어. 저출력 무인 텔레비전 중계소를 일컫는 말로 간이 텔레비전 중계기, 무인 텔레비전 중계기, 간이 TVR 등으로도 불린다.

TX(Transmitter)

송신기. 수신기는 RX(Receiver)

T1(Telecommunication 1)

① 텔레콤뮤니케이션 제1위원회(T1 Tele-commu-nication 1). 미국 ANSI산하의 전기통신표준화기관으로, 무선기기관계를 제외한 전기통신분야의 기술을 책정하는 민간표준화기관.

② 1.544[M/s]의 속도로 data를 전송할 수 있는 전용회선

- Q -

QAM(Quadrature Amplitude Modulation)

중파스테레오방송방식의 일종(Harris방식)

- V -

VCR(Video Cassette Recorder)

비디오테이프를 넣은 카세트(비디오카세트)를 장착해서 녹화, 재생하는 패키지 타입의 VTR

VITC(Vertical Interval Time Code)

TV신호의 수직귀선기간에 삽입된 디지털 형태의 타임코드 정보를 말하며, 재생되는 테이프를 조그(jog)로 찾거나 정지(freeze) 혹은 테이프를 되감는 동안 비디오헤드가 이 신호를 읽는다. 이것은 어떤 순간에도 타임코드를 읽을 수 있도록 하여 LTC를 효과적으로 보상한다.

VLSI(Very Large Scale Integration or Integrated Circuit)

초대형집적 또는 초대형집적회로 소자의 집적도가 트랜지스터 10만개 이상의 것

- W -

WRC(World Radio Conference)

세계무선통신회의. 국제전기통신연합(ITU) 전파통신분야의 최고의결기구로서 매 2년마다 개최되며 ①새로운 전파통신 서비스의 도입과 관련 주파수의 분배 및 기술기준을 결정하고 ② 국제 전파규칙을 개정하며 ③전파통신과 관련한 국제적 현안사항을 협의·결정하는 국제전파통신방송 관련 최고의결기구이다. 이곳에서 IMT-2000 문제를 비롯하여 이동 및 고정위성, 우주과학업무 등에 대한 주파수 분배 및 규제/절차 등 중요한 국제현안문제를 검토 결정하게 된다.

WAN(Wide Area Network, 광역통신망)

기업내 종합 통신망LAN을 광역으로 결합한 것을 일컫는 용어. 광역종합통신망이라고 번역된다. 그러나 WAN까지 포함해서 LAN이라고 호칭하는 경우가 많다. 이것이 발전해서 전국적으로 확대된 것이 ISDN(Integrated Services Digital Network, 종합디지털서비스망)이다.

- X -

XLR

주로 음성 등의 입출력 컨넥터에 쓰이는 캐넌 컨넥터를 말하며, 접점수는 2~7핀까지다. 표현방식은 'XLR-(접점수 2~7)-(플러그 및 소켓의 형상)' 으로 나타내며 플러그와 소케의 형상기호는 아래와 같다.

11C=스트레이트 플러그
12C=스트레이트 플러그
13=소켓(원형)
14=소켓(원형)
31=소켓(각형)
32=소켓(각형)

즉, XLR-3-11C라 표시되어 있다면 접점수는 3핀이고 플러그 및 소켓의 형상은 스트레이트 플러그라는 것을 알 수 있다. 오디오에서는 캐넌의 3핀이 쓰이는데, 다음과 같이 극성이 다른 것이 있으므로 주의 해야 한다.

유럽방식 : 마이크 출력, 받는쪽, 1번 실드, 2번 핫, 3번 콜드
미국방식 : 마이크 출력, 받는쪽, 1번 실드, 2번 콜드, 3번 핫

XY microphone array(XY수음방식)

스테레오에서 음을 수신하는 수음방식의 한 가지로 동축상에 놓인 1쌍의 마이크에서 각각의 마이크를 단일지향성으로 하여, 90~120° 의 교차각을 갖도록 배치한 스테레오 수음방식을 말한다.

- Y -

Y/C분리

휘도신호(Y)와 색신호(C)간의 간섭을 방지하기 위하여 휘도신호와 색신호를 분리하여 전기신호를 처리하는 것을 Y/C분리라 하며 이렇게 분리하여 상호 간섭에 따른 영향을 감소시키게 되는데 여기에 사용되는 전용단자가 S단자이다.

Y, Cr, Cb

CCIR 601 코딩시스템의 디지털 휘도신호와 색차신호이다. 휘도신호 Y는 13.5[MHz]으로 표본화되며, 2개의 색차신호는 휘도샘플 한 개를 공유하여 6.75[MHz]으로 표본화된다. Cr는 R-Y, Cb는 B-Y의 디지털화된 신호이다.

YIQ

콤포넌트 비디오시스템에서 아날로그 영상신호와 색차신호를 의미하는 보편화된 약어이다. Y는 휘도신호를 뜻하며 I와 Q는 NTSC에서 사용되는 2개의 부반송파 변조축을 뜻한다.

I=Inphase(동위상)Q=Quadrature(구적)I, Q는 각각 색차신호 R-Y, B-Y의 수치화되고, 필터를 거친 것으로서 NTSC 부반송파를 변조하는데 사용된다. I, Q가 모두 컬러 색차신호이지만 R-Y, B-Y와 동일한 것이 아니라는 점 때문에 혼동될지도 모른다. 변조된 I, Q축의 대역폭은 NTSC신호가 어떤 크로마키를 하는가에 따라 달라진다. 이런 제한은 D2, D-3 VTR처럼 디지털화된 NTSC에도 마찬가지로 적용된다.

Y, R-Y, B-Y

Y는 아날로그 휘도신호이고 R-Y, B-Y는 콤포넌트 영상의 컬러 색차신호이다. Y는 순수한 휘도정보이고 컬러신호와 결합되어 2개의 컬러 색차신호를 만든다. R-Y, B-Y는 컬러신호와 휘도신호의 차를 뜻하는데 카메라나 텔레시네의 RGB신호로부터 나온다. Y, R-Y, B-Y 신호는 대부분의 TV에 기본적인 것으로서 CCIR 601에서는 4:2:2 콤포넌트 디지털 영상신호로 디지털화되며 PAL방식, NTSC방식의 TV 시스템에서는 최종적으로 콤퍼지트 코딩된 신호를 만드는데 사용된다.

YUV

콤포넌트 비디오 시스템에서 아날로그 휘도신호와 색차신호를 말할 때 사용하는 약어로서 Y는 휘도신호를 의미하고 U, V는 PAL방식에서 사용되는 2개의 부반송파 중심축을 뜻하는데 B-Y, R-Y의 색차신호가 처리되어 U, V축에서의 PAL 부반송파를 변조하는데 사용된다. 이런 혼용은 U, V가 컬러 색차신호와 연관되어 있기 때문에 발생하며 이 두 개가 같은 것은 아니다.

- 1~9 -

16:9 Enhanced Format

16:9의 화면비율의 화면에서 16:9 비율이나 그보다 큰 비율의 와이드 스크린 영화를 투사하는 표준 화질 TV 포맷, 검은 색의 주사선을 화면의 위와 아래에 덧붙이는 방식으로 16:9의 화면 비율을 늘리는 방식

3원색(Primary Colors)

컬러TV에서 사용하는 3가지 색으로 어느 2색을 혼합하여 다른 또 하나의 색을 합성할 수 없는 색. 빛의 3원색인 빨간색, 녹색, 파란색은 다른 색상을 혼합하여 만들 수 없으며 TV에서 갖가지 다른 색상들과 백색은 이러한 빨간색, 녹색, 파란색(Red, Green, Blue)을 혼합하여 만들어 낸다. 적색(R), 녹색(G), 청색(B)의 첫 글자를 조합해 RGB라고 부른다. 더 정확히 말하면 TV에서 사용하는 기본색인 이 들 RGB는 각각 주홍색(Red orange), 녹색(Green), 청자색(Blue violet)의 삼원색광을 말한다. 3원색(primary Colors), 가색(additive primaries), RGB가 컬러TV의 기본색을 뜻할 땐 동의어로 생각해도 무방하다. 참고로 자연계의 3원색은 적색, 청색, 황색이다.

4fsc

D2와 D3 콤퍼지트 디지털 VTR은 영상을 컬러 부반송파 주파수의 4배, 즉 PAL에서는 17.7[MHz], NTSC에서는 14.3[MHz]로 표본화한다.

4:1:1

콤포넌트 비디오의 휘도신호(Y)와 색차신호(R-Y, B-Y)를 디지털화하는데 사용되는 표본화 주파수의 비율. Y신호는 13.5[MHz], 색차신호 R-Y와 B-Y는 각각 3.37[MHz]로 표본화된다. TV화면 등의 주사선에 포함되는 정보신호 중 휘도 정보(Y)와 색차 정보(Cb, Cr)의 성분비율은 보통 : : 으로 표시되는데 이러한 표시는 휘도 신호(Y)와 두 개의 색차 Cb, Cr 신호의 표본화 주파수의 비율을 나타낸다. 여기서 4:1:1의 비율이란 휘도 신호 Y의 표본화 주파수 13.5[MHz]를 4로 할 때 색차 신호 R-Y, B-Y는 각각 1이기 때문에 휘도 신호의 표본화 주파수 13.5[MHz]의 1/4이 되므로 색차 신호 R-Y와 B-Y는 각각 3.37[MHz]된다. 또한 4:1:1의 신호처리 기법은 4:2:2의 신호처리 기법 등에 비해서 해상도 등이 다소 떨어지는 단점이 있으나 비교

적 적은 데이터 비율로 디지털 영상신호를 기록 수 있다는 점에서 경제성이 우수하며 이러한 포맷은 가정용 DVTR(Digital VTR)의 세계 통일규격인 DV(DVC)와 업무 및 방송용 포맷으로 널리 이용되는 DV-CAM과 DVCPRO(25[Mbps] 규격) 등에 제한적으로 이용되고 있다.

4:2:0

Y신호가 매 라인마다 13.5[MHz]로 표본화될 때 R-Y와 B-Y는 한 라인을 건너뛰어 6.75[MHz]로 표본화되는(즉, 한 라인은 4:0:0으로 다음 라인은 4:2:2로 표본화) 휘도와 색차신호의 표본화 주파수 비율. 4:2:2 표본화에서는 수직라인의 색해상도가 수평라인 해상도의 1/2인 반면, 4:2:0 표본화에서는 수평과 수직해상도가 같다. TV화면 등의 주사선에 포함되는 정보신호 중 휘도 신호 Y의 표본화 주파수 13.5[MHz]를 4로 할 때 두 개의 색차 신호 Cb, Cr의 종 방향 및 횡 방향 모두를 Y의 표본화 주파수에 대해 1/2로 표본화하는 신호처리 기법이다. 즉 라인마다 Y의 13.5[MHz]에 대해 R-Y를 Y신호의 1/2인 6.75[MHz]로 표본화하는 동시에 B-Y는 6.75[MHz]로 표본화하지 않고, 이와 반대로 Y의 13.5[MHz]대해 R-Y를 6.75[MHz]로 표본화하지 않는 동시에 B-Y는 6.75[MHz]로 표본화하는 상태를 교대로 되풀이하는 것을 말하는데 이것을 비율로 나타내는 경우 4:2:0과 4:0:2로 반복이 된다. 따라서 이러한 포맷으로 표현되는 표본화 주파수비율을 일반적으로 4:2:0으로 나타내고 있다.

4:2:2

콤포넌트 비디오의 휘도(Y)와 색차신호(R-Y, B-Y)를 디지털화하는데 사용되는 표본화 주파수의 비율. 4:2:2라는 용어는 Y가 4번 표본화될 때 R-Y와 B-Y는 2번 표본화되는 것을 의미하는데, 이는 4:1:1에 비하여 휘도에 대한 색도대역폭을 더 많이 할당한 것이다. CCIR 601에서 4:2:2 표본화는 디지털 스튜디오 장비의 표준으로서, 4:2:2와 CCIR 601이라는 두 용어가 일반적으로 동의어로 사용되지만 기술적으로 정확히 같은 의미는 아니다. Y의 표본화 주파수는 13.5[MHz]이고, R-Y와 B-Y는 각각 6.75[MHz]로서 고품질 크로마키에 적합한 3.37[MHz]의 최대 가능 색대역폭을 제공한다. TV화면 등의 주사선에 포함되는 정보신호 중 휘도 신호 Y의 표본화 주파수 13.5[MHz]를 4로 할 때 두 개의 색차 신호 Cb, Cr를 횡 방향으로 Y의 표본화 주파수에 대해 1/2로 표본화하는 신호처리 기법이다. 즉 Y의 표본화 주파수 13.5[MHz]에 대해 색차 신호 R-Y, B-Y는 각각 6.75[MHz]가 된다. 이러한 신호처리 기법은 8비트 양자화 규격의 D-1, DVCPRO50, Digital-S, Betacam SX 그리고 10비트 양자화 규격의 D-5, 디지털 베타캄과 같은 방송 업무용 포맷의 콤포넌트 DVTR 등에 이용되고 있으나 ITU-R-BT.601에서 규정하는 Y신호의 최대주파수가 5.5[MHz]인 점을 고려하면 충분한 샘플링 주파수이긴 하지만 데이터 비율은 콤퍼지트 방식의 약 2~2.5배에 이르는 216/270[Mbps]가 되므로 이로 인해 발생된 막대한 디지털 데이터를 비디오테이프에 여유있게 기록하기 위해서는 고효율의 압축 알고리즘이 사용되는 경우가 있다.

4:3

일반적인 텔레비전과 컴퓨터 화면의 가로 대 세로의 비율

4:4:4

콤포넌트 비디오의 휘도(Y)와 색차신호(R-Y, B-Y)나 R · G · B신호를 디지털화하는데 사용되는 표본화 주파수의 비율. 4:4:4에서 모든 콤포넌트들은 동일한 수의 표본들로 이루어진다. TV화면 등의 주사선에 포함되는 정보신호 중 휘도 신호 Y와 두 개의

색차 신호 Cb, Cr 모두의 표본화 주파수를 13.5[MHz]로 하는 신호처리 기법이다. 한편으로는 그래픽환경에서 사용되는 고해상도 Component 디지털 비디오 신호의 샘플링 비를 나타내는 약어의 표현을 말한다. 이들 숫자의 의미는 3개의 콤포넌트 채널(Y, Pb, Pr 또는 R, G, B)을 나타내며 3개의 채널을 각각 13.5[MHz]로 샘플링 한다. 즉, 비디오 신호의 루미넌스와 크로미넌스 차이를 나타내는 Y, R-Y, B-Y에 사용되는 샘플링 주파수는 13.5[MHz]로 각각 모두 같다. 4:4:4는 통상적으로 컴퓨터를 기본으로 하는 장비에서 장비의 특성이나 성능을 나타내는 기준으로 삼고 있다.

5.1채널

돌비 디지털, DTS, 그리고 대부분의 SDDS 필름 사운드 트랙을 코드화할 때 사용하는 채널의 수. 5채널은 전면의 좌우 스피커와 센터 스피터, 그리고 좌우 서라운드 스피커를 의미하고, "1"은 저음의 효과음 전용채널을 가리킨다.

5-I rule(5 아이 룰)

광고원고 작성시 5가지 기본 요령으로 첫 단어가 I로 시작된다고 해서 나온 말이다. 5가지의 I는 다음과 같다.

① 아이디어(Idea)
② 직접적 영향(Immediate Impact)
③ 계속되는 흥미(Incessant Interest)
④ 정보(Information)
⑤ 충동을 일으키는 힘(Impulsion)

참고문헌

○ 방송통신공학 — 석학당. 김준원 이순려 편저

○ 텔레비젼 신호분석과 측정 — 한빛. 홍석진

○ 방송기술의 이해 — 도서출판 우신. 이일로

○ 방송통신기기 — 세화(주). 손성찬외 2

○ CATV 공학 — 세진사. 손변태 박계원 편저

○ KBS 연수교제

○ MBC 연수교제

○ TV 공학 — 내하출판사. 김현우외

○ 디지털방송 — 세종. 박지영

○ 방송통신 시스템 — 복두. 박수효

○ 디지털방송기술 — 도서출판 차송. 정가판 외 2인 공저

○ 방송법 법제처

○ TV 영상제작이론 — 도서출판 차송. 강상옥 외

손 성 찬

1979년 한국항공대학교 통신공학과 졸업
1992년 한양산업대학교 대학원 전자통신과(공학석사)
2000년 한국항공대학교 대학원 통신정보과(공학박사)
2005년~현) 한국정보통신대학 교수
1985년~1998년 (주)데이콤 신기술개발실 이사
1998년~2004년 하나로텔레콤 네트워크운용 담당상무
정보통신기술사

오 정 균

1988년 서울산업대학교 전자공학과 공학사.
1990년 중앙대학교 대학원 전자공학과 공학석사.
2005년 인천대학교 대학원 전자공학과 공학박사.
2001년 3월~현) 한국정보통신대학 교수

이 순 려

1984년 인하대학전자공학과 졸(공학사)
1999년 광운대 산업대학원 졸(공학석사)
2006년 대진대학교 일반대학원 전기,전자,통신과 졸(공학박사)
1983~1995년 아남전자 근무(기정)
1996~2002년 정보통신기능대학 (교수)
2003~현) 동아방송예술대학 방송기술계열초빙 교수
강원대학교 방송학부 출강
대진대학교 전자공학과, 물리학과 출강

텔레비전 방송개론

2009년 8월 19일 1판 1쇄 인쇄
2009년 8월 25일 1판 1쇄 발행

지은이 손성찬 오정균 이순려
펴낸이 윤용호
펴낸곳 석학당 출판사
121-856 서울시 마포구 신수동 448-6
등록 : 2001.10.23. 제10-2238호
전화 : 02)719-6116
팩스 : 02)719-6120
Homepage : www.shdbooks.co.kr
E-mail : shd6116@chol.com

ISBN 978-89-93158-12-0 93560

가격 19,000원